U0015700

圖解建築結構
樣式、系統與設計

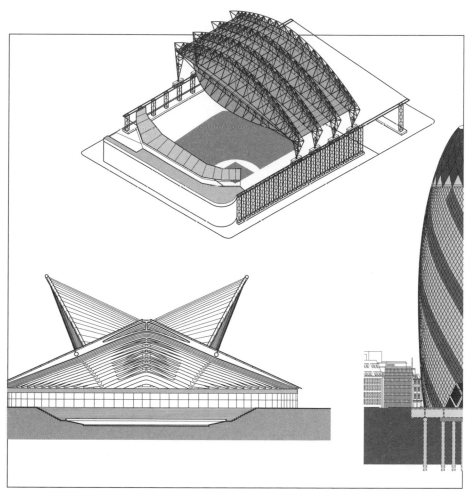

Francis D. K. Ching

Barry S. Onouye

Douglas Zuberbuhler

第二版全譯本

修訂版

張正瑜 譯

繁體中文版作者序

感謝城邦出版集團易博士出版社,將這此書翻譯並推薦給台灣建築界的學生與專業人士。我希望《圖解建築結構:樣式、系統與設計》(第二版)能帶領讀者清楚而直接地認識建築結構對建築物的影響。

本書也如同我的其他著作,以圖像為工具啟發靈感和闡釋理論概念。非常榮幸能將這樣的專業內容介紹給大眾,我希望這本書不僅僅是提供知識,更能激勵讀者努力不懈、去追尋更高的成就。

Francis Dai-Kam Ching

西雅圖華盛頓大學榮譽教授

於華盛頓大學,西雅圖,美國華盛頓

原版作者序

　　市面上有許多評價良好的建築結構相關書籍，探討的範圍從材料的靜力與強度，到結構元素的設計與分析，例如樑、柱等，還有一些談的是特定的結構材料。了解建築結構就是建築在不同載重條件下的結構行為，這對專業人士來說是非常關鍵的認知，其重要程度不亞於選擇、量測、以及形塑適當的結構材料和接合方式的能力。本書正是通往這門寶貴知識的專業入門書；相較於其他結構專書，我們將焦點集中在為了打造、並且支撐居住環境——即所謂的建築時，建築結構是如何形成局部環環相扣的各種系統。

　　《圖解建築結構：樣式、系統與設計》最大的特色是提供了建築結構的全面介紹。章節一開始，會針對不同時代的建築結構做簡要的概述，接著討論結構樣式的概念、以及這些支撐和跨距樣式如何維持、甚至強化建築設計的理念。核心篇章則會針對日常生活中無所不在的水平跨距系統與垂直支撐系統，包括兩者一齊開展出的形式、空間的垂直向度，做一番透徹的檢視。接著再以關鍵的角度來檢視側向作用力、側向穩定性、長跨距結構的特性和當今高層建築物的建築策略。最後一章則是建築結構和其他建築設備系統的整合方法，篇幅雖簡短，卻是相當重要的一部分。

　　本書雖刻意避免使用艱難的數學方法來觸及建築結構，但也絕不忽略那些主宰結構元素、組合、和系統的基本原則。除了可當做初步設計階段的設計指南，內容的各項討論都伴隨著大量的描繪和圖表，在構思如何形成建築樣式時，甚至可做為啟發設計靈感的來源。設計的挑戰，總是在抽象的原理原則究竟要如何轉化為具體的實踐。所以此次第二版中的主要更動，便是在原理原則的說明之外，加入了相當豐富的建築實例，以便更清楚地證實這些原理。

　　我們三位作者誠摯希望這本圖像豐富的著作能做為學生與年輕專業工作者進行設計工作時的桌邊參考，並且幫助他們了解結構系統是設計和建造過程中不可或缺的一部分，進而將三者整合起來。

單位轉換

國際單位制（The International System of Units）是國際一致通用的物理單位系統，分別使用公尺、公斤、秒、安培、克爾文、和燭光做為長度、質量、時間、電流、溫度、亮度的基本單位。為了加強對國際單位制的理解，全書所涉及的公制尺寸皆依以下慣例進行轉換：

- 除非特別註明，否則所有附註中的長度單位都是指公厘。
- 3 英吋以上的尺寸則以五公釐的倍數進行最接近的四捨五入。
- 請注意 3487mm ＝ 3.487m
- 所有其他尺寸的公制單位都會特別加以註明。

譯者序

在本書原文與中文翻譯間來回數個月的時光裡，身為建築專業者的我，再次經歷了全面性知識建構的洗禮。在轉換書寫的過程中，彷彿是一趟以多重角色與本書作者prof. CHING在字裡行間進行對話的歷程，正因為如此，譯者更加確立《圖解建築結構：樣式、系統與設計》一書值得各種身份的讀者細細閱讀，也定會擁有如我一般所感受到的豐碩收穫。

在譯者修習建築學的過程中，有幸接受完整的建築結構學教育，對於構造物如何由下而上漸次拓展出空間與姿態，以及建築設計中涉及的種種結構議題有一定程度的認識。然而本書以圖文方式進行系統性與全面性的說明，仍舊補遺了許多在結構系統中的細節，讀來不僅簡明清晰，更從基礎知識開始布局出完整精緻的結構學知識，開展出豐富的知性之旅。我想這是身為「學子」而會擁有的如此收穫。

世界上若有所謂恆常之事，那麼地心引力應該就是絕對的存在。在做完感性的發想之夢後，建築設計所面臨的挑戰，是必須配合需求並回應基地所在環境的限制，逐步決定採行的結構型態。在地球資源逐漸減少的時代，建築師對建築結構系統的判斷將直接涉及結構效能與力學的問題，後續更牽涉營建方法、預算成本、施工合理性等議題，甚至觸及展現結構美學的層次。本書在關鍵時刻再次提醒著專業者在判斷上所應注意的本質，因為它在建築行動的所有環節中，占有關鍵性的角色。這則是身為「建築師」而有引導的如此啟發。

知道一件事並不等於能說明一件事，說明之後也並不等於事情能被清楚地理解。儘管從事建築設計實務工作多年，一旦進行結構系統教學時，立刻清楚感受到要將知識範疇如此龐大的建築結構學，以系統性、完整性、精確性的方式傳達出來並非易事，而這正是本書所成就之事。做為教學者，必須能將建築物與大地之間的抽象力流清楚分析，建立起整體架構之後，才能引導學習者進一步透過材料與構造賦予建築空間清晰的形貌，最後得以稱之為建築結構。除了結構的安全與合理之外，還要建立整合的能力誘使創意發揮，進一步觸碰空間美感的範疇，並對環境提出良善的回應，如果沒有良好的基礎，這些內涵將無法積累。這也是最終章將設備系統與結構系統進行整合所欲傳達的目的，也是身為「教師」而所感悟的如此提醒。

儘管多數人將本書視為學習建築結構的工具書，但其實這卻是一本讀來流暢有趣的圖文書。在翻譯過程中，經常不時地沉浸在作者的講解中，津津有味地跟著字句與圖表想像著各種力流奔跑在建築物的筋骨之中，而建築師／工程師們竭盡所能地找出最好的方式來疏導這些力流走向……。本書打破硬知識的刻板印象，以一種親近且清晰的方式訴說著建築結構從A到Z的種種，任何時候翻開閱讀都能讓人擁有飽滿的想法。這是身為「譯者」而意願推薦的如此感受。願以這四種角色及其帶來的種種獲得，邀請對於建築結構系統有興趣的各位前來一探究竟。

張正瑜

於台灣宜蘭

推薦 建築設計的本質，
在於透過「建造」來實現設計

　　《圖解建築結構》與一般工程結構教科書最大的不同，在於本書是以「建築設計」的角度來介紹建築結構。全書的開端，以編年的方式從古老的風土建築介紹到現代建築，透過建築形式的演進來概述建築結構的發展，再循序介紹結構的理論與技術，並以統合系統做總結。因此這本書的視點始終以建築設計為主，在提供完整且易於了解的建築結構知識外，同時也傳達了設計與結構在設計思考上平行並重的重要觀念。

　　這個重要的觀念其實來自三位作者合作多年的教學經驗。Francis D.K. Ching, Barry S. Onouye, 與 Douglas Zuberbuhler 均為美國西雅圖華盛頓大學建築系的教授，共同肩負建築系主修學程第一學期的主要課程，包含由 Ching 與 Zuberbuhler 所主導的設計與圖學課，以及 Onouye 所開授的結構課。這樣的整合式課程，又被稱為隱含了木結構之意的 Stick Studio。Stick Studio 的操作十分特別，近五十位學生分為六組，設計與圖學的整合課在每週一、三、五下午上課。每次上課時首先會由教師群為全班講授，隨後分為兩個時段，讓各組以輪動的方式分別操作設計討論、數位操作、與工廠實作。在「週」的時程框架下，透過輪動的學習方式讓學生同時以手繪、數位建模、與實作結構模型，平行並重地發展設計與討論設計。而設計的題目則分為四柱空間與登山避難屋兩階段，首先透過四柱空間讓學生熟悉木構造、手繪與數位圖說、與建構實體模型所需要的工廠機具操作技術；登山避難屋則是考量基地環境與使用機能的設計操作，目的是為了讓學生整合應用所學的設計工具，並且在結構設計的基礎上體認空間的營造建構。

　　Stick Studio 的課程操作與題目設計是經過多年的教學觀察所演化與建構而來，教授的設計工具與操作題目或許時有變動，但所要傳遞的基礎觀念總是不變，即是要學生在進入多元且多變的建築設計領域前，能用心體認建築設計的本質便是要「建造」。這個觀念看似理所當然，但是建築設計往往以縮小比例與模擬材質來進行，在設計工具與表現媒材日新月異下，學習設計的過程中很容易就不自覺地忽略了建築設計的初衷。因此，三位作者在屆齡退休之時，以教學所堅持的相同理念規劃了這本以建築設計思考為視點的結構專書。也因此，三位作者在自序中期許本書能為建築系學生和年輕建築師，提供設計建築時可實現設計的結構參考，讓設計能在可被建造出來的設計思考下進行。

戴楠青

美國西雅圖華盛頓大學建築碩士、建成環境博士
美國西雅圖華盛頓大學兼任教師／2005～2009 負責 Stick Studio 的數位圖學教學
國立臺北科技大學互動設計系專任副教授

推薦 建築設計與結構系統的應用及探索

　　美國與台灣的建築教育，也許在制度面上是雷同的，但是其各自的教學內容，仍然呈現非常顯著的差異。美國大學建築系的課程大都受到NAAB（National Architectural Accrediting Board）的規範，長年經驗不斷地精進、修正，其思路既清晰又豐富，又西方教育重視理性及邏輯，因此系統化的教學模式及實務案例研究皆成為獲取知識的不二法門。本人有幸前後就讀於卡內基美倫大學（Carnegie Mellon University）及哥倫比亞大學（Columbia University）的大學及研究所，因此對結構、構造等課程有較深入的想法，特別推薦本書《圖解建築結構：樣式、系統與設計》的條理式歸納解說，相信將有助於學生及一般大眾更進一步了解建築的奧妙。

　　學業完成後，本人在紐約的Rafael Viñoly Architects（拉斐爾‧維諾里，烏拉圭裔美國建築大師，代表作品有東京國際論壇大樓、匹茲堡會展中心）及Pei Cobb Freed & Partners（以貝聿銘大師為首的建築師事務所，作品遍及100座城市，獲得超過200個獎項）工作，因此有機會近距離的觀察這些頂尖建築師們的設計思維及技術應用，不難發現他們兩位都對幾何物理、結構系統、構造細部等，有過人的見解，而且都能在設計初期就與各工程顧問進行深度的討論，透過雙向溝通達到共同研發的目的。我深切地期望在不久的將來，台灣的學生們可以透過系統式的學習，快速地與世界接軌，在世界上發光發亮。我誠摯地推薦《圖解建築結構：樣式、系統與設計》一書，期許學生們能透過精闢的分析與歸納，打開建築設計的大門，拓寬視野，發現新的可能性。

曾柏庭
Borden Tseng
Q-LAB 建築師事務所主持人／設計總監

推薦序 （依姓名筆劃順序排列）

　　Francis D.K. Ching是位建築理論知識與實務能力兼備的建築教育家。國立台北科技大學建築系邀請 Ching 教授來台講授「2016建築速寫——空間的圖像筆記」工作營。於來台指導教學期間，Ching 殷切期待學員們能夠藉由眼睛（Seeing）進而在腦中對建築整體進行分析與理解後，在內心沉澱萃取出該建築的意涵（Thinking），並進一步地透過手的描繪（Drawing），勾勒出建築的真（技術→結構）、善（規律→機能）、美（形式→造型）。他始終相信，建築專業者必須深入理解建築結構，才能讓建築散發自身之善，以便能夠在人與大自然之間和諧共存。《圖解建築結構：樣式、系統與設計》一書，清楚地詮釋並剖析古典建築到後現代主義不同時代建築結構間的演變，不僅讓我們再次理解建築結構的重要性，也提醒我們做為建築專業者，應恪守建築專業的倫理與道德，方能取得社會對建築專業的敬重。Ching不僅為建築專業者傳授了一堂課，在這同時，他也為建築相關領域的初探者，開啟了追求建築真、善、美的門扉。

王聰榮

國立台北科技大學建築系
暨建築與都市設計研究所教授

　　結構技師的工作內容依其執業範圍所述，包括從事橋樑、壩、建築及道路系統等結構物與基礎等的調查、規劃、設計、研究、分析、評價、鑑定、施工、監造及養護等業務；土木技師則包括從事混凝土、鋼架、隧道、涵渠、橋樑、道路、鐵路、碼頭、堤岸、港灣、機場、土石方、土壤、岩石、基礎、建築物結構、土地開發、防洪、灌溉等工程、以及其他有關土木工程之調查、規劃、設計、研究、分析、試驗、評價、鑑定、施工、監造、養護、計畫及營建管理等業務。然建築物結構之規劃、設計、研究、分析業務限於高度36公尺以下。（於民國67年9月18日以前取得土木技師資格，並於76年10月2日以前具有36公尺以上高度建築物結構設計經驗者不受建築物結構高度36公尺之限制）如此工作性質對於上述構造物之安全性掌握具有絕對及關鍵性的主導地位，因此土木、結構技師專業養成教育、長期累積之實務工作經驗、及對於面對問題的解決能力等訓練甚為重要。

　　台灣位於環太平洋地區，地震發生頻繁，有鑑於1999年9月21日發生規模7.2集集大地震，和中國大陸2008年5月12日發生規模達8.0的汶川大地震，造成傷亡人數、房屋倒塌及嚴重受損之棟數，對該地區而言均屬空前。經檢討構造物損壞原因大部分與設計、規劃、

施工、法規等因素，與土木、結構技師的執業範圍息息相關。基於上述理由，社會上對於構造物之特性除了要求其應具備美觀，創意變化等條件外，尚需慎重考慮實用性，故對於涉自身生命財產等安全性考量之重視程度與日俱增不言可喻。

　　再者，建商、建築師、或相關從業人員對於結構系統及安全的認知方面，不僅要著重於市場銷售導向和成本考量為主軸，更應以安全設計為主要依歸，兼顧社會責任為終極目標；至於政府所處的角色定位方面，除了確實督促各相關人依法行政外，亦應賦予設計者更重的責任及使用感，嚴格把關，將所有必要的環節緊緊相扣，使得整體品質有效提升。

　　最後，特別要強調這本《圖解建築結構：樣式、系統與設計》的一大特色，書中有系統地整理多種結構樣式，奠定基礎概念，圖文講解更為重點，破除傳統的引導方式，由於傳統的引導方式往往以艱深的文字及公式推導呈現，不具活潑性也不易表達清楚，讓初學者或工程師難以接受，甚至拒之於千里之外，無法引發興趣，降低其可看性。本書圖文並俱的呈現方式已是時代所趨，尤其在目前百字爭鳴的飽和市場中走出一條不一樣的道路，成為本書最大的亮點，故值得本人在此推薦。

余 烈

新北市土木建築學會理事長

余烈土木技師事務所負責人

　　本書最大特點是用大量的圖示來說明建築結構系統的主要概念，讓讀者可以很快又清楚地了解到構成建築的這些結構元素是如何有效整合成一體，提供足夠的勁度與強度來傳遞與抵抗各種形式的外力。一般學建築的人對於建築美學及建築歷史較為熟悉與感興趣，但對於結構系統則掌握度較為不足。建築美學固然重要，但是如果沒有合理的結構系統做為基礎，往往會造成結構材料的過度浪費。

　　現代建築強調永續，永續概念之一是「輕量化」，因此結構系統不合理的建築絕對是不永續的！許多土木人對建築結構系統也十分很感興趣，結構學理論及設計修習上一般多著墨於結構元素觀點，這本書可以補足此方面之不足，讓學習上更有系統、更加完整。

呂良正

財團法人臺灣營建研究院院長

建築物為多元系統的組合，近年來雖力行專業分工的精神，然而建築師仍為統合的主導者，對各種系統均須涉獵，尤其結構更與建築物之優劣息息相關，建築師雖不一定要精通於結構的分析計算，但針對系統及規劃的素養與能力則不可或缺。有良好的結構素養，在設計過程中能將空間配置造型與結構類型一併思考，將更能達成卓越與安全的創作。

書中有關結構的系統、樣式、分類與設計規劃均有詳實且生動的介紹。結構網格的圖解說明對結構系統概念的訓練與啟發更有獨到之見解，對有志從事建築設計者、未來建築師與相關從業人員，均極具研讀與參考價值。

許俊美

第14屆、第15屆中華民國全國建築師公會會務顧問

結構安全是確保各種載重下都能維持建築設計機能的重要元素，理想的結構設計必須兼顧結構安全與建築空間的設計需求。一般建築結構的書籍多從工程師的角度探討分析與設計，內容以力學理論與計算為主，而本書則是從建築設計的角度介紹基本的結構構件、接合與結構系統型式，及其與建築空間的相關性，並針對不同的建築幾何形狀提供可能的結構配置模式，有助於正在學習或已從事結構設計的工程師讀者，發展結構方案時，兼顧結構安全與建築設計構想。

此外，本書以簡要的文字有系統地介紹各種結構設計載重，並以大量的圖形描述這些力量如何透過不同形式的結構構件及路徑傳遞到大地。對於學習建築設計的讀者而言，不需透過複雜的力學原理與計算，即能掌握各種結構構件與系統的基本力學特性，進而學習如何針對建築個案的空間設計配置初步可行的結構系統。

台灣的建築，因為必須考慮到颱風與地震作用的影響，載重設計的標準比全球大部分的區域高。其中結構構件形式、配置與系統是影響建物安全性、經濟性與使用性的主要參數，重要性不言可喻，而本書的出版恰可提供一珍貴的學習平台，樂為之序。

謝紹松

永峻工程顧問股份有限公司顧問

在台灣平均每30至50年就會發生一次接近921規模的大地震，也就是說居住在台灣，每個人一輩子會遇到二～三次致命的大地震。

一棟能夠代表一個地區地標的經典建築，除了有特別的外觀、以及能夠表現當地文化或是設計風格為基本條件之外，若要能夠百年流傳為世人欣賞、讚頌，必定要有強而有力的建築結構安全做支撐。因為就算花費了大量的金錢和人力，打造得金碧輝煌，美輪美奐，但沒有好的結構安全，也不可能成為一棟傳世經典的百年建築。

本書作者非常用心地以建築師角度導入及推廣正確的結構概念，因為在現今的建築分工制度下，建築物的結構安全規劃設計皆交由專業的土木、結構技師負責。而負責設計和監造的建築師若能對結構理論和實務有更充份的認知，與結構工程師在規劃初期即緊密合作，同時考慮美學、空間規劃及結構系統安全規劃與施工性，才能成就一棟內外兼具的完美建築。而這也和我多年來一直在國內推動結構安全品質重要性的理念是一致的，故推薦這本書給需要了解建築結構的學子與建築相關專業人士閱讀，相信這本工具書一定能讓您受益良多。

戴雲發

建築安全履歷協會創會理事長

Alfa Safe耐震系統工法創辦人

導讀

　　建築結構與造型的有效鍵結，是最自然與和諧的設計，這是多數建築人都同意的觀點。造型有不同的意涵需求，而建築師為滿足這樣的意涵，就必須要能結合結構系統的特色，在考慮各種邊界條件（法規、材料、空間使用、預算……）下，將建築整合出一個可行的設計。但由於結構系統是由許多元件或桿件組合而成，因此必須對這些元件以及系統的行為有足夠的了解，才能夠善用不同的結構系統。

　　但是要深入了解不同結構系統的特性，對於現代的建築師來說是很不容易的事，因此在專業分工的概念下，就由結構／土木技師來處理結構的運算，並建議適當的結構系統供建築師採用。所以，建築師只需具備概念性的結構認知能力，似乎變成了今日業界的共同看法。至於這種概念性的認知能力要如何養成，即有不同的學派主張。在兩個極端看法上，有人強調要有基本的力學計算練習後，才能培養結構系統的能力；另一端則覺得只要去業界磨個幾年就有足夠的結構概念，介於其間的不同思考學派則諸說紛紜、莫衷一是。

　　近來很高興有機會閱讀到這一本建築結構系統的書──《圖解建築結構：樣式、系統與設計》，它嘗試從建築設計者的角度，介紹結構系統所扮演的角色，提出另一個方法來建立建築師的結構概念。本書是華盛頓大學建築系退休的程大金榮譽教授，以他近30年的專業建築能力，和Barry與Zuberbuhler兩位教授合力撰寫的一本建築結構系統教材。這本書為發行了第二版，可見得初版受到許多讀者的喜愛，才會發行再版，自有其優點及特色為其他同類書所缺。個人拜讀過內容後整理其獨有特色，願與諸君分享本書之優點如下：

（1）適當圖例的應用：本書用了許多實構的建築案例及圖形來說明某一結構系統的概念，所以讀者不會有跟不上作者腳步的疑慮。這些圖例善用了近來發展迅速的3D繪圖技巧，所以相較於其他較早期出版的同類書，圖面的詳細程度已接近一般施工圖解書的要求標準，因此很容易將作者的意圖完整地傳達給讀者。

（2）重視結構細節的表達：俗話說魔鬼藏在細節裡，一般結構會出問題，也都是來自接頭等細節部分的設計或施工錯誤。作者對於設計細節編排的注意事項，有不遺餘力的敘述。例如在屋頂結構的說明中，對於排水的細部設計都有細節描述，使得這本書具有很完整的細部介紹，讓讀者在了解系統特色時，也不至於忽略細部設計。

（3）對初學者的助益高：相較於其他結構系統的教科書，本書能夠從學生的角度出發，導引學生如何將建築設計與結構設計結合，並進一步將造型與結構系統做出量化的應用。對於傳力途徑的表示，採用了許多的圖表來說明，使初學者可以清楚地了解力量傳遞之關係及路徑，因此本書還能做為銜接許多泛論型結構系統教科書的中繼教材。書中對於選用不同結構系統的介紹中，也提出不少經驗公式，幫助初學者可以很快的做出適當的空間及斷面設計。

（4）論述層面廣：除了一般教科書會包含的不同結構系統介紹之外，本書還包含了一些近十年來逐漸受到重視的議題，例如：因應綠建築概念而興起的各種木構造之造型及斷面選用、恐怖攻擊造成房屋崩塌大量傷亡後，為防止結構體漸進式坍塌的結構系統注意事項。

（5）實用性高：書末最後一章將建築物設備系統放在一本結構系統的書內介紹，應是本書最大的特點。這個篇章並不是用來填充篇幅而已，實在是因為設備系統都需要空間安置，而且在建築物的出入口處，大都需要穿過結構體，所以這些地方的結構設計恰當與否，關係著一棟結構的完整及安全性。這是實務上經常會出現問題的來源，而作者能夠針對此現象，開始提出一些探討及說明，對執行實務工作者來說十分有助益。

讀者若要從此書得到最多的建築結構知識，根據書中的編寫方法，如果能先滿足以下兩個條件，收穫將會更多：

（1）對於基本力學有所了解，主要是力與力矩的關係，以及他們的傳遞特性與方式；

（2）對於材料的強度特性有所認識，並對於桿件受外力時會造成何種內力（如剪力圖或彎矩圖等等），以及這些內力會產生何種應力的關係有概念。

在21世紀網路盛行的今日，只要讀者有興趣於某一科目，自然可以在網路或資料庫內找到許多相關的知識來滿足我們飢渴的求知慾；但是一本編輯完善、文圖並茂的教科書，總是能夠幫我們省下許多資料搜尋的時間，快速學到完整的知識。本書在做為學校建築系結構系統教科書的使用目的上來說，已達到此一功能，盼望讀者諸君也能和我一樣，在閱讀此書的過程中，愉快地認識到不同結構系統的特色，並結合足夠的基本資料來協助手邊建築設計的進展。

姚昭智
國立成功大學建築系教授

目錄

1　建築結構
Building Structures

3　水平跨距
Horizontal Spans

2　結構樣式
Structural Patterns

4　垂直向度
Vertical Dimensions

1 建築結構
Building Structures

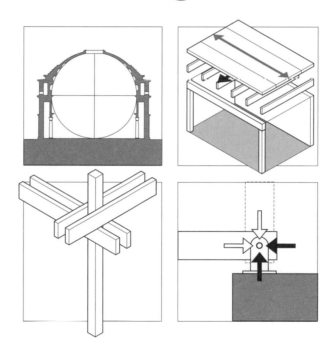

建築物是人類在土地上建造做為居住之用、且永久性相對較高的構造物。在歷史的進程中，建築最初使用樹枝、泥磚、石頭構成的簡單遮蔽物，到今日複雜的混凝土、鋼骨和玻璃結構。綜觀建築技術的演進，不變的是某些結構形式所蘊含的持久性，使建築得以抵抗重力、風力以及頻繁的地震。

我們可以將「結構系統」視為穩定的構件組合，經由設計與建造的過程合為一體，支撐建物並安全地將載重傳遞至地面，不會使組成構件承受超出容許的應力。即便結構系統的造型和材料會隨著技術與文化變動，但對所有建築而言，不論它本身的規模、環境脈絡（涵構）或使用目的為何，結構的本質是一致且至關重要的，這點在眾多失敗的建築案例中可以得到印證。

下方簡要的歷史回顧，以圖片方式呈現出結構系統的演進，從最早為了滿足人類阻擋日照、風雨需求的遮蔽物，到跨距更長、高度更高、構造益發複雜的現代建築。

西元前 6500 年： 巴基斯坦，梅赫爾格爾（Mehrgarh），以泥磚構造形成空間區分。

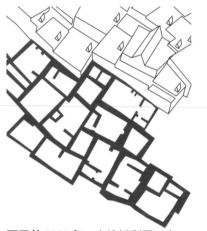

西元前 7500 年： 安納托利亞，卡塔胡由克山丘（Catal Hüyük），泥磚屋及灰泥內牆。

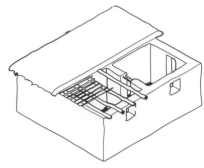

西元前 5000 年： 中國，半坡遺址（Banpo），利用厚柱來支撐屋頂的窯式住宅。

西元前 5000 年	青銅器時代

西元前 8500 年左右，農耕的出現揭開了新石器時代的序幕，到了西元前 3500 年，隨著鐵器工具的發展逐漸進入早期青銅器時代。此時，利用洞窟做為遮蔽和住居的形式已經存在超過千年，並且逐漸地有朝向建築發展的趨勢，例如將簡單延伸的天然洞窟挖鑿成岩壁成為祭祀或禮拜空間，或是在山壁上開鑿而成的整個城鎮等。

西元前 9000 年： 土耳其，哥貝克力石陣（Göbekli Tepe），目前所知世界上最早的石廟。

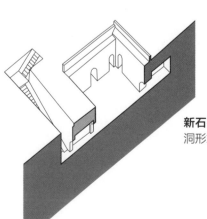

新石器時代： 中國陝西省北部，窯洞形式的住居仍延續至今。

西元前 3400 年： 蘇美人開始使用窯。

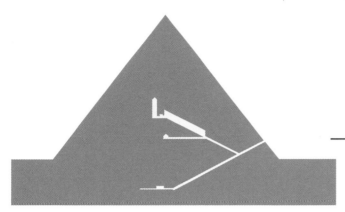

西元前 **2500** 年：埃及，古夫金字塔（Great Pyramid of Khufu），直到十九世紀，這座石造稜錐體仍是這個世界上最高的構造物。

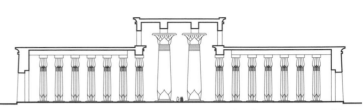

西元前 **1500** 年：埃及，卡納克神廟（Temple of Amun at Karnak），多柱廳是橫樑式石頭建築（柱與樑）的知名案例。

西元前 **2600** 年：印度河流域（現今巴基斯坦與印度之間），哈拉帕與摩亨佐達羅文明（Harappa and Mohenjo-daro），火燒磚與凸拱。

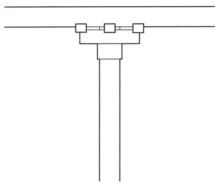

西元前 **12** 世紀：中國，周朝建築，柱頭的拱形托架（斗栱）協助支撐向外伸展的屋簷。

| 西元前 2500 年 | 西元前 1000 年 | 鐵器時代 |

雖然世界各地的穴居形式各異其趣，但絕大多數都有個共同點，那就是利用各種材料來組構房屋，以界定空間、提供棲所、家庭聚會、舉辦各種儀式等，建築物因此被賦予了特殊的意義。早期住宅以原始的木頭搭出主架構，再以泥磚做牆體、茅草覆蓋屋頂的方式組合而成。有時也會鑿挖地面來增加保暖和保護；在某些較溫暖且潮溼的區域，或是河川湖泊的岸邊，人們甚至將房屋立於墩柱上來促進通風。隨著時間推進，人類逐漸發展出使用厚重木材來建造牆面和屋頂跨距的方法，建築技法不斷地革新，特別在中國、韓國與日本建築中，更能看出這樣的發展軌跡。

西元前 **3000** 年：斯堪地那維亞，阿爾瓦斯特拉地區（Alvastra in Scandinavia），立在柱子上的小屋。

西元前 **1000** 年：安納托利亞半島，卡帕多細亞（Cappadocia），大規模開挖山壁做為住宅、教堂、修道院等使用。

西元前 **3000** 年：埃及人將草稈用泥拌合來固定風乾的磚塊。

西元前 **1500** 年：埃及人製作鎔鑄玻璃。

西元前 **1350** 年：中國商朝，發展進一步的鑄銅技術。

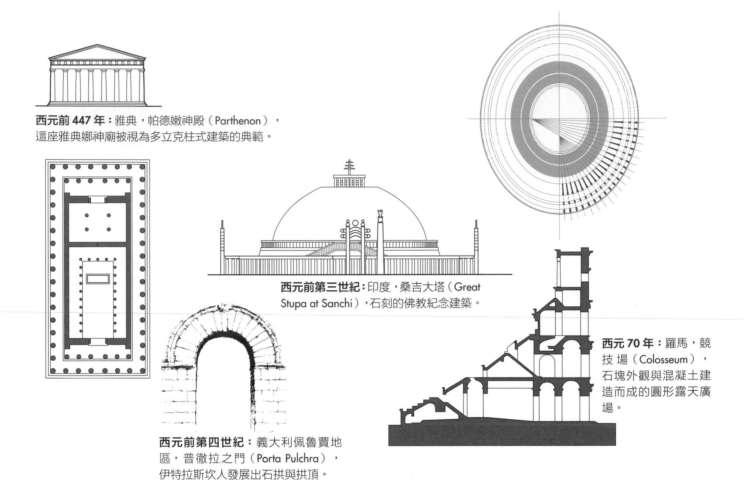

西元前 447 年：雅典，帕德嫩神殿（Parthenon），
這座雅典娜神廟被視為多立克柱式建築的典範。

西元前第三世紀：印度，桑吉大塔（Great
Stupa at Sanchi），石刻的佛教紀念建築。

西元前第四世紀：義大利佩魯賈地
區，普徹拉之門（Porta Pulchra），
伊特拉斯坎人發展出石拱與拱頂。

西元 70 年：羅馬，競
技場（Colosseum），
石塊外觀與混凝土建
造而成的圓形露天廣
場。

西元前 500 年　　　　　　　　　　　　　　　　　　　　　　　　西元元年

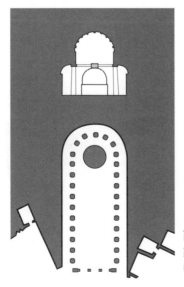

西元前 200 年：印度，
數量龐大的佛教、耆那
教、印度教的洞穴建築。

西元前 10 年：約旦，佩特拉
古城（Petra），半建造、半
鑿刻岩壁而成的皇室陵墓。

西元前五世紀：中國人鑄造鐵器。

西元前四世紀：巴比倫人
與亞述人以瀝青黏結磚石。

西元前三世紀：羅馬人利
用火山灰泥製造混凝土。

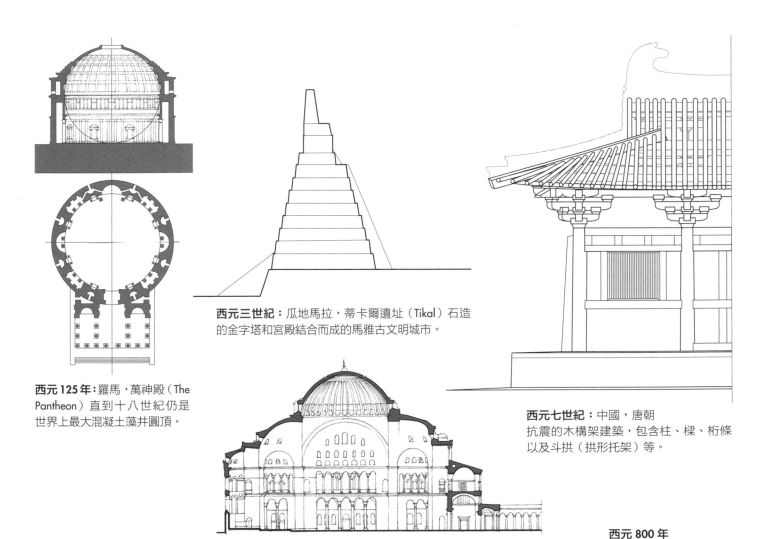

西元 125 年：羅馬，萬神殿（The Pantheon）直到十八世紀仍是世界上最大混凝土藻井圓頂。

西元三世紀：瓜地馬拉，蒂卡爾遺址（Tikal）石造的金字塔和宮殿結合而成的馬雅古文明城市。

西元七世紀：中國，唐朝抗震的木構架建築，包含柱、樑、桁條以及斗拱（拱形托架）等。

西元 532～537 年：伊斯坦堡，聖索菲亞大教堂（Hagia Sophia）中央的圓頂連接三角穹窿，使圓頂逐漸轉成方形，得以覆蓋地部的方形結構上方。低層的拱頂與拱圈使用混凝土為材料。

西元 800 年

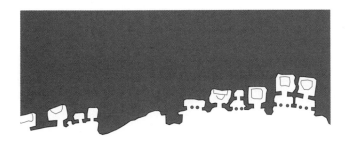

西元 460 年：中國，雲岡石窟（Yungang Grottoes）將佛寺鑿入沙石峭壁之中。

西元 752 年：奈良，東大寺（Todaiji）此佛寺是世界上最大的木構造建築；現今的重建規模是原始規模的三分之二。

西元二世紀：中國發明造紙技術。

西元 1056 年：中國，佛宮寺釋迦塔（Sakyamuni Pagoda），現存最古老的木造塔，也是世界上最高的木構建築，高度是 220 英呎（67.1 公尺）。

西元十一世紀：法國圖努斯，聖菲利伯特修道院（Abbey church of St-Philibert）超過 4 英呎（1.2 公尺）厚的無裝飾圓柱，支撐寬敞且明亮的中殿。

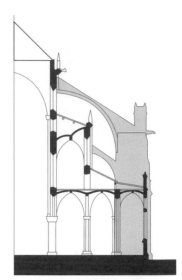

西元 1163 ～ 1250 年：法國巴黎，聖母院（Notre Dame Cathedral）切石結構構成外部飛扶壁，將來自屋頂或拱頂向外及向下的推力傳遞至完整扶壁上。

西元 1100 年：祕魯，昌昌遺址（Chan Chan）以塗覆灰泥的泥磚護城牆。

西元 900 年

當石材出現時，首先被搭蓋成防禦牆，或做為可以支撐樓板與屋頂木材跨距的承重牆。而後，逐漸發展出不同造型，石造的拱頂、圓頂能使建築物變高、跨距更大；尖拱、群柱、飛扶壁則使得石造建築物變得輕盈、開放、線條更骨感鮮明。

西元 1100 年：衣索比亞，拉利貝拉聖地（Lalibela）整塊岩石開鑿而成的獨岩教堂。

西元 1170 年：歐洲生產鑄鐵。

西元十五世紀：義大利建築師菲利普 · 布魯涅列斯基（Filippo Brunelleschi）確立了線性透視理論。

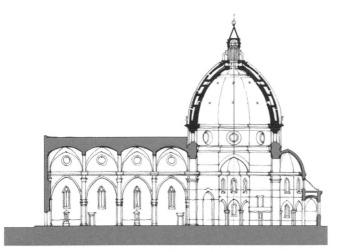

西元十三世紀：義大利，佛羅倫斯聖母百花大教堂（Cathedral of Florence）菲利普‧布魯涅列斯基設計出雙層牆殼構造的大圓頂，以木桶造型將內外層支撐住，使圓頂能在沒有任何鷹架或支撐物的情況下興建完成。

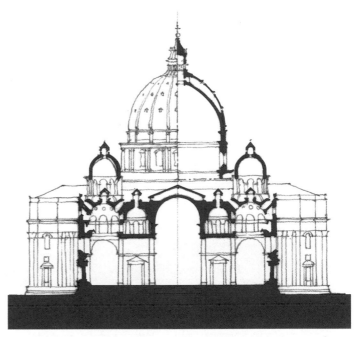

西元 1506 ～ 1615 年：義大利，羅馬聖彼得大教堂（St. Peter's Basilica）經由多納托‧伯拉孟特（Donato Bramante）、米開朗基羅（Michelangelo）、賈科莫‧德拉博塔（Giacomo della Porta）等多位建築師之手建造而成，至今仍是世界上最大的教堂，占地 5.7 英畝（23,000 平方公尺）。

西元 1400 年

西元 1600 年

早在西元六世紀時，伊斯坦堡聖索菲亞大教堂的主要拱廊便以鐵棒做為拉力桿；在中世紀及文藝復興時期，鐵件可做為裝飾和結構的配件，例如，用來加強石造結構的暗榫及繫件。但直到十八世紀新的生產技術出現之後，才能大量製造鑄鐵與鍛鐵，做為車站、市場等公共建築骨架的結構材料。爾後，大量的石牆和石柱構造逐漸轉變成以鐵建和鋼構為主的輕盈樣式。

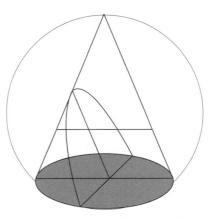

西元 1638 年：伽利略（Galileo）出版第一本書《關於兩門新科學的對話》《The Discourses and Mathematical Demonstrations Relating to Two New Sciences》，這兩門科學指的是材料力學和動力學。

西元十六世紀初期：高爐的出現提升了煉鐵技術，得以大量生產鑄鐵。

西元 1687 年：艾薩克‧牛頓（Isaac Newton）發表了《自然哲學的數學原理》《Philosophiae Naturilis Principia Mathematica》，描述萬有引力以及三大運動定律，奠定了古典力學的基礎。

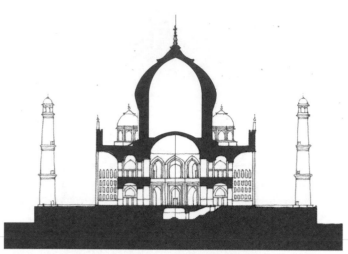

西元 **1653** 年：印度，阿格拉，泰姬瑪哈陵（Taj Mahal）由建築師阿哈邁德‧拉合里（Ahmad Lahauri）設計，這個極具代表性的白色圓頂以及大理石陵墓是蒙兀兒王朝的皇帝沙賈汗（Shah Jahan）為了紀念妻子慕塔芝‧瑪哈（Mumtaz Mahai）而建造。

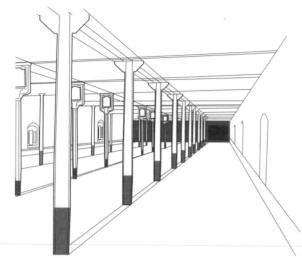

西元 **1797** 年：英格蘭，什魯斯伯里，迪瑟林頓亞麻磨坊（Ditherington Flax Mill）建築師受英國發明家威廉‧史卓特（William Strutt）的影響而完成這個設計，整體結構以鑄鐵樑柱組合而成，是世界上最古老的鋼構架建築物。

西元 **1700** 年	西元 **1800** 年

十八世紀晚期～十九世紀初期：工業革命造成農業、製造業和流通運輸業的重大變革，也改變了英國等地的社會經濟與文化氛圍。

十九世紀初，受工業革命影響，工廠、住宅、公共服務空間的規模擴大，中央暖房系統於是成為當時普遍的模式。

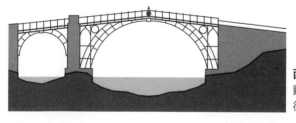

西元 **1777 ～ 79** 年：英國，寇爾布魯克戴爾（Coalbrookdale）的鐵橋，由普利卡德（T. M. Pritchard）所建造。

西元 **1711** 年：英國人亞伯拉罕‧達比（Abraham Darby）以焦碳來煉鐵，然後將鐵料灌注在沙模裡，生產出高品質的鐵製品。

西元 **1801** 年：托馬斯‧楊（Thomas Young）研究物體的彈性，並將自己的研究成果命名為楊氏係數。

西元 **1735** 年：法國人查爾斯‧康德曼（Charles Maria de la Condamine）在南非發現橡膠。

西元 **1778** 年：英國人喬瑟夫‧布拉馬（Joseph Bramah）開發出具實際效用的抽水馬桶。

西元 **1738** 年：瑞士人丹尼爾‧白努力（Daniel Bernoulli）發現液體流動與壓力的關係。

西元 **1779** 年：布萊‧希金斯（Bry Higgins）開發出可將外牆塗上灰泥的水硬性水泥。

西元 1851 年：倫敦，海德公園水晶宮（Crystal Palace in Hyde Park）建築師約翰・派克斯頓（John Paxton），利用加工鐵件和玻璃製成的預鑄單元，組合出一個面積達 990,000 平方英尺（91,974 平方公尺）的展覽空間。

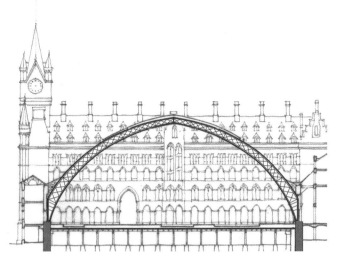

西元 1868 年：倫敦，聖潘克拉斯火車站（St. Pancras Station），建築師為威廉・巴洛（William Barlow）。以桁架拱圈結構配合樓板下方的繫桿來抵抗外推力。

西元 1860 年

有證據指出，幾千年前中國人就已經使用石灰和火山灰的混合物建造出位於陝西的金字塔，但直到羅馬人將火山灰發展成水硬性水泥後，才比較接近於現今所使用的波特蘭水泥。西元 1824 年，阿斯普丁（Joseph Aspdin）成功調配出波特蘭水泥的配比，之後在 1848 年，蘭伯特（Joseph-Louis Lambot）發明了鋼筋混凝土，混凝土於是成為未來建築結構的熱門材料。

西元 1856 年：英國人貝瑟麥（Henry Bessemer）提出大規模將生鐵煉成鋼的生產程序，使製鐵成本變得相對便宜，自此進入現代製鐵的時代。

西元 1850 年：紐約人瓦特曼（Henry Waterman）發明了現代電梯的雛形。

西元 1853 年：美國工程師歐帝斯（Elisha Otis）推出了具有安全裝置的電梯，可防止纜線斷裂、車廂掉落所造成的傷害，西元 1857，第一部歐帝斯載客電梯安裝於紐約市。

西元 1824 年：英國石匠阿斯普丁研發出波特蘭水泥的製造方法。

西元 1827 年：德國科學家歐姆（George Ohm）發現了電流、電壓和電阻之間的公式定律。

西元 1855 年：英國人帕克斯（Alexander Parkes）開發出賽璐珞片，是合成塑膠材料的首例。

西元 1867 年：法國園丁莫尼葉（Joseph Monier）發明了鋼筋混凝土。

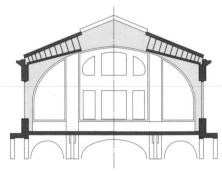

西元 1884 年：芝加哥，家庭保險大樓（Home Insurance Building）由建築師詹尼（William Le Baron Jenney）所設計，鋼和鑄鐵構成的十層樓結構承載著大部分的樓板和外牆重量。

西元 1889 年：巴黎，艾菲爾鐵塔（Eiffel Tower）由古斯塔夫‧艾菲爾（Gustave Eiffel）所建造，取代華盛頓紀念碑（Washington Monument）成為世界上最高的建築結構，這項紀錄一直保持到 1930 年紐約的克萊斯勒大樓（Chrysler Building）建造完成為止。

西元 1898 年：法國蓋布維萊，公共室內游泳池（Public Natatorium in Gebweiler）由瑞士工程師居布林（Eduard Züblin）所設計，鋼筋混凝土造的屋頂拱頂由五個剛性構架所構成，框架間以輕薄木板填滿。

西元 1875 年　　　　　　　　　　　　　　　　　　　　　　　　　　　西元 1900 年

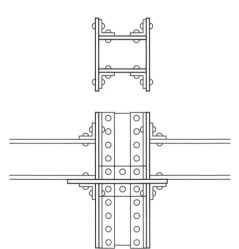

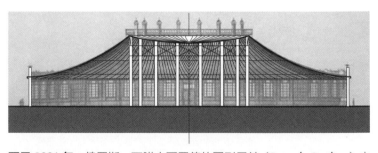

西元 1881 年：查理斯‧路易斯斯托博（Charles Louis Strobel）將輾軋加工鐵的斷面尺寸以及固定連接的方式加以標準化。

西元 1896 年：俄羅斯，下諾夫哥羅德的圓形展館（Rotunda-Pavilion）由建築師維拉吉米爾‧舒霍夫（Vladimir Shukhov）設計，舉辦了當時的全俄工業暨藝術展覽會，是世界上第一座鋼筋拉力結構的建築物。

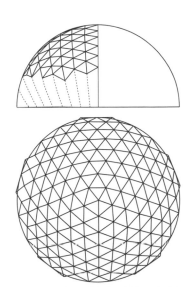

1453 英呎（442.9 公尺）

西元 1903 年：俄亥俄州辛辛那堤，英格爾斯大樓（Ingalls Building）由當地建築師艾爾茲納和安德森（Elzner & Anderson）共同設計，是第一棟以鋼筋混凝土建造的高層建築。

西元 1922 年：德國耶拿的天象儀由包爾菲爾德（Bauerfeld）設計，是有記載以來第一座當代的幾何弦線圓頂，源自於二十面體的概念。

西元 1931 年：美國紐約市，帝國大廈（Empire State Building），由席里佛-蘭勃-哈蒙建築事務所（Shreve, Lamb, and Harmon）主持設計，直到西元 1972 年為止，是世界上最高的建築物。

西元 1940 年

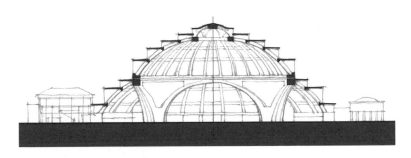

西元 1913 年：波蘭，布雷斯瓦地區（現改名為弗羅茨瓦夫）的百年廳（Jahrhunderthalle/Centennial Hall）由德國著名建築師馬克斯·伯格（Max Berg）設計，鋼筋混凝土結構包含一座直徑 213 英呎（65 公尺）的圓頂。這項設計對混凝土在大型圍閉公共空間的運用，產生了重大影響。

隨著鋼材品質的改善和應力分析技術的電腦化，鋼結構變得更加輕巧，接頭也更加穩固，使得鋼結構的整體鋪排可以更具規模。

西元 1903 年：亞歷山大·格雷漢·貝爾（Alexander Graham Bell）針對空間結構的造型進行實驗，引發後來富勒（Buckminster Fuller）、曼格林豪森（Max Mengeringhausen）、瓦克斯曼（Konrad Wachsmann）等人對於空間構架的深入探討。

西元 1919 年：德國建築師華特·格羅庇斯（Walter Gropius）創立包浩斯學院（Bauhaus）。

西元 1928 年：法國工程師弗雷西奈（Eugène Freyssinet）發明預力混凝土。

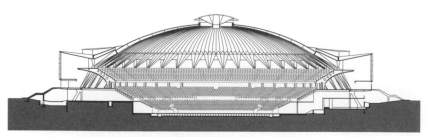

西元 1960 年：義大利，羅馬體育館（Palazzo Dello Sport）由義大利政府委託建築師奈爾維（Pier Luigi Nervi），為迎接 1960 年夏季奧運所設計的場館，是肋格狀的鋼筋混凝土圓頂，直徑達到 330 英呎（100 公尺）。

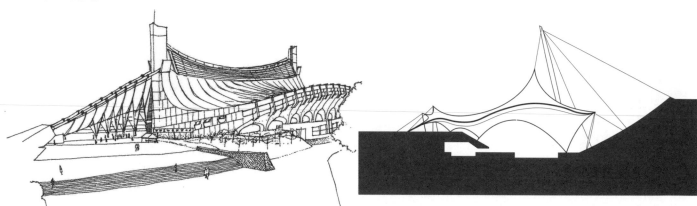

西元 1961 年：日本，東京奧林匹克競技場（Olympic Arena）由建築師丹下健三（Kenzo Tange）設計。在建造當時是世界上最大的懸吊屋頂結構，所使用的鋼纜由兩座大型鋼筋混凝土支柱懸吊支撐。

西元 1972 年：德國，慕尼黑奧林匹克游泳競技場（Olympic Swimming Arena）由弗瑞‧奧托（Frei Otto）設計，將鋼纜與薄膜結合，創造出一個極度輕巧且長跨距的結構。

西元 1950 年　　　　　　　　　　　　　　　　　　　　　　　　　**西元 1975 年**

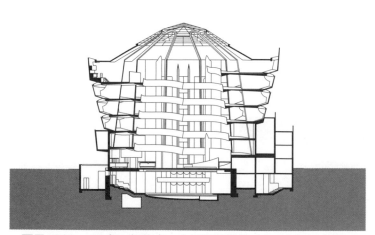

西元 1943 ～ 59 年：紐約市，古根漢美術館（Guggenheim Museum, New York），由建築師法蘭克‧洛伊‧萊特（Frank Lloyd Wright）設計。

西元 1955 年：發展出商用電腦。

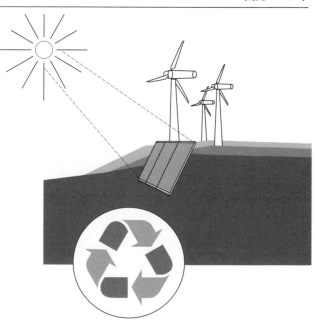

西元 1973 年：石油價格上漲引發替代能源的研究熱潮，節能環保於是成為建築設計時重要的思考元素。

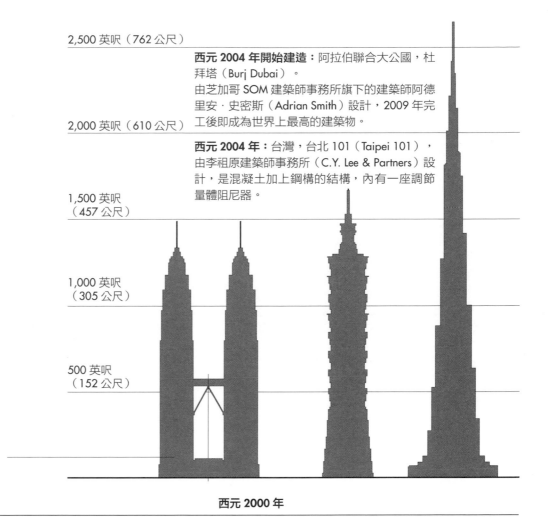

2,500 英呎（762 公尺）

西元 2004 年開始建造：阿拉伯聯合大公國，杜拜塔（Burj Dubai）。
由芝加哥 SOM 建築師事務所旗下的建築師阿德里安·史密斯（Adrian Smith）設計，2009 年完工後即成為世界上最高的建築物。

2,000 英呎（610 公尺）

西元 2004 年：台灣，台北 101（Taipei 101），由李祖原建築師事務所（C.Y. Lee & Partners）設計，是混凝土加上鋼構的結構，內有一座調節量體阻尼器。

1,500 英呎
（457 公尺）

1,000 英呎
（305 公尺）

500 英呎
（152 公尺）

西元 1998 年：馬來西亞，吉隆坡雙峰塔，又稱雙子星塔（Petronas Towers）。
由建築師西薩·佩里（Cesar Pelli）設計，世界最高建築物的頭銜一直持續到 2004 年台北 101 完工後才拱手讓人。

西元 2000 年

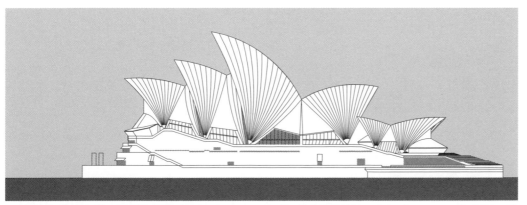

西元 1973 年：澳洲，雪梨歌劇院（Sydney Opera House）由建築師約恩·烏松（Jørn Utzon）設計，以預鑄及場鑄混凝土肋筋構成這座極具標誌性的貝殼結構。

建築結構

前幾頁回顧了世界各地的建築歷史，想傳達的不僅是結構系統的演進過程，也探討結構系統在過去各個年代建築物中扮演的角色，以及未來持續會產生的影響。從空間、形式、結構的總和中所透露出的建築之美，雖然很難用言語形容，身處其中的人卻能心領神會。結構系統為建築物中的其他系統提供不同形狀、不同類型的空間，讓人們得以進行日常生活的各種活動。這樣的關係就如同人體骨骼，以不同的形狀與姿態，為內臟與各級器官組織提供支撐。因此當我們論及建築結構時，所指的就是利用某種協調的方法，將空間與造型統合起來。

設計建築結構時所涉及的層面，遠比測量單一元素或構件的尺寸、或是設計特定的結構群組都要來得廣，這不只是單純追求平衡或解除應力的任務，而是需要考量全面的秩序，包含整體配置、結構元素的尺度、組裝接合的方式是否呼應設計概念、強化設計提案中的造型和空間構成，並且確保整體結構在施工時的可行性。因此，我們必須意識到結構是由各種零件互相連接、彼此關聯的一套系統，也必須對結構系統的類型、結構元素和配件特性有充分的掌握。

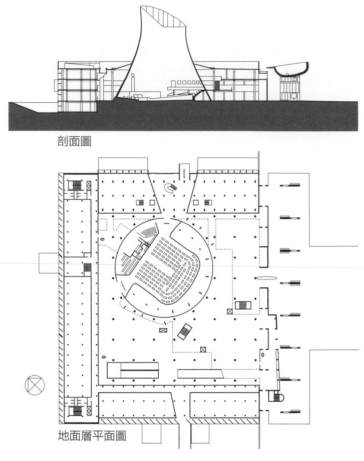

剖面圖

地面層平面圖

印度，香地葛，議會大樓（Parliament Building）：1951 ～ 1963 年，由瑞士建築師勒・柯比意（Le Corbusier）所設計。

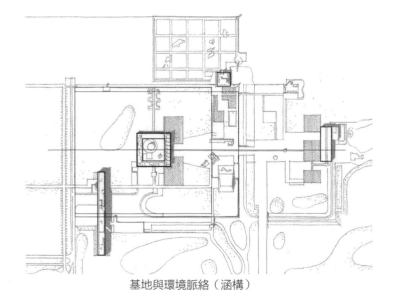

基地與環境脈絡（涵構）

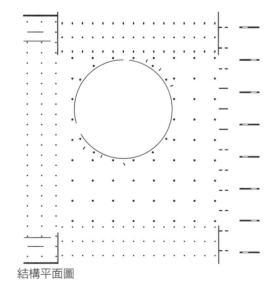

結構平面圖

要了解結構系統對建築設計的影響，就必須留意結構系統與建築概念、空間體驗，以及環境脈絡秩序之間的關聯。

- 形式和空間的構成方式
- 形式和空間的定義、尺度和比例
- 形狀、形式、空間、光線、顏色、質感及樣式的品質
- 從人們活動的範圍和面向中整理出活動的秩序。
- 依據使用目的和機能來區分各種空間
- 進出建築物的出入口和穿過建築物的水平與垂直動線
- 建築物做為整合自然環境和居住環境的要件
- 需具有該地的感覺與文化特性

本章的其他小節會針對結構系統，從幾個主要觀點，包含結構系統是如何支撐、強化建築、如何將抽象概念落實成具體的建築等方面來說明。

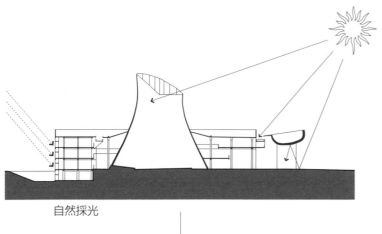

自然採光

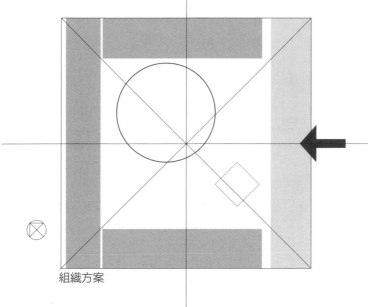

組織方案

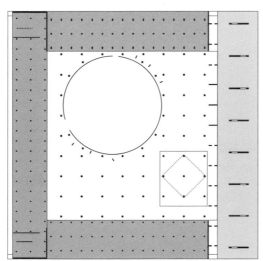

以結構實現構想中的組織方案

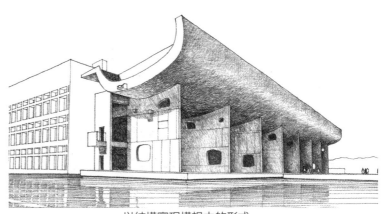

以結構實現構想中的形式

建築結構

形式的意圖

在建築設計時，關於結構系統對建築形式的影響，基本上有三種因應策略：

- 將結構顯露出來
- 將結構隱藏起來
- 彰顯特定結構

顯露結構

在十八世紀末鋼鐵構造出現之前，主要都是由砌石與石造承重牆系統支配著建築的發展。石造結構系統是圍塑空間的基本方法，能夠將建築形式真實而直接地表達出來。

建築形式的改變，通常都是為了在建築中製造額外的元素、減少閒置空間，或是減輕結構量體，因而改變結構材料的鑄造或鑿刻方式所造成。

即使到了現代，無論是木造、鋼構或混凝土造的方式，仍有許多建築物以其顯露的結構做為建築形式上的主要特徵。

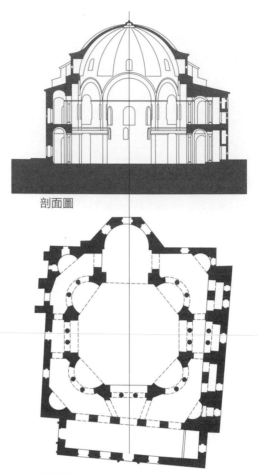

剖面圖

平面圖

西元 527～536 年：土耳其，伊斯坦堡，聖格魯斯及酒神巴格斯，又稱小聖索菲亞教堂（SS. Sergius and Bacchus）。
鄂圖曼大帝將這間東正教教會改建成清真寺，主要特徵便是中央的圓頂結構，據傳這就是聖索菲亞大教堂的原型。

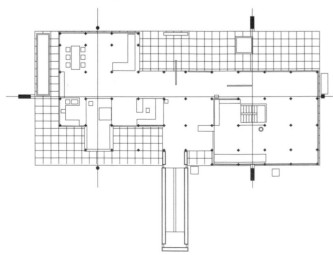

西元 1967 年：瑞士，蘇黎士，柯比意中心，又稱海蒂·韋伯博物館（Centre Le Corbusier/Heidi Weber Pavilion）。
由柯比意（1887～1965）操刀設計，鋼傘結構罩在鋼構框架模組之上，牆面則以琺瑯鋼板及玻璃形成。

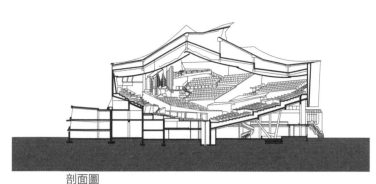

剖面圖

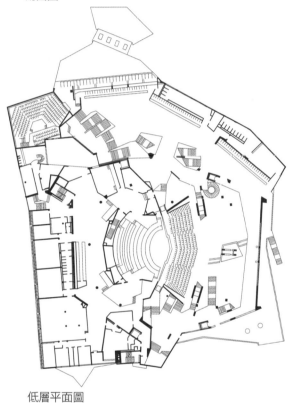

低層平面圖

隱藏結構

在這種策略下，結構系統被建築物外牆與屋頂遮蔽或模糊化。某些隱藏結構的做法是為了因應實際的需要，例如為了防火考量而必須將結構元素包覆起來；或是出於整合上的考量，例如預期的外觀形式和內部的空間需求有所差異。以後者來說，當建築外殼的形式受到基地條件的限制時，內部空間就必須配合結構而進行必要的統整。

不過，建築的結構系統變得模糊，有可能是因為設計者只想要自由地表現建築的外殼樣貌，而不思考結構系統產生的增強或削弱作用；或者是因為疏忽而非刻意為之。但無論如何，這兩種情形都會引起以下的合理懷疑：這樣的設計究竟是刻意的、還是偶然？是有意的、又或是所謂的「無心插柳」？

 西元 1960～63 年：德國，柏林愛樂廳（Philharmonic Hall）由建築師漢斯·夏隆（Hans Scharoun）設計，是表現主義建築的典範。這座音樂廳屬於不對稱的結構，有著像帳棚一般的混凝土屋頂，舞台位在階梯式看台的中央。相較於音樂廳的機能與聽覺需求，它的外觀表現反而成為次要的考量。

西元 1991～97 年：西班牙·畢爾包古根漢美術館（Guggenheim Museum, Bilbao）這座當代美術館由法蘭克·蓋瑞（Frank Gehry）設計，以雕刻感和包覆鈦金屬板的特殊造型聞名，難以用傳統建築的語彙去理解。而這個隨機式造型的輪廓與構造之所以能成立，是基於 CATIA 的應用，整合了電腦輔助設計（CAD）、電腦輔助工程（CAE）、以及電腦輔助製造（CAM）等套裝應用軟體。

▼

建築結構

彰顯結構

建築的結構不僅可以顯露出來，還能發展成設計的亮點，彰顯結構形式和材料的特質。例如展現活力的薄殼結構和膜結構，都是討論彰顯結構時的最佳範例。

還有一些建築案例充分凸顯建築結構抵抗各種作用力的高強度而經常成為指標性的象徵，舉世聞名的艾菲爾鐵塔和雪梨歌劇院正是最佳證明。

當我們在評判一棟建築物是否刻意彰顯其結構時，必須謹慎地從豐富的外形分辨它是否蘊含結構性的表現。有些建築物外形只是表面上看起來很像彰顯結構，但其實並沒有任何特殊的結構設計。

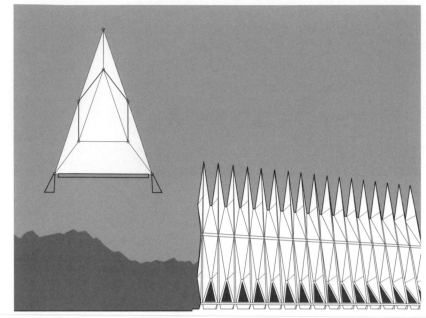

西元 1956 ～ 62 年：美國科羅拉多州，美國空軍官校小禮拜堂（Air Force Academy Chapel）由華特‧奈許和芝加哥 SOM 建築師事務所（Walter Netsch/Skidmore, Owings and Merrill）設計。宛如衝上雲霄的尖聳結構是由 100 個完全相同的四面體構成，透過獨立的三角形單元和三角形斷面來達到結構的穩定性。

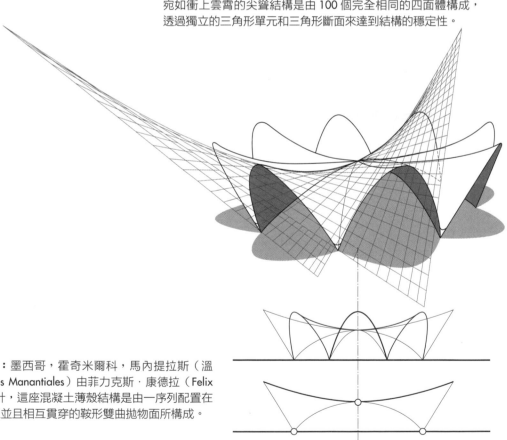

西元 1958 年：墨西哥，霍奇米爾科，馬內提拉斯（溫泉）餐廳（Los Manantiales）由菲力克斯‧康德拉（Felix Candela）設計，這座混凝土薄殼結構是由一序列配置在放射狀平面上並且相互貫穿的鞍形雙曲拋物面所構成。

西元 1958 ～ 62 年：美國，維吉尼亞州尚蒂利地區，杜勒斯國際機場主航站（Main Terminal, Dulles International Airport）由埃羅·沙里寧（Eero Saarinen）設計，鏈狀的鋼纜懸吊在兩道向外傾斜的長柱廊之間，成排的尖錐柱體承載著一整片曲線優雅的混凝土屋頂，透露出飛翔的概念。

西元 1979 ～ 85 年：中國，香港，匯豐銀行總行（Hong Kong and Shanghai Bank）由諾曼·佛斯特（Norman Foster）設計，以四根外層用鋁包覆的鋼柱為單位，從基礎升起八個單位的垂直桅桿，支撐五個水平的懸吊桁架，再由水平桁架分別吊引各層的樓板結構。

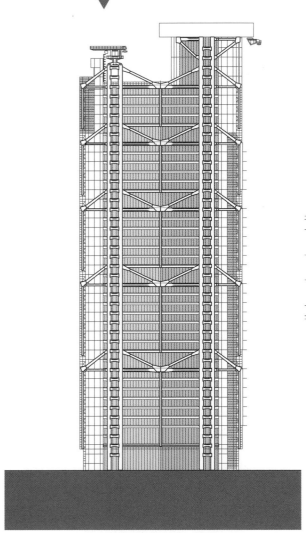

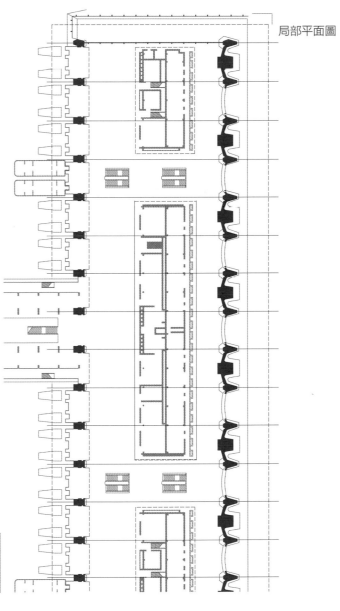

局部平面圖

立面圖和結構平面圖

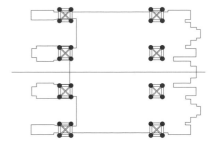

建築結構

空間的構成

建築物結構系統的形式，和支撐與跨距元素的樣式，主要會以下列兩種方法來配置、構成整體空間：第一是使結構系統和空間的構成達成高度一致性；第二則是以較寬鬆的關係處理結構系統和空間樣式，使空間配置更自由、更具彈性。

一致性

當採取結構形式與空間構成高度吻合的手法時，若不是由結構支撐與跨距系統的樣式決定建築物的空間配置，就是由空間配置決定結構系統的類型。在設計過程中，哪一種會先出現呢？

照理來說，一個理想的設計過程應該將空間和結構視為建築形式的共同要素，一併思考。但實際操作時，通常會先從使用需求考量空間配置，然後才處理結構問題；當然，偶爾也有由結構形式主導的案例。

但不管哪一種情形，如果是由結構系統決定特定尺寸的空間樣式，甚至特定的使用方式，將來有新增用途或改造需求時，因應變更的彈性都會比較低。

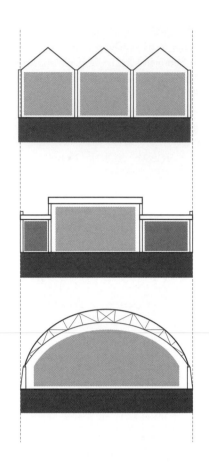

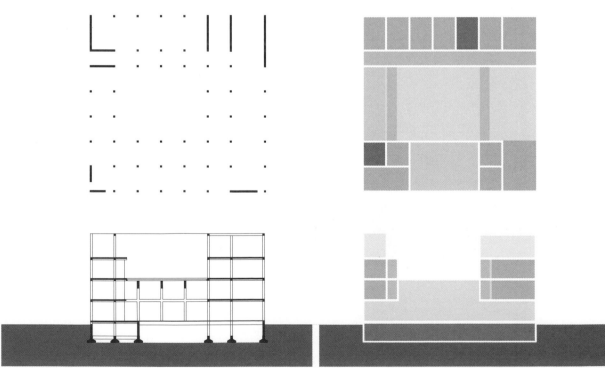

1932 ～ 36 年：義大利，科莫，橫樑之屋（Casa del Fascio）由吉賽佩・提拉尼（Giuseppe Terragni）設計。上方分別是結構、空間配置的剖面圖和平面圖。

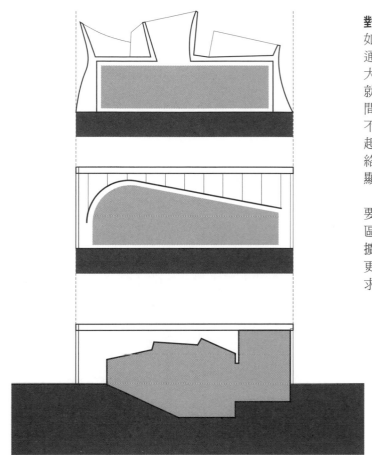

對比

如果結構的形式和空間構成無法達成一致時，通常會從中找出優先順序。例如：當結構量體大到足以包覆或圍起一連續空間時，結構系統就會成為優先考量的重點；反之，也可能由空間的構成主導，而將結構隱蔽起來。不規則或不對稱的結構系統可以將普通的空間構成隱藏起來；或者，結構網格形成的一致性或點狀網絡，也能做為自由空間構成時的依據，或是凸顯兩者的差異，形成強烈對比。

要讓空間配置保持可變動的彈性，就必須清楚區隔出空間和結構。如此一來，未來才有可能擴增空間，建築物中不同建造系統的特性也能更加分明，藉此傳達出室內與室外的不同需求、概念以及兩者的關係。

西元 1994 ～ 2002 年：義大利，羅馬，西諾波里音樂廳（Sala Sinopoli, Parco della Musica）由倫佐·皮亞諾（Renzo Piano）設計，第二層結構支撐包覆鉛板的屋頂，用來降低外部噪音進入觀眾席造成干擾的情形；第一層結構則用來支撐以櫻桃木包覆的室內牆面和天花板，做為調節聲音環境之用。

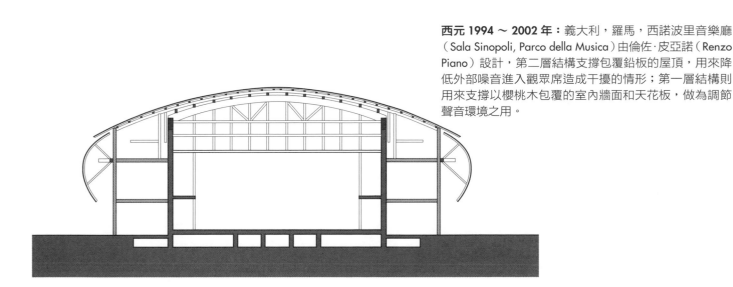

建築結構

結構系統

「系統」的定義是，一群相互關聯或依存的元素，為提供共同的目的而組成一個較複雜的整體。因此，一棟建築物可被視為若干系統與子系統的具體化表現，各系統與子系統之間必須彼此相關、協調及整合，並且在三維向度中將空間的組織統整為一體。

其中以結構系統的角色最為特殊，它由一群穩定的結構元素所組成，目的是支撐建築物，並將各種載重安全地傳遞至地面，不讓構件的受力超出容許應力的範圍。在承受載重時，每一個構件都同時具有統一的特性和特定的力學行為。不過，在將單一構件獨立出來研究找答案之前，設計師必須先了解在建案的設計和脈絡形式、空間和相互關係所形成的整體中，結構系統如何容受與支撐的原理。

在這裡我們先不談建築物的尺寸和尺度，而只就結構的物理系統和圍蔽這兩個定義、所組織起結構的形式和空間來說，這些元素還可進一步分類成底部結構和上層結構。

底部結構

底部結構是指建築物最底部的部分──基礎，其中有局部或完全建構在地面下。基礎的主要功能是支撐且錨定上層結構，同時將載重安全地傳遞至地層。因為基礎是分配和消解建築物載重的關鍵媒介，即便外觀看不出來，還是必須滿足上層結構的形式與配置，同時也必須回應下方土壤、岩層和水位的不同條件。

基礎所承受的主要載重包括了建築物本身的固定載重（靜載重），以及人和家具等垂直作用在上層結構的活載重。此外，基礎系統還必須牢固地支撐上層結構，以免風力造成滑動、傾覆或上抬，並且要禁得起地震引起的突發性地層運動，地下室牆體也要能抵抗周圍土壤與地下水所施加的壓力。在某些案例中，基礎系統可能還得承受來自拱結構或張力結構的外推力。

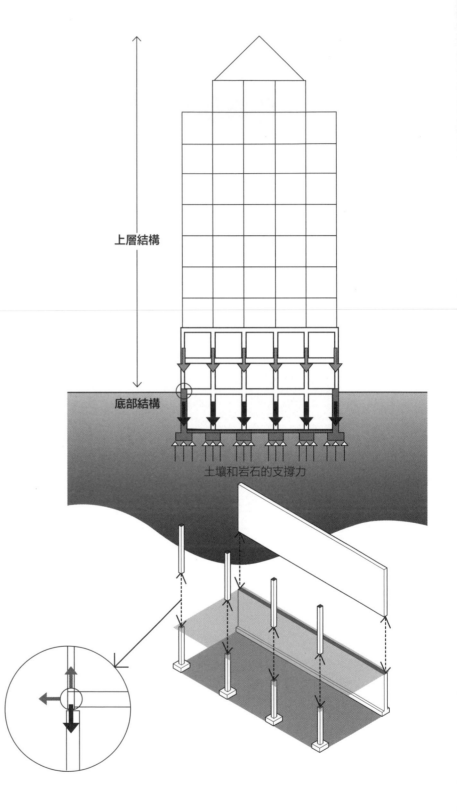

上層結構

底部結構

土壤和岩石的支撐力

建築物的基地和周邊環境對底部結構類型的選擇、以及之後設計的結構樣式都有很大的影響。

- 與上層結構的關係：一般的情況下，基礎的類型和樣式會影響上層結構的支撐配置方式。要有良好的結構效率，傳遞載重時必須盡可能維持垂直連續的傳布方式。
- 土壤類型：建築結構的整合度最終仍視基礎下方的土壤、岩層的穩定性和強度而定。也就是說，下層土壤或岩層的載重承受力有可能會限制建築物的尺寸，不然就得設計更深的基礎才行。
- 與地形的關係：建築基地的地形特徵都隱含著生態面和結構面的關係和結果。任何一塊基地在進行開發時，對自然環境中的排水趨向、是否會遭遇洪水、侵蝕、地形滑動等危害、是否能保護原有自然棲地等，都必須相當關注才行。

淺基礎

在相對較靠近地表處有承載力足夠的穩定土壤時，可以使用淺基礎或擴展式基礎來支撐建築物。淺基礎會直接設置在底部結構的最下方，將建築物載重垂直地傳遞到支撐的土壤層。淺基礎可採下列任何一種幾何形式來建構：

- 點狀：柱基腳
- 線形：基礎牆和基腳
- 面狀：板式基礎。以經過強化的厚重混凝土板做為承載多根柱子、或一整棟建築的獨立塊狀基腳，通常使用於土壤的容許承載力小於建築物的載重時，或是當內部的柱基礎太粗，因而就經濟的考量，將個別的基礎整併成一個混凝土板。板狀基礎可利用格狀骨架的肋筋、樑或壁體等做法，使整體更加堅固。

深基礎

- 深基礎由沉箱或樁構成，會往下延伸穿過不夠穩當的土壤層，將建築物的載重轉移到上層結構下方更適合承重的岩石層、或密實的砂層和礫石層中。

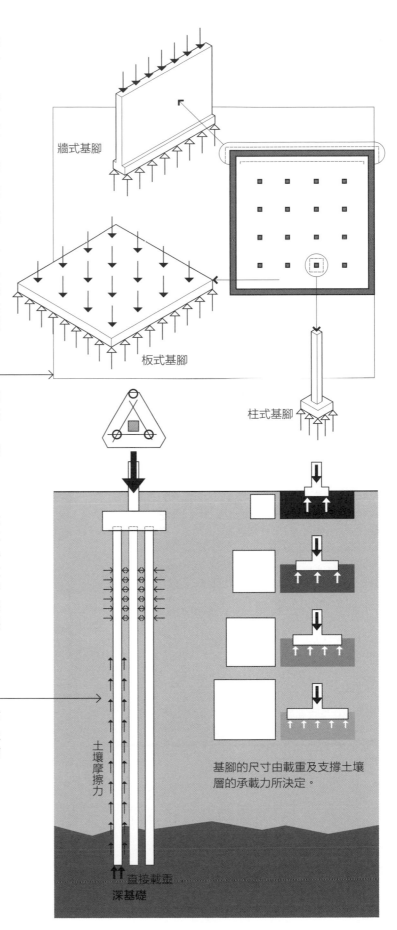

牆式基腳

板式基腳

柱式基腳

土壤摩擦力

直接載重

深基礎

基腳的尺寸由載重及支撐土壤層的承載力所決定。

結構系統

上層結構

上層結構也就是在建築物基礎上方的垂直延伸部分，包含了定義建築物形式的建物外殼，和定義建物空間配置與構成方式的內部結構。

外殼

外殼，或稱建築物的皮層，包含了屋頂、外牆、門、窗等，能為建築物的內部空間提供保護和屏蔽的功能。

- 屋頂和外牆能遮蔽室內空間、抵擋險惡的天氣，同時透過層層的構造組合來調節濕度、溫度和氣流。
- 屋頂和外牆還能抑制噪音、提供住戶安全與隱密感。
- 大門是進出的通道。
- 窗戶是光線和空氣的通道，也是觀賞風景的開口。

內部結構

內部結構系統必須支撐建築物的外殼、室內樓板、牆體與隔間，同時將應力載重傳遞至底部結構。

- 樓板與屋頂結構由柱、樑和承重牆來支撐。
- 樓板結構以表面平坦為原則，以便內部空間放置家具、進行室內活動。
- 內部結構牆和不具承重功能的隔間能將建築物的內部劃分為多個空間單元。
- 側向穩定性由可抵抗側向力的元素來支撐。

建造過程是先施作底部結構、再往上逐步築起上層結構，上層結構再以同樣的路徑，將載重向下傳遞至底部結構。

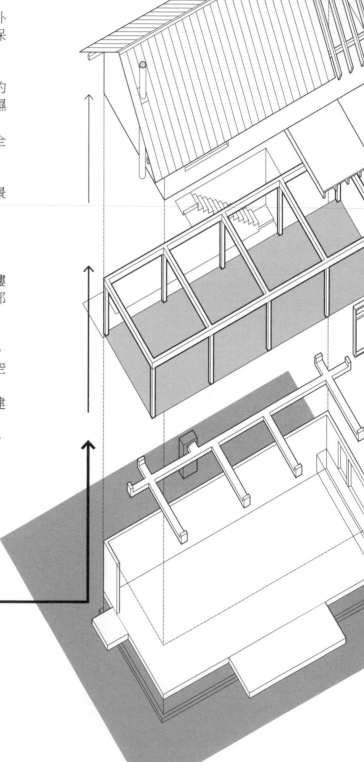

進行建物設計時，有意採用的形式可能取決基地條件、環境脈絡、建案計畫與機能、某種目的或意義。然而，在思考形式和空間的各種選擇之際，也應該同時規畫可行的結構方案，包括如何調和材料、使用的支撐形式、跨距大小、裝置抵抗側向力的系統等，並進一步思考這些結構項目會如何影響、支持、強化設計概念的形式與空間感。

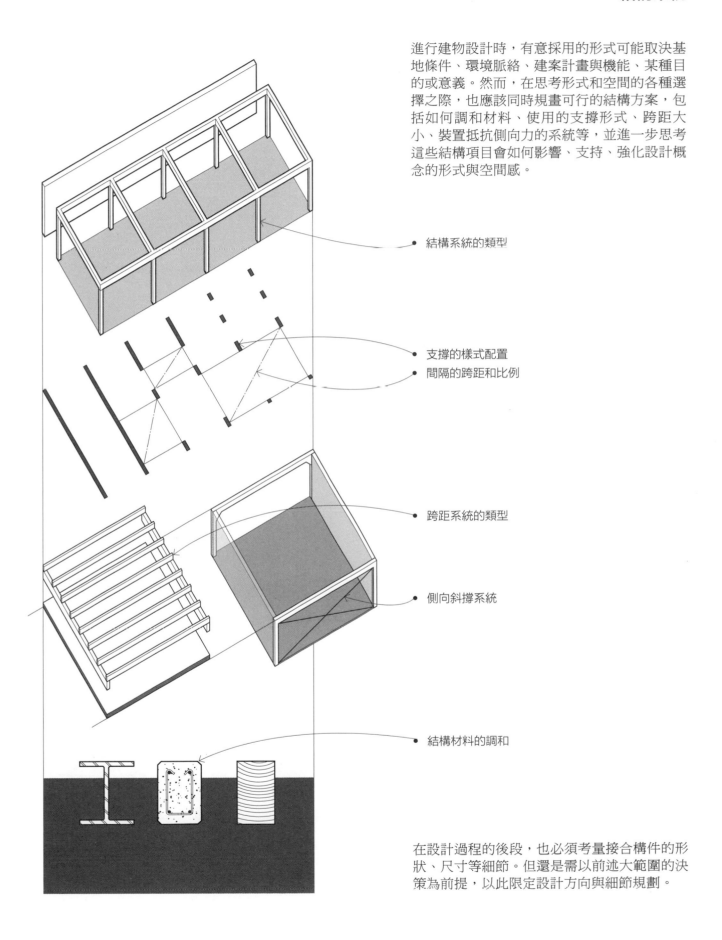

● 結構系統的類型

● 支撐的樣式配置
● 間隔的跨距和比例

● 跨距系統的類型

● 側向斜撐系統

● 結構材料的調和

在設計過程的後段，也必須考量接合構件的形狀、尺寸等細節。但還是需以前述大範圍的決策為前提，以此限定設計方向與細節規劃。

結構系統

結構系統的類型

在賦予結構系統和空間構成的表現獨特定位之前,如果能了解不同結構系統都有其對應的應力、和重新分配受力傳遞至基礎的形式特徵,就能在結構系統上做出適當的選擇。

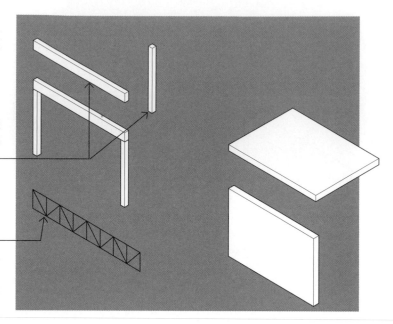

- 體積作用結構,例如樑與柱,主要是藉由在材料體積內的傳送過程和材料的連續性,將外部力量傳導出去。

- 向量作用結構,例如桁架,主要是透過張力與壓力構件的組合,將外部的力量傳導出去。

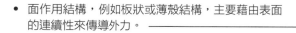

- 從承重牆、樓板、屋頂板、拱頂、圓頂等構件的比例,不但能看出它們在結構系統中所扮演的角色,材料的特性也展露無遺。例如,一道石造的牆體能承受的壓力比彎曲力要來得大;若要達到同等承力效能,石牆也會比鋼筋混凝土牆來得厚。當承受相同載重時,鋼柱會比木柱細;鋪板時,一片 4 英吋厚的強化混凝土板支撐的跨度會比 4 英吋的木板來得長。

- 面作用結構,例如板狀或薄殼結構,主要藉由表面的連續性來傳導外力。

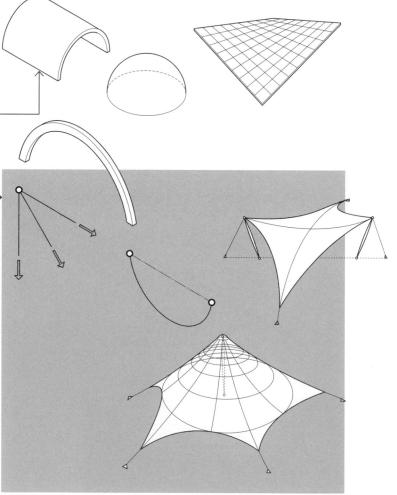

- 形態作用結構,例如拱圈或纜索系統,則是透過材料的形狀來傳遞外力。
- 結構選擇特定材料的理由,與其說是因材料本身的重量與剛度來思考,不如說是材料到達穩定時所具備的幾何性,如同膜結構和空間構架的案例,它們的構件會愈來愈細,直到喪失創造空間尺度及規模的能力。

結構分析與設計

在進入結構設計之前，最好能分辨清楚「結構設計」與「結構分析」的不同。結構分析是判斷一組結構和任何構件（包括實際存在和假定的）的能力，檢驗所有結構能否在材料不受損、不過度變形的前提下承受各種載重；並且針對構件的配置、形狀和尺寸、使用的接合和支撐類型，以及使用材料所容許的受力等進行檢討。換句話說，結構分析是針對已有的特定結構和某種承重條件所進行的工作。

另一方面，結構設計則是有關結構系統的構件排列、連接方式、尺寸設定、比例掌握，以便能安全地傳遞施加於其上的各種載重，避免超過材料的容許應力。結構設計與其他設計的過程相似，都是在不確定或頂多相似的環境下進行，設計出的結構系統不只要符合載重需求，還要傳達出建築和都市的設計理念、滿足使用需求

結構設計過程的初步想法通常是受到建築設計的本質、基地、環境脈絡、或是可取得的某種特定材料等因素而引發。

- 建築設計的構想可能引導出特定的結構輪廓或樣式。
- 從基地和環境脈絡中可能找到某種對應的結構方法。
- 結構材料可能會受到建築法規、材料來源和可取得勞動力和成本的影響。

一旦結構系統的類型、輪廓或樣式、結構材料的種類決定後，就可以進行下一個設計階段，衡量個別構件和構件組合的尺寸，以及接合的細節。

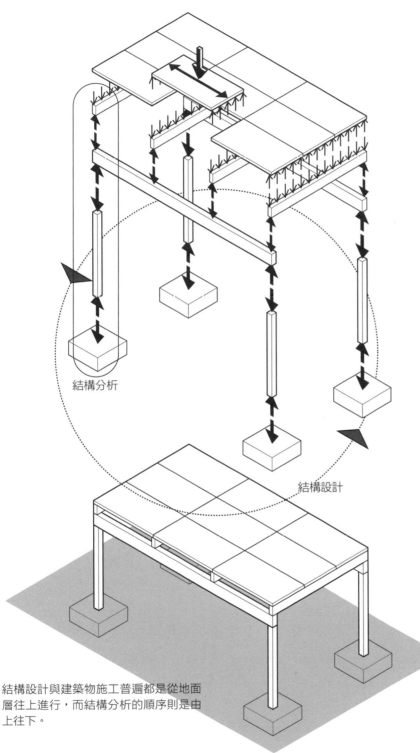

結構分析

結構設計

結構設計與建築物施工普遍都是從地面層往上進行，而結構分析的順序則是由上往下。

- 為了讓讀者更容易明白，在此先不討論側向抵抗力這個因素，相關系統和策略，參見第五章內容。

結構系統

接合部位的細部設計

作用力從某個結構元素傳遞至下一個結構元素的方式，以及結構系統的整體方式運作，相當程度是由接合的形式與連接方式來決定。結構元素接合的方式有下列三種：

- 對接可用來延伸一個結構元素，但需要利用中介元素才能讓另一個結構元素連接。
- 搭接是讓連接的所有結構元素相互交叉、越過連接點後得以延伸。
- 榫接是將結構元素鑄出特定造形，以嵌合方式來形成結構的連結。

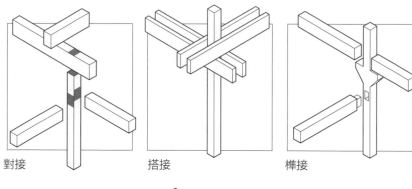

對接　　　　　　搭接　　　　　　榫接

也可以從幾何的角度將結構的連接方式進行分類：

- 點狀：螺栓接合
- 線性：焊接接合
- 面狀：黏著貼合

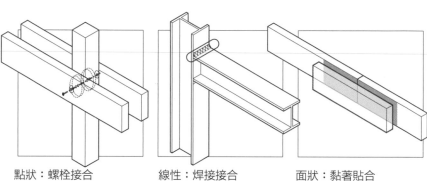

點狀：螺栓接合　　線性：焊接接合　　面狀：黏著貼合

接合方式可分為四種基本類型：

- 栓或鉸接：接合部位可轉動，但本身無法朝任何方向移位。
- 滾輪接合或支承：可轉動，但無法改變垂直作用力，也無法脫離接合的表面。
- 剛接合或固定接合：可維持接合元素的角度關係，無法轉動和位移，但可同時抵抗剪力和彎矩。
- 纜索支撐或纜索錨定：可轉動，但只能在纜索的方向上進行作用。

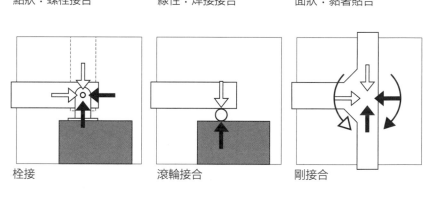

栓接　　　　　　滾輪接合　　　　剛接合

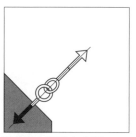

纜索錨定與纜索支撐

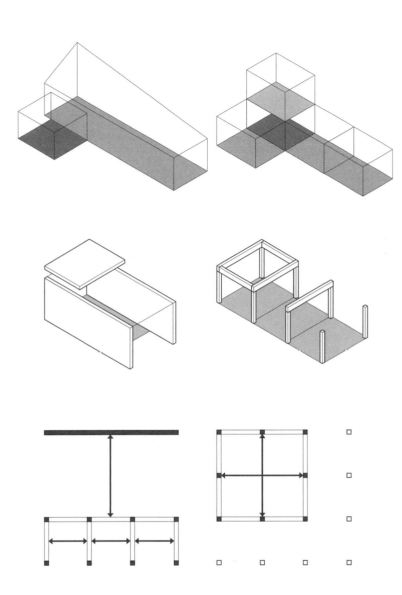

在設計的過程中，傾向先思考整體的結構樣式，再思考組成的基本結構單元。擬定建築物的結構計畫時也是採取同樣的策略。應該先思考建築物的構成上需具備哪些重要特質，以及結構元素本身的特質和輪廓。由此，則會延伸出以下一連串的根本議題：

建築物設計

- 是否有必要的過度彎曲造型，或是建築構成上是否有涵蓋到連接部位？如果有，這些部位是否有依序排列？
- 主要的建築元素是屬於板性、或是線性？

建築物計畫

- 空間尺度和比例、結構系統的跨距能力、以及最後支撐的配置方式與形成的空間感，這三者之間有什麼必要的關聯？
- 是否有攸關空間應採用單向或雙向跨距系統的強制規定？

系統整合

- 機械設備和其他建築系統如何與結構系統進行整合？

法規限制

- 建築物的使用類別、容積和建造尺度是否有法規限制？
- 採用何種構造形式？需要的結構材料為何？

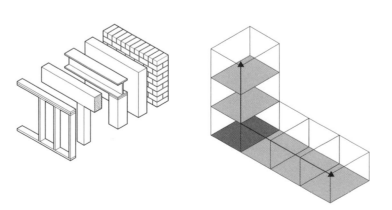

經濟可行性

- 材料的取得、製程、運輸、人力和設備支援、或建造時間等條件對結構系統相關的各項選擇有何影響？
- 未來是否有垂直或水平方向增建的需求？

結構規畫

法規限制

建築物的尺度（高度和面積）和預定用途、容納人數和構造類型具有一定的規範關係。因此，預先了解建案計畫的尺度非常重要，因為建築物的尺度攸關著結構系統的類型，以及結構上和構造上所用的材料。

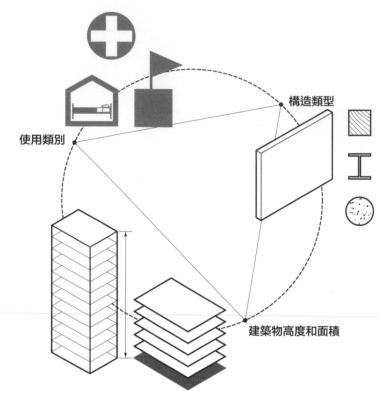

構造類型

使用類別

建築物高度和面積

分區條例

分區條例會依據建築物座落在所屬行政區的地點和基地位置的不同，限制建築物的容許面積（高度和面積的範圍）和形狀，這些限制通常是從各個面向來規範建築物的尺度。

- 一塊土地被建築物結構覆蓋的面積和總樓地板面積，可換算成基地面積的百分比。
- 建築物的最大寬度和深度也可以基地尺寸的百分比來表示。
- 分區條例可具體指定區域內的建築結構高度，以確保有充足的採光、通風和空間，並強化市街景觀和行人環境。

建築物的尺寸和形狀，也會透過從結構體到基地界線至少需保持多少距離的規定，而間接受到限制和控管，這也會同時影響通風、採光、日照與隱私性。

- 基地界線
- 必要的前院、側院、後院基地線退縮

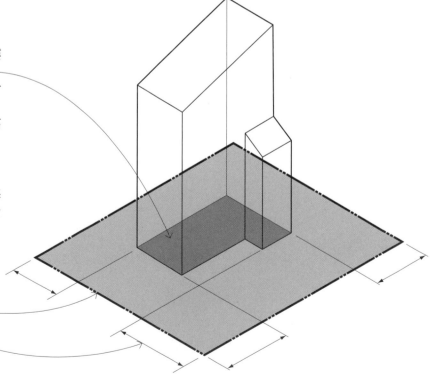

建築法規根據建築物所在的位置、使用與容積、個別樓層的高度和面積等,明確規範了建築物應有的構造與材料防火等級。

建築高度與建築面積

除了分區條例會限制建築物的用途、總樓地板面積、高度和量體之外,其他建築法規,例如國際建築法規(IBC),也會根據構造類型和使用類別來限制個別樓層的高度和面積,並且指出防火等級、建築物尺度、容積量的關聯性。建築物規模愈大,使用人數愈多,潛藏的危險性就愈高,因此,結構的防火性能應該更加完善,以達到保護建築物不受火災侵襲,或是在火災發生後的一段時間內遮蔽火場、讓人群能安全撤離,爭取更多消防救援的時間。如果建築物設有自動灑水系統或一定區隔效力的防火牆,建築物尺寸的限制就可能放寬。

使用類別分類

A 公共集會類
  觀眾席、劇院、體育館
B 辦公、服務類
  辦公室、實驗室、高等教育設施
E 教育類
  十二年級以下的兒童照護設施和學校
F 工廠與工業用途
  紡織、組裝或製造設施
H 高危險性
  特殊種類、特殊儲藏量的危險物料處理站
I 衛生、福利、更生等機構
  監護設施,如醫院、護理之家、感化院
M 商業類
  展示和銷售商品的商店
R 居住類
  住宅、公寓、飯店
S 倉儲類
  倉庫設施

建築物的總高度可以從地面層開始計算,或以樓層數量來表示。

結構規畫

高度和面積的最大值

在國際建築法規（IBC）的表503中，建物的高度和面積限制是依照使用類別和構造類型制定，而通常使用類別已經先確定，所以在閱讀這份表格時，即可先從使用類別這個序列中找到符合的項目後，再依據構造類型交叉參照找出法規所制定的高度和面積數值。

必須注意的是，A與B兩種造類型的差別就在於防火層級不同。其中，A類需有較高的防火等級，因此A類建築物的許可高度和面積要高於B類建築物。依據風險程度和防火類型來區分使用類型的原則可以得知，防火性能與安全等級愈高，可建造的建築物規模和高度就愈大愈高。

建築物的高度分為兩種：第一種是地面層以上的整體高度，一般來說與建物用途無關，但是必須具有防火性能；第二種則是個別樓層高度，個別樓層就會與使用類別息息相關。雖然兩者的基準都是獨立進行分析的，但在規劃結構時必須一併考量，以免為了符合樓層高度的要求而設計出過高的樓層，導致整體建築物超出法規許可範圍。

下頁的表格即是依照建物用途和構造類型所訂出的建物許可高度與面積，並且比較第一類有防火等級到第五類無防火等級之間的差異。

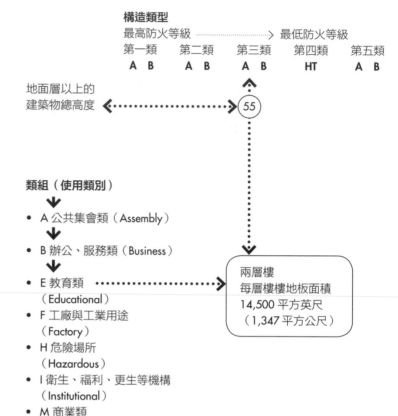

IBC 國際建築法規 表 503

構造類型
最高防火等級 ·············> 最低防火等級

第一類	第二類	第三類	第四類	第五類
A B	A B	A B	HT	A B

地面層以上的建築物總高度 ⟷ 55

類組（使用類別）

- A 公共集會類（Assembly）
- B 辦公、服務類（Business）
- E 教育類（Educational）········> 兩層樓 每層樓樓地板面積 14,500 平方英尺（1,347 平方公尺）
- F 工廠與工業用途（Factory）
- H 危險場所（Hazardous）
- I 衛生、福利、更生等機構（Institutional）
- M 商業類（Mercantile）
- R 居住類（Residential）
- S 倉儲類（Storage）
- U 公共事業（Utility）

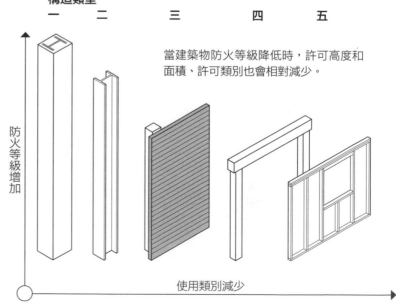

構造類型

一　二　三　四　五

當建築物防火等級降低時，許可高度和面積、許可類別也會相對減少。

防火等級增加

使用類別減少

取自IBC國際建築法規 表503（表格內容順序：容許建築高度／樓層數／每層樓的樓層面積比例）

構造類型 取自國際建築法規 表 601	第一類 A 防火等級	第二類 A 防火等級	第三類 B 部分防火等級	第四類 重型木構造	第五類 B 無防火等級
使用類別				1 英呎 f = 0.3048 公尺 m 1 平方英呎 sf = 0.0929 平方公尺 m²	

| A-2
（餐廳） | | 65 f／3／15,500 sf
19.8 m／3／1,440 m² | 55 f／2／9,500 sf
16.8 m／3／883 m² | 65 f／3／15,000 sf
19.8 m／3／1,394 m² | 40 f／1／6,000 sf
12.2 m／1／557 m² |

上限／上限／上限

| B
（辦公場所） | | 65 f／5／37,500 sf
19.8 m／5／3,484 m² | 55 f／4／19,000 sf
16.8 m／4／1,765 m² | 65 f／5／36,000 sf
19.8 m／5／3,344 m² | 40 f／2／9,000 sf
12.2 m／2／836 m² |

上限／上限／上限

| M
（零售商店） | | 65 f／4／21,500 sf
19.8 m／4／1,997 m² | 55 f／4／12,500 sf
16.8 m／4／1,161 m² | 65 f／4／20,500 sf
19.8 m／4／1,904 m² | 40 f／1／9,000 sf
12.2 m／1／836 m² |

上限／上限／上限

| R-2
（公寓） | | 65 f／4／24,000 sf
19.8 m／4／2,230 m² | 55 f／4／16,000 sf
16.8 m／4／1,486 m² | 65 f／4／20,500 sf
19.8 m／4／1,904 m² | 40 f／2／7,000 sf
12.2 m／2／650 m² |

上限／上限／上限

結構規畫

構造類型

國際建築法規依據建築主要構件的防火等級，
將建築物分為以下五類：

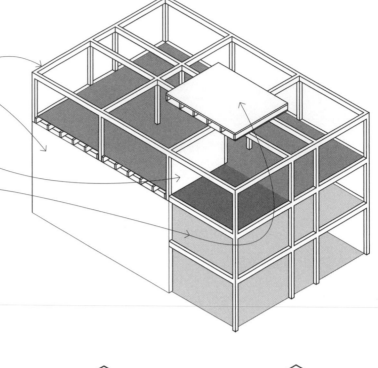

結構構架 ●
承重外牆與承重內牆 ●

無承重功能的內牆與隔間牆 ●

樓板與屋架 ●

- **第一類**：建築物的主結構使用不燃材料，例如：混
  凝土、石材或鋼材；有些材料也允許做為主結構的
  輔助材。
- **第二類**：除了主結構的防火等級較低之外，其餘皆
  與第一類建築物相同。
- **第三類**：建築物外牆使用不燃材料，室內主要構件
  需符合法規要求。
- **第四類**：重型木構造（HT）建築的外牆使用不燃材
  料，室內主要構件則使用實心材料、或者是符合最
  小厚度規定的薄板。建築物中沒有隱蔽性的空間。
- **第五類**：建築物的結構構件、內外牆均使用法規核
  可的材料。

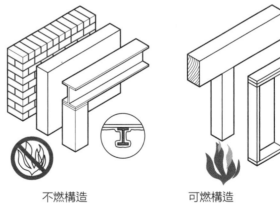

不燃構造   可燃構造

- 防火構造除了不具承重功能的內牆和隔間牆之外，
  所有主要建築構件的防火性能都必須達到一小時的
  防火時效。
- 非防火構造沒有防火性能的規定。但如果相鄰建築
  物的基地界線太過靠近，法規會要求外牆的防火性
  能。

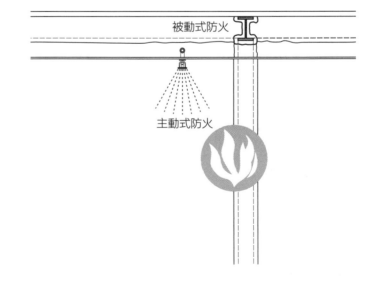

被動式防火

主動式防火

防火時效評等（以國際建築法規 表 601 為基準）

構造類型	第一類		第二類		第三類		第四類	第五類	
	A	B	A	B	A	B	HT	A	B
建築元素									
結構構架	3	2	1	0	1	0	2	1	0
承重牆	3	2	1	0	2	2	2	1	0
外牆	3	2	1	0	1	0	1/HT	1	0
內牆									
非承重牆 室外	非承重外牆的防火要求，基本上是依牆體與室內分界配置線的防火間隔、道路中心線的防火區隔距離，或者同一基地上有兩棟建築物時，牆體與假設中心線之間的防火區隔距離而決定。								
室內	0	0	0	0	0	0	1/HT	0	0
樓板	2	2	1	0	1	0	HT	1	0
屋架	$1\tfrac{1}{2}$	1	0	0	1	0	HT	1	0

各種材料和構造的防火等級是根據美國材料和試驗協會（ASTM）的防火測試條件而制定的。在建築法規中也指出，設計師得以使用符合防火規定的替代方案，但必須符合由其他認證機構，如美國保險商實驗室（UL）或工會聯盟評鑑標準。此外，國際建築法規中也列出了各種適用於結構構件、樓板和屋架、或牆體的防火措施與方法，以協助建築設計達到確實的防火等級。

- 以場鑄輕質混凝土和螺旋箍筋補強的鋼柱
- 1～4 小時防火時效

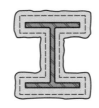

- 在金屬柱上塗滿珍珠岩或蛭石石膏灰泥的鋼柱
- 3～4 小時防火時效

- 輕質骨材鋼筋混凝土柱
- 1～4 小時防火時效

結構規畫

不論規畫何種結構系統，設計時都必須涵蓋冗餘路徑和連續性這兩項特性，掌握其發展路徑，並確保可穩定持久、確實發揮效能。這不只是針對特定的材料或單獨的結構構件（樑、柱或桁架），更應該落實到由相關構件交錯組成整體結構系統中。

建築結構可能因為構材斷裂、挫屈或塑性變形而導致損壞，這些情況會發生在設計錯誤的結構群組、單一結構元素、或無法滿足的接合部位上。為避免結構受損，設計時應該遵循安全係數。安全係數代表構件的最大應力比值，是結構構件在仍可作用的狀態下，可承受的最大容許應力。

在正常的情況下，任何結構構件都會承受彈性變形力（撓曲或扭曲），在作用力施加時出現，並且在作用力解除後回復至原始形狀。然而也有些特殊情況，例如地震造成的極端作用力則會引發非彈性變形，使構件無法回復原始形狀。為了抵抗這種極端的作用力，必須選用具延展性的材料來施作構件。

延展性是材料在承受超出彈性極限的應力作用後，而未到損壞之前所能夠應付彈性變形的能力。延展性可說是結構材料的理想特性，因為塑性的延展變化是強度的指標，而且能夠在破壞即將形成前，給予視覺上的警示。此外，藉由材料延展性也可以將過量的載重分配至其他構件上，或分布到同一構件的其他部分。

冗餘路徑

設計時，除了採用安全係數和延展性材料，另外一種防止結構破壞的方式是將冗餘路徑的概念導入結構設計之中。冗餘結構包括了非使用於靜定結構的構件、接合部、支撐，假使其中有一根構件、一個接合部位或支撐遭受破壞，其他部分就可以做為作用力傳遞的替代路徑。換句話說，冗餘結構的概念在於提供多種載重的路徑，讓作用力得以跨過結構的缺陷點或遭到破壞的部分，繼續傳遞下去。

能夠抵抗側向力的冗餘設計，在容易發生地震的地區更顯重要；而在長跨距結構中，因為主桁架、拱或橫樑上可能會有大規模的結構破壞，甚至是整體坍塌的情形，因此長跨距結構中的冗餘路徑也是關鍵，

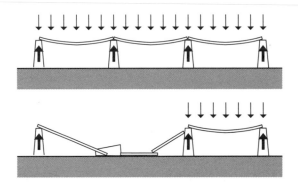

- 每一道樑的端部固定於兩側柱子的簡支樑是靜定結構；這種結構的支撐反力很容易透過平衡方程式計算出來。

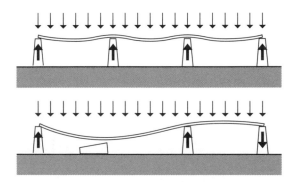

- 如果將同一道樑用四根以上的柱子支撐著，那這個結構群組就成為靜不定結構，因為此時的支撐反力值大於承受作用力值。跨過多點支撐所形成的樑，其連續性可為垂直與側向載重提供傳遞作用力至基礎的冗餘路徑。

將冗餘路徑設計到整體結構系統中，可以有效抵抗漸進式坍塌。漸進式坍塌是指單一結構構件的小損壞擴及到其他構件，最後導致大範圍的結構破壞或整體結構坍塌，巨大的結構破壞甚至會危及生命安全，因此這個議題至關重要。

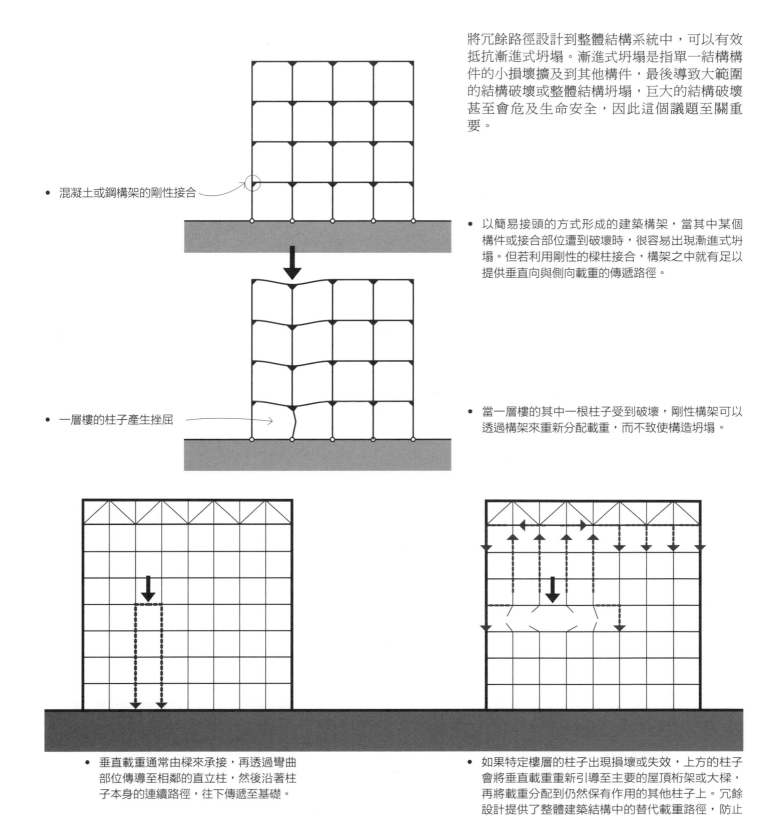

- 混凝土或鋼構架的剛性接合

- 以簡易接頭的方式形成的建築構架，當其中某個構件或接合部位遭到破壞時，很容易出現漸進式坍塌。但若利用剛性的樑柱接合，構架之中就有足以提供垂直向與側向載重的傳遞路徑。

- 一層樓的柱子產生挫屈

- 當一層樓的其中一根柱子受到破壞，剛性構架可以透過構架來重新分配載重，而不致使構造坍塌。

- 垂直載重通常由樑來承接，再透過彎曲部位傳導至相鄰的直立柱，然後沿著柱子本身的連續路徑，往下傳遞至基礎。

- 如果特定樓層的柱子出現損壞或失效，上方的柱子會將垂直載重重新引導至主要的屋頂桁架或大樑，再將載重分配到仍然保有作用的其他柱子上。冗餘設計提供了整體建築結構中的替代載重路徑，防止建築物出現漸進式坍塌。

結構規畫

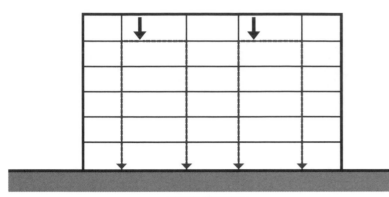

· 直接的載重路徑

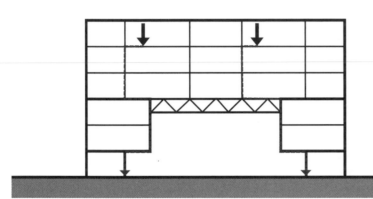

· 迂曲的載重路徑

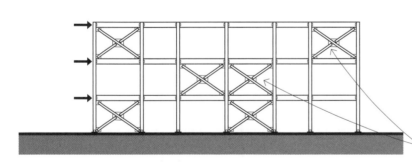

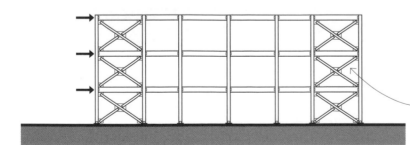

連續性

結構的連續性為載重提供一條直接、不受干擾的傳遞路徑，從屋頂層開始，確保結構中的所有作用力可以從受力點順利往下傳遞至基礎。這條路徑中的所有構件和接合部位都必須具備足夠的強度、剛度和變形能力，才能順利傳遞載重，讓結構保有完整的功能。

- 為了避免漸進式坍塌，單一結構構件和構件群組必須妥善地連結，作用力與位移才得以在垂直與水平向的構件之間順利傳遞。

- 堅固的接合部位將建築物中的所有元素合為一體，提升整體的強度和結構的剛度；反之，不妥當的接合部位則會變成載重傳遞路徑中的連接弱點，成為地震時建築物出現損壞和倒塌的原因。

- 非結構性的剛接元素必須從主要結構中分離開來，以避免載重對非結構性的構件產生破壞，並且在破壞過程中引發不預期的載重路徑，進而破壞結構構件。

- 建築結構中的載重路徑必須盡量以直接傳遞的方式進行，避免路徑的偏移。

- 當連續性樓板上的柱子與承重牆被拆解時，原先的垂直載重會被平行轉移到下方承載的樑、橫樑或桁架上，形成大幅度彎曲應力，因此需要更多層級的構件來因應。

- 從屋頂而來的側向應力由第三層的對角斜撐來抵抗，斜撐將側向應力傳遞至三層樓的橫隔板，再傳至二層樓的斜撐，集中在二層樓的側向應力於是透過二樓橫隔板將應力傳遞至地面層的對角斜撐。這條載重路徑十分迂曲，因為對角斜撐無法形成垂直的連續性。

- 以左圖的垂直桁架為例，如果有連續配置的垂直的斜撐系統，載重就可以直接傳遞的到基礎上。

2 結構樣式
Structural Patterns

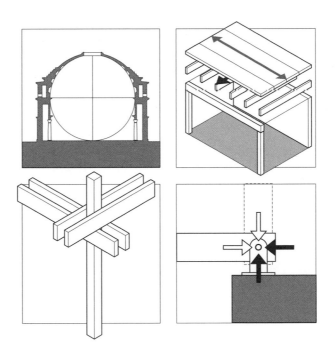

結構樣式

從構思一個建築概念，到實際將概念的潛質發展出來，首要的關鍵在於理解建築物是如何建造的。一項建築計畫所蘊含的空間與形式的本質、以及如何將這個抽象概念結構成形，這兩者之間息息相關、互相牽引。為了闡明這種如此緊密的共生關係，本章將詳細說明建築概念如何發展成結構，以及結構樣式對形式構成和空間配置的影響。

首先將依序說明規則網格和不規則網格這兩種結構樣式，再接著討論過渡樣式與脈絡樣式。

- 結構的樣式：支撐、跨距系統、抵抗側向力元素等結構元素的樣式。
- 空間的樣式：受到結構系統影響的空間構成方式。
- 脈絡的樣式：順應基地的自然條件和環境脈絡的方式。

結構樣式，是二維向度的支撐和跨距，透過第三維向度的處理，形成傳達出建築設計的形式與空間意涵。

1971 ～ 1974 年：日本群馬縣立近代美術館（Museum of Modern Art, Gunma Prefecture），由建築師磯崎新（Arata Isozaki）設計。

結構的樣式由三維向度構成，包含垂直支撐、水平跨距系統和抵抗側向力元素等。

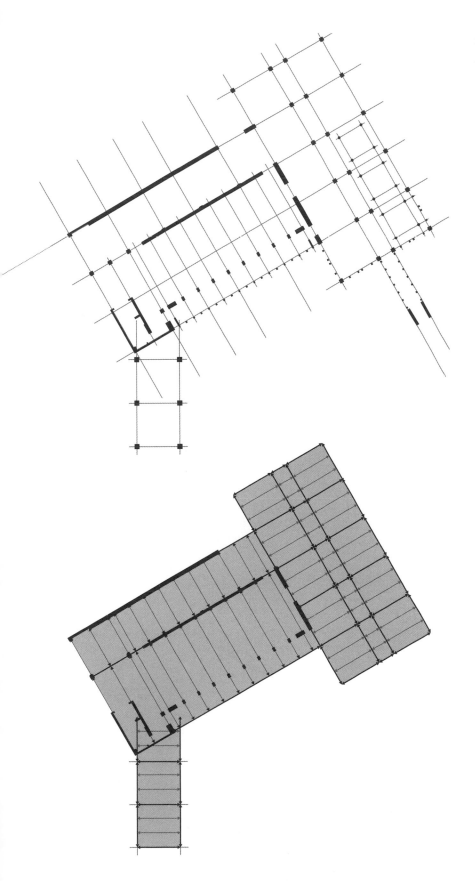

支撐的樣式

- 垂直支撐面
- 承重牆
- 柱列
- 柱樑構架

跨距系統的樣式

- 單向跨距系統
- 雙向跨距系統

抵抗側向力元素的樣式

（詳見第五章）

- 斜撐加強構架
- 抵抗力矩構架
- 剪力牆
- 水平隔板

結構樣式

結構單元

結構單元是指可形成一個獨立空間量體邊界的結構構件群組。獨立空間量體的定義,則是依據以下幾種基本方法。

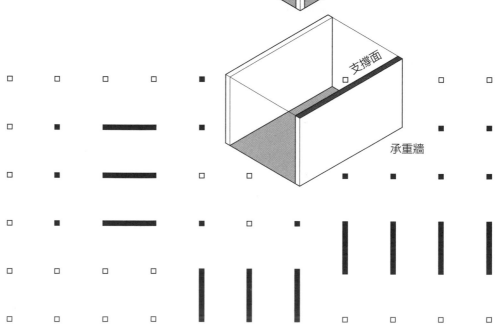

空間量體

支撐方式

兩根柱子支撐一道橫樑的開放式構架,既區隔也連結了兩個相鄰的空間。不論要提供實體的遮蔽或維護視覺隱私,都必須仰賴不具承重作用的牆體來達成,這種牆體可由結構構架來支撐、或是單靠牆體的自立支撐。

柱子的主要功能是支撐集中的載重。當柱子的數量愈多,間隔就愈密,這樣的支撐面不只變得更加堅實,功能也會愈趨近於用來支撐分散載重的承重牆。

承重牆不僅具有支撐作用,還能分隔空間,但若是在牆上設置開口時,則會削弱牆體結構的完整性。

此外,還可結合柱樑構架與承重牆的組合,發展出多樣的空間構成方式。

支撐面

柱與大樑

支撐面

柱列

支撐面

承重牆

跨距系統

一個空間量體至少需要兩個垂直的支撐面才能成立,這可由柱樑構架、承重牆、或由兩者組合而成。但為了抵抗變化莫測的天候,並且形塑安全溫暖的包被感,必須借助某種能夠橋接支撐系統的跨距系統才能達成。若要探討跨距系統的基本運作方式,就必須同時考量載重分配至支撐面的方式以及跨距系統的形式。

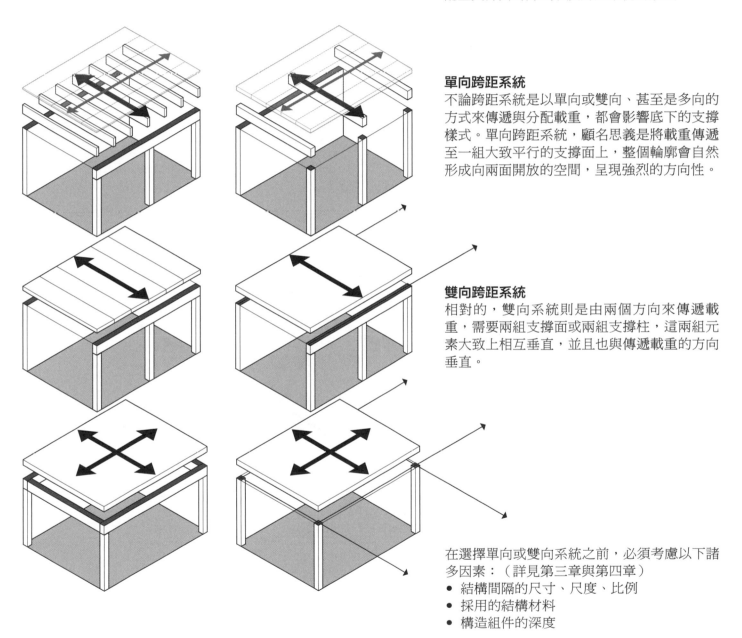

單向跨距系統

不論跨距系統是以單向或雙向、甚至是多向的方式來傳遞與分配載重,都會影響底下的支撐樣式。單向跨距系統,顧名思義是將載重傳遞至一組大致平行的支撐面上,整個輪廓會自然形成向兩面開放的空間,呈現強烈的方向性。

雙向跨距系統

相對的,雙向系統則是由兩個方向來傳遞載重,需要兩組支撐面或兩組支撐柱,這兩組元素大致上相互垂直,並且也與傳遞載重的方向垂直。

在選擇單向或雙向系統之前,必須考慮以下諸多因素:(詳見第三章與第四章)
- 結構間隔的尺寸、尺度、比例
- 採用的結構材料
- 構造組件的深度

結構樣式

結構單元的組構

大多數的建築物都包含一個以上的獨立空間量體，因此結構系統也必須能夠容受不同尺寸、機能、關係、方向的空間。為了滿足這些需求，設計上會將各個結構單元發展成一個大的整體樣式，從中考量如何組織內部空間、將建築物形式與構成的本質表現出來。。

連續性是不可或缺的結構條件，比較好的設計策略，是沿著主要支撐線和跨距方向來延伸結構單元，形成一個三維向度的網格；如果處理的是特殊形狀或特殊尺寸的空間，也可以透過將結構網格扭轉、變形、擴大部分間隔等做法來因應。即便只有一個結構單元或群組包圍著所有空間，還是得將這些空間視為一個單元或組成的獨立個體，來進行結構的建造、並做好支撐。

結構網格

網格是由多條直線構成的樣式，通常是以相同間距、垂直交錯而成，常做為地圖定位或平面布點的參考。而在建築設計中，網格則經常扮演維持結構秩序的角色，它能協助定位並整合平面中的主要元素。因此，當提到結構網格時，指的即是藉由點和線交織而成、用以定位並整合柱子或承重牆結構元素的特定系統。

- 平面網格中的平行線，標示出可能設置垂直支撐面的位置和方向。這裡的垂直支撐面可以是承重牆、柱樑構架、柱列、或以上元素的任意組合。

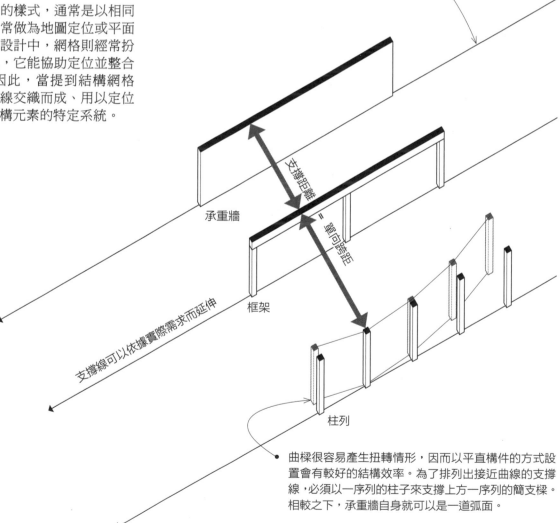

承重牆

支撐距離

單向跨距

框架

支撐線可以依據實際需求而延伸

柱列

- 曲樑很容易產生扭轉情形，因而以平直構件的方式設置會有較好的結構效率。為了排列出接近曲線的支撐線，必須以一序列的柱子來支撐上方一序列的簡支樑。相較之下，承重牆自身就可以是一道弧面。

- 雙向跨距系統的支撐建立了兩組相互垂直的平行線。
- 垂直線的交點即是柱子或承重牆可完整接收上方樑或其他水平跨距元素載重的位置，再由此處將載重確實傳遞到基礎。
- 雖然網格主要做為平面工具，但也可以延伸到第三維向度，進而調節建築物的高度以及樓板和屋頂結構的位置。

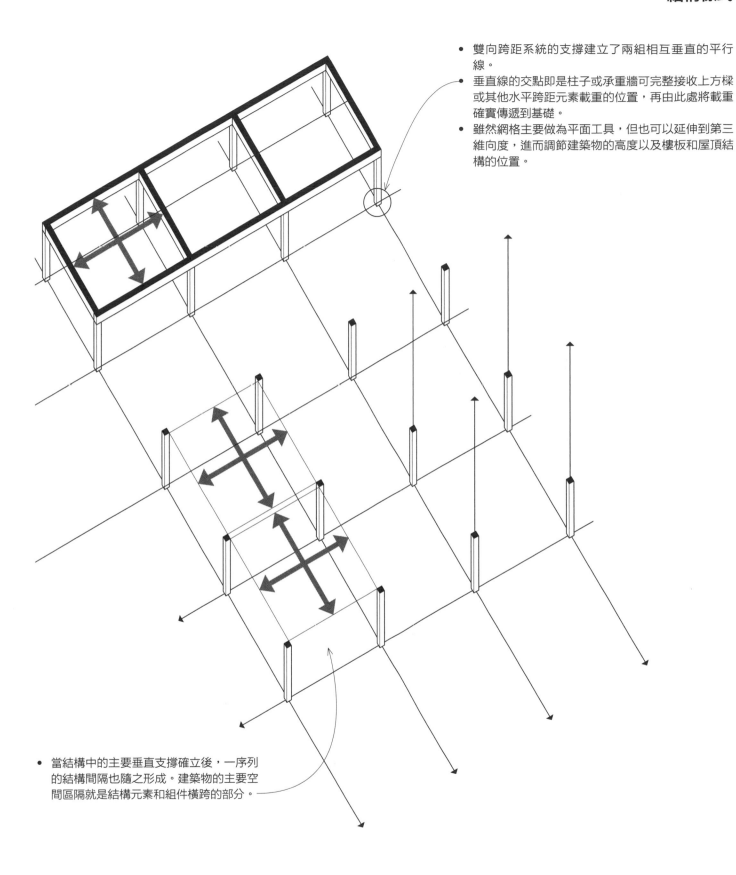

- 當結構中的主要垂直支撐確立後，一序列的結構間隔也隨之形成。建築物的主要空間區隔就是結構元素和組件橫跨的部分。

結構網格

將建築概念開展為結構網格時，必須對一些必然會影響建築概念、機能設置以及結構設計的的網格特徵有所了解：

比例

結構隔間的比例會影響、甚至限制水平跨距系統的材料和構造方式。單向系統較有彈性、能向兩側延伸，形成正方形或長方形的結構間隔；雙向系統則比較適用在方形或接近方形的結構間隔上。

尺寸

結構間隔的尺寸對水平跨距的方向與長度有明顯的影響。

● 跨距方向

水平跨距的方向是由垂直支撐面的位置和走向所決定，除了會影響空間構成的特性和空間品質，在某種程度上也會牽動營建的經濟效益。

● 跨距長度

垂直支撐面的間距決定了水平跨距的長度，同時也會反過來影響材料和跨距類型的選用。跨距愈大，跨距系統的深度也必須愈深。

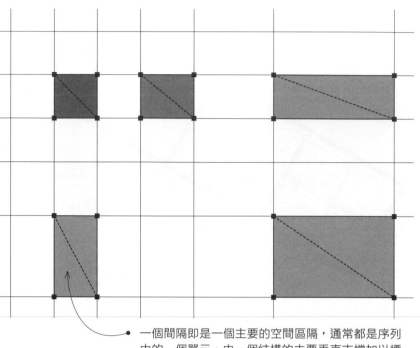

一個間隔即是一個主要的空間區隔，通常都是序列中的一個單元，由一個結構的主要垂直支撐加以標定或分割。

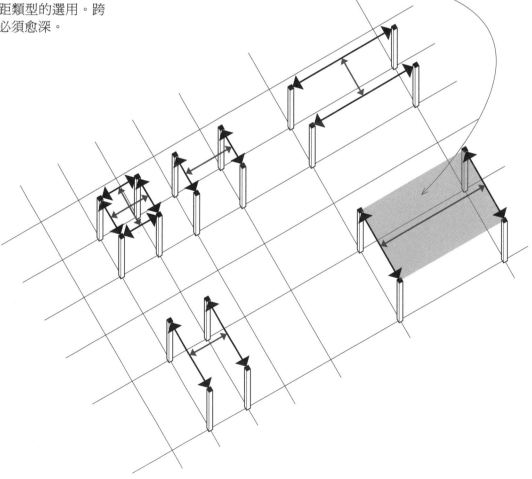

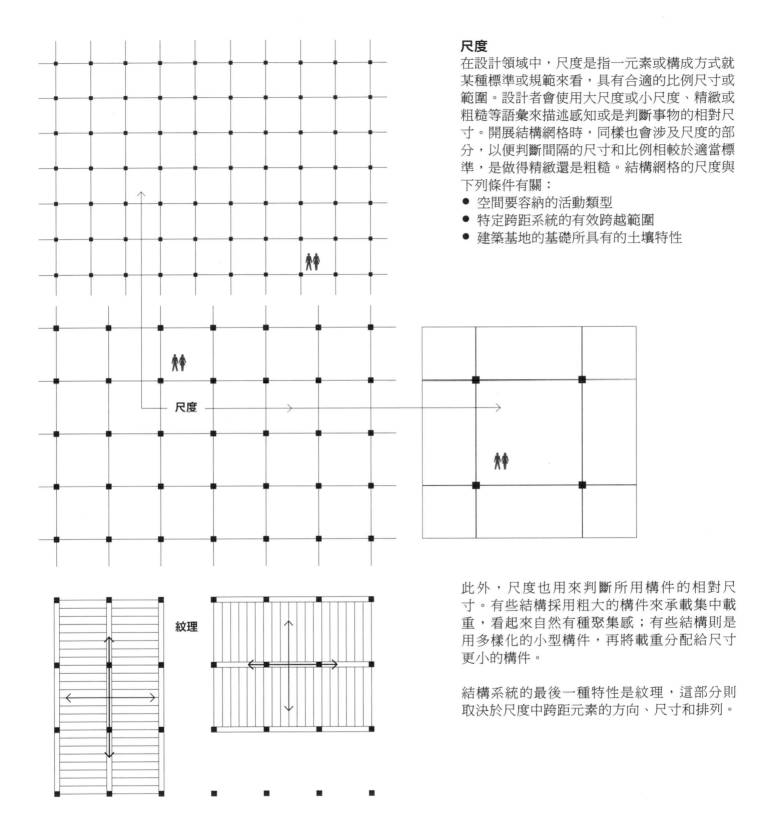

尺度

在設計領域中，尺度是指一元素或構成方式就某種標準或規範來看，具有合適的比例尺寸或範圍。設計者會使用大尺度或小尺度、精緻或粗糙等語彙來描述感知或是判斷事物的相對尺寸。開展結構網格時，同樣也會涉及尺度的部分，以便判斷間隔的尺寸和比例相較於適當標準，是做得精緻還是粗糙。結構網格的尺度與下列條件有關：

- 空間要容納的活動類型
- 特定跨距系統的有效跨越範圍
- 建築基地的基礎所具有的土壤特性

此外，尺度也用來判斷所用構件的相對尺寸。有些結構採用粗大的構件來承載集中載重，看起來自然有種聚集感；有些結構則是用多樣化的小型構件，再將載重分配給尺寸更小的構件。

結構系統的最後一種特性是紋理，這部分則取決於尺度中跨距元素的方向、尺寸和排列。

結構網格

合宜的空間

以結構網格確立垂直支撐的特性、樣式及尺度等條件，不只會影響跨距系統的類型，還會影響垂直支撐的配置方式，以及未來在空間中可以置入的活動模式和規模。基本上，垂直支撐的配置不應該限制空間的機能和活動型態。

如果活動型態需要大型的淨跨距空間，通常也就設定了應採用的結構手法；不過，小規模活動的空間在結構形式上可做較多的變化。這兩頁的圖片說明了結構樣式的類型和尺度、以及可容納的活動形式和規模。

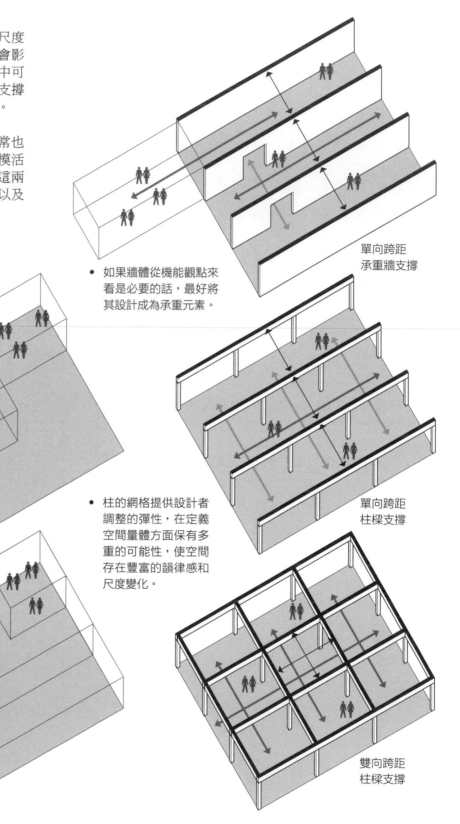

- 如果牆體從機能觀點來看是必要的話，最好將其設計成為承重元素。

單向跨距
承重牆支撐

- 柱的網格提供設計者調整的彈性，在定義空間量體方面保有多重的可能性，使空間存在豐富的韻律感和尺度變化。

單向跨距
柱樑支撐

雙向跨距
柱樑支撐

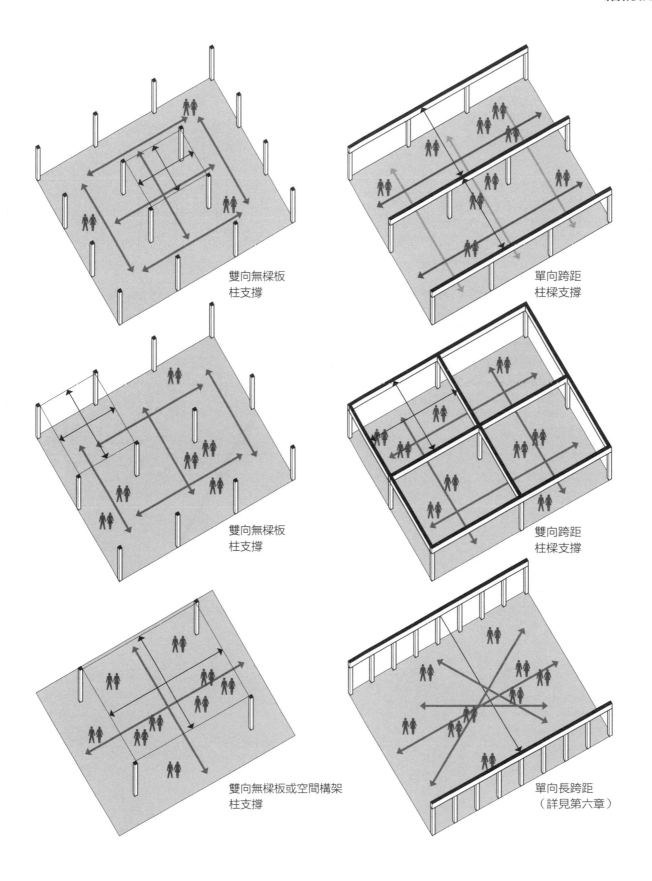

雙向無樑板
柱支撐

單向跨距
柱樑支撐

雙向無樑板
柱支撐

雙向跨距
柱樑支撐

雙向無樑板或空間構架
柱支撐

單向長跨距
（詳見第六章）

結構網格

由於規則網格清楚劃分出等長的跨距,相當便於重複的結構元素使用,而且在需跨越多重間隔的結構連續性上,也提升了處理的效能。雖然在規則網格中開展的圖稿並不是最後的規範,不過,具有多種樣式的規則網格的確為結構的關聯性提供了有效的思考模式。

方形網格
單一的方格可以往單向或雙向進行跨距的延伸;但如果是多個方格組成更大的區域,形成雙向連續性結構時,就表示此時也適合使用混凝土雙向跨距系統。這正是雙向連續系統的優勢所在,尤其適用於小型至中型跨距的案例。

在此需要釐清一點,雖然雙向跨距的結構行為必須在方形或接近方形的間隔條件下才能達成,但方形間隔卻並不一定要使用雙向跨距系統。舉例來說,依線性走向配置的方形間隔只需要維持單向連續性,雖然沒有雙向跨距系統的結構優勢,但單向跨距系統卻比雙向跨距系統更具結構效率。此外,當方形間隔超過60英尺(18公尺)時,應該多採用單向系統、而減少雙向跨距系統的設計。

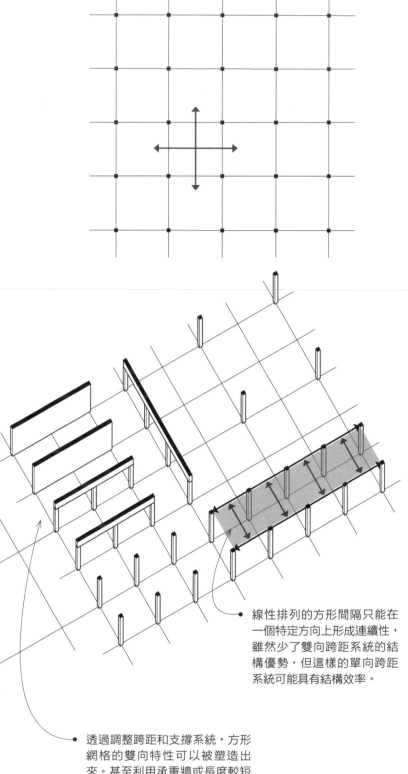

● 線性排列的方形間隔只能在一個特定方向上形成連續性,雖然少了雙向跨距系統的結構優勢,但這樣的單向跨距系統可能具有結構效率。

● 單一方形間隔可以自由進行單向或雙向的空間跨越。

● 透過調整跨距和支撐系統,方形網格的雙向特性可以被塑造出來。甚至利用承重牆或長度較短的柱樑構架強調出某個軸向,形成單向跨距的結構系統。

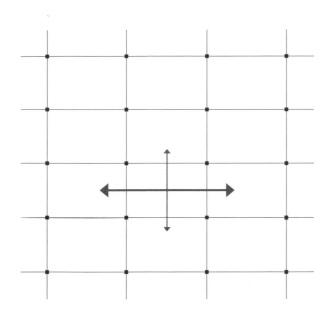

長方形網格

長方形網格的間隔通常採用單向跨距系統，尤其當間隔的某一水平邊明顯大於另一邊。此時最重要的問題如何配置跨距構件，畢竟要決定主要結構元素的走向並不容易。好的配置策略應該從結構效率的角度來思考，盡可能以最短的長度來配置主要的結構樑柱，並沿著長方形間隔的長邊鋪設重複性的支撐構件，以支撐平均分配的載重。

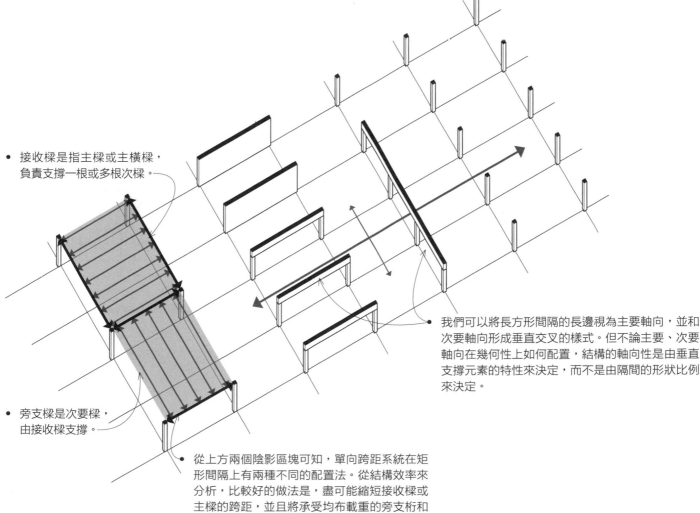

- 接收樑是指主樑或主橫樑，負責支撐一根或多根次樑。

- 旁支樑是次要樑，由接收樑支撐。

- 我們可以將長方形間隔的長邊視為主要軸向，並和次要軸向形成垂直交叉的樣式。但不論主要、次要軸向在幾何性上如何配置，結構的軸向性是由垂直支撐元素的特性來決定，而不是由隔間的形狀比例來決定。

從上方兩個陰影區塊可知，單向跨距系統在矩形間隔上有兩種不同的配置法。從結構效率來分析，比較好的做法是，盡可能縮短接收樑或主樑的跨距，並且將承受均布載重的旁支桁和旁支樑配置在長方形間隔的長邊上。

結構網格

棋盤狀網格

因應計畫和環境脈絡的需求,方形網格和長方形網格可調整成不同的做法。其中一種是將兩個平行的網格並列,使結構支撐配置成棋盤狀或蘇格蘭格的紋狀,至於網格中的空隙或介於網格之間的小空間,則可以用來調整大空間的組成關係、界定動線、或做為設置機械設備的機房空間。

下圖的棋盤網格是由方形與長方形網格交織而成,也同樣具備整合結構的功效。如第46頁所述,無論採用單向跨距系統或雙向跨距系統,都必須根據間隔的比例關係來決定。

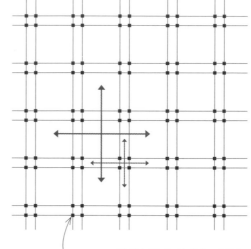

● 棋盤網格為接收樑或橫樑,以及旁支樑或桁樑,提供了多個支撐點。

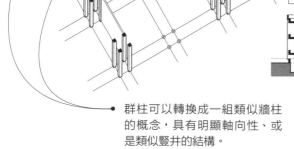

● 群柱可以轉換成一組類似牆柱的概念,具有明顯軸向性、或是類似豎井的結構。

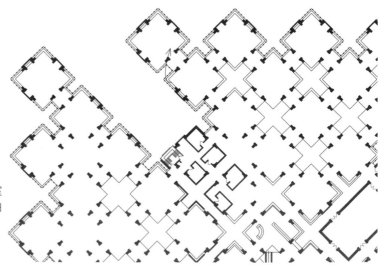

● **1967 ～ 1972 年**:荷蘭阿培爾頓,中央管理保險公司辦公室(Centraal Beheer Insurance Offices)。局部平面與剖面圖。由建築師赫曼‧赫茲博格(Herman Hertzberger)設計。

放射狀網格

放射狀網格是指以一個實際或假定的圓心為基準，將垂直支撐以放射狀向外排列。跨距的方向則受到支撐距離的影響，與垂直支撐的放射程度和圓周長有關。

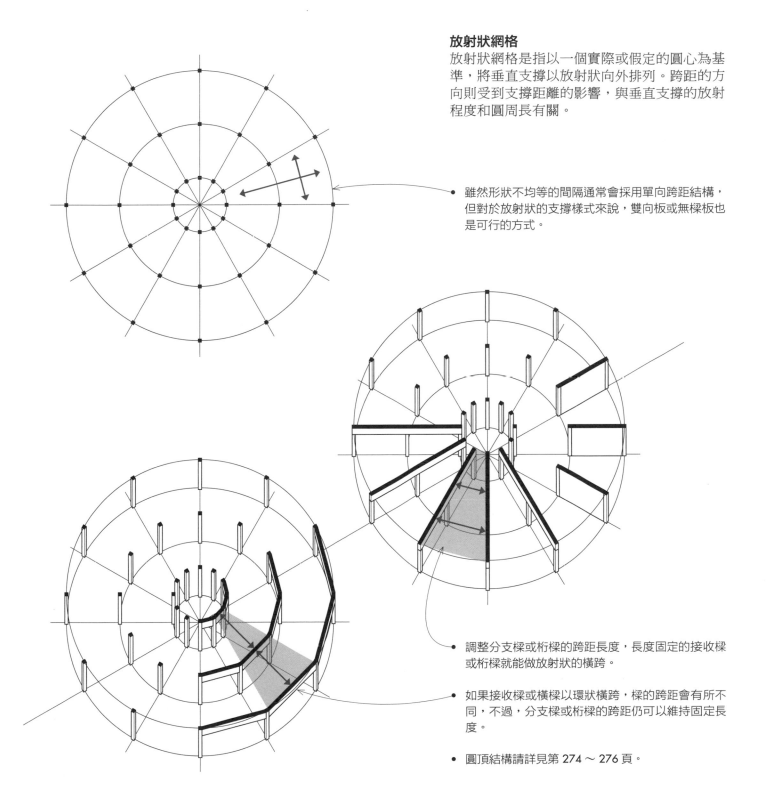

- 雖然形狀不均等的間隔通常會採用單向跨距結構，但對於放射狀的支撐樣式來說，雙向板或無樑板也是可行的方式。

- 調整分支樑或桁樑的跨距長度，長度固定的接收樑或桁樑就能做放射狀的橫跨。

- 如果接收樑或橫樑以環狀橫跨，樑的跨距會有所不同，不過，分支樑或桁樑的跨距仍可以維持固定長度。

- 圓頂結構請詳見第 274 ～ 276 頁。

不規則網格

調整型網格

方形、長方形和棋盤狀的網格都是規則性地以
直角交錯的空間關係規範的元素。具備這種規
則性的網格,即使漏掉了一個、甚至更多元
素,還是可預期接下來的發展秩序,保有整體
樣式的辨識度。即使是放射狀網格,也具有圓
形幾何的規律循環關係。

在建築設計中,網格是具有強大組織能力的工
具。不過要注意的是,規則網格只是順應特定
計畫、基地和材料條件而生成的樣式。利用網
格發展設計的主要目的就是要將形式、空間和
結構整合為一體。

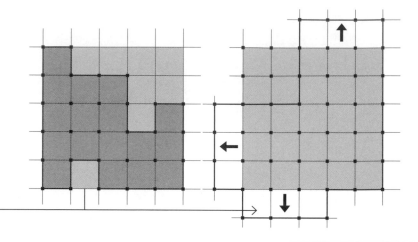

● 以加法或減法進行調整
要調整規則網格,可以選擇性地刪除一部分、或從一
個或多個方向上延伸結構間隔。

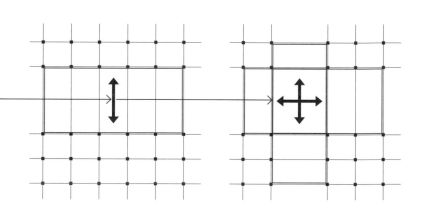

● 調整尺度和比例
規則網格的調整,也可以透過擴大某一單向或雙向的
間距,或是藉由尺寸和比例來區分不同的空間模組,
進而創造出層次感。

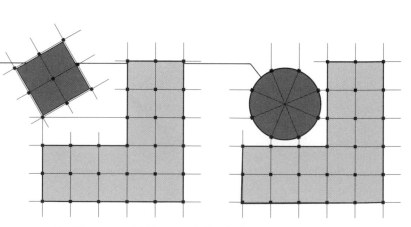

● 調整幾何性
此外,還可在規則網格的平面構成中,新增另一方向
或另一種幾何性的網格。

參見第 14 ～ 15 頁的圖示,由勒・柯比意設計的國會大廈案例。

以加法或減法調整網格

透過延伸水平向或垂直向，規則網格得以組構成新的形式與空間構成。這種增加組構的方式，可用來擴展線性的空間序列、或是將多個次要空間整合起來。

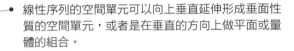

- 線性序列的空間單元可以向上垂直延伸形成垂面性質的空間單元，或者是在垂直的方向上做平面或量體的組合。

- 如果可以的話，加法的調整方法應該沿著垂直支撐和水平跨距的主軸來進行。

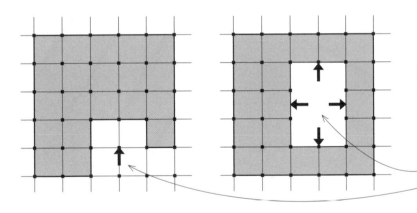

減法的調整方法則是選擇性地移除一部分的規則網格。這種做法可以做出：

- 一個較大尺度的空間，例如中庭或內庭。
- 或是一個內凹做為入口空間。

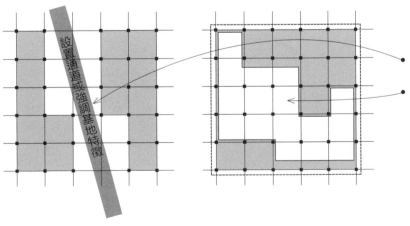

設置通道或強調基地特徵

- 也可移除規則網格的其中一部分，以強調基地的特徵。
- 採用減法的調整手法時，必須確保規則網格的容量足夠大到在刪除部分網格之後還能容納建築計畫，並且還能辨識出整個計劃的一體性。

不規則網格

調整比例

為了滿足空間和機能的特定尺寸需求，網格也可以將單向或雙向變成不規則的方式，創造出尺寸、尺度和比例具差異化的模組，形成多層次空間。

如果結構網格只在單一方向做不規則調整，接收樑或橫樑可以做成不等長間隔的跨距配置，次樑或桁樑則維持固定跨距。但在某些情況下，比較經濟的做法是維持固定的接收樑或橫樑跨距長度，僅調整次樑或桁樑。不過，不管是上述哪一種做法，都會有不均等的間距，形成不同樑深的跨距系統。

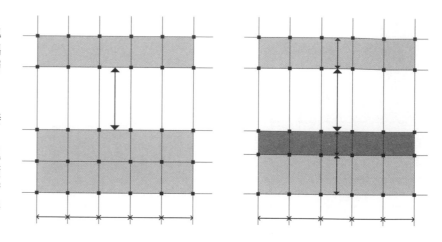

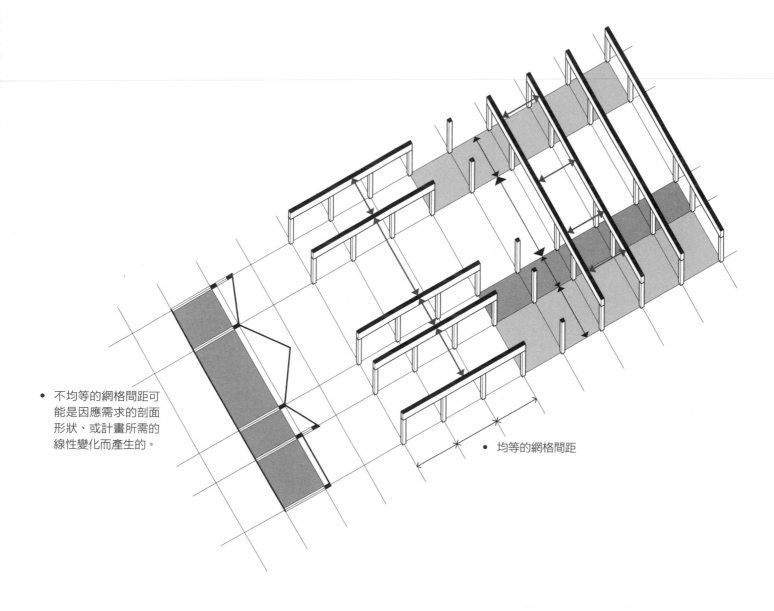

- 不均等的網格間距可能是因應需求的剖面形狀、或計畫所需的線性變化而產生的。

- 均等的網格間距

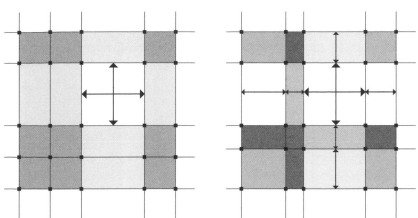

結構網格可以朝兩個方向做不規則調整,使結構、空間和機能三者連結得更為緊密。在這種情況下,跨距元素的方向會隨著結構間距的比例而變化。當結構間隔比例改變時,必須清楚地了解,兩端跨距構件和垂直支撐上的配屬載重區域也會跟著改變。

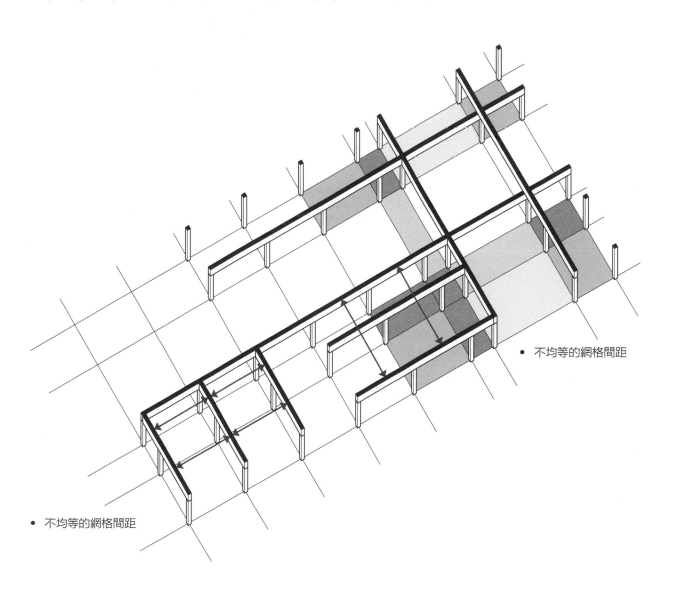

• 不均等的網格間距

• 不均等的網格間距

不規則網格

設置大尺度的空間

當空間尺度遠大於一般用途所需的尺度，例如禮堂或體育館等，結構網格的正常韻律便會受到破壞，跨距長度會加長、垂直支撐上的重力與側向力載重也會加大，因此，需要特別再思考過。

這種超過一般規模的空間在嵌入結構網格時，可以是分開處理、但仍連結至網格系統，或是本身空間夠大，就把所有支撐功能都收納入量體內。如果採取上述兩種方式，最好能將大尺度空間的垂直支撐間距設計成規則的網格間距或整數倍間距，如此就可以維持整體結構的水平連續性。

- 嵌入網格中的大尺度空間可以利用周圍空間的結構來支撐或加強。但如果大尺度空間和周圍空間的網格排列不一致時，就得另外採用某些過渡性的結構來處理錯位的情形。

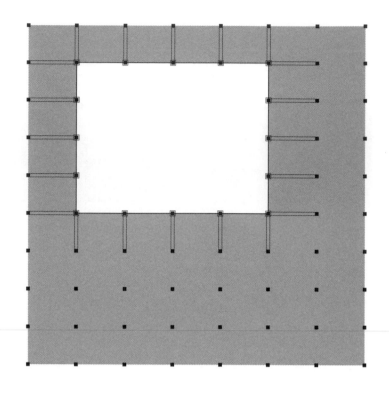

- 最理想的建築表現應該是將大尺度空間獨立分開、但仍然與相鄰的結構連結。透過這種方式，能減少兩種不同交集時的衝突，或結構網格的樣式不一致所造成的設計難題。而上述兩種情況都會需要第三種結構系統做為過渡的角色。

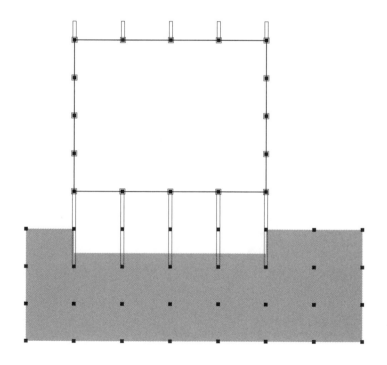

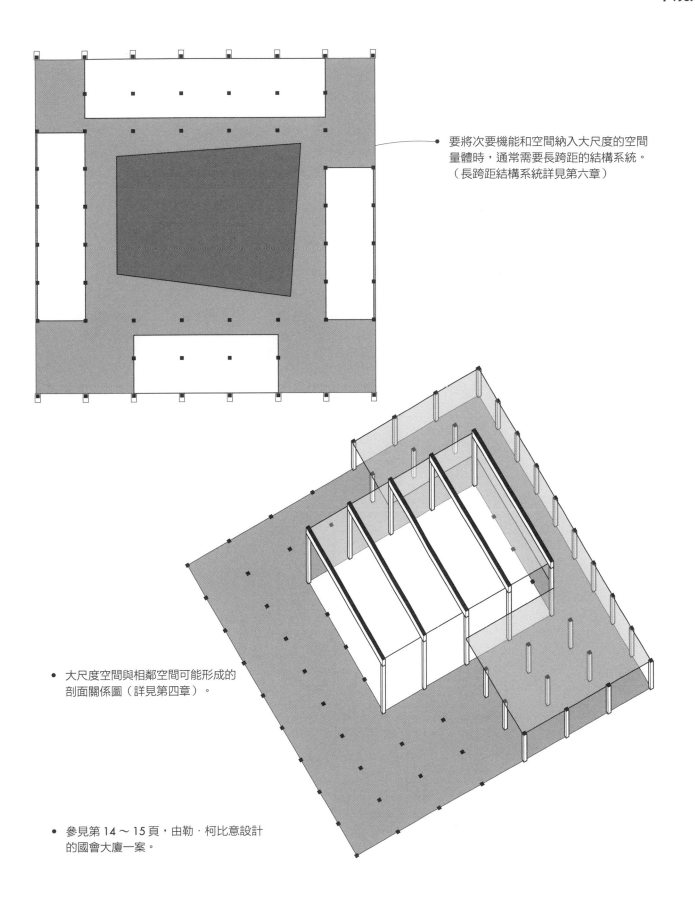

要將次要機能和空間納入大尺度的空間量體時，通常需要長跨距的結構系統。（長跨距結構系統詳見第六章）

- 大尺度空間與相鄰空間可能形成的剖面關係圖（詳見第四章）。

- 參見第 14 ～ 15 頁，由勒·柯比意設計的國會大廈一案。

不規則網格

對比的幾何性

規則網格可以搭配具有對比效果的幾何性網格，以滿足內部空間和外部形式的不同需求，或是用來表達形式與空間在環境脈絡中的重要性。採用這種做法時，有三種處理幾何對比的方式：

- 兩個對比幾何保持分離，並利用第三種結構系統加以連結。
- 兩個對比幾何相互交疊，以其中一個為主，或是將兩者整合成第三種幾何。
- 其中一個對比幾何納入另一個幾何之中。

當兩個對比幾何夠大或夠特殊，兩者交疊所產生的過渡空間或中間空間就會形成另一個亮點、或是凸顯出自身的意涵。

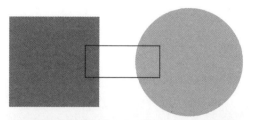

兩個對比的幾何分離，但由第三種結構來連接。

兩個對比的幾何交叉或相疊。

一個幾何納入另一個幾何。

上述的後兩種情形中，垂直支撐和改變跨距長度會形成不規則或不一致的配置，如此一來也會讓重複性或模組化構件的運用變得困難。直線和曲線結構之間的過渡配置方案詳見第70～73頁。

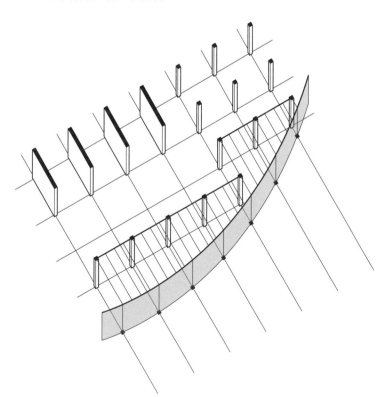

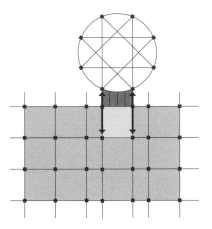

- 對比的幾何分離但仍連接在一起

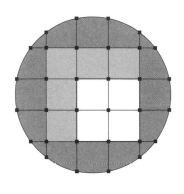

- 長方形幾何置於圓形幾何之中

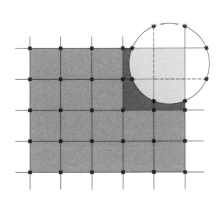

- 相互疊合的幾何

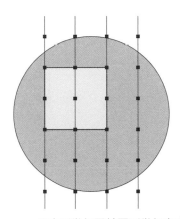

- 長方形幾何置於圓形幾何之中

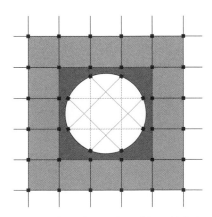

- 圓形幾何嵌入長方形幾何系統之中

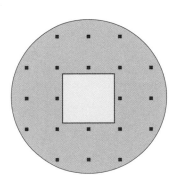

- 長方形幾何系統嵌入圓形幾何之中

不規則網格

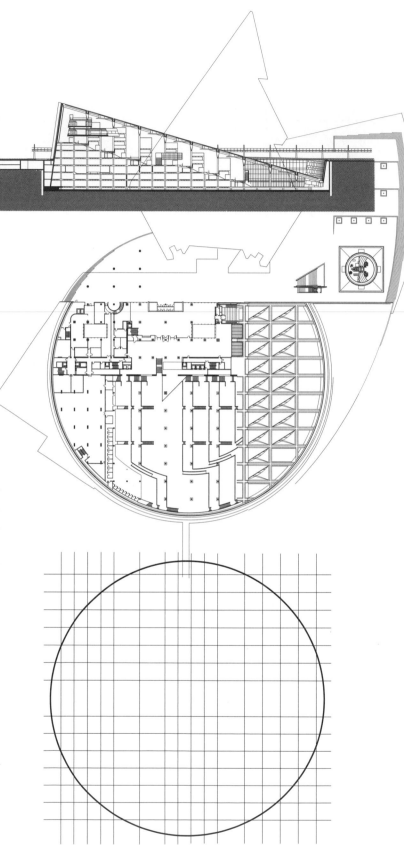

1994 ～ 2002 年：埃及亞歷山卓，新亞歷山卓圖書館（Bibliotheca Alexandrina/Alexandrian Library）平面與剖面圖，由挪威斯諾赫塔（Snøhetta）建築師事務所設計。

本頁和次頁的案例說明了圓形和長方形這兩個對比的幾何——圓形和長方形相互產生關聯的方式。亞歷山卓圖書館將長方形結構網格置於圓形之中；里斯特郡法院大樓將部分的圓形法庭空間擁入長方形的邊界裡；而在歐洲南方天文台（ESO）的住宿設施中，巨大的覆頂圓形中庭與直線排列的居住單元分開，再以平台屋頂將兩者連結起來。

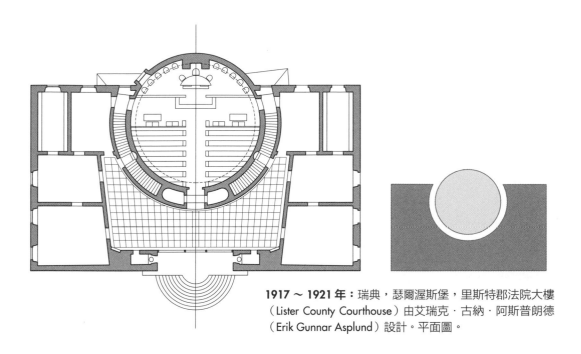

1917 ～ 1921 年：瑞典，瑟爾渥斯堡，里斯特郡法院大樓
（Lister County Courthouse）由艾瑞克‧古納‧阿斯普朗德
（Erik Gunnar Asplund）設計。平面圖。

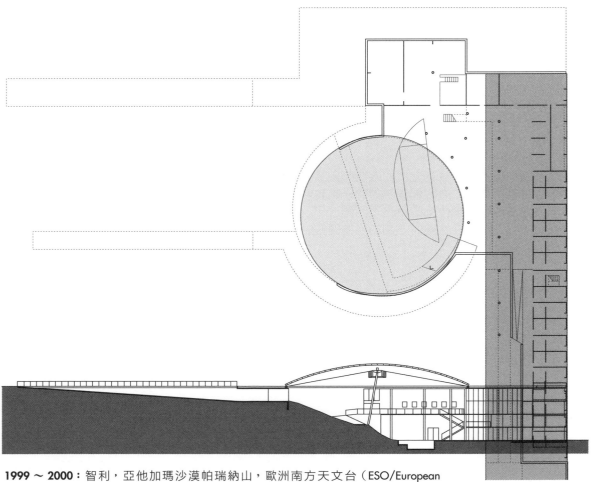

1999 ～ 2000：智利，亞他加瑪沙漠帕瑞納山，歐洲南方天文台（ESO/European Southern Observatory）住宿設施，由歐爾與韋伯聯合建築師事務所（Auer + Weber Associates）設計。局部平面與剖面圖。

不規則網格

對比的方向性

兩個結構網格除了可能出現對比的幾何外，也可能在單一構成中透過不同的方向性強調基地特徵、收納既有動線、或是凸顯對比的形式或機能。此外，和前述對比幾何的情形一樣，這裡也有三種將不同方向的網格整合為單一結構的方法。

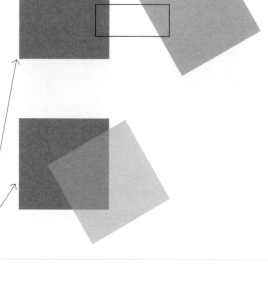

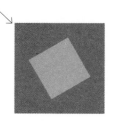

- 兩個網格保持分離，並由第三個結構系統來連接。

- 兩個網格相互交疊，其中一個做為主導，或是結合兩者形成第三種幾何。

- 一個幾何將另一個幾何納入其中。

當兩個對比幾何夠大或夠特殊，兩者交疊所產生的過渡空間或中間空間就會形成另一個亮點、或是凸顯出自身的意涵。

上述的後兩種情形中，垂直支撐和改變跨距長度會形成不規則或不一致的配置，如此一來也會讓重複性或模組化構件的運用變得困難。下頁將說明不同方向的對比幾何之間的過渡連接樣式。

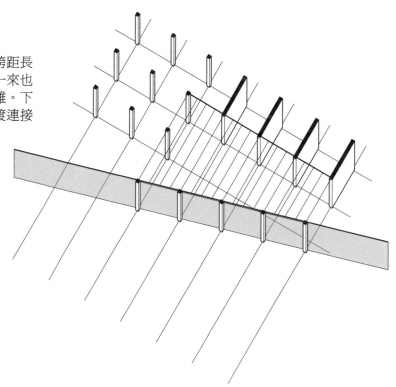

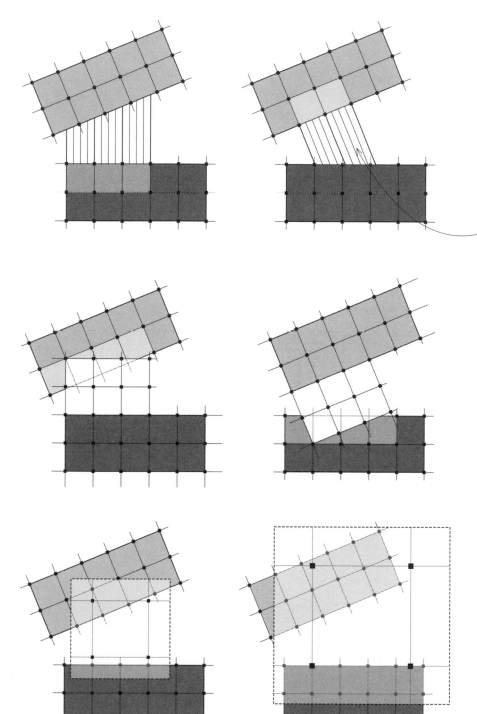

連結兩種幾何走向網格的過渡空間,可能會順應其中一個幾何走向,也可能完全與兩者相異。如果過渡空間順應其中一個走向,另一個對比的走向很容易就會被凸顯出來。

對比的走向會讓連結空間呈現出獨特的跨距狀態。

當兩個對比走向的網格系統相互交疊時,通常會以其中一個系統做為主導。要凸顯某一個網格,可進一步透過改變垂直尺度來達成。結構上和建築上所強調的重點,就是在這種可感知不同幾何性的特殊空間裡顯現出來。

另一種處理不同方向網格的做法,是將兩者統整在第三個主導結構的形式之下。如同上述的例子,當兩個不同結構系統並置在一起形成特殊狀態,強調的重點就會隨之出現。

不規則網格

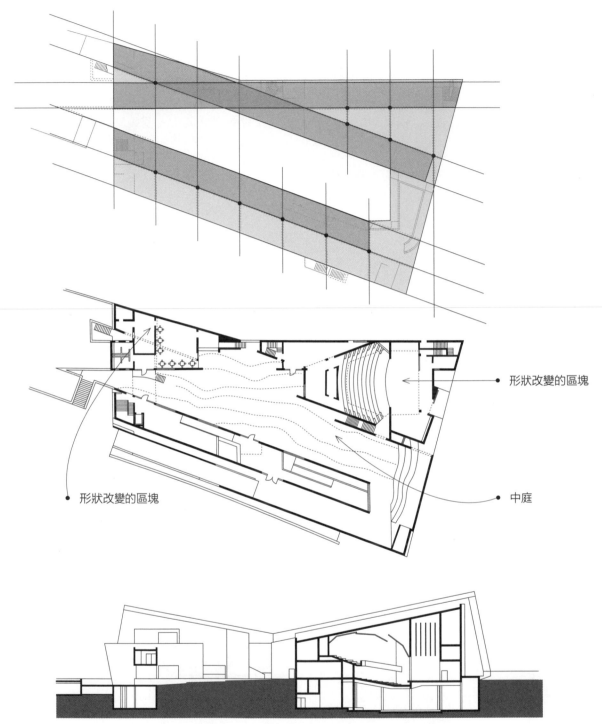

形狀改變的區塊

形狀改變的區塊

中庭

1992～1999 年：以色列特拉維夫，帕馬克歷史博物館（Palmach Museum of History），由茲維 · 海克（Zvi Hecker）和拉菲 · 賽加爾（Rafi Segal）設計。平面圖與剖面圖。

本頁和左頁的案例說明了將對比走向的系統整合為單一構成的幾種手法。

左頁的帕馬克歷史博物館包含了三個區塊,其中兩個區塊(右頁平面圖的左上角與右上角)為了保護中庭既有的樹叢和石頭群落而改變形狀,並界定出不規則形狀的中庭;羅森塔當代藝術中心的結構基本上是一個規則長方形網格,但是以平行四邊形的柱子形狀來回應呈斜向幾何、高達天花板、充滿自然光且容納了樓梯垂直系統的中庭空間。河谷中央住宅則是將主要起居室做為過渡結構,在視覺上連結起兩個對比走向的側翼。

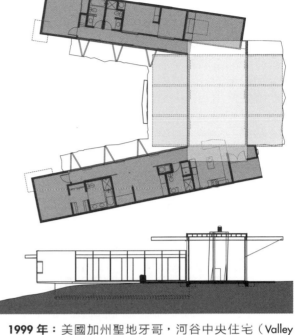

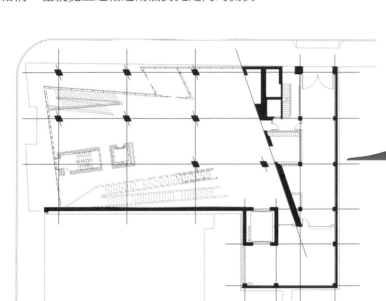

1999 年:美國加州聖地牙哥,河谷中央住宅(Valley Center House,由達力 · 傑尼克建築師事務所(Daly Genik Architects)設計。平面圖與剖面圖。

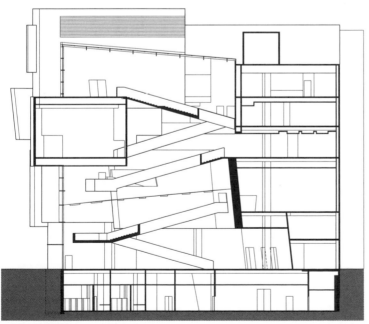

2001 ～ 2003 年:美國俄亥俄州辛辛那堤,洛伊絲＆理查羅森塔當代藝術中心(Lois & Richard Rosenthal Center for Contemporary Art),由扎哈 · 哈蒂建築師事務所(Zaha Hadid Architects)設計。平面圖與剖面圖。

不規則網格

處理不規則空間

設計構想的起點通常不是來自結構支撐或跨距元素的樣式，而是計畫所預定的空間秩序和最終構成形式的品質。典型的建築計畫中，通常都會有不同空間類型的需求，可能是一個符合建築物組織的特定機能或意義的空間，也可能是能彈性使用和自由調整的空間。

透過結構的安排，可將原本分離的不規則空間結合為一體，以符合並強化建築計畫對空間量體的要求。

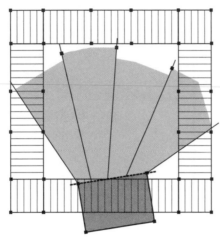

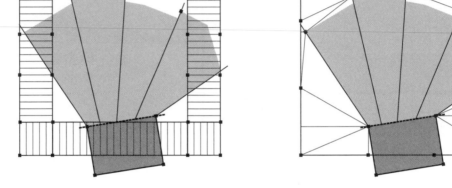

要達到這個目標，必須經常在結構概念與計畫需求之間反覆檢討，尋找可兼顧結構策略、形式構想、具美感及表現性的最適切方案。

一個分離的不規則空間，也可以透過在其上方重疊另一個分離的幾何結構系統，發展成一個新的獨立結構體。這種做法雖然符合戲院、音樂廳、大型美術館這類場所的空間需求，但通常還需要搭配長跨距結構才能達成。有關長跨距結構的討論詳見第六章。

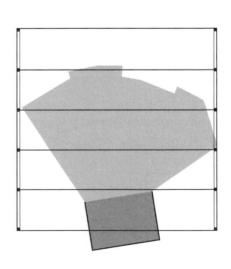

處理不規則形狀

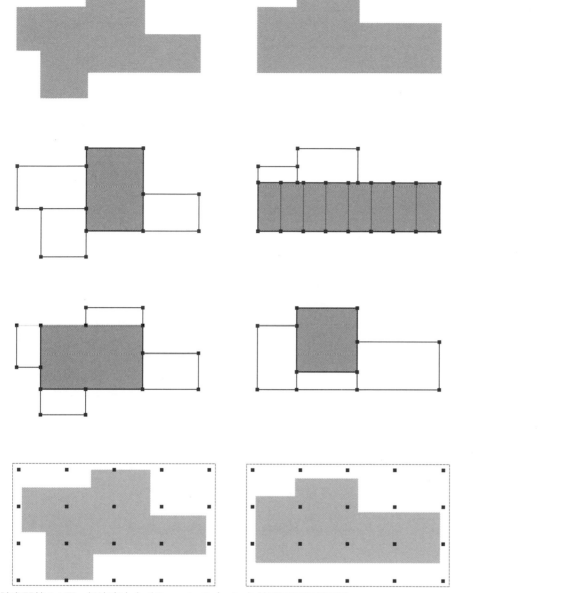

請參閱第 16 頁，柯比意中心（Centre Le Corbusier）的平面圖與剖面圖。

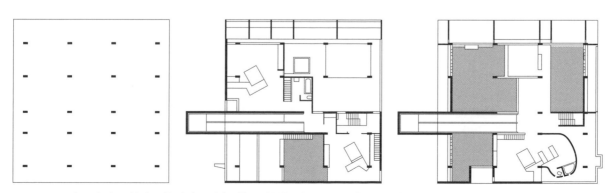

1952～1954 年：印度阿美達巴德（Ahmedabad），紡織工會大樓（Mill Owners' Association Building）由建築師勒 · 柯比意設計。平面圖。

不規則網格

處理不規則形狀

要為不規則的平面形狀建立結構系統的策略
之前,最好先辨識其中所蘊含的幾何特性。
即使是最不規則的平面形狀,還是能透過分
割成數個看得出是規則幾何形狀變形而成的
小部分 。

不規則形狀或形式的可能建造方式通常也暗
示了符合其建造邏輯的構架策略。構架的策
略可能簡單到就像是利用弧形的中心點發展
出放射狀的結構;或是在不規則幾何中以平
行或垂直的線性構架形成特殊的牆體或板塊
一樣。尤其是弧形,蘊含了許多發展成結構
框架的特質。其中之一便是利用弧形的半徑
或中心點、與弧形相切的切點,或是運用雙
曲線上的反曲點來進行結構設計。最後要採
取何種手法,端看設計意圖、以及結構策略
是否能強化設計概念而定。

弧線上相等的柱距,對應到長方形
網格上時,會形成不相等的柱距。

長方形網格上相等的柱距,對應到
弧線上時,則會出現細微的柱距差
異。

雖然結構構架系統通常會在平面上發展,但
也必須同步考量它對建築物垂直向,也就
是對建築物立面和內部空間尺度的影響。例
如,如果建築物的立面要露出柱子的話,就
必須好好思考規則性的柱距在曲面外牆上可
能造成的視覺影響。

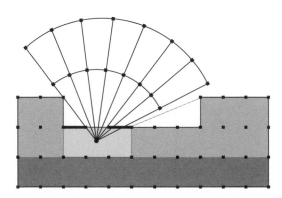

不規則平面形狀在結構上所面臨的另一項挑
戰是,當跨距長度勢必改變時,該如何將無
效的結構情形降到最低。

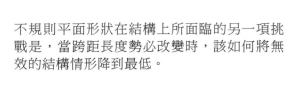

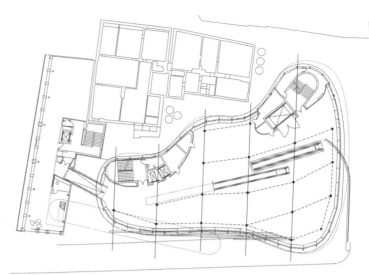

1997 ～ 2003：奧地利格拉茲，現代美術館（Kunsthaus），由建築師彼得 · 庫克（Peter Cook）與柯林 · 富尼埃（Colin Fournier）設計。平面圖與剖面圖。

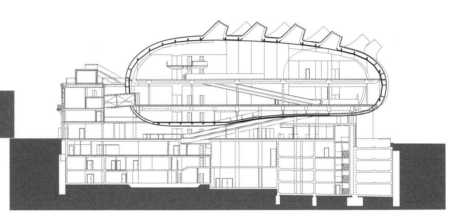

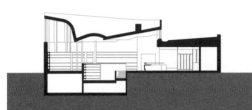

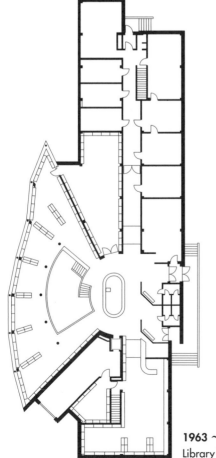

本頁的案例是要說明將不規則形狀整合到一個長方形幾何構成的兩種手法。以奧地利格拉茲美術館來說，將容納展示空間與相關公共設施空間設計成球根狀造型，部分原因是為了因應不規則的基地形狀、以及與既有相鄰建物之間必要的防火間隔，讓這個球根狀造型就像漂浮在由結構網格所支撐的幾何形狀之上。

另一案例是芬蘭塞伊奈約基圖書館的主閱覽室，從平面和剖面圖來看都呈現出像扇子般的造型，以流通櫃檯為扇形支點，將辦公室及其他輔助空間組成的線性幾何錨定結合起來。

1963 ～ 1965 年：芬蘭塞伊奈約基，塞伊奈約基圖書館（Seinajoki Library），由建築師阿爾瓦 · 阿爾托（Alvar Aalto）設計。平面圖。

不規則網格

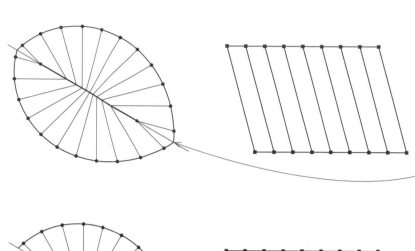

建築物的平面形狀有時候可能無法開展成明確線性或曲線幾何的形狀，例如卵形或平行四邊形。此時的處理手法之一是另外選擇或創造出有意義的邊界、或線性結構，藉此定位出網格或構架的樣式。左排的平面圖僅是諸多可行方法的其中幾種而已。

- 這個平行四邊形提供以一組邊線為平行構成框架或平行跨越的選擇，並且還能使跨距長度維持一致。

- 在卵形平面中置入放射狀樣式的構架或跨距，不但能凸顯出卵形的曲線性，同時也蘊含了能將曲線特性轉譯在垂直向度上的可能性。

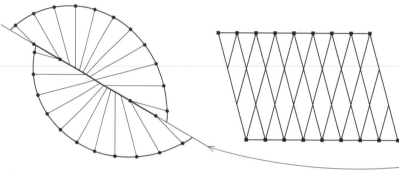

- 辨識出平行四邊形的幾何特性，可以導引出多種不同的格狀結構。

- 當不規則空間被從中切開而形成錯位關係時，可在錯置的交界處創造一條主要的支撐線，再以垂直於支撐線的方向、或順應不規則的邊界來構成框架。

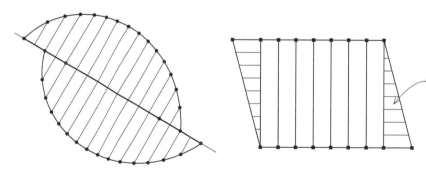

- 在垂直於平行四邊形其中一組邊線的方向做出構架或橫跨的結構，可以使結構呈現規則性；剩餘的三角形端部空間可以另一個垂直方向來配置跨距結構。

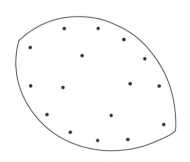
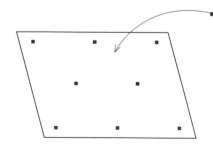

- 利用混凝土板結構中柱位的可調整特性，可以創造出不規則的樓層形狀，藉以滿足多樣化內部空間輪廓的需求。

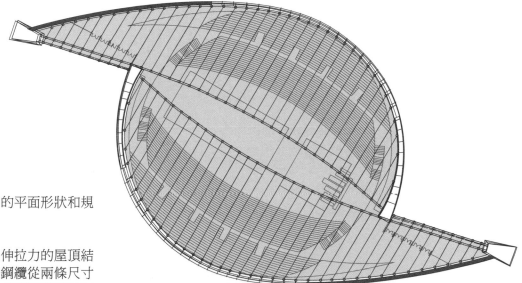

1961～1964 年： 日本東京，國立代代木競技場主競技場（Arena Maggiore, Yoyogi National Gymnasium），由建築師丹下健三設計。平面圖。

這兩張平面圖主要說明不規則的平面形狀和規則網格樣式相互搭配的方式。

日本國立代代木競技場極致延伸拉力的屋頂結構是由預力鋼纜所構成。預力鋼纜從兩條尺寸更大的鋼纜懸吊而出，這兩條巨型鋼纜再以兩座結構塔支撐。屋頂鋼纜從中脊處摺皺垂掛而下，錨定在曲面的混凝土基礎上。從平面圖可以清楚看出鋼纜間距呈規則的間隔排列。

狄蒙公共圖書館建築的尖角和多面的平面特性，遮蔽了內部柱結構網格的規則性。此外，第二層柱子定義建築物立面邊界的方式也值得特別留意。

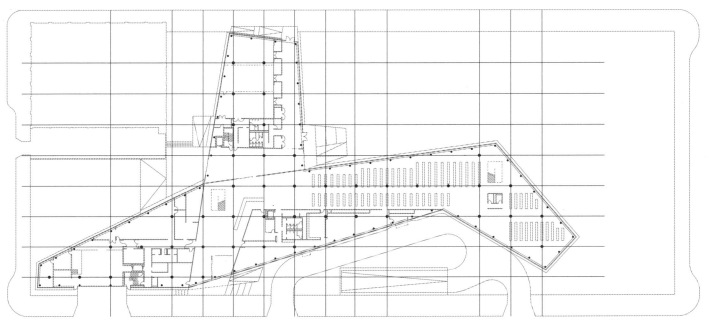

2006 年： 美國愛荷華州狄蒙市，狄蒙公共圖書館（Des Moines Public Library），由大衛・齊浦菲特（David Chipperfield）暨 HLKB 建築師事務所設計。

不規則網格

處理不規則邊界

建築物的形狀很可能受到基地的輪廓地貌所影響，例如景觀廊道與觀景的需求、道路邊界條件、房屋正面臨路、或是為了保護特殊地景特色。這些因素的任何一項都可能導致建築物產生不規則的幾何形狀，而必須以建築計畫和結構系統來進行合理的整合。

處理不規則邊界的方法之一，是將建築物的形式轉化為多個不同方向的長方形。這個做法會讓長方形和長方形交錯時出現特殊的交界形狀，必須再做適當處理（詳見第64～65頁）。

另一個方法則是：將一序列相等的空間單元或形式元素沿著不規則的邊界路徑折成直線陣列。將不規則想像成一系列的曲線、從中辨識每一弧線的半徑中心點，以及因弧形方向改變產生的轉折點等，藉此歸納出規則性。

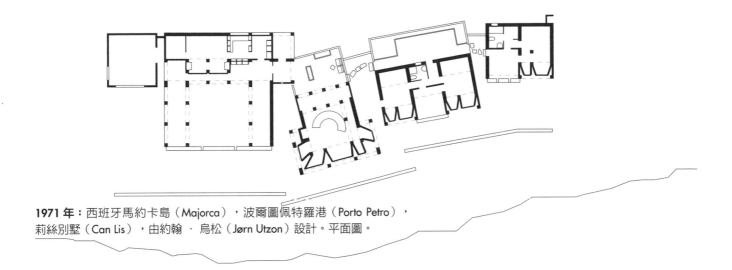

1971 年： 西班牙馬約卡島（Majorca），波爾圖佩特羅港（Porto Petro），
莉絲別墅（Can Lis），由約翰 · 烏松（Jørn Utzon）設計。平面圖。

這兩個建築計畫展現出處理不規則邊界的方法。莉絲別墅座落在可俯瞰地中海的
懸崖邊，看起來像是排列鬆散的小型風土建築群，由一條主要軸線串連起來。由
於形式與空間的獨立特性，讓每一個空間都有自己的座向。而下圖的EOS住宅則
是連棟式住宅，其彎曲且連續的形式是由獨立住宅單元的共用牆體，以放射幾何
的方式組構而成。

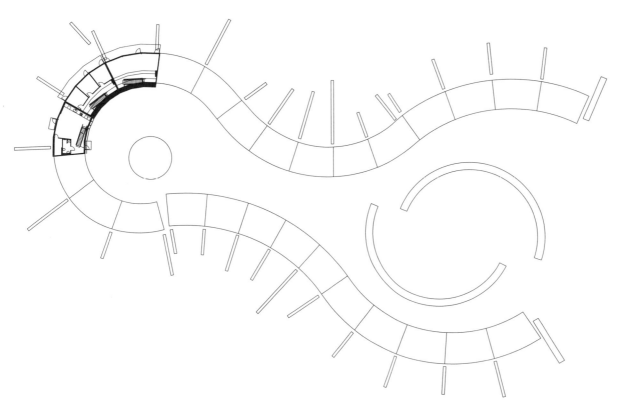

2002 年： 瑞典赫爾森堡（Helsingborg），EOS 住宅，由安德斯 · 威廉森（Anders
Wilhelmson）設計。平面圖。

不規則網格

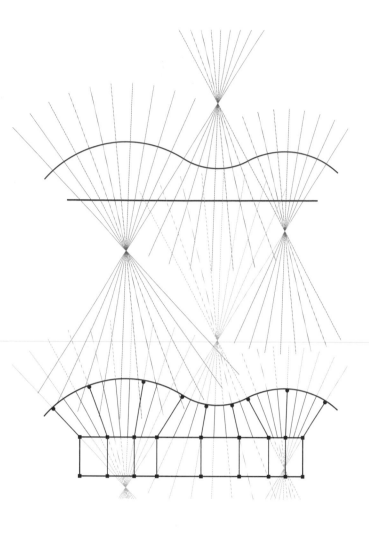

直線與曲線的對立,是建築設計中典型的二元關係。二者相對立的關係在第70頁的案例已有說明。這裡針對解決曲面或曲板和規則結構網格的線性幾何所形成的張力問題,提供其他處理手法。每一種手法都暗示著相關結構形式的設計,以及內部空間的品質。

首先從曲面或曲板的幾何性談起,這種幾何形狀可能暗示著應有的構架和跨距的樣式,以此強化曲線邊界到所延伸出的空間。這種樣式的放射狀特性和直交網格形成強烈對比,加深了建築計畫中這兩個不同區域的差異;相反的做法則是將規則網格結構的直角關係延伸到曲面或曲板上。

• 在這張平面圖中,放射狀的樣式強化了由曲面或曲板圍出空間的波浪狀特性,也反應在結構長方形中部分柱支撐所呈現的不規則間隔上。

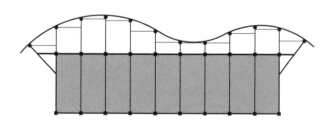

• 將直交的翼結構延伸至曲面或曲板上,可創造出介於直線和曲線間的不規則空間序列,並且將兩種不同的邊界狀態統合在一起。

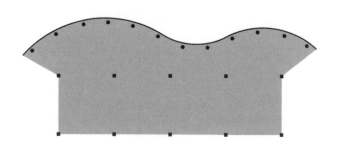

• 利用混凝土板結構可調整柱子位置的彈性,可創造出不規則的樓層形狀,滿足各種不同內部空間輪廓的需求。

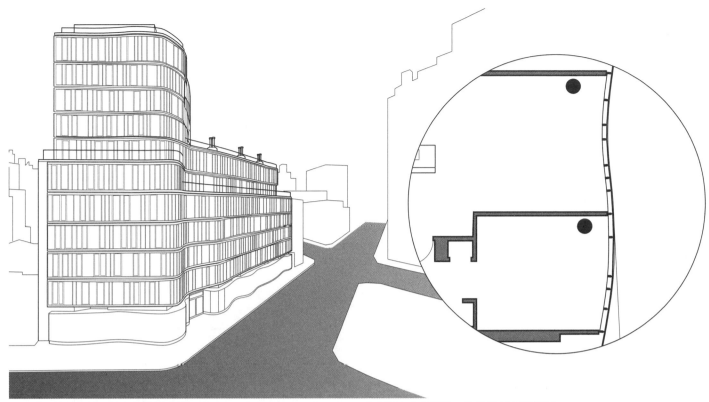

2009 年：美國紐約，傑克森廣場豪華公寓（One Jackson Square），由 KPF 建築師事務所設計。外觀與細部平面圖。

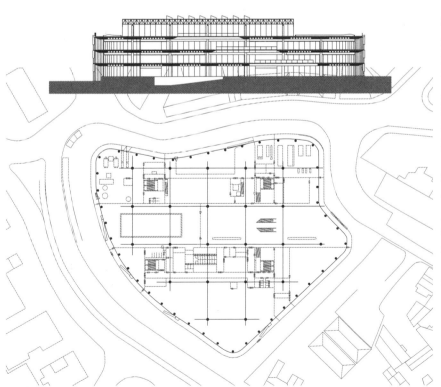

1971 ～ 1975 年：英國伊普斯維奇，衛理斯 · 費博與達馬斯公司總部（Willis, Faber & Dumas Headquarters），由諾曼 · 佛斯特建築師事務所（Norman Forster/ Forster+Partners）設計。平面與剖面圖。

本頁的兩個案例是在說明如何做出曲面帷幕外牆。傑克森廣場豪華公寓的不規則帷幕外牆採現場組裝、將牆板附掛在懸挑混凝土樓板的曲線邊緣上。混凝土樓板邊緣必須精準成形，帷幕牆系統的豎框連接點才能對準排列整齊。另外，有些延伸成兩層樓高度的帷幕牆板單元，則是以大樑取代混凝土樓板邊緣，做為帷幕牆的支撐媒介。

再以衛理斯·費博與達馬斯公司總部大樓為例，其中央部分是由柱心距離46英呎（14公尺）的混凝土柱所構成的方形網格，且網格外圍的柱子退到曲線樓板邊緣的後方。深色的隔熱玻璃則以玻璃夾具和矽氧樹脂（silicone）填縫劑固定，形成三層樓高的帷幕外牆，懸掛在天花板的外圍邊樑上，再由玻璃安定板提供側向的垂直支撐。

不規則網格

錯開的網格

建築物中相鄰的兩個部分，通常會各自回應建築計畫或環境脈絡的需求或限制。這兩個部分可能需要兩種不同類型的結構樣式，但共用一條支撐線。兩者也可能有相似的結構樣式，但彼此呈現錯位關係。在這些情況下，兩個相鄰空間的差異就會從各自結構樣式的尺度或紋理中表現出來。

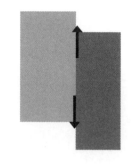

- 當兩個網格的尺度和紋理相似時，只需單純地選擇性增加或移除兩翼的部分就能製造出差異。新建立的網格結構，便會凸顯出變動或切除之處的平面效果。

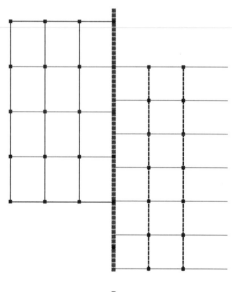

- 網格的錯位也可能隨著空間尺度或紋理改變而發生。這時就得沿著錯位線施作共用的大樑而將兩個網格結構整合起來。因為柱子間距可沿著支撐線做調整，尤其是在樑跨距較短的情況下，支撐樑的柱子位置可以依據現場情況做調整。

- 兩個尺度和紋理殊異的結構樣式，也可以在大網格結構是小網格結構的整數倍情況之下輕易地整合起來。

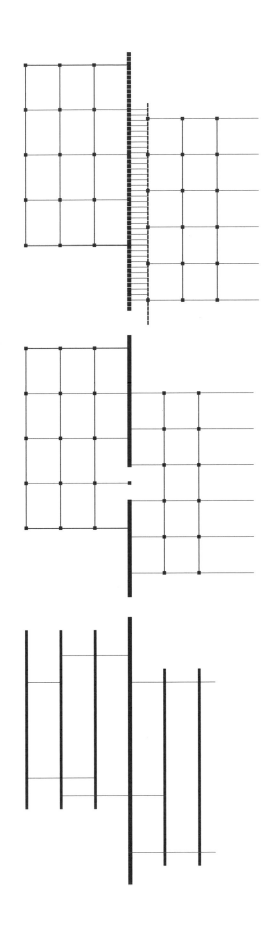

- 當兩個尺度、比例、紋理殊異的主要網格,無法沿著柱和樑的支撐線進行結構整合時,可以在兩者之間置入第三個結構系統做為介質。由於這個介質結構的跨距相對較短、紋理較細,有助於解決兩個主要網格不同間距和支撐樣式的差異問題。

- 若是兩個相鄰空間的分隔是由同一座承重牆支撐,那這道牆體就能將這兩個對比結構網格整合起來。因為承重牆本身就具有將一個空間二分隔成兩個區域的特性,所以任何穿透承重牆的做法都會帶來新的意義,例如兩個元素之間的門或玄關。

- 一序列的承重牆會定義出一個空間場域,在其兩端開口產生強烈的方向性。這樣的基本結構樣式經常被運用在具有重複性單元的設計案中,例如多戶型住宅就利用承重牆體來隔離不同的住宅單元,並同時達到隔音及避免火災延燒的功能。

- 一序列平行的承重牆可以形成一序列的線性空間。而且承重牆具有堅固的特性,因此可容受各種程度、程度不一的滑動與偏移情形。

過渡樣式

轉角定義了兩個平面的交會狀態。垂直的轉角具有特殊的建築意義，除了可用來定義建築物的立面，同時也是平面中兩個水平方向的收尾。和轉角建築特性相關的還包括施工性和結構議題，無論根據哪一個因素決定轉角的設計策略，都將不可避免地影響到與之相鄰的兩個平面。舉例來說，單向跨距系統的相鄰兩邊在本質上互不相同，因此相鄰立面的建築關係和設計表現都會受到影響。

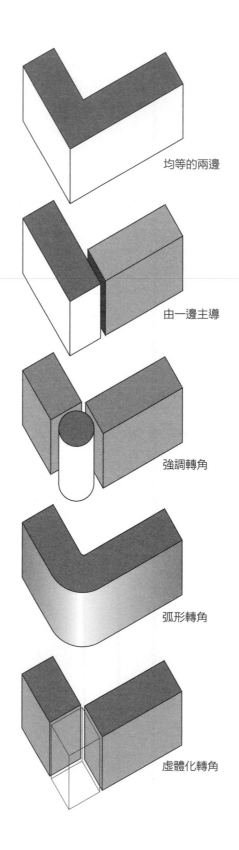

均等的兩邊

由一邊主導

強調轉角

弧形轉角

虛體化轉角

- 如果兩個平面直接相連，轉角部分也不做其他處理，那麼轉角的外觀則會由兩個相鄰面的視覺效果而定。不經處理的轉角特別能強調出建築的量體感。

- 當一個形式或其中一個面向持續延伸並占據整個轉角位置，分量明顯比相鄰量體更具優勢，此時這個形式或面向就會做為建築構成的正面。

- 在轉角置入一個獨立於相鄰兩面的特殊元素，可加強轉角的視覺效果。這個元素通常會以垂直、線性的元素確立兩個水平面的邊界。

- 將轉角做弧形處理，可以凸顯出同一形式表面相接的連續性、量體的紮實度和轉角的柔和特質。此時弧度半徑的尺度非常重要，如果弧度過小，就無法凸顯視覺上的效果；但如果弧度過大，則會影響所圍起的內部空間和呈現出來的外部形式。

- 讓轉角虛體化不處理的手法會削弱主要轉角的存在，但也隨即創造出兩個較小的角落，使兩個分離量體之間的差異更加清晰。

後續三頁的平面圖將說明各式處理轉角的手法，每一種手法都有其特殊的建築意涵。

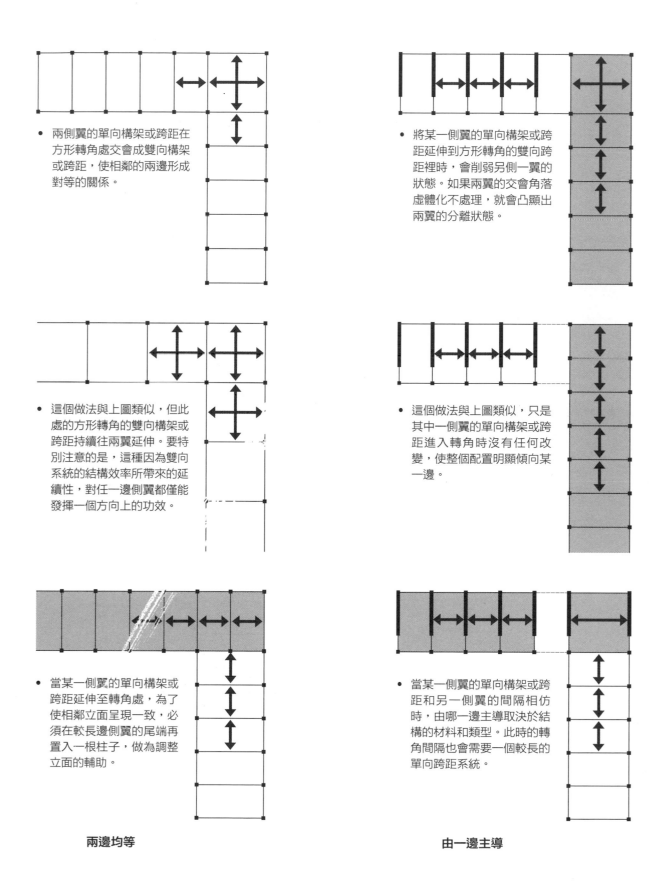

- 兩側翼的單向構架或跨距在方形轉角處交會成雙向構架或跨距，使相鄰的兩邊形成對等的關係。

- 將某一側翼的單向構架或跨距延伸到方形轉角的雙向跨距裡時，會削弱另側一翼的狀態。如果兩翼的交會角落虛體化不處理，就會凸顯出兩翼的分離狀態。

- 這個做法與上圖類似，但此處的方形轉角的雙向構架或跨距持續往兩翼延伸。要特別注意的是，這種因為雙向系統的結構效率所帶來的延續性，對任一邊側翼都僅能發揮一個方向上的功效。

- 這個做法與上圖類似，只是其中一側翼的單向構架或跨距進入轉角時沒有任何改變，使整個配置明顯傾向某一邊。

- 當某一側翼的單向構架或跨距延伸至轉角處，為了使相鄰立面呈現一致，必須在較長邊側翼的尾端再置入一根柱子，做為調整立面的輔助。

- 當某一側翼的單向構架或跨距和另一側翼的間隔相仿時，由哪一邊主導取決於結構的材料和類型。此時的轉角間隔也會需要一個較長的單向跨距系統。

兩邊均等

由一邊主導

過渡樣式

本頁的三張平面圖主要說明如何將轉角元素分離出來,並透過有意義的尺寸、特有的造型、或對比走向,塑造出獨特的轉角特色。

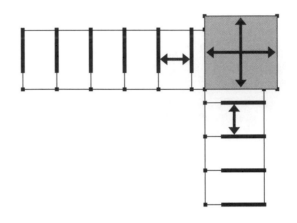

- 當兩側翼維持原本的單向構架或跨距之下,將正方形的轉角間隔放大,可凸顯出此轉角比任何一邊側翼都來得重要。此外,額外再加上兩根柱子的做法,則是為了緩和從側翼較小的間隔跨距轉換到轉角較大跨距的落差。

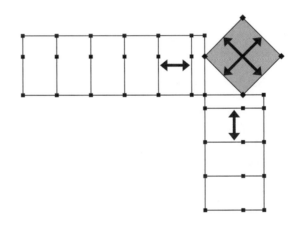

- 同樣在兩翼維持原本的單向構架和跨距之下,旋轉正方形轉角間隔的方向,也可以凸顯出轉角位置的特殊性。此做法同樣需要新增兩根柱子協助支撐旋轉後的轉角間隔。

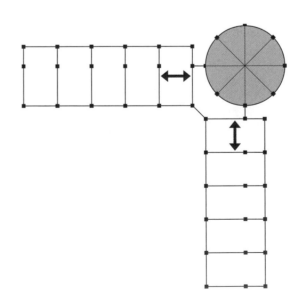

- 圓形的轉角間隔可與兩翼的長方形幾何形成對比,不僅凸顯轉角位置的特殊性,還具備了獨立的結構樣式。兩翼仍可維持單向系統的構架,但需在兩側翼和圓形轉角處之間以橫樑來連接。

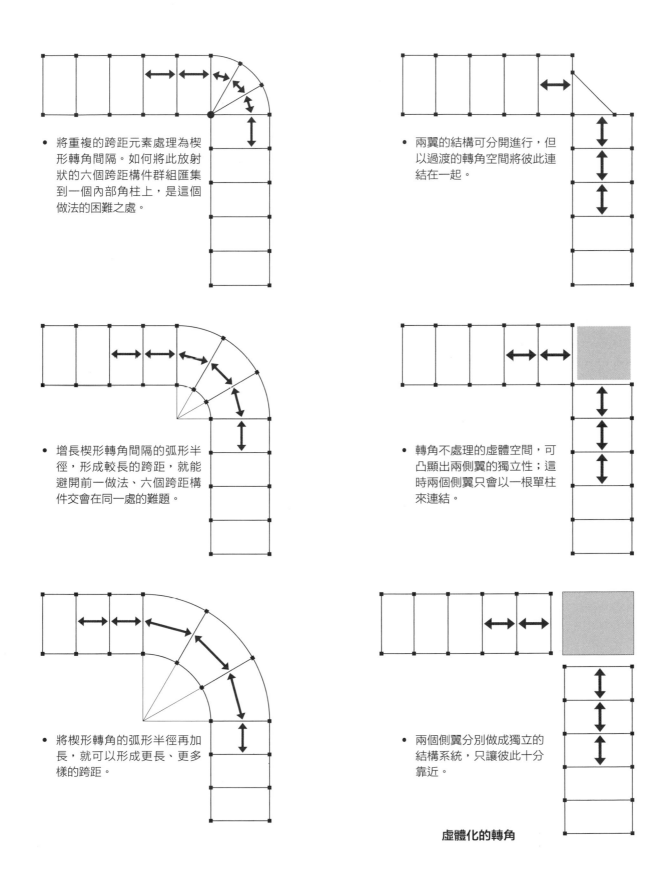

- 將重複的跨距元素處理為楔形轉角間隔。如何將此放射狀的六個跨距構件群組匯集到一個內部角柱上，是這個做法的困難之處。

- 增長楔形轉角間隔的弧形半徑，形成較長的跨距，就能避開前一做法、六個跨距構件交會在同一處的難題。

- 將楔形轉角的弧形半徑再加長，就可以形成更長、更多樣的跨距。

- 兩翼的結構可分開進行，但以過渡的轉角空間將彼此連結在一起。

- 轉角不處理的虛體空間，可凸顯出兩側翼的獨立性；這時兩個側翼只會以一根單柱來連結。

- 兩個側翼分別做成獨立的結構系統，只讓彼此十分靠近。

虛體化的轉角

環境脈絡裡的樣式

基礎網格

基礎系統的主要功能是支撐、錨定上層結構和
將其載重安全地傳遞至土壤中。基礎是分配與
消解建築物載重的關鍵樞紐，因此它的支撐樣
式必須同時滿足上部結構的形式與配置方式，
並且回應下方地質、土壤、岩層和地下水的各
種情況。

土壤承載力（或地耐力）會影響建築物選用的
基礎類型。當能夠滿足承載力需求的穩定地層
較靠近地表時，設計上會採用淺基礎或基腳。
在不超過地耐力的範圍內，將基腳依比例配
置，分散承受一大塊面積的載重。不論淺基
礎、或基腳，都必須確保結構沉陷量控制在最
小值、或是均勻分配到結構的其他部位。

當基地中的土壤承載力不一致，基腳還可以用
結構基座、或是用板式基礎，也就是又厚又重
的混凝土板連結起來。板式基礎能將集中載重
分配至高土壤承載力的區域，避免結構出現可
能發生在獨立基腳的不均勻沉陷。

當建築物載重超過地層的地耐力時，就必須採
用樁基礎或沉箱基腳。樁基礎包括鋼樁、混凝
土樁、木樁等，將樁向下打到適當的支撐地
層，例如更密實的土壤層、岩層、或是樁與土
壤之間的摩擦力足以支撐設計載重的地層。單
獨的樁通常會和場鑄混凝土樁帽連接，成為建
築物柱子的支撐。

沉箱是場鑄的混凝土豎井，以機具將地層鑽出
所需的深度，再放入鋼筋和澆置混凝土而成的
基礎形式。沉箱的直徑通常比樁更長，特別適
用在斜坡這類有側向移位疑慮的基地類型。

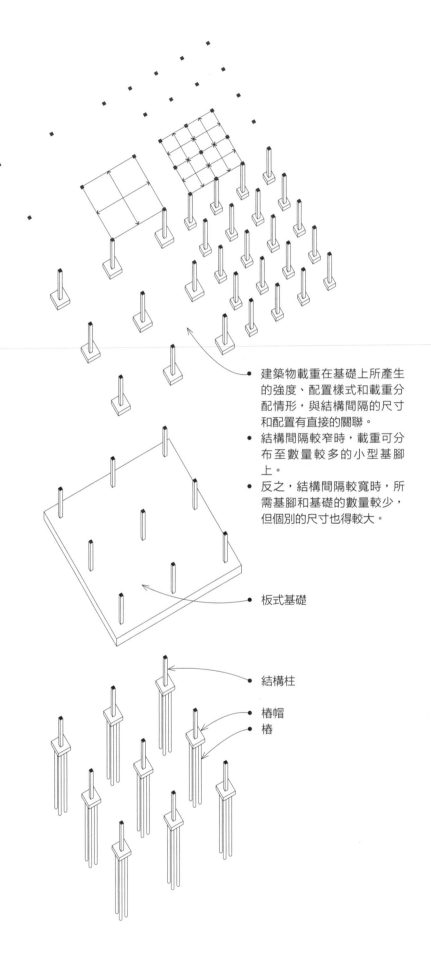

- 建築物載重在基礎上所產生
的強度、配置樣式和載重分
配情形，與結構間隔的尺寸
和配置有直接的關聯。
- 結構間隔較窄時，載重可分
布至數量較多的小型基腳
上。
- 反之，結構間隔較寬時，所
需基腳和基礎的數量較少，
但個別的尺寸也得較大。

板式基礎

結構柱

樁帽
樁

斜坡上的建築

椿基礎可運用在不規則或有斜坡的地形上，特別適用在斜坡表面地層不穩定，但椿向下延伸後就可承載、或是可再延伸到較穩定的土層或岩層的基地。在這種情況下，未必需要設置擋土設施，椿的位置還可以配合建築物設計的柱位來進行配置。

在斜坡上進行開挖時，通常會設置擋土牆來維持住坡度改變後的上方土量。被擋下的土壤如同流體作用，會對擋土牆產生極大的側向壓力，使擋土牆產生側向滑動或傾覆。側向土壓力所產生的傾覆力矩及擋土牆基礎的反力，主要取決於擋土牆的高度。由於力矩與擋土高度的平方成正比，因此當擋土牆高度增加，就必須設置背拉椿、或是施作保護牆——即交叉牆，來強化牆板並增加基腳的重量。

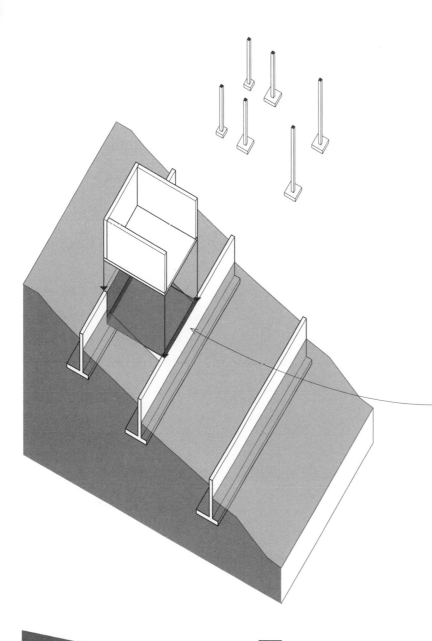

一系列與坡度平行的擋土牆可以為建築物上部結構的承重牆提供連續性的支撐。不過，並不建議將建築物的重量加諸在擋土牆後方的土壤上，因此，擋土牆的位置應該與上方建築物的支撐線位置排列一致才正確。

擋土牆可能會因為傾覆、水平滑動或過度沉陷而失效。

- 外推力很容易在擋土牆的牆趾造成傾覆。若要避免擋土牆傾覆，擋土牆重量和牆跟部承載的土壤重量所形成的複合抵抗力矩，必須要能抵抗由土壤壓力造成的傾覆力矩。
- 為了避免擋土牆滑動，牆體重量乘上土壤摩擦係數後的複合重量必須能夠抵抗牆體的側推力；此外，接近擋土牆底層的被動土壓力亦能協助抵抗側推力。
- 為了避免擋土牆沉陷，垂直作用力也不能超過地耐力的範圍。

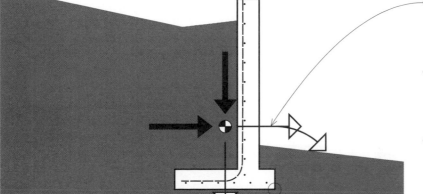

牆趾

環境脈絡裡的樣式

在小型的建築計畫中，特別是在設計上不需進行斜坡開挖的基地，可選擇利用地基樑將基礎繫結成單一的剛性構造，再將剛性結構與通常位在基地上方的樁連結起來。這種工法非常適合運用在希望對基地環境做最少干擾、或是主要入口設置在基地高處的設計方案中。

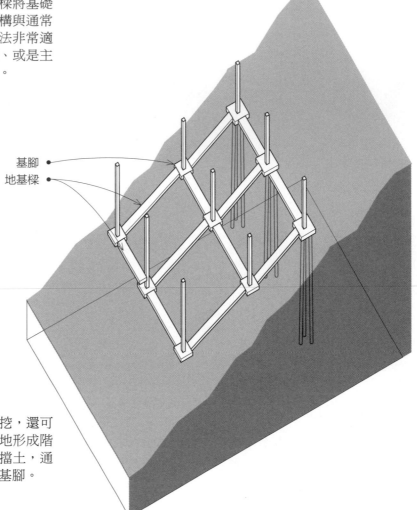

基腳
地基樑

在設計上如果不需對斜坡基地進行開挖，還可將基礎牆體設置成與斜坡垂直、順應地形成階梯狀。因為階梯狀的基礎牆並非用來擋土，通常就不需要特別加強擋土牆和大尺寸基腳。

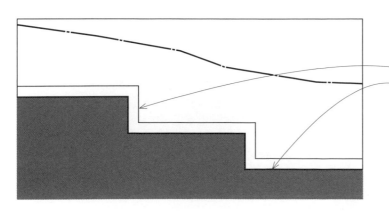

- 當坡度超過 10％時，為了讓基腳站穩在地面上，必須以階梯狀的方式來設置基礎。
- 垂直面的基腳厚度必須保持一致。
- 基腳必須設置在未受干擾的地層、或是經過確實回填夯實的基地上。
- 基腳必須設置在斜坡面下方至少 12 英吋（305 公釐）；若是位於結冰的地層，則須將基腳延伸至基地的冰凍線以下。
- 基腳的頂部為水平面，但底部很可能是超過 10％的坡度。

停車空間的結構

當結構的唯一功能是做為停車空間時，符合車輛調動和停車所需的特定尺寸，就會成為配置結構間隔時決定柱子位置的關鍵因素。

但如果停車場只是建築物的附加機能，通常會設置在結構的較低樓層，將上方樓層留做其他用途。然而，要用結構網格同時滿足上方樓層、和一個效率良好的停車空間，通常會很難達成，這時，可以將兩種情況重疊起來思考，再利用次頁圖示中彈性調整柱位的方式，找出二者通用的網格系統（詳見下頁）。

如果要將柱位調整一致的時候出現困難，也可以利用轉接樑或轉接支柱來傳遞上方樓層載重、穿越停車層到達土壤基礎中。當然，最好還是盡量避免這種做法。

混合用途的建築物，例如住宅和停車場結合的混合式建築需要設置特定的防火區劃，這時，低層停車場結構的頂板就可以後拉法預力的混凝土厚板來施作。這片厚板不僅可以傳遞上方樓層柱子或承重牆的載重至停車場的結構中，也能形成所需的防火區劃。不過這種方式只限於上層結構載重相對較輕的狀況，如果會出現過度的集中載重、或因為不當的柱位排列使載重集中在長跨距的三分之一位置，這種做法就幾乎沒有任何效益可言了。

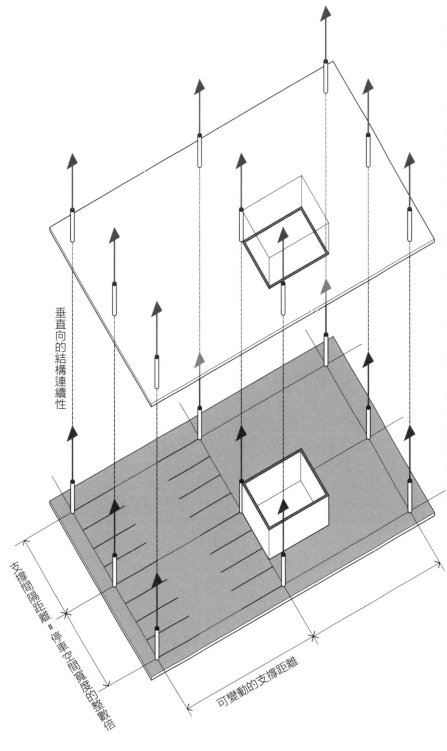

垂直向的結構連續性

支撐間隔距離 = 停車位間寬度的整數倍

可變動的支撐距離

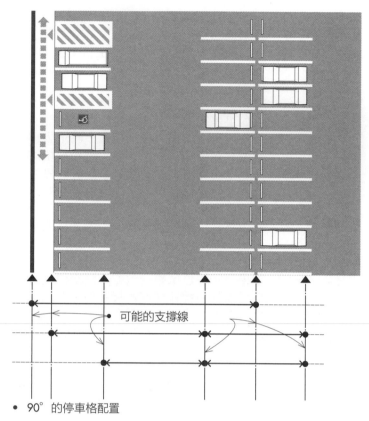

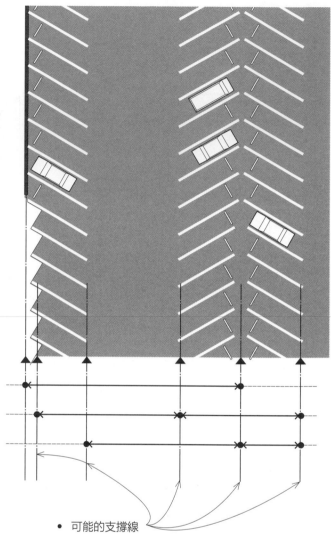

- 90° 的停車格配置

- 可能的支撐線

- 斜角的停車格配置

停車場結構的柱子排列，最好盡量以同一方向配置在相鄰兩排停車位的中間，並且將柱距設定為停車格寬度的整數倍。配置時必須留有可供車輛進出的足夠空間、讓開關車門不受阻礙、也讓駕駛在倒車時能夠清楚辨識柱子位置。在以上這些條件下，適當的跨距長度通常會落在60英呎（18公尺）左右。

如上方平面圖所示，柱支撐的位置其實有許多選擇。圖中的黑色箭頭指出可能的支撐線，柱位可沿著支撐線並配合停車格的寬度來配置。從圖中不難看出調整成不同跨距長度的可行性，讓停車場之類的特定配置也能與上層結構的柱支撐樣式整合起來。

3 水平跨距
Horizontal Span

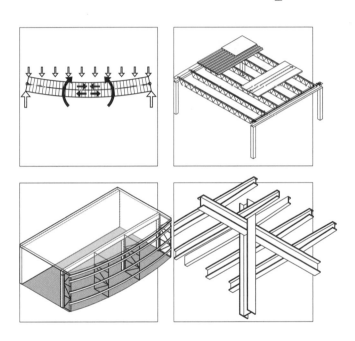

水平跨距

建築物的垂直支撐，也就是柱子和承重牆，能區隔空間與建立可測量的韻律和尺度，讓空間向度變得可被理解。即便如此，建築空間還是需要利用水平跨距來配置能夠承受使用者體重、活動和家具陳設的樓板結構。最上方的屋頂板則為空間提供遮蔽並定義空間的垂直向度。

樑

所有的樓板和屋頂結構都包含線性與面狀元素，例如格柵、樑、板做為承受橫向載重，並將載重穿越空間傳遞到支撐元素上。為了理解這些跨距元素的結構行為，我們就先從樑開始討論，再將這樣的討論推演到格柵、大樑和桁架的結構行為上。

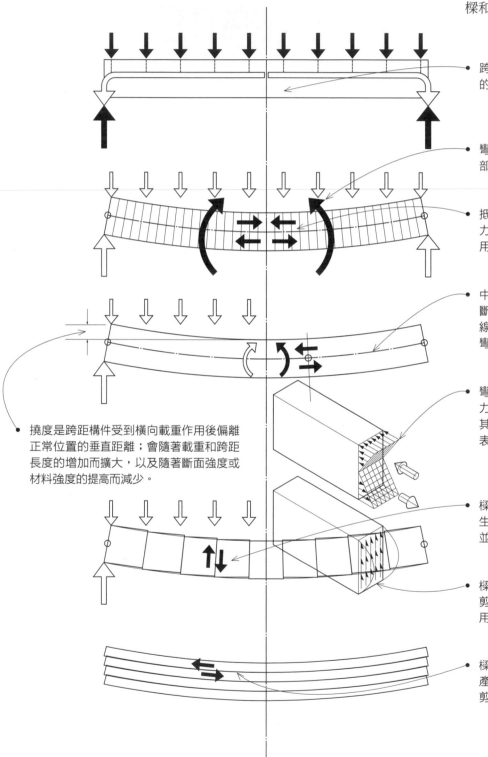

跨距是指由一結構的兩個支撐元素所撐起的空間範圍。

彎曲力矩（彎矩）屬於外部力矩，它會使部分結構出現旋轉或彎折的情形。

抵抗力矩則是與彎矩方向相反的等量內部力矩；此力矩是由一組維持斷面平衡的作用力所衍生出來。

中立軸是指樑、或其他構件上有一條穿過斷面質量中心點——即幾何中心的假想線，當受到彎折時，這條線上都不會出現彎曲應力。

彎曲應力是指結構構件為了抵抗橫向作用力，而在斷面上出現的壓力與張力組合。其最大值會出現在距離中立軸最遠的構件表面上。

撓度是跨距構件受到橫向載重作用後偏離正常位置的垂直距離；會隨著載重和跨距長度的增加而擴大，以及隨著斷面強度或材料強度的提高而減少。

樑在抵抗橫向剪力時，會沿著樑的斷面產生垂直剪力，最大值會出現在中立軸上，並且會以非線性的方式朝外側遞減。

樑或其他構件斷面受到彎折時產生的橫向剪力，會等於在斷面的一側所受到橫向作用力的總和。

樑在受到橫向載重時，會沿著樑的水平面產生水平向或縱向的剪力，而且任何一點剪力值，都會與該點的垂直剪力相等。

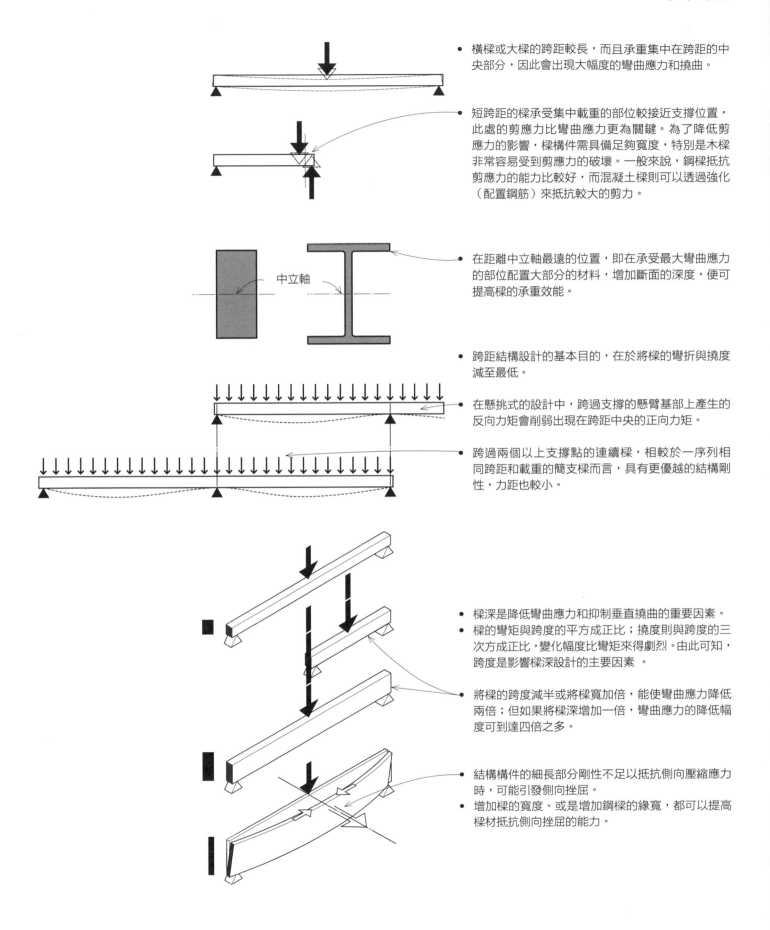

- 橫樑或大樑的跨距較長，而且承重集中在跨距的中央部分，因此會出現大幅度的彎曲應力和撓曲。

- 短跨距的樑承受集中載重的部位較接近支撐位置，此處的剪應力比彎曲應力更為關鍵。為了降低剪應力的影響，樑構件需具備足夠寬度，特別是木樑非常容易受到剪應力的破壞。一般來說，鋼樑抵抗剪應力的能力比較好，而混凝土樑則可以透過強化（配置鋼筋）來抵抗較大的剪力。

中立軸

- 在距離中立軸最遠的位置，即在承受最大彎曲應力的部位配置大部分的材料，增加斷面的深度，便可提高樑的承重效能。

- 跨距結構設計的基本目的，在於將樑的彎折與撓度減至最低。

- 在懸挑式的設計中，跨過支撐的懸臂基部上產生的反向力矩會削弱出現在跨距中央的正向力矩。

- 跨過兩個以上支撐點的連續樑，相較於一序列相同跨距和載重的簡支樑而言，具有更優越的結構剛性，力距也較小。

- 樑深是降低彎曲應力和抑制垂直撓曲的重要因素。
- 樑的彎矩與跨度的平方成正比；撓度則與跨度的三次方成正比，變化幅度比彎矩來得劇烈。由此可知，跨度是影響樑深設計的主要因素 。

- 將樑的跨度減半或將樑寬加倍，能使彎曲應力降低兩倍；但如果將樑深增加一倍，彎曲應力的降低幅度可到達四倍之多。

- 結構構件的細長部分剛性不足以抵抗側向壓縮應力時，可能引發側向挫屈。
- 增加樑的寬度、或是增加鋼樑的緣寬，都可以提高樑材抵抗側向挫屈的能力。

水平跨距系統

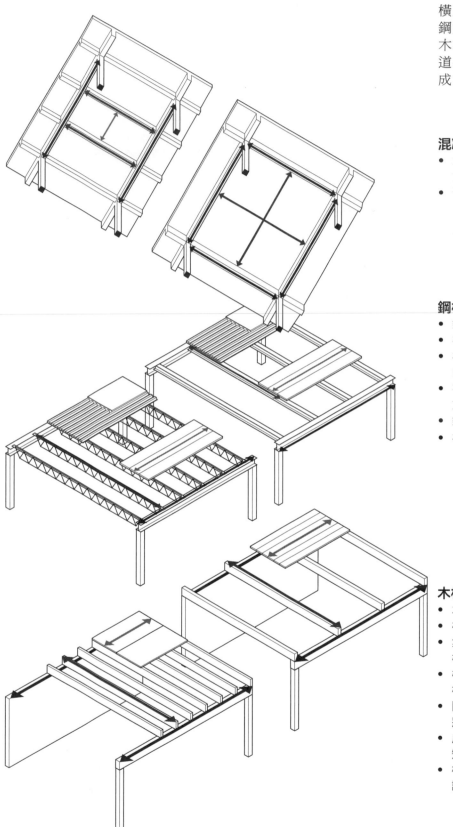

橫越水平跨距的材料，可以選擇均質的鋼筋混凝土板、或是分層建造的鋼樑、木製大樑、橫樑，也可由格柵樑撐起一道平面的結構覆蓋物或鋪板等方式來構成。

混凝土

- 場鑄混凝土樓板是依據不同的跨距和鑄造形式來分類，詳見第 102 ～ 115 頁。
- 預鑄混凝土厚板可用橫樑或承重牆來支撐。

鋼材

- 鋼樑可支撐鋼承板或預鑄混凝土板。
- 橫樑則用大樑、柱或承重牆來支撐。
- 樑構架通常是構成鋼骨構架系統中不可或缺的部分。
- 密鋪的輕薄型格柵樑或空腹樑可用橫樑或承重牆來支撐。
- 鋼承板或木板的跨距相對較短。
- 格柵樑的懸挑能力有限。

木材

- 木樑可用來支撐結構板或鋪板。
- 橫樑可用大樑、支柱或承重牆來支撐。
- 集中載重和樓板挑空的位置，需採用額外的構架來輔助。
- 樓板結構的下方可直接外露，也可加上天花板。
- 間隔較小、較緊密的格柵樑可用橫樑或承重牆來支撐。
- 底層地板、底層襯墊和天花板的跨距相對較短。
- 格柵樑構架的形狀和形式在設計上皆具有可調整的彈性。

構造的種類

左頁說明了鋼筋混凝土、鋼材及木材跨距系統等主要類型。跨距系統的材料需求通常取決於載重的大小和跨距的長度；不過選擇結構材料還有另一個重要考量，則是建築法規對建築物尺寸、使用類別所規範的構造類型。建築法規會依據建築物的主要構造元素，例如結構框架、內部及外部承重牆、非承重牆、隔間牆、樓板及屋頂構架等的防火性能，區分建築物的構造分類。

混凝土

- 不燃性
- 第一、二類、或第三類構造方式

第一類建築物的主要構造元素是不燃性的材料，例如混凝土、石材或鋼材，另外也允許使用某些可燃材料做為建築主要結構的輔助。第二類建築物與第一類建築物相似，最大的差異在於主要構造元素的防火等級要求較低。

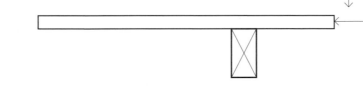

鋼材

- 不燃性
- 防火材料的應用能提高不燃材料在火災中的耐久性，因為即使是鋼材或混凝土這類不燃材，如果不加以適當保護，火災中仍會喪失原本的強度。
- 第一、二、三類構造方式

第三類建築物的外牆需為不燃性，而主要的內部構造元素需使用法規核可的材料。

第四類建築物（重木構）的外牆需為不燃性，主要內部構造元素需為實心材料、或是符合最小尺寸要求的集成木材，且材料內部沒有隱閉性的空間。

木材

- 可燃性
- 針對木材進行防火披覆處理，不僅能防止火災的延燒、還可讓建築結構更加耐燃，提高在火災中的耐久性。
- 第四、五類構造方式

第五類建築的結構元素、外牆、內牆皆需使用經法規認定的材料。

- 防火構造中的所有構造元素都必須具備一個小時的防火時效；非承重功能的內牆和隔間牆則不在此限。
- 非防火構造沒有防火時效的需求，除非是受建築法規規範的鄰地界線外牆，才有防火需求。

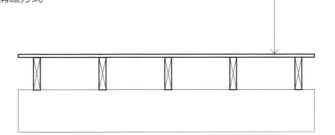

水平跨距系統

結構分層

在均等地支撐載重的情況下，第一層或表層結構應該以最高效能為目標來施作。決定跨距系統的結構構件和構件之間的間隔時，必須從活載重所產生的影響開始思考。載重通過連續的結構層傳遞與累積，一直到基礎才消解。一般來說，較大的跨距會進行更多分層，以減少材料的使用量，達到較高的效能。

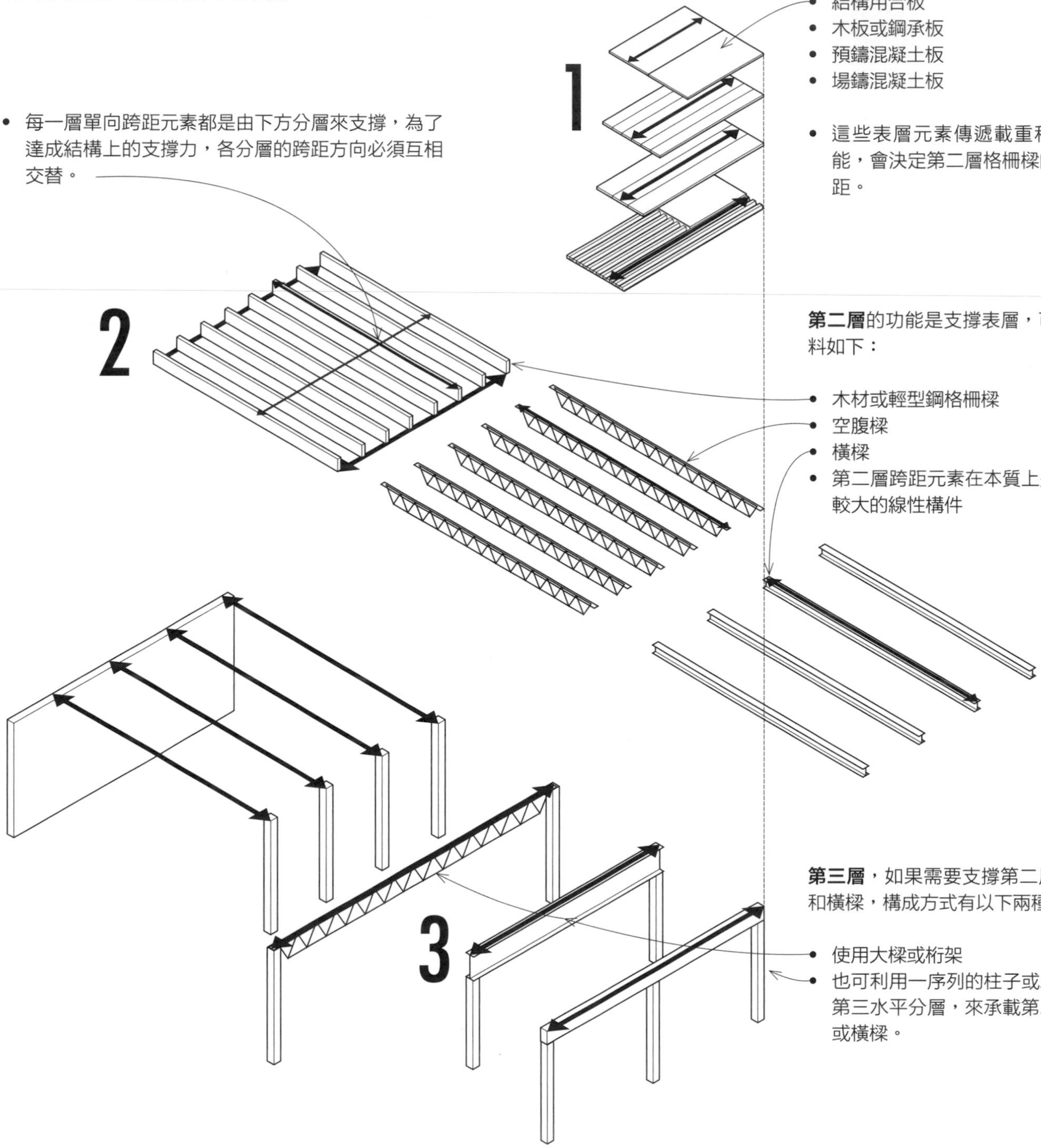

第一層是構成表層的最上層，可使用的材料如下：

- 結構用合板
- 木板或鋼承板
- 預鑄混凝土板
- 場鑄混凝土板

- 這些表層元素傳遞載重和跨距的效能，會決定第二層格柵樑的尺寸與間距。

- 每一層單向跨距元素都是由下方分層來支撐，為了達成結構上的支撐力，各分層的跨距方向必須互相交替。

第二層的功能是支撐表層，可使用的材料如下：

- 木材或輕型鋼格柵樑
- 空腹樑
- 橫樑
- 第二層跨距元素在本質上是屬於尺寸較大的線性構件

第三層，如果需要支撐第二層的格柵樑和橫樑，構成方式有以下兩種：

- 使用大樑或桁架
- 也可利用一序列的柱子或承重牆取代第三水平分層，來承載第二層格柵樑或橫樑。

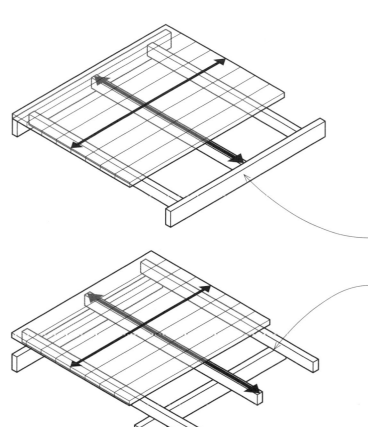

構造深度

樓板或屋頂系統的厚度跟結構跨度間隔的尺寸、比例、活載重的重量、材料強度都有直接的關聯。在建築物高度受到分區條例規範的區域,樓板與屋頂系統的厚度即成為設計的關鍵,而且將可用樓地板面積設計到最大容量,對達成經濟上的可行性也十分重要。此外,因為居住空間當中的樓板系統是一層一層相疊而成,所以也還需考量阻隔空氣傳音和結構傳音的問題,以及構造的防火等級。

下列幾種做法可應用於鋼構及木構跨距系統。

- 跨距系統的結構層可以分層疊加組合,或是利用邊框整合在同一個平面之中。

- 分層疊加的做法可以增加構造的深度,但會導致單向跨距元素在跨距方向上出現懸挑的情形。
- 在支撐層上方再疊加一層構件,就可以在兩層中間創造出可容納其他系統穿越的空間。

- 可將不同的分層整合成一個平面以縮減構造深度。在這種做法下,最大跨距元素如大樑或桁架的深度,就是整體系統的深度。

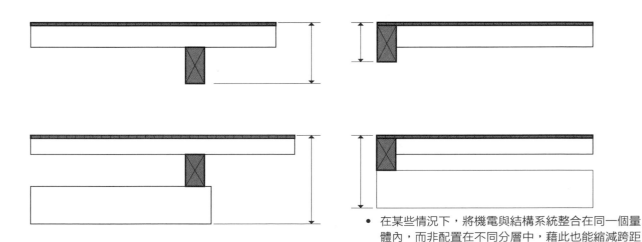

- 在某些情況下,將機電與結構系統整合在同一個量體內,而非配置在不同分層中,藉此也能縮減跨距結構的整體深度。但此種做法在配管時很有可能穿刺結構構件而導致該處出現集中應力,因此必須小心計畫。

水平跨距系統

在決定結構元素及部件的尺寸、比例之前，必須先了解使用每一元素或部件的相關脈絡，例如所承載的載重類型、如何支撐此元素或部件等。

均布載重與集中載重

建築結構設計是為了抵抗固定載重、活載重與側向載重的重量總和所做的設計。但除了龐大載重的考量之外，載重施加在跨距結構上的行為方式也同樣重要。載重出現的行為方式可能是均勻分布的、也可能是集中的，有些結構系統比較適合用來承載較輕且平均分配的載重；有些結構系統則適合用來承載一組集中載重。理解這兩種載重方式的差異，是結構設計的重要步驟。

許多樓板和屋頂結構承載的是較輕且均布的載重類型。在這種情形下，如果結構設計首要考量的是撓曲剛度與強度時，通常會採用由多個相對小型、間距緊密的跨距元素所構成的均布型結構，例如格柵樑較為適當。不過，均布型結構系統並不適用於承載集中載重。集中載重必須以數量較少、但較大型的單向跨距元素來支撐，例如大樑或桁架。

均勻分布載重是一種均等分配在支撐結構元素的長度或區域上的龐大重量，例如結構本身的重量（自重）、樓板上的活載重、屋頂積雪載重、或者是牆面上的風力載重等。建築法規針對不同的使用類型，規範了均布單元載重的最小值。

集中載重作用在支撐結構元素的極小區域上、或是集中在特定點上，例如當某道樑重壓某根柱子、某根柱子重壓某道大樑、或桁架重壓在某道承重牆等情況。

- 需特別留意集中載重作用在跨距中央使跨距構件的彎矩加倍的情形，較好的因應方式不外乎是直接在集中載重下方設置柱子或承重牆。
- 如果無法採取上述做法，則必須利用過渡樑將載重傳遞到垂直支撐上。

- 建築物中的活載重必須被安全地支撐，因此樓板系統在保有原本材料彈性的同時，相對地必須更加堅固才行。而且由於過度的撓曲和震動會損害樓板和天花板材料、危害使用者的舒適度，所以在樓板系統設計中，相較於構件的彎曲變化，控制撓曲變形是更關鍵的任務。

追蹤載重路徑

追蹤載重路徑是指模擬結構運作的過程，了解結構在受到外部的作用力時如何透過各層構件聚集受力、再分流、重新導向傳遞至基礎與承載地層。這種分析通常自屋頂層開始，從實際承受載重的最小構件出發，追蹤載重通過每一個承重構件的路徑。每一個構件回應載重所形成的反作用力，就是加諸在下一層支撐構件上的載重作用力。

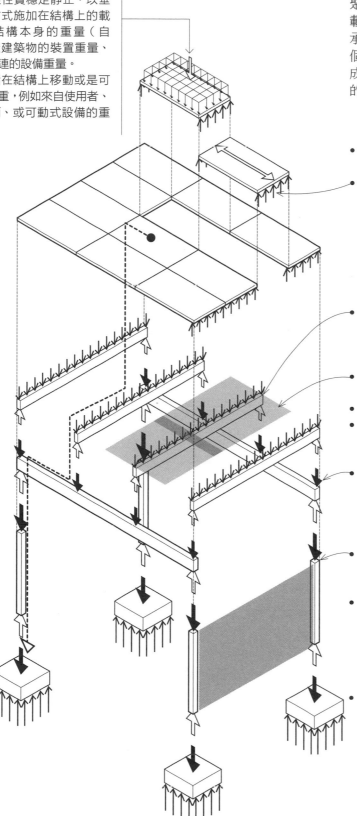

- 固定載重是性質穩定靜止、以垂直向下的方式施加在結構上的載重，包含結構本身的重量（自重）、固定建築物的裝置重量、以及永久相連的設備重量。
- 活載重包括在結構上移動或是可以移動的載重，例如來自使用者、積雪和降雨、或可動式設備的重量。

- 載重路徑的層級次序在混凝土構造、鋼構和木構跨距系統中大致是相同的。
- 表層結構，例如結構覆蓋層或鋪板，會以均布載重的形式將承載的作用力傳遞給支撐格柵樑或橫樑。

- 橫樑再以水平向的方式將均布載重傳遞至大樑、桁架、柱子或承重牆上。

- 載重配屬區域是指可在結構元素或構件上分配載重的結構範圍。
- 載重帶是指支撐結構構件單位長度上的配屬區域。
- 配屬載重是指在配屬區域中，所有結構元素或構件所匯集起來的載重。

- 承載方式與支撐載重的點、面或量體有關，特別是承載構件如樑、桁架、柱、牆或其他下方支撐的接觸面積。

- 支撐情況與結構構件如何被其他構件支撐、連接的方式有關，也會影響承載構件上表現出的反作用力特性。
- 錨定與結構構件如何結合其他構件、或基礎的方式有關，通常用來抵抗上抬力與水平推力。

- 剛性樓板也可以做為水平隔板使用，其作用就像是一道薄且寬的橫樑，將側向力傳遞至剪力牆。更多側向穩定性的方法細節詳見第五章。

水平跨距系統

由結構網格所定義出的間隔尺寸和比例會影響
（通常也會限制）水平跨距系統的材料與結構
選擇。

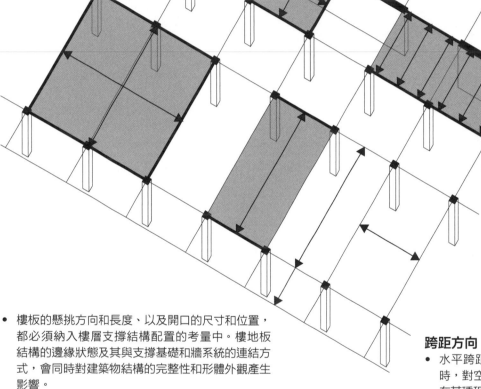

- 樓板的懸挑方向和長度、以及開口的尺寸和位置，
  都必須納入樓層支撐結構配置的考量中。樓地板
  結構的邊緣狀態及其與支撐基礎和牆系統的連結方
  式，會同時對建築物結構的完整性和形體外觀產生
  影響。

材料

- 木材與鋼材跨距元素都是適合單向系統，而混凝土
  則是單向及雙向跨距系統都適用。

間隔比例

- 雙向系統適合用在方形或是接近方形的跨距上。
- 雙向跨距系統必須搭配方形或接近方形的間隔，但
  反過來看，方形或接近方形的間隔可用、卻不侷限
  於雙向跨距系統。單向系統具有彈性，可以橫跨方
  形或長方形結構間隔的任一個方向。

跨距方向

- 水平跨距的方向取決於垂直支撐板的位置和方向
  時，對空間構成的特性、所定義的空間品質、以及
  在某種程度上對施工的經濟性都會造成影響。
- 單向格柵樑和橫樑可以透過與支撐樑、柱、或承重
  牆相互交錯（通常是垂直交叉），橫跨長方形間隔
  的短邊或長邊。

跨距長度

- 支撐柱和承重牆的間隔決定了水平跨距的長度。
- 特定的材料種類都有其合適的跨距長度範圍，例如
  不同類型場鑄混凝土板的跨距範圍在 6 英呎到 38
  英呎（1.8 至 12 公尺）之間。鋼材是較有彈性的材
  料，可以被製造成各種不同形式的跨距元素，例如
  從橫樑到空腹樑和桁架，可橫跨從 15 英呎到 80 英
  呎（5 至 24 公尺）的距離。

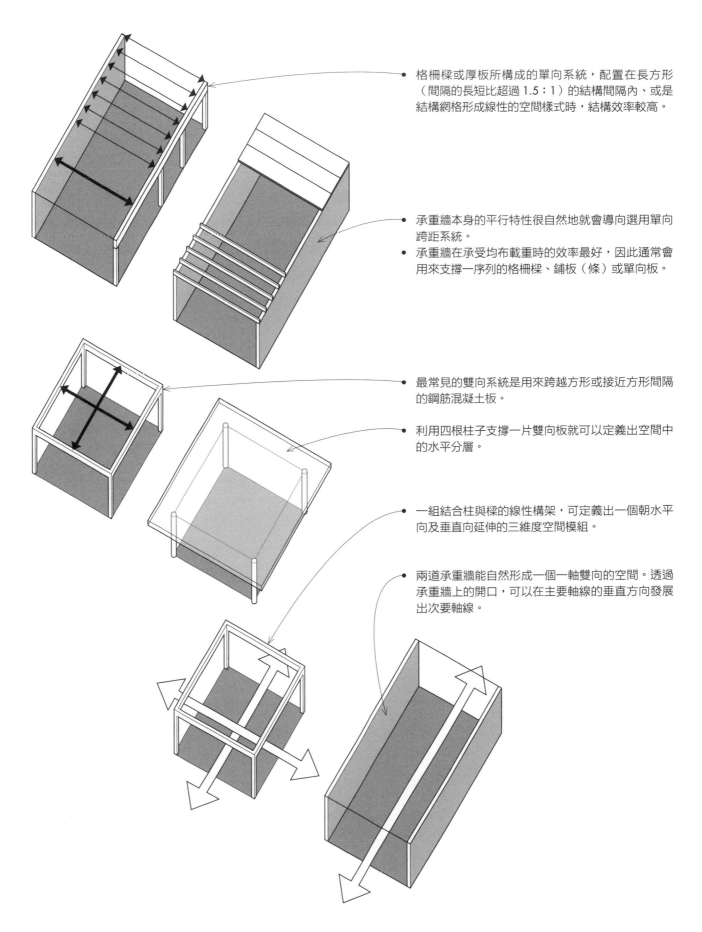

- 格柵樑或厚板所構成的單向系統，配置在長方形（間隔的長短比超過 1.5：1）的結構間隔內、或是結構網格形成線性的空間樣式時，結構效率較高。

- 承重牆本身的平行特性很自然地就會導向選用單向跨距系統。
- 承重牆在承受均布載重時的效率最好，因此通常會用來支撐一序列的格柵樑、鋪板（條）或單向板。

- 最常見的雙向系統是用來跨越方形或接近方形間隔的鋼筋混凝土板。

- 利用四根柱子支撐一片雙向板就可以定義出空間中的水平分層。

- 一組結合柱與樑的線性構架，可定義出一個朝水平向及垂直向延伸的三維度空間模組。

- 兩道承重牆能自然形成一個一軸雙向的空間。透過承重牆上的開口，可以在主要軸線的垂直方向發展出次要軸線。

水平跨距系統

單向系統

鋪板
- 木材　木承板
- 鋼材　鋼承板

格柵樑
- 木材　實心木格柵

　　　　I 形格柵樑

　　　　桁架型格柵
- 鋼材　輕薄型格柵

　　　　空腹樑

橫樑
- 木材　實心木橫樑

　　　　LVL [1] 及 PSL [2] 樑

　　　　集成材樑
- 鋼材　翼型鋼樑
- 混凝土　混凝土樑

板
- 混凝土　單向板與樑

　　　　　格柵板

　　　　　預鑄板

雙向系統

板
- 混凝土　無樑板

　　　　　無樑厚板

　　　　　雙向板與樑

　　　　　格子板

本頁所列出的是幾種基本跨距元素類型的適用範圍。

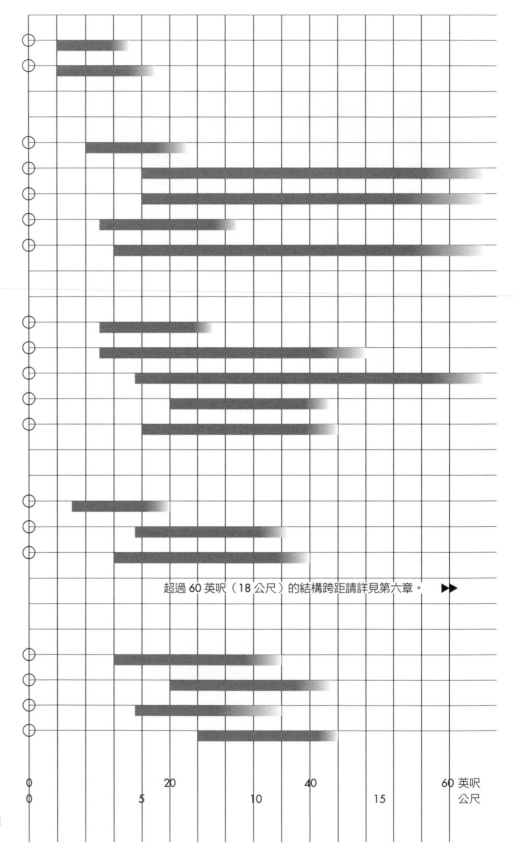

超過 60 英呎（18 公尺）的結構跨距請詳見第六章。▶▶

譯注

1. 即 laminated veneer lumber 的縮寫，
　 積層單板材。
2. 即 parallel strand lumber 的縮寫，積
　 層平行束狀材。

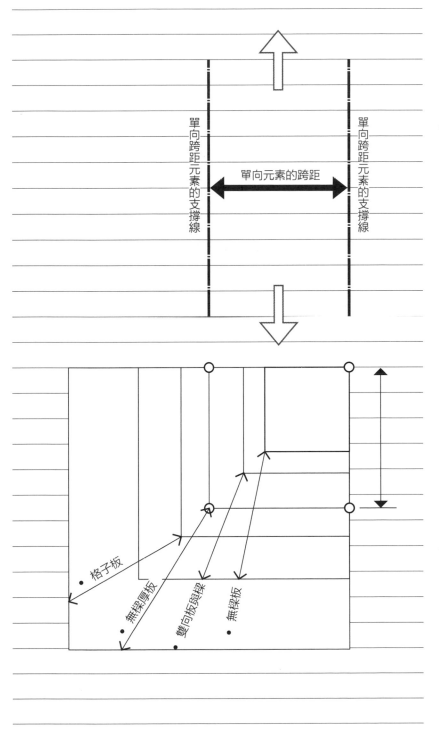

- 間隔寬度會因為單向跨距元素而在某一個方向受到限制。在此受限方向的垂直方向上，間隔長度取決於用來支撐此單向結構的結構元素，例如承重牆、以一序列杜子支撐的橫樑或大樑、或上述元素的組合。

- 雙向系統的間隔尺度是由不同類型雙向鋼筋混凝土板的個別跨距能力所決定，詳見左頁圖表。

- 此網格為 4 英呎（1220 公釐）的方形。

混凝土跨距系統

混凝土板

混凝土板是經過鋼筋輔助加強、可跨越結構間隔的單向或雙向的板結構。依據跨距方式和鑄造出的形式來加以分類。混凝土板具有不可燃性，因此適用於所有構造類型。

混凝土樑

鋼筋混凝土樑是利用其中的縱向筋和腹筋共同抵抗作用力。場鑄混凝土樑幾乎都會和所要支撐的樓板一同配置好再澆置成形。因為一部分的樓板和樑結為一體，因此樑深會計算到樓板的頂部。

單向板

單向板是加入鋼筋補強且厚度均勻的構造，以單一方向橫跨在下方的支撐之間。單向板適用於輕量至中量的載重，跨距較短，大約為6英呎至18英呎（1.8公尺至5.5公尺）。

雖然單向板可以用混凝土或石造的承重牆來支撐，但通常會將板和平行的支撐樑一起澆灌、再由大樑或承重牆支撐。這種單向板結合樑的做法可以跨越更大的隔間，配置上也更具有彈性。

- 樓板的跨距方向通常與長方形間隔的短向相同。
- 跨距方向上的拉力鋼筋。

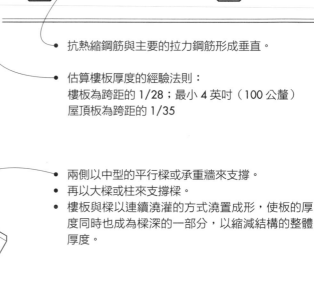

- 抗熱縮鋼筋與主要的拉力鋼筋形成垂直。

- 估算樓板厚度的經驗法則：
  樓板為跨距的 1/28；最小 4 英吋（100 公釐）
  屋頂板為跨距的 1/35

- 估算樑深的經驗法則：
  跨距的 1/16，包含樓板厚度，變數增量為 2 英吋（51 公釐）。
- 樑寬是樑深的 1/3 至 1/2，以 2 英吋或 3 英吋（51 公釐或 75 公釐）為倍數。

- 兩側以中型的平行樑或承重牆來支撐。
- 再以大樑或柱來支撐樑。
- 樓板與樑以連續澆灌的方式澆置成形，使板的厚度同時也成為樑深的一部分，以縮減結構的整體厚度。

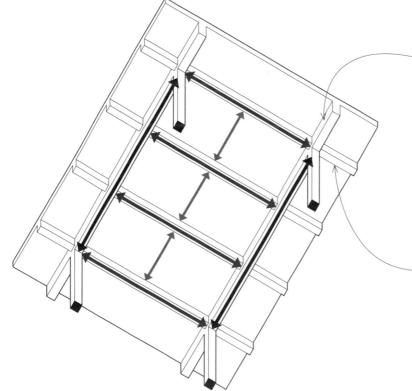

- 柱、樑、樓板和牆體之間必須形成連續性，讓接合部位的彎矩降至最低。
- 跨越三個支撐點以上的連續跨距比單一跨距更有結構效率，這種連續性很容易透過場鑄混凝土構造來達成。
- 橫樑和大樑可以順著柱線延伸，並且在必要之處形成懸挑構造。

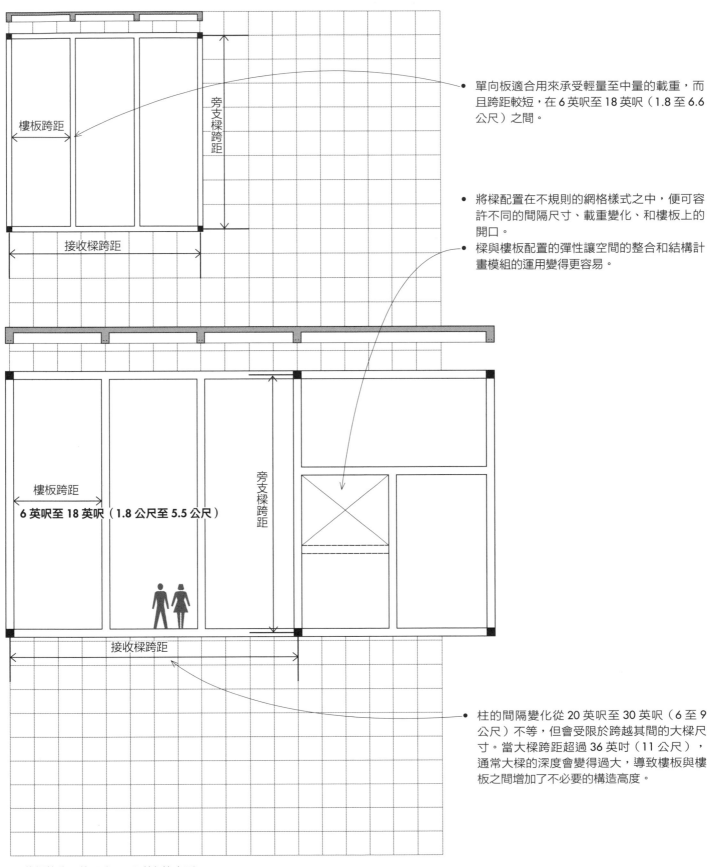

樓板跨距

接收樑跨距

旁支樑跨距

樓板跨距
6 英呎至 18 英呎（1.8 公尺至 5.5 公尺）

旁支樑跨距

接收樑跨距

- 單向板適合用來承受輕量至中量的載重，而且跨距較短，在 6 英呎至 18 英呎（1.8 至 6.6 公尺）之間。

- 將樑配置在不規則的網格樣式之中，便可容許不同的間隔尺寸、載重變化、和樓板上的開口。

- 樑與樓板配置的彈性讓空間的整合和結構計畫模組的運用變得更容易。

- 柱的間隔變化從 20 英呎至 30 英呎（6 至 9 公尺）不等，但會受限於跨越其間的大樑尺寸。當大樑跨距超過 36 英吋（11 公尺），通常大樑的深度會變得過大，導致樓板與樓板之間增加了不必要的構造高度。

- 此網格為 3 英呎（915 公釐）的方形。

混凝土跨距系統

格柵板

格柵板是將一序列緊密排列的格柵澆置成一體後，由一組平行樑支撐的構造。格柵板的設計就像是一序列T形樑的概念，因此它比單向板更適合用在長跨距與較大的載重條件中。

- 拉力鋼筋配置在板肋。
- 抗熱縮鋼筋配置在板內。

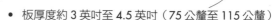

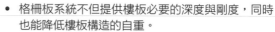

- 板厚度約 3 英吋至 4.5 英吋（75 公釐至 115 公釐）
- 估算總厚度的經驗法則：跨距的 1/24
- 格柵寬度約 5 英吋至 9 英吋（125 至 230 公釐）

- 格柵板系統不但提供樓板必要的深度與剛度，同時也能降低樓板構造的自重。
- 製作格柵的模型材使用的是再生金屬材料或玻璃纖維鑄件，寬度從 20 英吋至 30 英吋（510 至 760 公釐），厚度從 6 英吋至 20 英吋（150 至 510 公釐），變數增量 2 英吋（51 公釐）；此外，可利用錐形邊，讓模型鑄件更容易脫模。
- 錐形收邊可加厚格柵的端部，以提高抵抗剪力的能力。

- 懸挑的格柵可以和支撐樑共同澆置成一個平面。
- 移除支樑並增加板的厚度能形成更寬的模組系統，這時格柵的中心間隔大約在 5 英呎至 6 英呎（1525 至 1830 公釐）之間。這種跳格格柵或寬模組系統對長跨距和輕至中量的均布載重來說十分經濟有效。

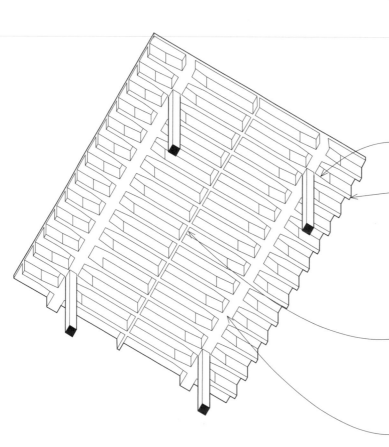

- 分支肋筋以垂直於格柵的方向排列，可讓集中載重分配至較大區域上。分支肋筋的跨距在 20 英呎至 30 英呎（6 至 9 公尺）之間；但當跨距超過 30 英呎（9 公尺）時，分支肋筋的中心間隔以不超過 15 英呎（4.5 公尺）為原則。

- 格柵帶是一道又寬又淺的支撐樑，因為和格柵的深度相同，製作起來很經濟。

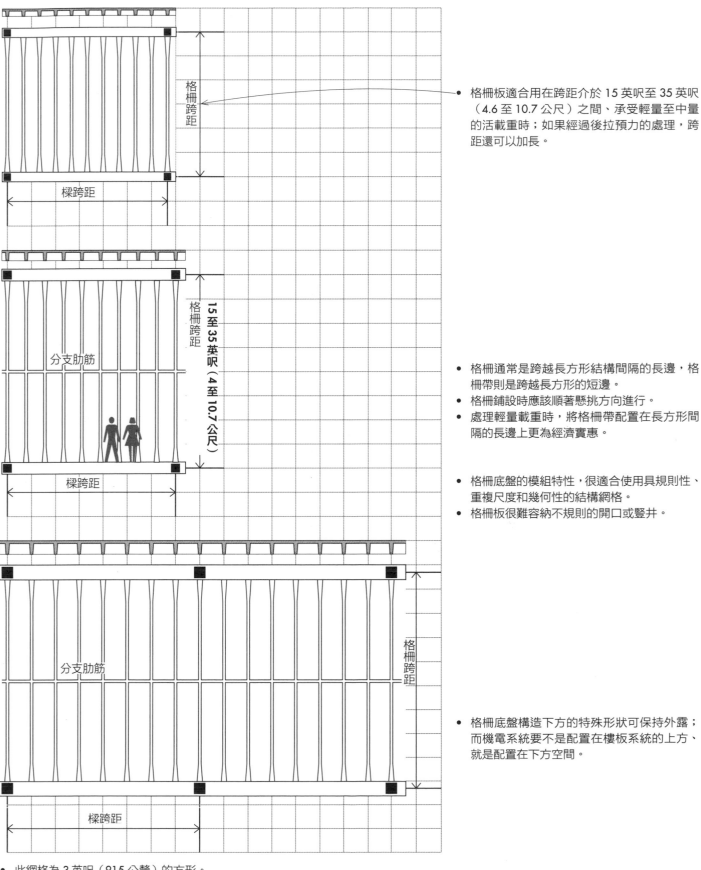

- 格柵板適合用在跨距介於 15 英呎至 35 英呎（4.6 至 10.7 公尺）之間、承受輕量至中量的活載重時；如果經過後拉預力的處理，跨距還可以加長。

- 格柵通常是跨越長方形結構間隔的長邊，格柵帶則是跨越長方形的短邊。
- 格柵鋪設時應該順著懸挑方向進行。
- 處理輕量載重時，將格柵帶配置在長方形間隔的長邊上更為經濟實惠。

- 格柵底盤的模組特性，很適合使用具規則性、重複尺度和幾何性的結構網格。
- 格柵板很難容納不規則的開口或豎井。

- 格柵底盤構造下方的特殊形狀可保持外露；而機電系統要不是配置在樓板系統的上方、就是配置在下方空間。

圖中文字（由上至下、由左至右）：

格柵跨距

樑跨距

分支肋筋

格柵跨距

15 至 35 英呎（4 至 10.7 公尺）

樑跨距

分支肋筋

格柵跨距

樑跨距

- 此網格為 3 英呎（915 公釐）的方形。

混凝土跨距系統

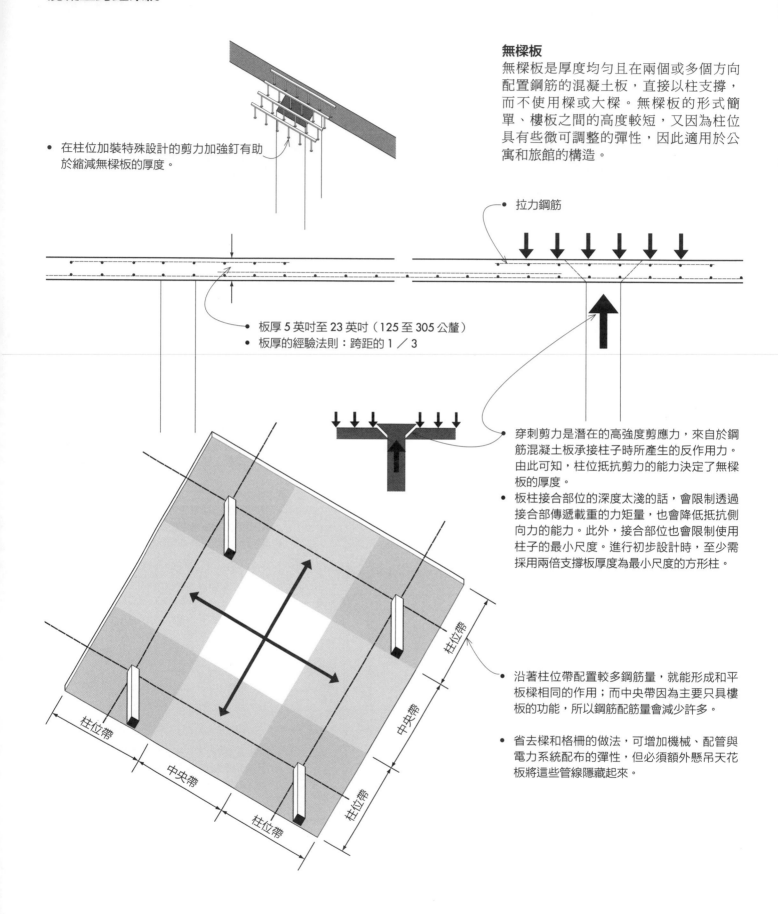

- 在柱位加裝特殊設計的剪力加強釘有助於縮減無樑板的厚度。

無樑板

無樑板是厚度均勻且在兩個或多個方向配置鋼筋的混凝土板,直接以柱支撐,而不使用樑或大樑。無樑板的形式簡單、樓板之間的高度較短,又因為柱位具有些微可調整的彈性,因此適用於公寓和旅館的構造。

拉力鋼筋

- 板厚 5 英吋至 23 英吋(125 至 305 公釐)
- 板厚的經驗法則:跨距的 1 / 3

- 穿刺剪力是潛在的高強度剪應力,來自於鋼筋混凝土板承接柱子時所產生的反作用力。由此可知,柱位抵抗剪力的能力決定了無樑板的厚度。
- 板柱接合部位的深度太淺的話,會限制透過接合部傳遞載重的力矩量,也會降低抵抗側向力的能力。此外,接合部位也會限制使用柱子的最小尺度。進行初步設計時,至少需採用兩倍支撐板厚度為最小尺度的方形柱。

柱位帶
中央帶
中央帶
柱位帶
柱位帶
柱位帶

- 沿著柱位帶配置較多鋼筋量,就能形成和平板樑相同的作用;而中央帶因為主要只具樓板的功能,所以鋼筋配筋量會減少許多。

- 省去樑和格柵的做法,可增加機械、配管與電力系統配布的彈性,但必須額外懸吊天花板將這些管線隱藏起來。

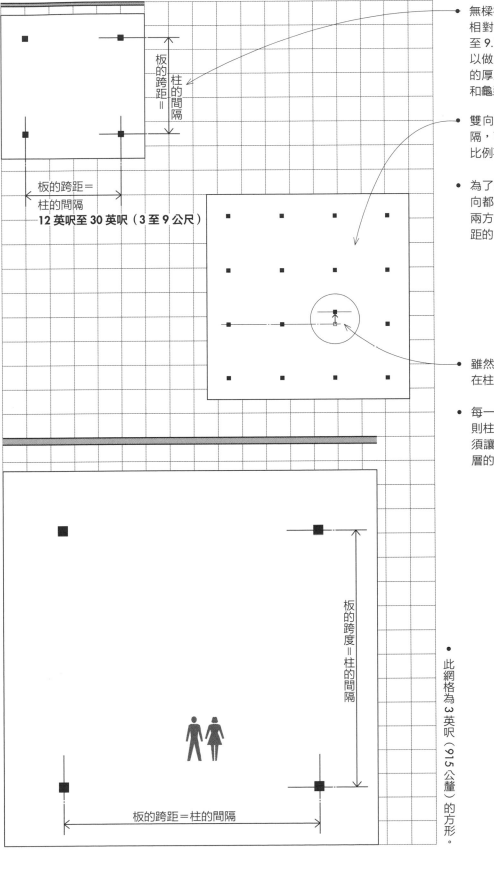

板的跨距＝
柱的間隔
12 英呎至 30 英呎（3 至 9 公尺）

- 無樑板適合用輕量至中量載重，且跨距長度相對較短，通常為 12 英呎到 30 英呎（3.6 至 9.1 公尺）。利用施加後拉預力的工法可以做成更長的跨度，並且（或是）縮減樓板的厚度。施加後拉預力也可以提高對於撓曲和龜裂的控制。

- 雙向系統使用於方形或接近方形的結構間隔，可達到最高效率。此近乎方形的長短邊比例不應超過 1.5：1。

- 為了達到最高的結構效率，無樑板在兩個方向都應該至少有三個間隔的連續跨距，而且兩方向的連續跨距長度差異不應超過最長跨距的 1/3。

- 雖然無樑板非常適合使用規則的柱網格，但在柱位的配置上還是該保有些許彈性。

- 每一根個別柱子的偏移距離最多僅能偏離規則柱線跨距的 10％，而只要有任何偏移都必須讓每一樓層都對應到，這樣才能使上下樓層的柱子保持垂直向的連貫性。

- 此網格為 3 英呎（915 公釐）的方形。

無樑厚板
無樑厚板是將柱支撐的部位加厚的無樑板，這種做法可以增加抵抗剪力，提高抵抗力矩的能力。

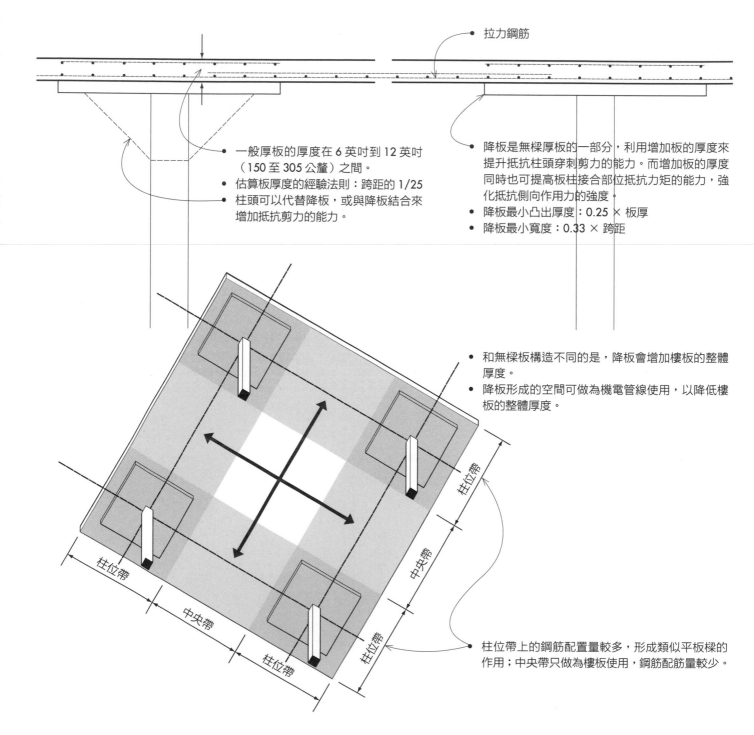

• 拉力鋼筋

• 一般厚板的厚度在 6 英吋到 12 英吋（150 至 305 公釐）之間。
• 估算板厚度的經驗法則：跨距的 1/25
柱頭可以代替降板，或與降板結合來增加抵抗剪力的能力。

• 降板是無樑厚板的一部分，利用增加板的厚度來提升抵抗柱頭穿刺剪力的能力。而增加板的厚度同時也可提高板柱接合部位抵抗力矩的能力，強化抵抗側向作用力的強度。
• 降板最小凸出厚度：0.25 × 板厚
• 降板最小寬度：0.33 × 跨距

• 和無樑板構造不同的是，降板會增加樓板的整體厚度。
• 降板形成的空間可做為機電管線使用，以降低樓板的整體厚度。

柱位帶

中央帶

柱位帶

中央帶

柱位帶

柱位帶

• 柱位帶上的鋼筋配置量較多，形成類似平板樑的作用；中央帶只做為樓板使用，鋼筋配筋量較少。

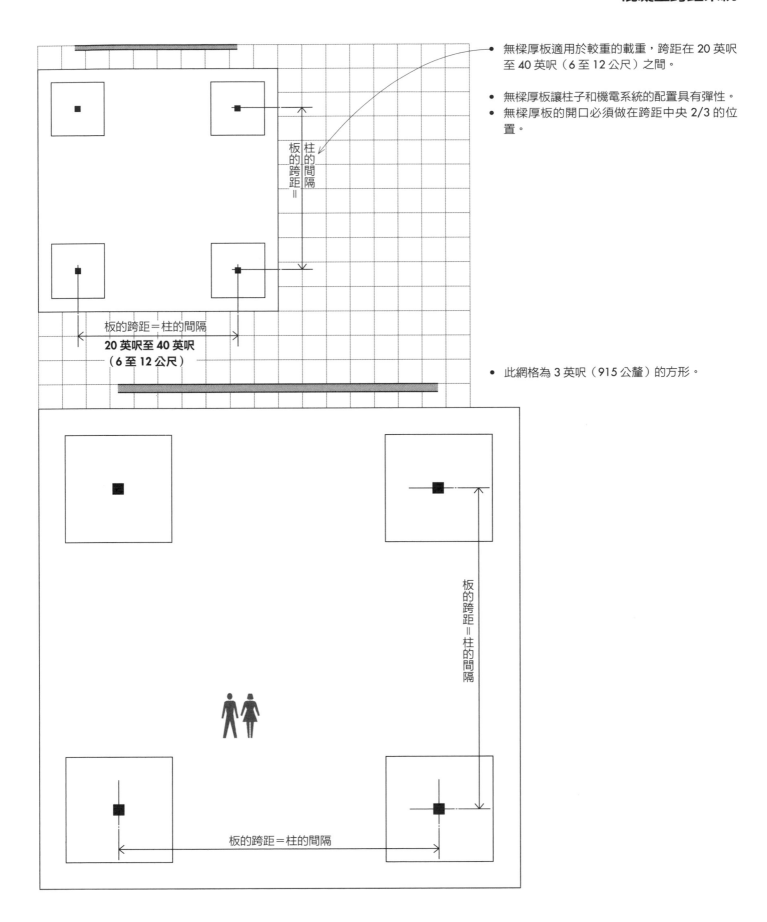

- 無樑厚板適用於較重的載重，跨距在 20 英呎至 40 英呎（6 至 12 公尺）之間。

- 無樑厚板讓柱子和機電系統的配置具有彈性。
- 無樑厚板的開口必須做在跨距中央 2/3 的位置。

- 此網格為 3 英呎（915 公釐）的方形。

板的跨距＝柱的間隔

板的跨距＝柱的間隔
20 英呎至 40 英呎
（6 至 12 公尺）

板的跨距＝柱的間隔

板的跨距＝柱的間隔

有樑的雙向板

厚度一致的雙向板可能會在兩個方向上配置鋼筋，並且與方形板或接近方形板的四邊支撐樑柱澆置成一體。這種有樑的雙向板構造，適用於中型跨距和比較重的載重。和混凝土無樑板或無樑厚板相比，混凝土有樑雙向板系統最大的優點是在柱樑交互作用下產生的剛性構架行為，能有效抵抗側向載重。但這種做法最主要的缺點是鑄造成本、以及構造深度的增加，尤其是當機電配管必須配置在樑結構底下時更為明顯。

- 因為厚板和樑連續澆置形成一體，因此板的厚度也成為樑結構厚度的一部分。
- 估算樑深的經驗法則：跨距的 1/16，包含樓板厚度
- 估算板厚度的經驗法則：板周長的 1/180
- 最小的板厚為 4 英吋（100 公釐）

- 拉力鋼筋

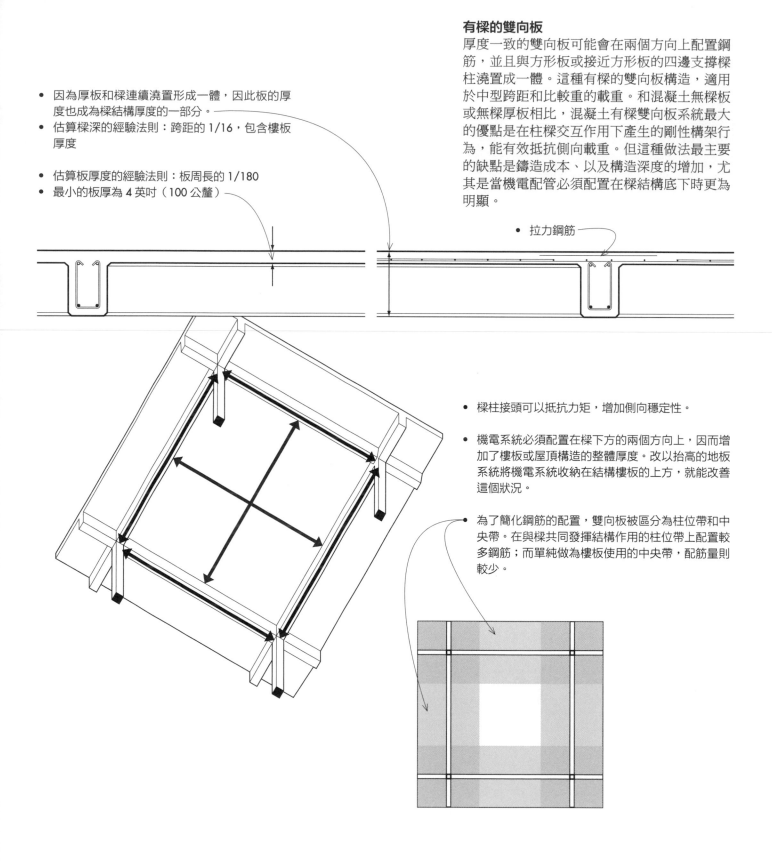

- 樑柱接頭可以抵抗力矩，增加側向穩定性。

- 機電系統必須配置在樑下方的兩個方向上，因而增加了樓板或屋頂構造的整體厚度。改以抬高的地板系統將機電系統收納在結構樓板的上方，就能改善這個狀況。

- 為了簡化鋼筋的配置，雙向板被區分為柱位帶和中央帶。在與樑共同發揮結構作用的柱位帶上配置較多鋼筋；而單純做為樓板使用的中央帶，配筋量則較少。

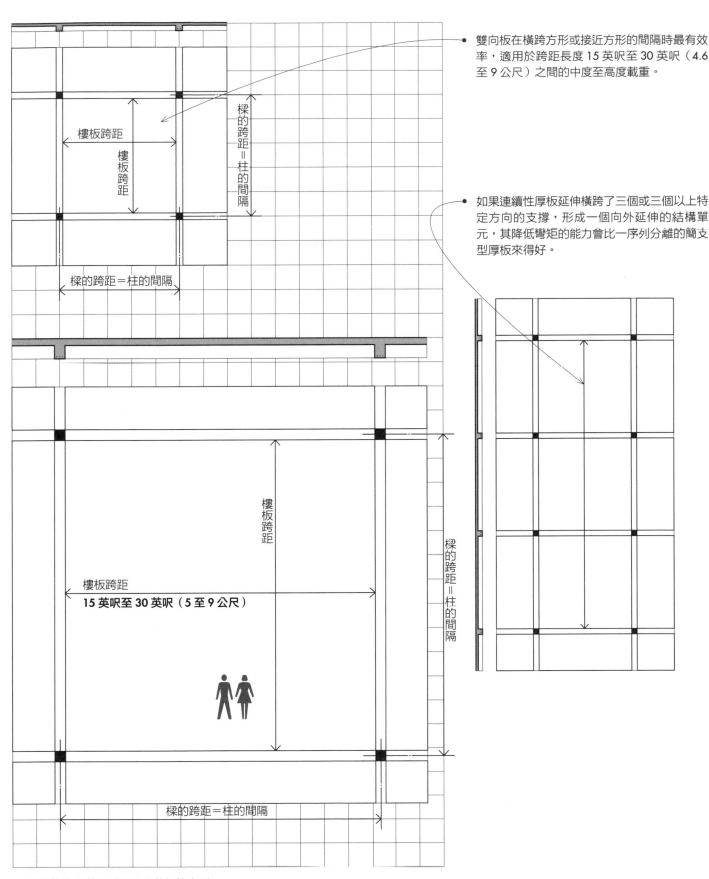

雙向板在橫跨方形或接近方形的間隔時最有效率，適用於跨距長度 15 英呎至 30 英呎（4.6 至 9 公尺）之間的中度至高度載重。

如果連續性厚板延伸橫跨了三個或三個以上特定方向的支撐，形成一個向外延伸的結構單元，其降低彎矩的能力會比一序列分離的簡支型厚板來得好。

樓板跨距

樓板跨距

梁的跨距＝柱的間隔

梁的跨距＝柱的間隔

樓板跨距

樓板跨距

15 英呎至 30 英呎（5 至 9 公尺）

梁的跨距＝柱的間隔

梁的跨距＝柱的間隔

• 此網格為 3 英呎（915 公釐）的方形。

格子板

格子板是在兩個方向上以肋筋加強的雙向混凝土厚板。相較於混凝土厚板，格子板能承受更重的載重和跨越更長的跨距。

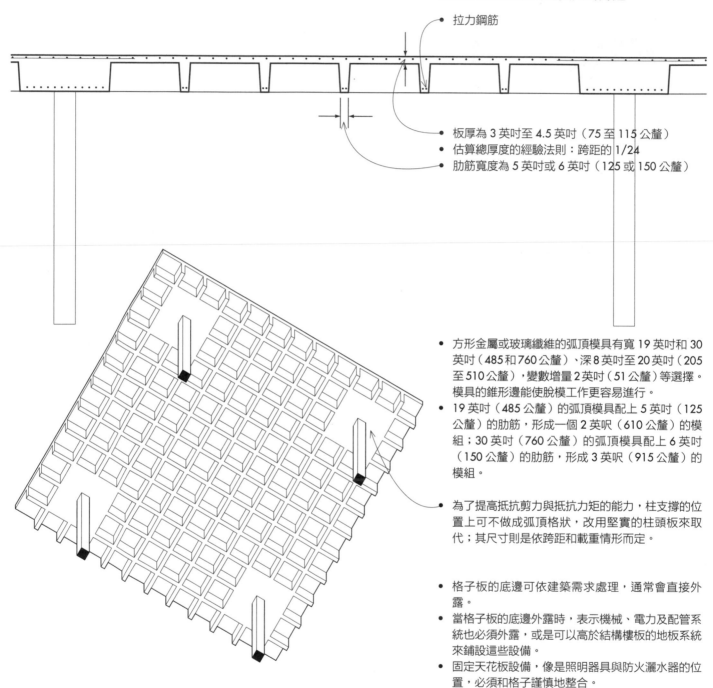

● 拉力鋼筋

● 板厚為 3 英吋至 4.5 英吋（75 至 115 公釐）
● 估算總厚度的經驗法則：跨距的 1/24
● 肋筋寬度為 5 英吋或 6 英吋（125 或 150 公釐）

● 方形金屬或玻璃纖維的弧頂模具有寬 19 英吋和 30 英吋（485 和 760 公釐）、深 8 英吋至 20 英吋（205 至 510 公釐），變數增量 2 英吋（51 公釐）等選擇。模具的錐形邊能使脫模工作更容易進行。

● 19 英吋（485 公釐）的弧頂模具配上 5 英吋（125 公釐）的肋筋，形成一個 2 英呎（610 公釐）的模組；30 英吋（760 公釐）的弧頂模具配上 6 英吋（150 公釐）的肋筋，形成 3 英呎（915 公釐）的模組。

● 為了提高抵抗剪力與抵抗力矩的能力，柱支撐的位置上可不做成弧頂格狀，改用堅實的柱頭板來取代；其尺寸則是依跨距和載重情形而定。

● 格子板的底邊可依建築需求處理，通常會直接外露。
● 當格子板的底邊外露時，表示機械、電力及配管系統也必須外露，或是可以高於結構樓板的地板系統來鋪設這些設備。
● 固定天花板設備，像是照明器具與防火灑水器的位置，必須和格子謹慎地整合。

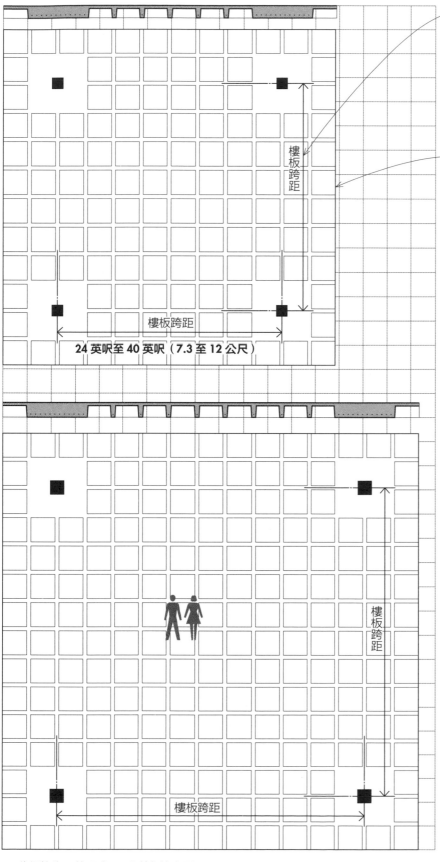

樓板跨距

24 英呎至 40 英呎（7.3 至 12 公尺）

樓板跨距

樓板跨距

樓板跨距

- 附加肋筋構造可形成較為輕量的混凝土系統，跨距從 24 英呎到 40 英呎（7.3 至 12.2 公尺）；如果加上後拉預力工法，跨距還可達到 60 英呎（18 公尺）。

- 為了發揮最高的結構效率，間隔要盡可能做成方形或接近方形。

- 格子板的兩個方向皆能有效地形成懸臂，懸臂長度可達主要跨距的 1/3；如果不做懸挑設計，板周圍的區帶上就不需使用弧頂模具。

- 格子系統的模組特性很適合使用規則、重複尺度、並具有幾何性的結構網格。

- 此網格為 3 英呎（915 公釐）的方形。

混凝土跨距系統

預鑄混凝土板

預鑄混凝土板是單向跨距單元，可由場鑄混凝土、預鑄混凝土、或是石造承重牆、鋼與場鑄混凝土、或加上預鑄混凝土來形成支撐構架。預鑄單元是用標準密度的混凝土或輕質混凝土製成，再施加預力以達到更高的結構效能，可讓板的深度較薄、重量較輕、跨度也更長。

預鑄單元在外部工廠進行澆置和蒸汽養護之後，再運送至施工現場，用吊車吊裝至預定位置並組裝成剛性構件。預鑄單元的尺寸和比例可能會受到運輸方式的限制。由於預鑄單元是在工廠製造，不僅在強度、耐久性和完成度上能維持一致的品質，還省去了現場的澆置工作。

- 預鑄單元可以連結成複合的結構單元，利用鋪設點焊鋼絲網、或預先與預鑄單元連接的鋼筋，並且在表面澆置厚度 2 英吋至 3.5 英吋（51 至 90 公釐）的混凝土層的做法來構成。
- 在混凝土上部加一層覆蓋的做法，不僅可修飾表面不平整的地方、提高樓板的防火等級，也能整合地板內的布線配管。

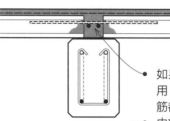

- 灌漿填縫栓

- 如果樓板做為傳遞側向力至剪力牆的水平隔板使用，那麼樓板的支撐部位和承重端部上的每一根鋼筋都必須和預鑄板單元繫結成一體。
- 由於抗力矩接合構件的製作難度高，因此側向的穩定性必須由剪力牆或交叉斜撐來提供。

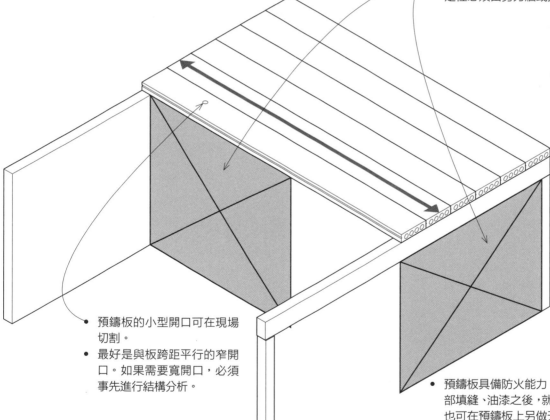

- 預鑄板的小型開口可在現場切割。
- 最好是與板跨距平行的窄開口。如果需要寬開口，必須事先進行結構分析。

- 預鑄板具備防火能力，而且完成品質高，只要在底部填縫、油漆之後，就能直接外露做為天花板使用；也可在預鑄板上另做天花板，或是將天花板懸吊在預鑄板上。
- 當樓板單元的底部外露做為天花板完成面，機械、配管及電力系統也會隨之外露。
- 預鑄板直接做為天花板完成面時，可能得視需求進行隔音工程。

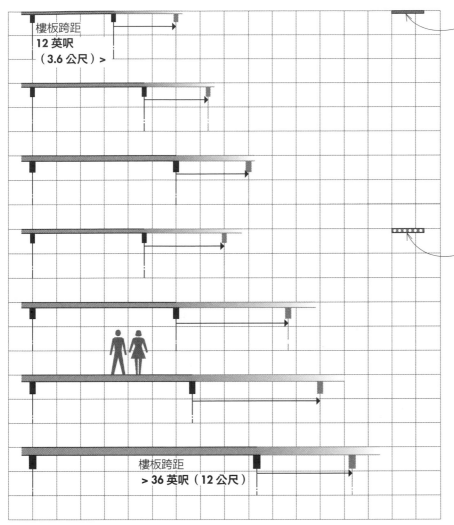

樓板跨距
12 英呎
（3.6 公尺）>

樓板跨距
> 36 英呎（12 公尺）

- 此網格為 3 英呎（915 公釐）的方形。

實心厚板

- 標準寬度是 4 英呎（1220 公釐），實際上還有可因應鋼筋和灌漿所需空間的各種尺度。
- 厚度有 4 英吋、6 英吋、8 英吋（100、150、205 公釐）
- 跨距範圍從 12 英呎至 24 英呎（3.6 至 7.3 公尺）
- 估算厚度的經驗法則：跨距的 1/40

空心板

- 標準寬度 4 英呎（1220 公釐）
- 也有 1 英呎 4 英吋、2 英呎、3 英呎 4 英吋、8 英呎（405、610、1015、2440 公釐）的寬度尺寸
- 厚度有 6 英吋、8 英吋、10 英吋、12 英吋（150、205、255、305 公釐）
- 跨距範圍從 12 英呎至 38 英呎（3.6 至 11.6 公尺）
- 估算厚度的經驗法則：跨距的 1/40
- 連續性的虛空間不僅減低了板的重量與製造成本，還提供做為配管布線的路徑。
- 在面積超過 1500 平方英呎（140 平方公尺）的重複性樓板或屋頂板中，使用預鑄混凝土板系統是比較經濟的做法。
- 尺寸經過標準化的單元很適合採用以樓板寬度為基準的設計模組。但是這種模組的做法可能不適用於不規則的樓板形狀

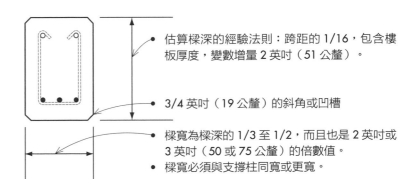

- 估算樑深的經驗法則：跨距的 1/16，包含樓板厚度，變數增量 2 英吋（51 公釐）。
- 3/4 英吋（19 公釐）的斜角或凹槽
- 樑寬為樑深的 1/3 至 1/2，而且也是 2 英吋或 3 英吋（50 或 75 公釐）的倍數值。
- 樑寬必須與支撐柱同寬或更寬。

鋼構跨距系統

結構鋼構架

不管是單一樓層到摩天大樓，都是以結構用鋼製大樑、橫樑、桁架與柱來建造結構的骨骼構架。由於結構鋼材很難在現場加工，因此通常都是依據設計規格在工廠完成切割、成形、鑽孔後，再運送到基地組裝，這種做法相對地可加快施工速度、也能提高施工的準確度。

結構鋼材可能在無包覆的不可燃構造中外露，但因為鋼材強度在火災中會迅速降低，所以鋼構的組裝配件或披覆層就必須符合防火構造的要求。此外，還必須考慮鋼材外露的防蝕對策。

鋼樑與大樑

- 結構效率較高的寬翼樑（W）大幅取代了過去常用的 I 形樑（S）；鋼樑也可能由 C 形斷面的鋼材、結構管狀、或是組合型斷面所構成。
- 鋼構的接合通常採用過渡性部件來施作，例如角鋼、T 形鋼或鋼板。每一種部件的實際接合方式會有些差異，但通常會以螺栓或焊接進行接合。
- 鋼樑的標準跨距範圍大約在 20 英呎至 40 英呎（6 至 12 公尺）之間；超過 32 英呎（10 公尺）的跨度時，能大幅降低構材重量的空腹樑是比較經濟的做法。
- 估算樑深的經驗法則：
  鋼製橫樑：跨距的 1/20
  鋼製大樑：跨距的 1/15
- 樑寬：樑深的 1/3 至 1/2

- 鋼樑設計的總體目標是，在容許應力的限制內、以及不產生過度撓曲的情況下，選用最輕的、可以抵抗彎曲和剪力的鋼材。
- 除了材料成本，還須考慮構件加工組裝的勞力成本。

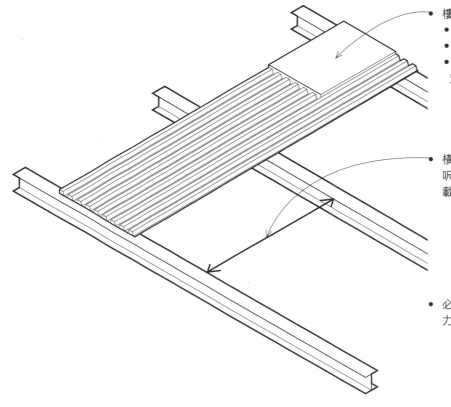

- 樓板或屋頂板可由以下構成：
  - 金屬板
  - 預鑄混凝土板
  - 結構用木合板或木板（條），需搭配可用釘子釘定的弦材或釘板

- 橫樑、或是支撐樓板或屋頂板的空腹樑間距從 4 英呎至 16 英呎（1.2 至 4.9 公尺）不等，依據板的載重量和跨距能力而定。

- 必須使用剪力牆、對角斜撐或剛性構架，並搭配抗力矩的接頭一起來抵抗側向風壓或地震力。

- K 形序列格柵樑的樑腹以單一的彎折鋼材構成，在上、下弦材之間構成鋸齒狀樣式。
- 深度從 8 英吋至 30 英吋（205 至 760 公釐）
- 長跨度格柵（LH）與長跨度深格柵（DLH）則是以更重的樑腹構件和大尺寸弦材構件所構成。
- 長跨度格柵樑深度：18 英吋至 48 英吋（455 至 1220 公釐）
- 長跨度深格柵樑深度：52 英吋至 72 英吋（1320 至 1830 公釐）

空腹鋼格柵樑

空腹樑格柵是一種輕量、在工廠鑄造的構件材料，有著桁架樑腹造型。在輕量至中量載重、尤其是超過32英呎（10公尺）的跨距條件下，空腹樑可做為比鋼樑更為經濟的替代方案。

- 格柵承受均勻載重時的整體構架效率最高。經過妥善地設計和施工，可以將集中載重引導至格柵面的內節點上。
- 空腹樑可以提供機電系統所需的配布路徑。
- 天花板可貼著弦材底部施作；或是懸吊在弦材底部所形成額外的設備空間；也可以省略天花板，讓格柵及樓板直接外露。

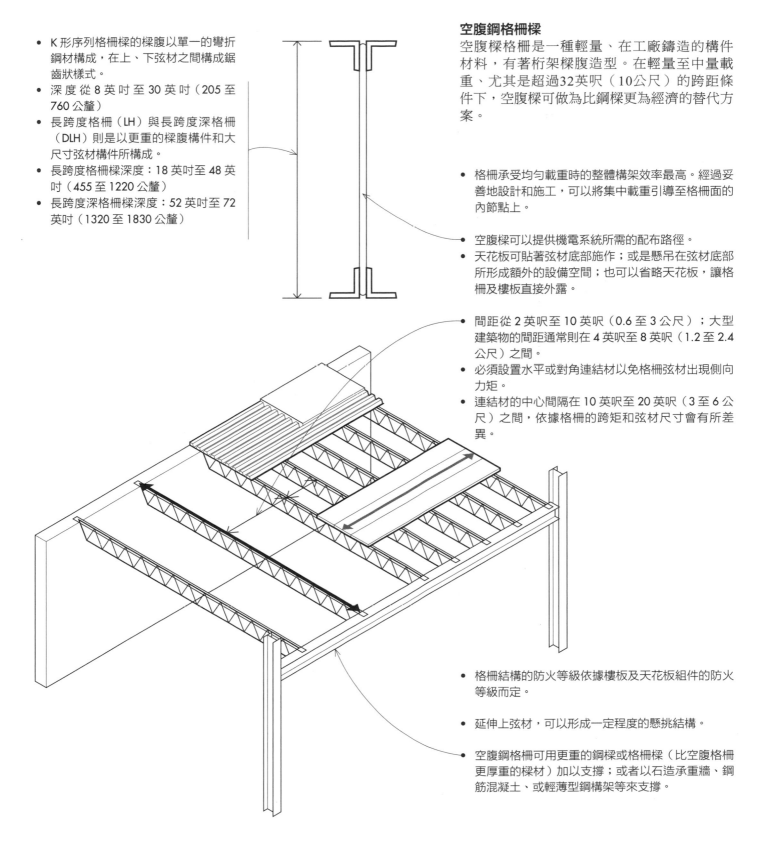

- 間距從 2 英呎至 10 英呎（0.6 至 3 公尺）；大型建築物的間距通常則在 4 英呎至 8 英呎（1.2 至 2.4 公尺）之間。
- 必須設置水平或對角連結材以免格柵弦材出現側向力矩。
- 連結材的中心間隔在 10 英呎至 20 英呎（3 至 6 公尺）之間，依據格柵的跨矩和弦材尺寸會有所差異。

- 格柵結構的防火等級依據樓板及天花板組件的防火等級而定。

- 延伸上弦材，可以形成一定程度的懸挑結構。

- 空腹鋼格柵可用更重的鋼樑或格柵樑（比空腹格柵更厚重的樑材）加以支撐；或者以石造承重牆、鋼筋混凝土、或輕薄型鋼構架等來支撐。

鋼構跨距系統

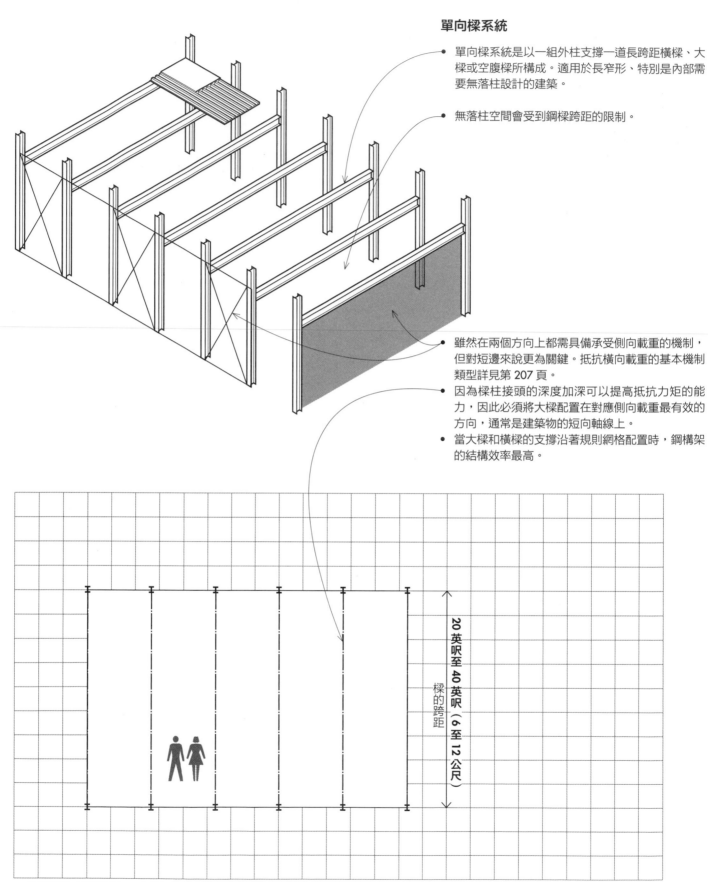

單向樑系統

- 單向樑系統是以一組外柱支撐一道長跨距橫樑、大樑或空腹樑所構成。適用於長窄形、特別是內部需要無落柱設計的建築。

- 無落柱空間會受到鋼樑跨距的限制。

- 雖然在兩個方向上都需具備承受側向載重的機制，但對短邊來說更為關鍵。抵抗橫向載重的基本機制類型詳見第 207 頁。

- 因為樑柱接頭的深度加深可以提高抵抗力矩的能力，因此必須將大樑配置在對應側向載重最有效的方向，通常是建築物的短向軸線上。

- 當大樑和橫樑的支撐沿著規則網格配置時，鋼構架的結構效率最高。

20 英呎至 40 英呎（6 至 12 公尺）

樑的跨距

- 此網格為 3 英呎（915 公釐）的方形。

橫樑併用大樑系統

- 第一層橫樑或大樑的經濟跨距範圍從 20 英呎至 40 英呎（6 至 12 公尺）。
- 第二層橫樑的經濟跨距範圍從 22 英呎至 60 英呎（7 至 20 公尺）。
- 第一層樑和第二層樑都是由跨距長達 32 英呎（10 公尺）的結構鋼材序列所組成。如需因應更長的跨距，採用空腹樑格柵或桁架樑則更為經濟。

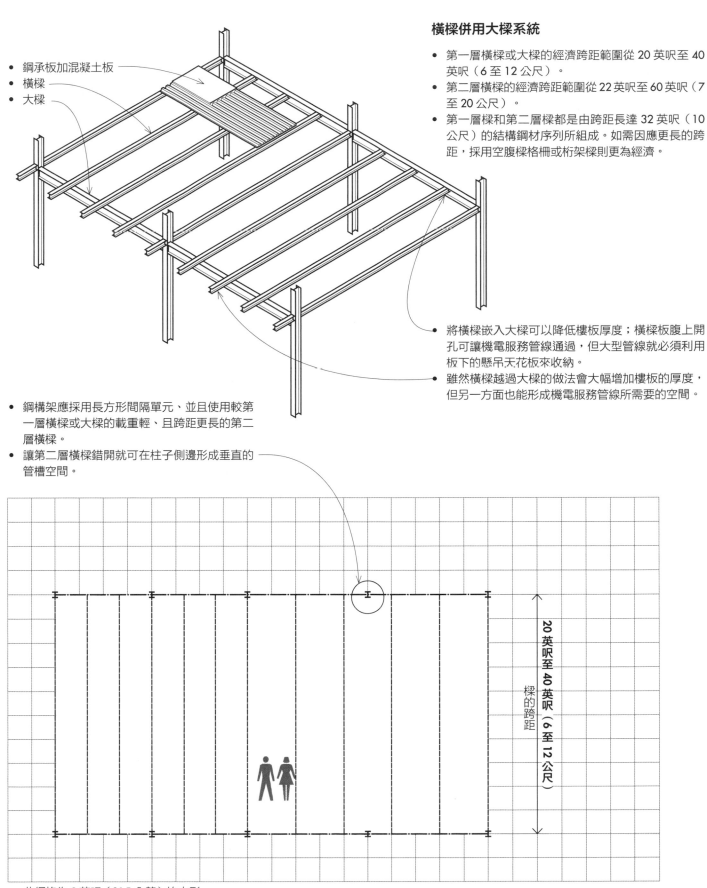

- 鋼承板加混凝土板
- 橫樑
- 大樑

- 將橫樑嵌入大樑可以降低樓板厚度；橫樑板腹上開孔可讓機電服務管線通過，但大型管線就必須利用板下的懸吊天花板來收納。
- 雖然橫樑越過大樑的做法會大幅增加樓板的厚度，但另一方面也能形成機電服務管線所需要的空間。

- 鋼構架應採用長方形間隔單元、並且使用較第一層橫樑或大樑的載重輕、且跨距更長的第二層橫樑。
- 讓第二層橫樑錯開就可在柱子側邊形成垂直的管槽空間。

20 英呎至 40 英呎（6 至 12 公尺）

樑的跨距

- 此網格為 3 英呎（915 公釐）的方形。

鋼構跨距系統

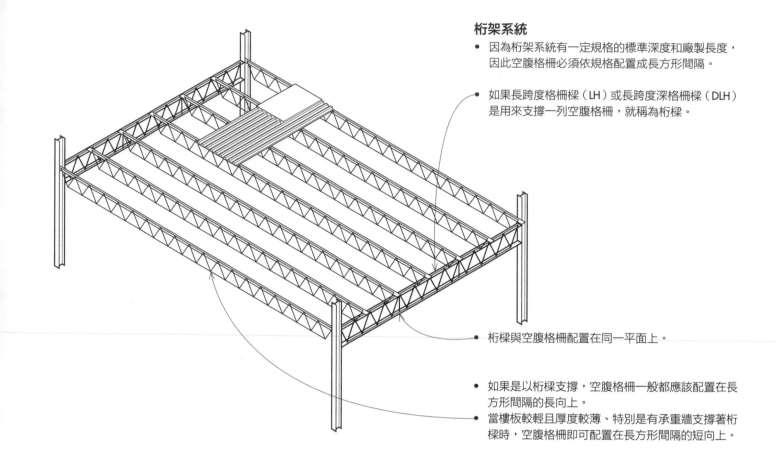

桁架系統

- 因為桁架系統有一定規格的標準深度和廠製長度，因此空腹格柵必須依規格配置成長方形間隔。

- 如果長跨度格柵樑（LH）或長跨度深格柵樑（DLH）是用來支撐一列空腹格柵，就稱為桁樑。

- 桁樑與空腹格柵配置在同一平面上。

- 如果是以桁樑支撐，空腹格柵一般都應該配置在長方形間隔的長向上。
- 當樓板較輕且厚度較薄、特別是有承重牆支撐著桁樑時，空腹格柵即可配置在長方形間隔的短向上。

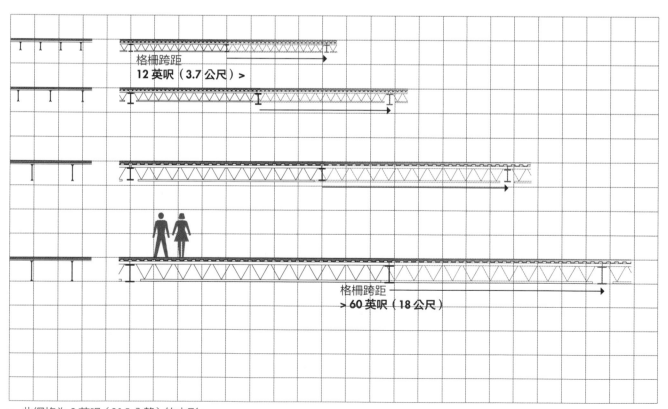

格柵跨距
12 英呎（3.7 公尺）>

格柵跨距
> 60 英呎（18 公尺）

- 此網格為 3 英呎（915 公釐）的方形。

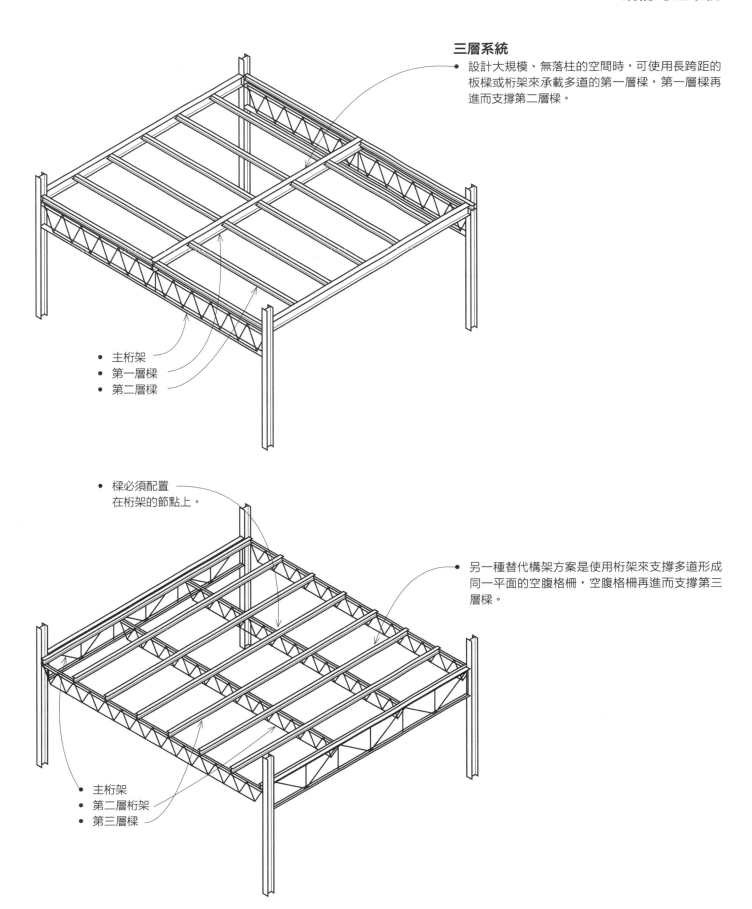

三層系統

- 設計大規模、無落柱的空間時，可使用長跨距的板樑或桁架來承載多道的第一層樑，第一層樑再進而支撐第二層樑。

- 主桁架
- 第一層樑
- 第二層樑

- 樑必須配置在桁架的節點上。

- 另一種替代構架方案是使用桁架來支撐多道形成同一平面的空腹格柵，空腹格柵再進而支撐第三層樑。

- 主桁架
- 第二層桁架
- 第三層樑

鋼構跨距系統

鋼承板

鋼承板是經過波浪狀處理以增加剛度與跨距能力的板材。樓面底板在施工期間可做為工作平台，也是場鑄混凝土板澆置時的模板。

- 鋼承板可做為鋼筋混凝土板的永久性模板，在進行澆置工作時做為支撐，直到混凝土板的強度足以支撐自重和上方的活載重。

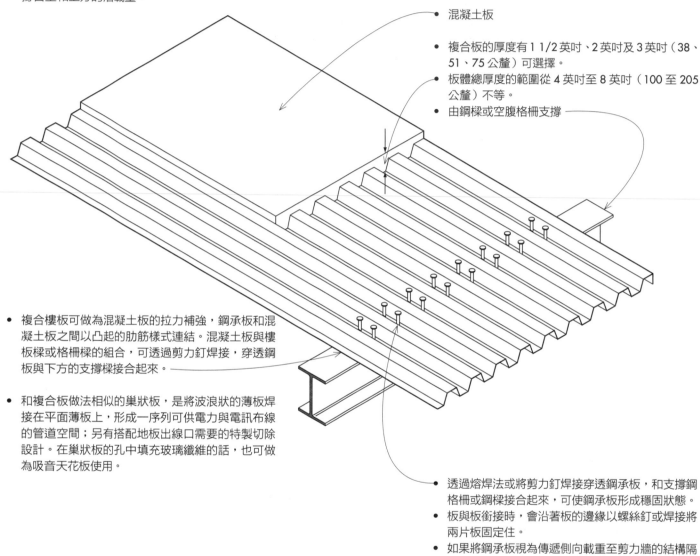

- 混凝土板

- 複合板的厚度有 1 1/2 英吋、2 英吋及 3 英吋（38、51、75 公釐）可選擇。
- 板體總厚度的範圍從 4 英吋至 8 英吋（100 至 205 公釐）不等。
- 由鋼樑或空腹格柵支撐

- 複合樓板可做為混凝土板的拉力補強，鋼承板和混凝土板之間以凸起的肋筋樣式連結。混凝土板與樓板樑或格柵樑的組合，可透過剪力釘焊接，穿透鋼板與下方的支撐樑接合起來。

- 和複合板做法相似的巢狀板，是將波浪狀的薄板焊接在平面薄板上，形成一序列可供電力與電訊布線的管道空間；另有搭配地板出線口需要的特製切除設計。在巢狀板的孔中填充玻璃纖維的話，也可做為吸音天花板使用。

- 透過熔焊法或將剪力釘焊接穿透鋼承板，和支撐鋼格柵或鋼樑接合起來，可使鋼承板形成穩固狀態。
- 板與板銜接時，會沿著板的邊緣以螺絲釘或焊接將兩片板固定住。
- 如果將鋼承板視為傳遞側向載重至剪力牆的結構隔板，整體承板的邊緣都必須和鋼支撐焊接在一起。此外，還有許多針對支撐和邊緣重疊固定的嚴格規定。
- 施作屋頂時，硬質絕緣材可取代混凝土層直接鋪設在鋼承板上。

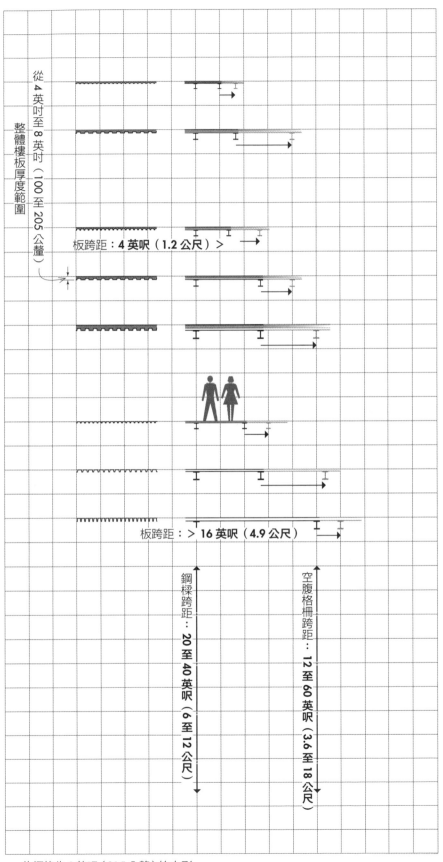

從4英吋至8英吋（100至205公釐）

整體樓板厚度範圍

板跨距：4英呎（1.2公尺）>

板跨距：> 16英呎（4.9公尺）

鋼樑跨距：20至40英呎（6至12公尺）

空腹格柵跨距：12至60英呎（3.6至18公尺）

模型鋼承板

- 1英吋（25公釐）板的跨距可達到3英呎至5英呎（915至1525公釐）

- 2英吋（51公釐）板的跨距可達到5英呎至12英呎（1525至3660公釐）

複合鋼承板

- 1 1/2英吋（38公釐）板＋混凝土的跨距可達到4英呎至8英呎（1220至2440公釐）

- 2英吋（51公釐）板＋混凝土的跨距可達到8英呎至12英呎（2440至3660公釐）

- 3英吋（75公釐）板＋混凝土的跨距可達到8英呎至15英呎（2440至4570公釐）

屋頂鋼承板

- 1.5英吋（38公釐）板的跨距可達到6英呎至12英呎（1830至3660公釐）

- 2英吋（51公釐）板的跨距可達到6英呎至12英呎（1830至3660公釐）

- 3英吋（75公釐）板的跨距可達到10英呎至16英呎（3050至4875公釐）

- 估算金屬承板總厚度的經驗法則：跨距的1/35

- 此網格為3英呎（915公釐）的方形。

鋼構跨距系統

輕薄型鋼格柵

輕薄型鋼格柵是以冷軋鋼板或鋼條製成，完成後的鋼格柵重量較輕，尺寸上更穩定。相較於尺寸相近的木樑，輕薄型鋼格柵可以跨越更長的距離，但製造過程會消耗較多的熱源與能源。冷軋鋼格柵容易切割加工，利用簡單的組裝工具就可以完成重量輕、具有不可燃性及防潮性的樓板結構。如同輕量木構架構造，輕薄型鋼格柵也具有可容納設備和隔絕溫度的空間，提供了廣泛的裝修可能。

- 輕薄型鋼格柵具備不可燃性，可運用在第一類及第二類的構造中。
- 輕薄型鋼格柵的配置與組裝方式與木格柵構架相似。
- 接合部可利用電動工具或空氣壓縮工具配合自鑽螺絲、自攻螺絲製作、或以氣動螺釘施作。
- 帶狀連結構件可避免格柵旋轉或側向位移；施作的中心間隔為 5 英呎至 8 英呎（1.5 至 2.4 公尺），視跨度而定。

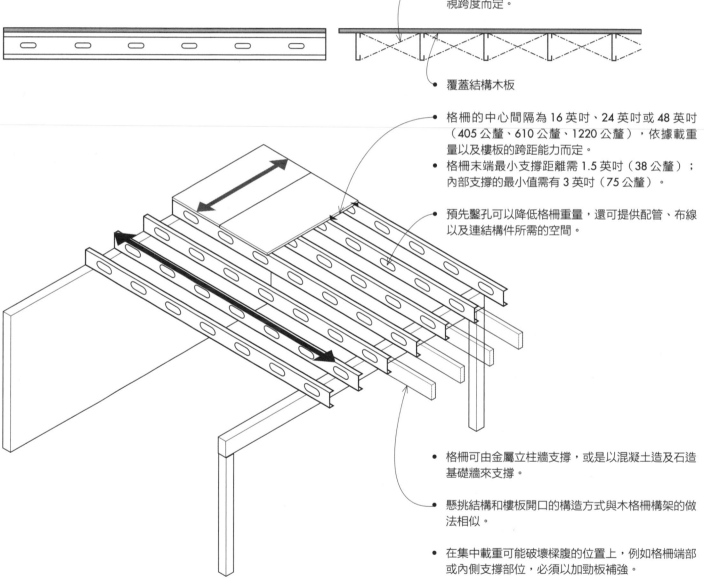

- 覆蓋結構木板

- 格柵的中心間隔為 16 英吋、24 英吋或 48 英吋（405 公釐、610 公釐、1220 公釐），依據載重量以及樓板的跨距能力而定。
- 格柵末端最小支撐距離需 1.5 英吋（38 公釐）；內部支撐的最小值需有 3 英吋（75 公釐）。
- 預先鑿孔可以降低格柵重量，還可提供配管、布線以及連結構件所需的空間。

- 格柵可由金屬立柱牆支撐，或是以混凝土造及石造基礎牆來支撐。
- 懸挑結構和樓板開口的構造方式與木格柵構架的做法相似。
- 在集中載重可能破壞樑腹的位置上，例如格柵端部或內側支撐部位，必須以加勁板補強。

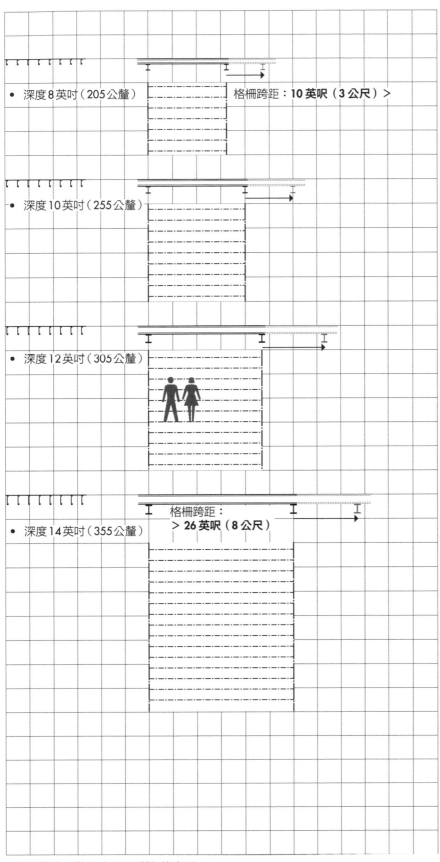

- 深度 8 英吋（205 公釐）
  格柵跨距：**10 英呎（3 公尺）>**

- 深度 10 英吋（255 公釐）

- 深度 12 英吋（305 公釐）

- 深度 14 英吋（355 公釐）
  格柵跨距：
  > 26 英呎（8 公尺）

- 規格深度：6 英吋、8 英吋、10 英吋、12 英吋、14 英吋（150 公釐、205 公釐、255 公釐、305 公釐、355 公釐）
- 翼寬：1 1/2 英吋、1 3/4 英吋、2 英吋、2 1/2 英吋（38 公釐、45 公釐、51 公釐、64 公釐）
- 標準規格：14 號至 22 號

- 估算格柵深度的經驗法則：跨距的 1/20

- 此網格為 3 英呎（915 公釐）的方形。

木構跨距系統

木構造

現行的木構造中有兩種差異顯著的系統——重木構架和輕木構架。重木構架使用粗大而厚實的構件,例如樑材、柱材等這類實質上比非防火鋼材具有更高防火性能的構材。不過因為大型鋸成圓木的採伐不足,目前大部分的木構架甚少以實木施作,而多是以膠合積層材(GLT)和積層平行束狀材(PSL)組成。就建築性來說,木構架通常會保持外露以呈現木材的美感。

輕木構架則是使用尺寸較小、鋪排間距較窄的構件組合成結構單元。輕質木構件非常易燃,必須仰賴完成時表面的裝修材來達到防火等級的要求。輕木構架也容易受到腐蝕與蟲害,因此必須與地面適度地區隔開來、適度採用經過加壓處理的原木材,並注意封閉空間的通風性以控制木材的收縮。

在木構造中很難製作抗力矩的接頭,因此無論是重木構架與輕木構架結構,都必須另外以剪力牆或對角斜撐來抵抗側向作用力。

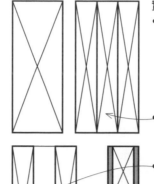

木樑
實木材(Solid Sawn Lumber)

* 選擇木樑必須考量以下幾點:木材種類、結構等級、彈性模數、彎曲應力與剪力容許值、以及預設使用的最小容許撓度;此外,還要特別注意確切的載重情形與接頭形式。

* 組合樑的個別材料如果沒有接合成一體,那麼樑材的強度即等於個別材料強度的總和。

* 間隔樑是將具備適當間隔的獨立木材以蓋板封閉後,再用釘子釘牢的樑材,使個別構材可以形成整體的運作。

* 箱型樑是以兩道或兩道以上的夾板或定向纖維(OSB[1])腹板,與實木板或積層單板材(LVL)的樑翼膠合而成,跨距可以達到90英呎(27公尺)。

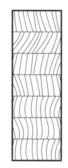

集成材(膠合積層材,Glue-Laminated Timber, GLT)

* 集成材是指在受控制的環境條件下,將具備應力等級的木材以黏著劑層層堆疊膠合而成的木材,製作時通常會讓木紋呈現平行排列。一般來說,集成材的優點在於比實木板具有更高的單位容許應力、更好的外觀、並且容易製作成各種斷面形狀。集成材的端部可以利用嵌接或指接的方式加以延伸,達到設計所需的長度,或利用膠合的方式增加側邊的寬度或深度。

積層平行束狀材(Parallel Strand Lumber, PSL)

* 積層平行束狀材是在高溫與高壓的條件下,利用防水黏著劑將細長狀的木條膠合而成的木材。這是標示著「Parallam」註冊商標的專利產品,應用在柱樑構造系統的樑材和柱材,或是在輕木構造中做樑材、楣板、楣樑的用途。

積層單板材(Laminated Veneer Lumber)

* 積層單板材是在高溫與高壓的條件下,利用防水黏著劑將一層一層的木板結合而成的材料。木板的紋路以同一縱向排列所形成的材料強度,不僅能使板材側邊做為樑、也能讓板材面做為條板來承受載重。積層單板材的品牌非常多種,例如Microlam,通常做為楣板、樑或是做為預製I形木構件的側翼。

譯注

1. 即 oriented strand board 的縮寫,定向纖維板。

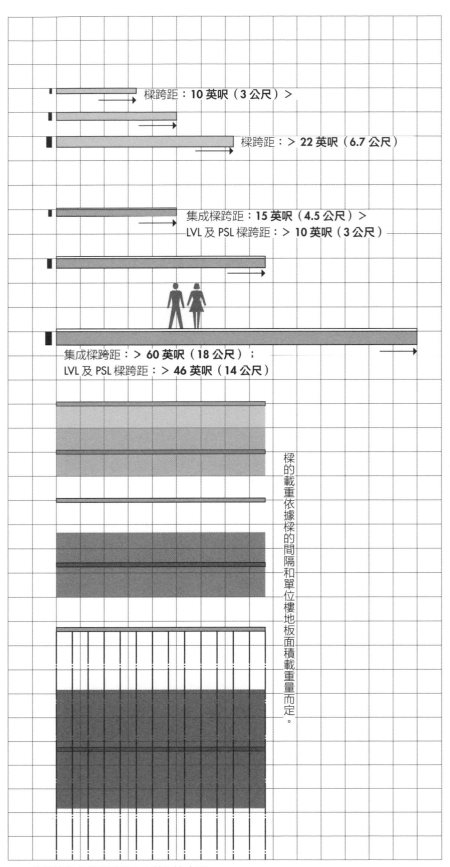

樑跨距：10 英呎（3 公尺）>

樑跨距：> 22 英呎（6.7 公尺）

集成樑跨距：15 英呎（4.5 公尺）>

LVL 及 PSL 樑跨距：> 10 英呎（3 公尺）

集成樑跨距：> 60 英呎（18 公尺）；
LVL 及 PSL 樑跨距：> 46 英呎（14 公尺）

樑的載重依據樑的間隔和單位樓地板面積載重量而定。

實木樑

- 可用的尺寸規格從 4×8 至 6×12，中間以兩英吋（51 公釐）為單位遞增；將實際尺寸與規格表對照，深度會減少 3/4 英吋（19 公釐），寬度則減少 1/2 英吋（13 公釐）。

- 估算實木樑樑深的經驗法則：跨距的 1/15
- 樑寬＝樑深的 1/3 至 1/2。

集成材

- 樑寬：3 1/8 英吋、5 1/8 英吋、6 3/4 英吋、8 3/4 英吋及 10 3/4 英吋（80 公釐、130 公釐、170 公釐、220 及 275 公釐）。
- 樑深：1 3/8 英吋或 1 1/2 英吋（35 公釐或 38 公釐）薄板的整數倍，最厚可達 75 英吋（1905 公釐）。曲度構件可將 3/4 英吋（19 公釐）的薄板疊合成更緊密的曲線。

積層平行束狀材

- 樑寬：3 1/2 英吋、5 1/4 英吋及 7 英吋（90 公釐、135 公釐、180 公釐）。
- 樑深：9 1/2 英吋、11 7/8 英吋、14 英吋、16 英吋以及 18 英吋（240 公釐、300 公釐、355 公釐、410 公釐、460 公釐）

積層單板材

- 樑寬：1 3/4 英吋，可以積層方式製作更寬的尺寸。
- 樑深：5 1/2 英吋、7 1/4 英吋、9 1/4 英吋、11 1/4 英吋、11 7/8 英吋、14 英吋、16 英吋、18 英吋及 20 英吋（140 公釐、185 公釐、235 公釐、285 公釐、300 公釐、355 公釐、405 公釐、455 公釐、510 公釐）。

- 估算製成樑深的經驗法則：跨距的 1/20
- 樑的跨距只是預估值，準確尺寸必須根據間隔和載重量、並將支流載重納入考慮。

- 樑寬應為樑深的 1/4 至 1/3。
- 由於運輸上的限制，製成樑材的標準長度最長為 60 英呎（18 公尺）。

- 此網格為 3 英呎（915 公釐）的方形。

木構跨距系統

木板樑跨距系統

木板樑跨距系統通常和柱支撐網格結合成骨架結構。因為結構構件尺寸較大、數量較少、跨越更長的距離，可以節省材料並降低施工的勞力成本。

- 木板樑構架在適度的均勻載重情況下有最好的結構效率；集中載重需以額外的構架來負擔。
- 一般的木板樑構架案例都會讓結構系統保持外露，但必須充分考量木材的樹種和等級、結合細節，尤其是樑與樑接合和樑與柱的接合部位、以及施工品質。

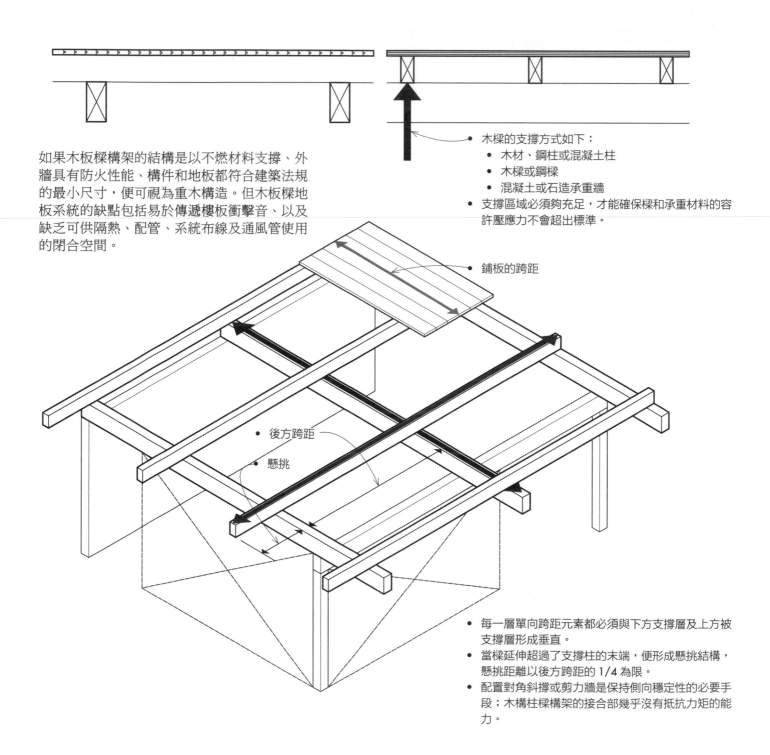

如果木板樑構架的結構是以不燃材料支撐、外牆具有防火性能、構件和地板都符合建築法規的最小尺寸，便可視為重木構造。但木板樑地板系統的缺點包括易於傳遞樓板衝擊音、以及缺乏可供隔熱、配管、系統布線及通風管使用的閉合空間。

- 木樑的支撐方式如下：
  - 木材、鋼柱或混凝土柱
  - 木樑或鋼樑
  - 混凝土或石造承重牆
- 支撐區域必須夠充足，才能確保樑和承重材料的容許壓應力不會超出標準。

鋪板的跨距

後方跨距

懸挑

- 每一層單向跨距元素都必須與下方支撐層及上方被支撐層形成垂直。
- 當樑延伸超過了支撐柱的末端，便形成懸挑結構，懸挑距離以後方跨距的 1/4 為限。
- 配置對角斜撐或剪力牆是保持側向穩定性的必要手段；木構柱樑構架的接合部幾乎沒有抵抗力矩的能力。

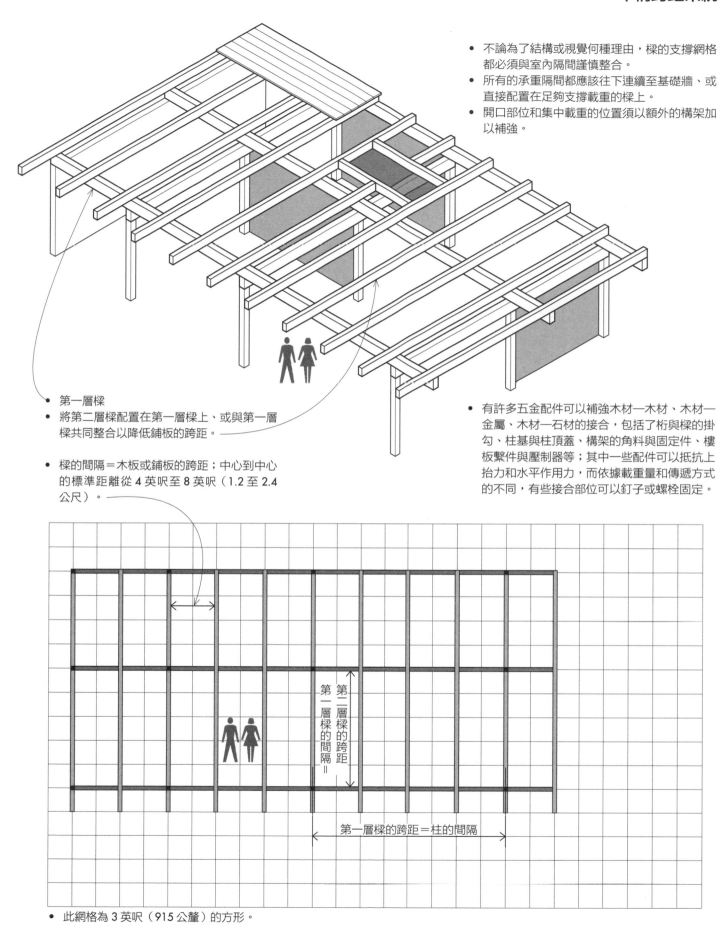

- 不論為了結構或視覺何種理由，樑的支撐網格都必須與室內隔間謹慎整合。
- 所有的承重隔間都應該往下連續至基礎牆、或直接配置在足夠支撐載重的樑上。
- 開口部位和集中載重的位置須以額外的構架加以補強。

- 第一層樑
- 將第二層樑配置在第一層樑上、或與第一層樑共同整合以降低鋪板的跨距。

- 樑的間隔＝木板或鋪板的跨距；中心到中心的標準距離從 4 英呎至 8 英呎（1.2 至 2.4 公尺）。

- 有許多五金配件可以補強木材—木材、木材—金屬、木材—石材的接合，包括了桁與樑的掛勾、柱基與柱頂蓋、構架的角料與固定件、樓板繫件與壓制器等；其中一些配件可以抵抗上抬力和水平作用力，而依據載重量和傳遞方式的不同，有些接合部位可以釘子或螺栓固定。

第二層樑的跨距
第一層樑的間隔＝第二層樑的間隔

第一層樑的跨距＝柱的間隔

- 此網格為 3 英呎（915 公釐）的方形。

木構跨距系統

木鋪板

木鋪板通常應用在木板樑系統上，但也可用於鋼構造的表面層。鋪板底部可直接外露做為天花板的完成面。

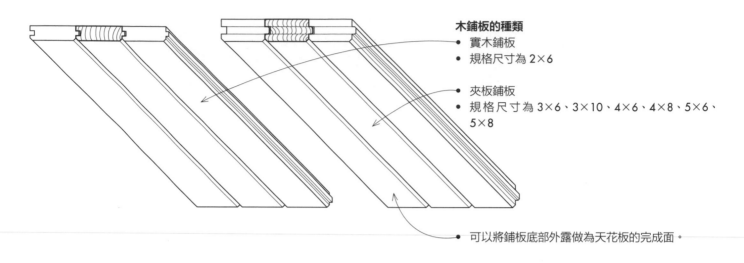

木鋪板的種類
- 實木鋪板
- 規格尺寸為 2×6

- 夾板鋪板
- 規格尺寸為 3×6、3×10、4×6、4×8、5×6、5×8

- 可以將鋪板底部外露做為天花板的完成面。

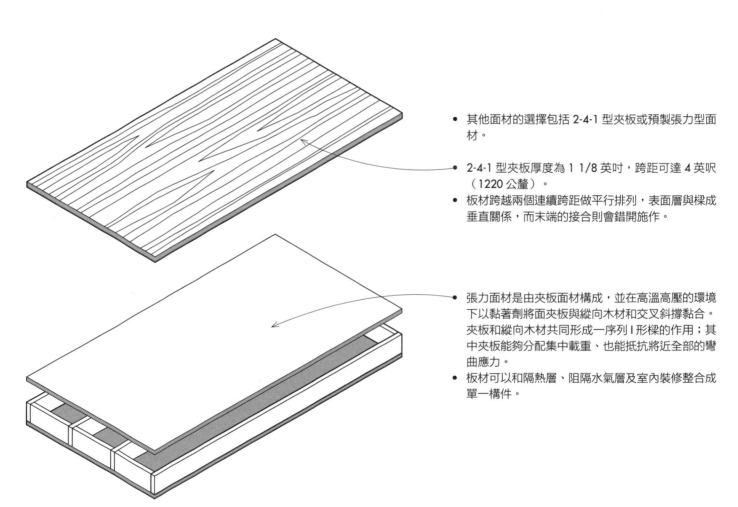

- 其他面材的選擇包括 2-4-1 型夾板或預製張力型面材。

- 2-4-1 型夾板厚度為 1 1/8 英吋，跨距可達 4 英呎（1220 公釐）。
- 板材跨越兩個連續跨距做平行排列，表面層與樑成垂直關係，而末端的接合則會錯開施作。

- 張力面材是由夾板面材構成，並在高溫高壓的環境下以黏著劑將面夾板與縱向木材和交叉斜撐黏合。夾板和縱向木材共同形成一序列 I 形樑的作用；其中夾板能夠分配集中載重、也能抵抗將近全部的彎曲應力。
- 板材可以和隔熱層、阻隔水氣層及室內裝修整合成單一構件。

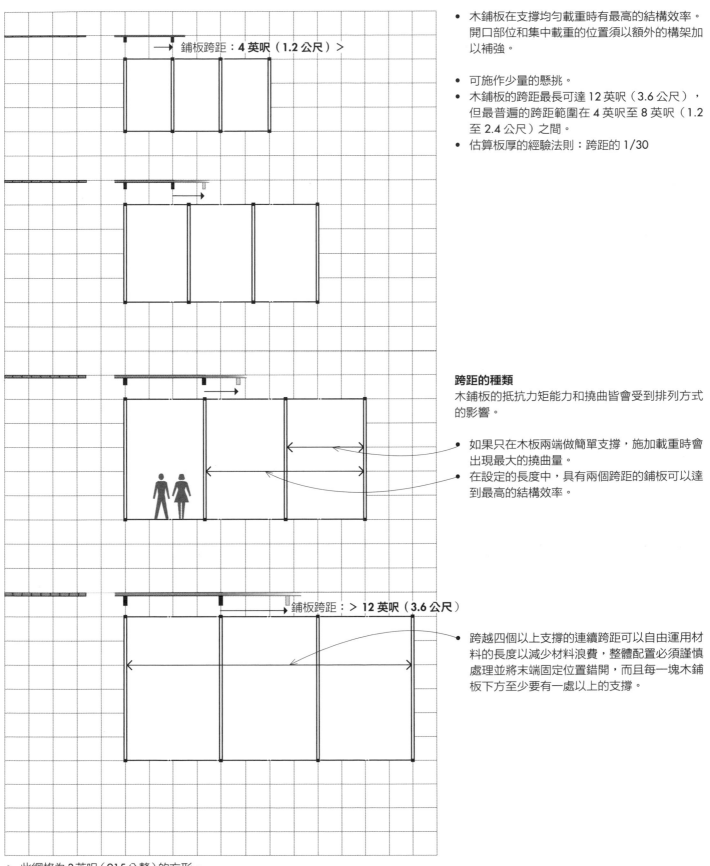

鋪板跨距：**4 英呎（1.2 公尺）>**

鋪板跨距：**> 12 英呎（3.6 公尺）**

- 木鋪板在支撐均勻載重時有最高的結構效率。開口部位和集中載重的位置須以額外的構架加以補強。

- 可施作少量的懸挑。
- 木鋪板的跨距最長可達 12 英呎（3.6 公尺），但最普遍的跨距範圍在 4 英呎至 8 英呎（1.2 至 2.4 公尺）之間。
- 估算板厚的經驗法則：跨距的 1/30

跨距的種類
木鋪板的抵抗力矩能力和撓曲皆會受到排列方式的影響。

- 如果只在木板兩端做簡單支撐，施加載重時會出現最大的撓曲量。
- 在設定的長度中，具有兩個跨距的鋪板可以達到最高的結構效率。

- 跨越四個以上支撐的連續跨距可以自由運用材料的長度以減少材料浪費，整體配置必須謹慎處理並將末端固定位置錯開，而且每一塊木鋪板下方至少要有一處以上的支撐。

- 此網格為 3 英呎（915 公釐）的方形。

木構跨距系統

木格柵

格柵一詞是指任何由多種跨距構件緊密鋪排而成的複合跨距構件組合。由於格柵的間距較窄，單一構件的配屬載重區域相對變小，也能將載重分散在支撐樑或支撐牆上。

木格柵是輕木構架構造中重要的次系統。製作格柵的木材尺寸很容易加工，也很容易利用簡單工具在現場快速組裝。木格柵還可結合木製外覆板或底層地板形成施工用的工作平台；經過適當的設計和施工，完成後的樓板便可做為結構水平隔板，將側向載重傳遞至剪力牆。

- 配置格柵的中心間隔可以是 12 英吋、16 英吋或 24 英吋（305 公釐、405 公釐或 640 公釐），依據預估載重量及底層地板或外覆板的跨距能力而定。

- 格柵的目的是承受均勻載重，如果再利用十字支撐（交叉斜撐）或格柵橋接件加以輔助、連結，構件之間就具有傳遞和分擔點狀載重的能力，達到更好的結構效率。

- 下凹處可以收納配管、配線及隔熱層。
- 格柵下方可直接施作天花板，也可以懸吊方式降低天花板高度，或者利用與格柵方向垂直的天花板來隱藏機電管線。
- 由於輕木構架具可燃性，因此必須藉由樓板及天花板裝修材來達到防火性能的要求。
- 格柵末端需配置側向支撐。

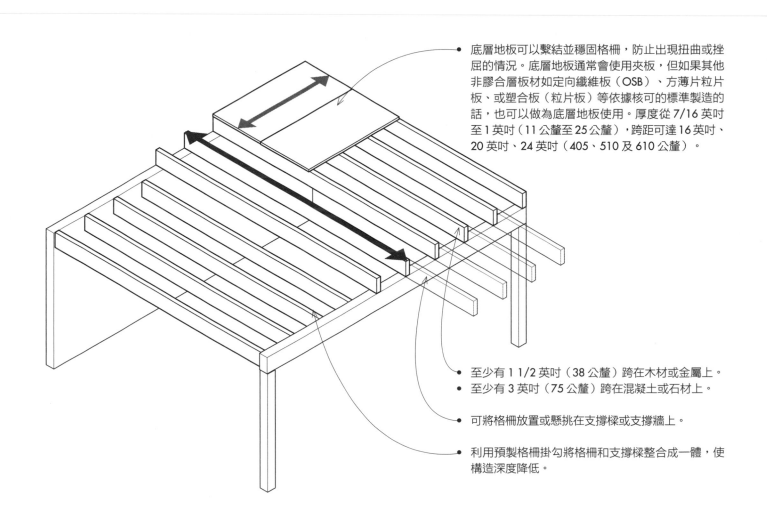

- 底層地板可以繫結並穩固格柵，防止出現扭曲或挫屈的情況。底層地板通常會使用夾板，但如果其他非膠合層板材如定向纖維板（OSB）、方薄片粒片板、或塑合板（粒片板）等依據核可的標準製造的話，也可以做為底層地板使用。厚度從 7/16 英吋至 1 英吋（11 公釐至 25 公釐），跨距可達 16 英吋、20 英吋、24 英吋（405、510 及 610 公釐）。

- 至少有 1 1/2 英吋（38 公釐）跨在木材或金屬上。
- 至少有 3 英吋（75 公釐）跨在混凝土或石材上。

- 可將格柵放置或懸挑在支撐樑或支撐牆上。

- 利用預製格柵掛勾將格柵和支撐樑整合成一體，使構造深度降低。

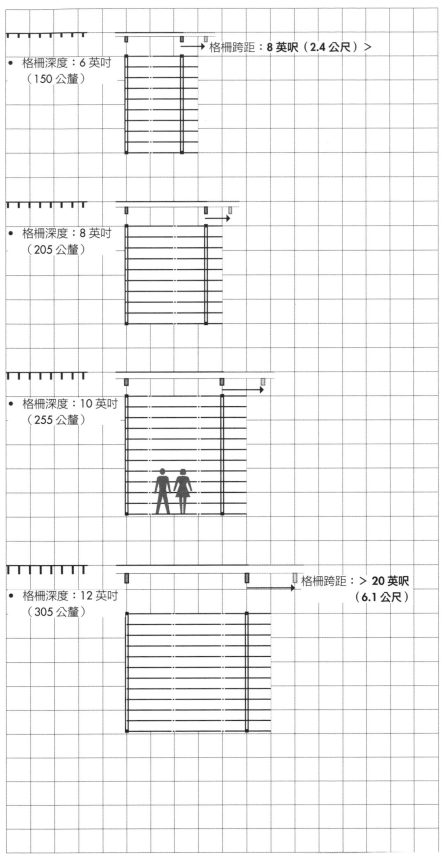

- 格柵深度：6 英吋
  （150 公釐）

→ 格柵跨距：**8 英呎（2.4 公尺）>**

- 格柵深度：8 英吋
  （205 公釐）

- 格柵深度：10 英吋
  （255 公釐）

- 格柵深度：12 英吋
  （305 公釐）

格柵跨距：**> 20 英呎**
（6.1 公尺）

- 此網格為 3 英呎（915 公釐）的方形。

- 木格柵構架優良的材料施工性十分靈活，非常適合運用在不規則的配置上。

- 木格柵的規格尺寸：2×6、2×8、2×10、2×12

- 格柵的修正尺寸：
  2 英吋至 6 英吋（51 至 150 公釐）的標準規格尺寸，須扣除 1/2 英吋（13 公釐）；
  大於 6 英吋（150 公釐）的標準規格尺寸，須扣除 3/4 英吋（19 公釐）。

- 木格柵跨距範圍：
  2×6　最高至 10 英呎（3 公尺）
  2×8　8 英呎至 12 英呎（2.4 至 3.6 公尺）
  2×10　10 英呎至 14 英呎（3 至 4.3 公尺）
  2×12　12 英呎至 20 英呎（3.6 至 6.1 公尺）

- 估算格柵深度的經驗法則：跨距的 1/16

- 實木格柵可取得的最長長度為 20 英呎（6 公尺）。

- 當格柵構件接近跨度極限，在壓力作用之下，構架剛度對結構的影響會比強度更為關鍵。

- 在整體構造深度容許的前提下，和排列較為緊密的淺格柵相比，排列較寬鬆的深格柵具有較佳的剛度。

木構跨距系統

預製格柵與桁架

在搭建樓板或屋頂板時，以預製、預工程的木格柵和桁架取代以規格木材製成的做法愈來愈普遍，不但重量較輕、尺寸上比伐木更加穩定，也因為可以製成更深更長的尺寸，達到更大的跨度。雖然預製樓板格柵或桁架的形式會因製造商而有所不同，但構成樓板的方式和傳統木格柵構架的原則相似。預製構材適合用在長跨距和簡單的樓板平面，如果樓板配置過於複雜，施作起來則有困難。

I 形格柵

- I 形格柵是在夾板或定向纖維板（OSB）樑腹的頂部與底部，利用木材或合板形成凸緣的構件。
- 規格深度從 10 英吋至 16 英吋（255 至 405 公釐）
- 商業用的構造深度可達 24 英吋（610 公釐）

- 最小支撐尺寸為 3 1/2 英吋（90 公釐）

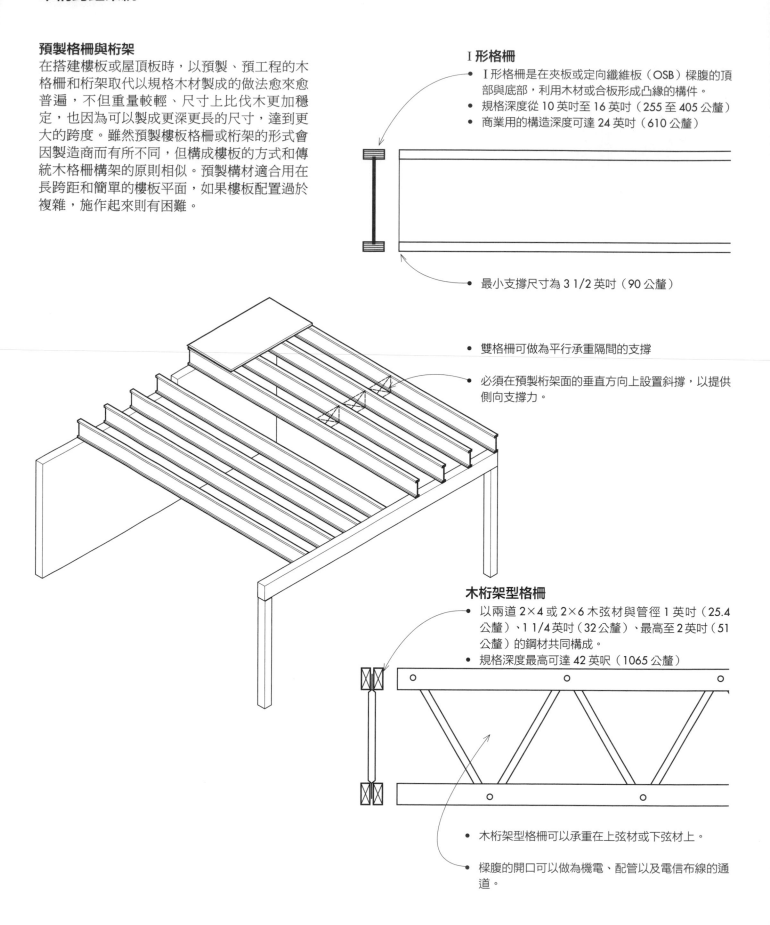

- 雙格柵可做為平行承重隔間的支撐
- 必須在預製桁架面的垂直方向上設置斜撐，以提供側向支撐力。

木桁架型格柵

- 以兩道 2×4 或 2×6 木弦材與管徑 1 英吋（25.4 公釐）、1 1/4 英吋（32 公釐）、最高至 2 英吋（51 公釐）的鋼材共同構成。
- 規格深度最高可達 42 英呎（1065 公釐）

- 木桁架型格柵可以承重在上弦材或下弦材上。
- 樑腹的開口可以做為機電、配管以及電信布線的通道。

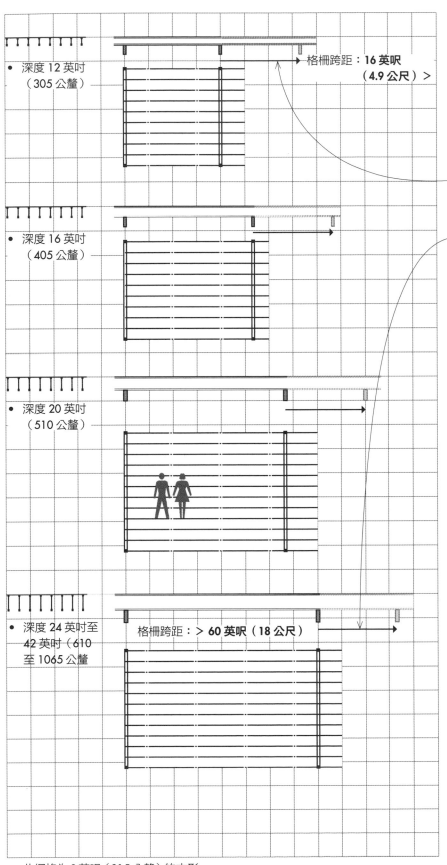

- 深度 12 英吋
（305 公釐）

格柵跨距：**16 英呎**
（**4.9 公尺**）>

- 深度 16 英吋
（405 公釐）

- 深度 20 英吋
（510 公釐）

- 深度 24 英吋至
42 英吋（610
至 1065 公釐

格柵跨距：> 60 英呎（18 公尺）

I 形格柵
- 跨距 16 英呎至 60 英呎（4.9 至 18.3 公尺）

木桁架型格柵
- 跨距 16 英呎至 60 英呎（4.9 至 18.3 公尺）

- 估算預製格柵與桁架深度的經驗法則：跨距
的 1/18

- 此網格為 3 英呎（915 公釐）的方形。

懸挑結構

懸挑結構

懸挑結構是指一端安全固定、另一端形成自由端的橫樑、大樑、桁架或其他剛性結構構架。懸挑結構的固定端可以抵抗載重產生的橫向力和旋轉力，另一端則可自由偏移與旋轉。承受上方載重時，單純懸挑樑會出現單一的下彎曲線，樑的頂側承受拉張力、底側承受到壓縮力。懸挑樑容易出現很大的撓曲變形，並且在支撐處產生臨界彎矩。

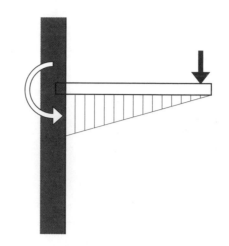

懸臂樑

懸臂樑是延伸簡支樑一端或兩端所形成的構造。這種懸挑行為來自樑材的延伸長度，對內部跨距的變形具有積極的抵銷作用。多重懸臂樑受力後會形成複形曲線，而不是單一懸挑樑那樣的單一曲線。隨著形狀的撓曲變化，拉力與壓力會沿著樑的長度出現反轉的情況。

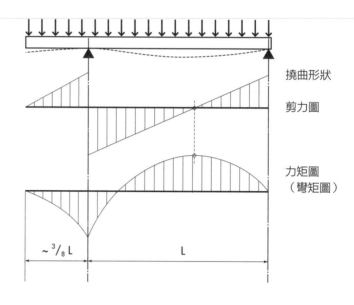

撓曲形狀

剪力圖

力矩圖
（彎矩圖）

$\sim \frac{3}{8} L$ L

- 假設在均布載重下，簡支懸臂樑的凸出長度大約是跨距的 3/8，支撐處的力矩會與跨距中央的力矩相同、但方向相反。

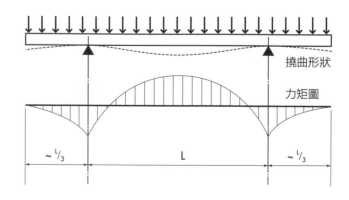

撓曲形狀

力矩圖

$\sim \frac{1}{3}$ L $\sim \frac{1}{3}$

- 假設在均布載重下，雙懸臂樑的凸出長度大約是跨距的 1/3，支撐處的力矩和跨距中央的力矩值相同、但方向相反。

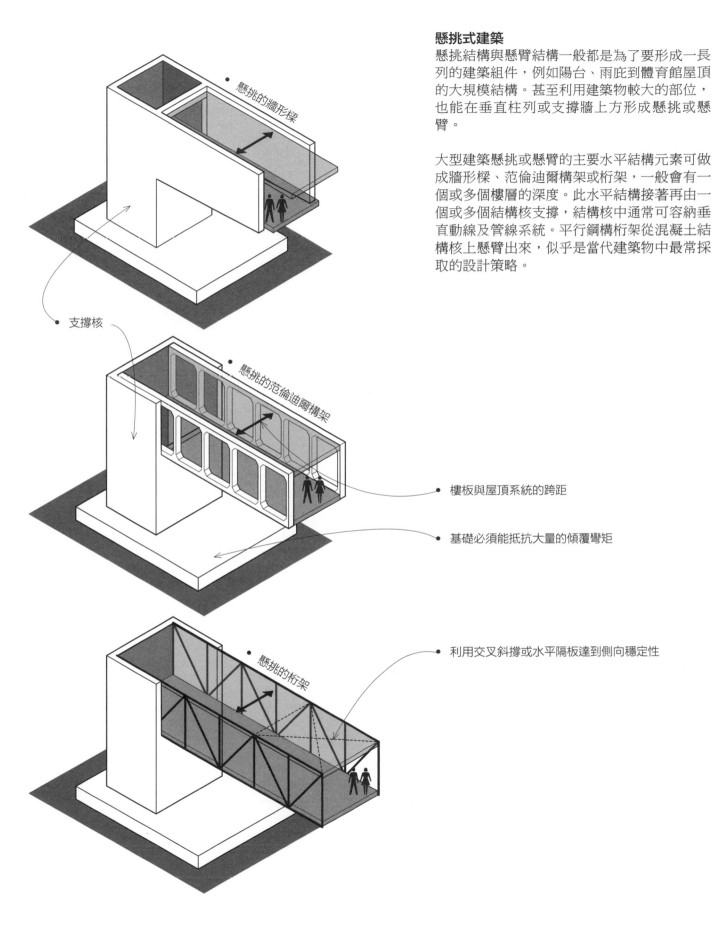

懸挑式建築

懸挑結構與懸臂結構一般都是為了要形成一長列的建築組件，例如陽台、雨庇到體育館屋頂的大規模結構。甚至利用建築物較大的部位，也能在垂直柱列或支撐牆上方形成懸挑或懸臂。

大型建築懸挑或懸臂的主要水平結構元素可做成牆形樑、范倫迪爾構架或桁架，一般會有一個或多個樓層的深度。此水平結構接著再由一個或多個結構核支撐，結構核中通常可容納垂直動線及管線系統。平行鋼構桁架從混凝土結構核上懸臂出來，似乎是當代建築物中最常採取的設計策略。

懸挑的牆形樑

支撐核

懸挑的范倫迪爾構架

樓板與屋頂系統的跨距

基礎必須能抵抗大量的傾覆彎矩

利用交叉斜撐或水平隔板達到側向穩定性

懸挑的桁架

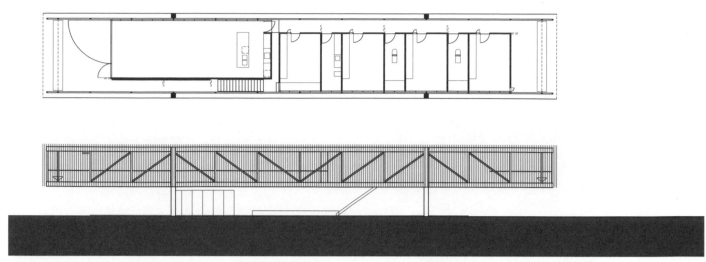

西元 2003 ～ 2006 年：澳洲維多利亞省，聖安德魯海灘海濱別墅（Beach House, St. Andrews Beach），由西恩．古德賽爾（Sean Godsell）建築師事務所設計。平面與立面圖。

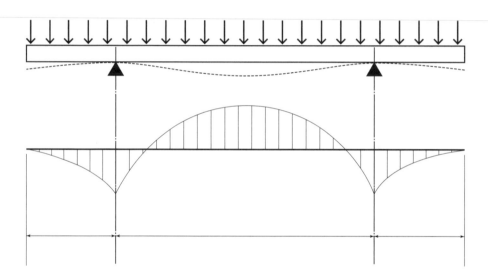

聖安德魯海濱別墅是將簡支樑兩端延伸而成的雙懸臂樑範例。在這個案例中，利用樓板和屋頂構架來連接並構成一組全長、全樓高的桁架，定義出做為主要起居層的空間量體，並且將量體抬高於地面層之上，除了獲取更好的視覺景觀，量體下方還能做車庫和儲藏空間使用。這種雙懸挑的設計是將桁架向柱支撐的兩側延伸出去，形成可以積極抵銷內部跨距（兩根柱支撐之間的跨距）變形的反作用力。

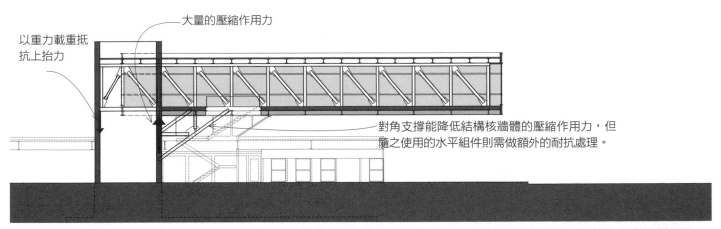

大量的壓縮作用力

以重力載重抵抗上抬力

對角支撐能降低結構核牆體的壓縮作用力，但隨之使用的水平組件則需做額外的耐抗處理。

2006 ～ 2007 年： 美國密西根大急流城，拉瑪工程公司總部（Lamar Construction Corporate Headquarters），聯合設計案。圖例與剖面圖。

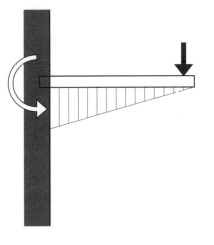

拉瑪工程公司總部的設計採用一組深度 16 英呎（4.8 公尺）、長度 112 英呎（34 公尺）的桁架，從垂直動線所在的混凝土豎井上懸挑出來，藉以支撐面積達 6500 平方英呎（604 平方公尺）的辦公空間。桁架設計最重要的考量在於控制因為人員移動而引發令人不適的垂直震動。

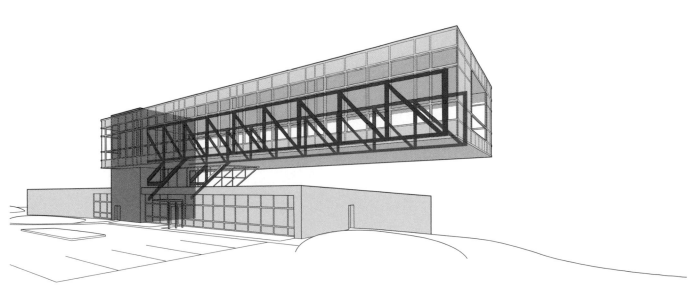

不規則間隔

單向跨距系統在跨越規則長方形間隔時的效率最高；在雙向的系統裡，結構間隔不只要規則，還要盡可能接近方形。採用規則間隔便可使用相同斷面或相同長度的重複性構件，形成規模的經濟性。然而，計畫需求、環境限制、或是美學上的意圖常會暗示結構間隔往非長方形、也不具幾何規則的方向發展。

無論原因為何，不規則形狀的間隔通常不會單獨存在，而多半是沿著一個較規則的網格或支撐樣式和跨距元素的周圍出現。儘管如此，不規則間隔還是都會導致某程度結構效率不彰的情形，因為每個跨距構件的長度不一，但還是得比照各樓層最長的跨距來設計。

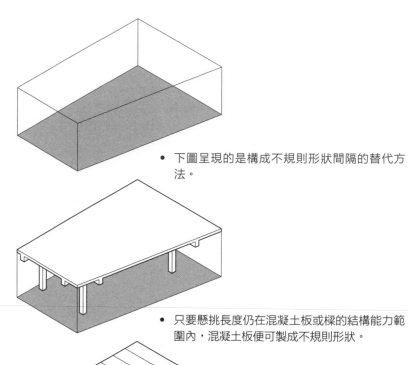

• 下圖呈現的是構成不規則形狀間隔的替代方法。

• 只要懸挑長度仍在混凝土板或樑的結構能力範圍內，混凝土板便可製成不規則形狀。

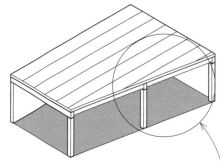

• 結構板或格柵等單向跨距元素，跨距方向應該與間隔的不規則邊相反。

• 如果結構板或鋪板的跨距方向與不規則邊的走向相同，將不利於調整板材形狀或裁切出板材的銳角。在板材裁切後的自由邊上，也必須增加支撐來穩定結構。

主樑或大樑的跨距方向
和不規則邊的方向相反

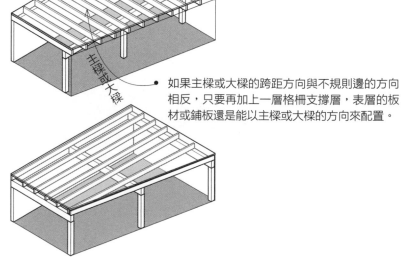

主樑或大樑

• 如果主樑或大樑的跨距方向與不規則邊的方向相反，只要再加上一層格柵支撐層，表層的板材或鋪板還是能以主樑或大樑的方向來配置。

主樑或大樑的跨距方向
和不規則邊的方向相同

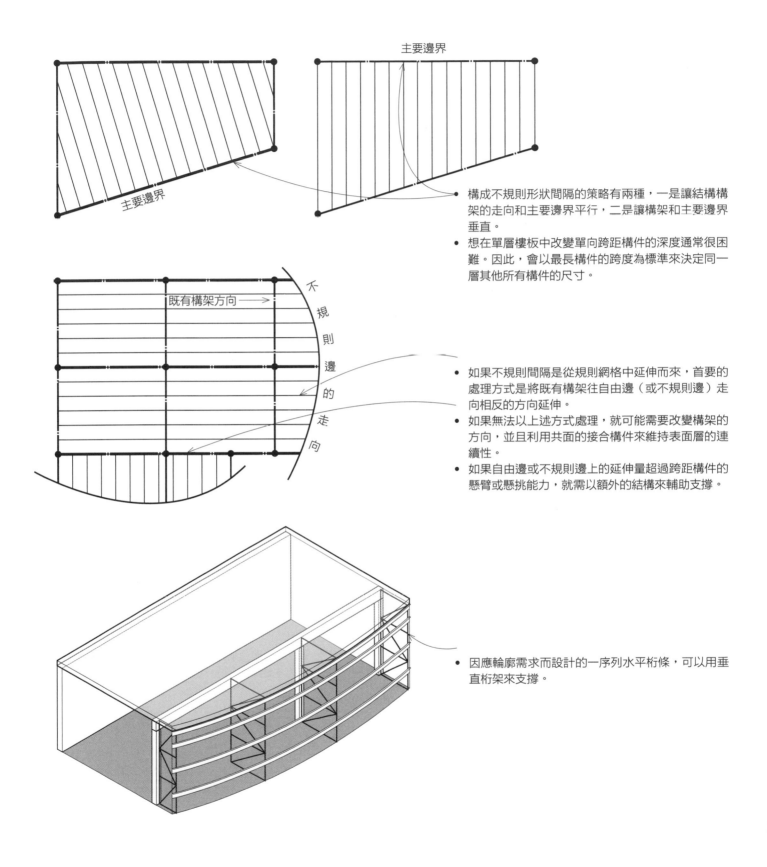

主要邊界

主要邊界

構成不規則形狀間隔的策略有兩種，一是讓結構構架的走向和主要邊界平行，二是讓構架和主要邊界垂直。

- 想在單層樓板中改變單向跨距構件的深度通常很困難。因此，會以最長構件的跨度為標準來決定同一層其他所有構件的尺寸。

既有構架方向

不規則邊的走向

- 如果不規則間隔是從規則網格中延伸而來，首要的處理方式是將既有構架往自由邊（或不規則邊）走向相反的方向延伸。
- 如果無法以上述方式處理，就可能需要改變構架的方向，並且利用共面的接合構件來維持表面層的連續性。
- 如果自由邊或不規則邊上的延伸量超過跨距構件的懸臂或懸挑能力，就需以額外的結構來輔助支撐。

- 因應輪廓需求而設計的一序列水平桁條，可以用垂直桁架來支撐。

不規則間隔

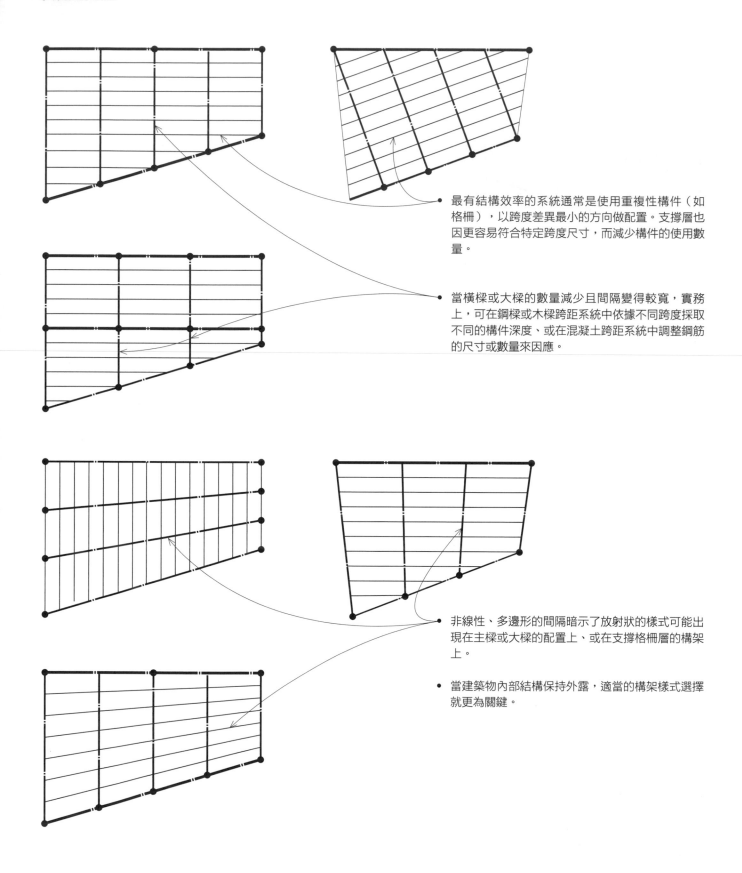

最有結構效率的系統通常是使用重複性構件（如格柵），以跨度差異最小的方向做配置。支撐層也因更容易符合特定跨度尺寸，而減少構件的使用數量。

當橫樑或大樑的數量減少且間隔變得較寬，實務上，可在鋼樑或木樑跨距系統中依據不同跨度採取不同的構件深度、或在混凝土跨距系統中調整鋼筋的尺寸或數量來因應。

非線性、多邊形的間隔暗示了放射狀的樣式可能出現在主樑或大樑的配置上、或在支撐格柵層的構架上。

當建築物內部結構保持外露，適當的構架樣式選擇就更為關鍵。

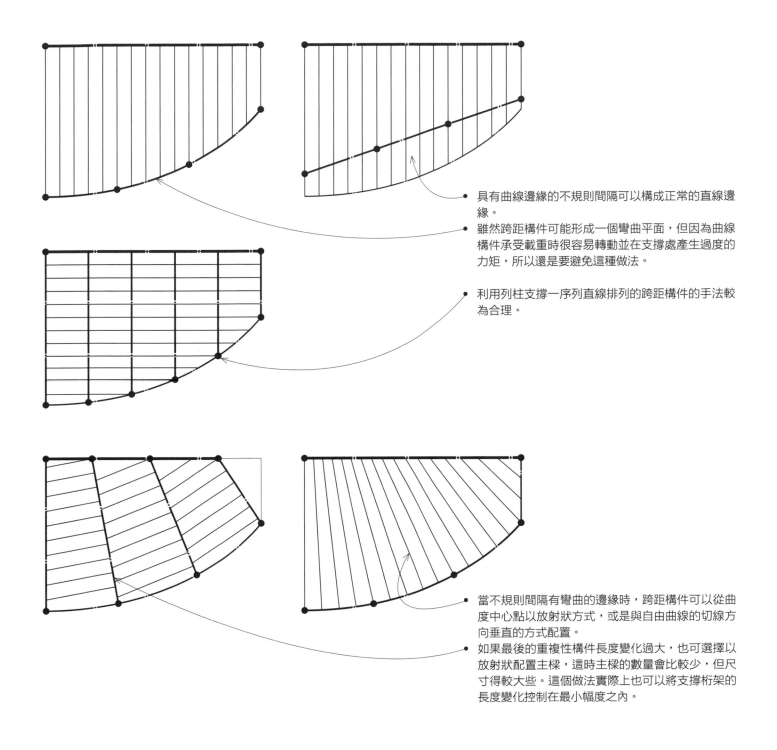

具有曲線邊緣的不規則間隔可以構成正常的直線邊緣。

雖然跨距構件可能形成一個彎曲平面，但因為曲線構件承受載重時很容易轉動並在支撐處產生過度的力矩，所以還是要避免這種做法。

利用列柱支撐一序列直線排列的跨距構件的手法較為合理。

當不規則間隔有彎曲的邊緣時，跨距構件可以從曲度中心點以放射狀方式，或是與自由曲線的切線方向垂直的方式配置。

如果最後的重複性構件長度變化過大，也可選擇以放射狀配置主樑，這時主樑的數量會比較少，但尺寸得較大些。這個做法實際上也可以將支撐桁架的長度變化控制在最小幅度之內。

轉角間隔

對建築物外部立面的設計來說，邊緣和轉角間隔的結構與構架是一大挑戰。例如，帷幕牆倚賴建築物的混凝土或鋼構架做為支撐。帷幕牆該如何處理轉角，也就是，當帷幕牆從建築物的一邊包覆到另一邊的時候，該維持或改變原本的面貌？此時轉角的接續方式會受邊緣與轉角間隔的構造方式所影響。因為單向構架系統具有明確的方向性，因此相鄰立面之間很難以相同的手法來處理；而雙向系統的優勢則在於可讓相鄰立面以相同的結構手法來連接。

另一影響則是，邊緣和轉角隔間在周圍支撐外形成樓板或屋頂懸臂的延伸程度。如果設計的意圖是要讓帷幕牆脫離結構框架且浮出邊緣，這方面的思考就顯得更加重要。

木材或實木構架、鋼構架或混凝土結構之間的一項顯著差異，就是懸臂在每一種構造中都有不同的實踐方式。由於木構造的接合部位無法抵抗力矩，因此施作木構架的懸臂時，需要在不同分層配置懸臂格柵、或橫樑和支撐樑、或大樑。而鋼構和混凝土構造則可以容許將懸臂元素和懸臂的支撐柱配置在同一層中。

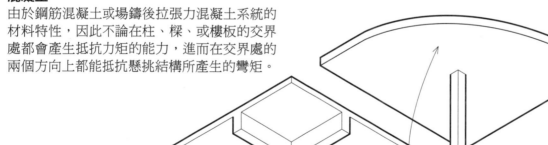

混凝土

由於鋼筋混凝土或場鑄後拉張力混凝土系統的材料特性，因此不論在柱、樑、或樓板的交界處都會產生抵抗力矩的能力，進而在交界處的兩個方向上都能抵抗懸挑結構所產生的彎矩。

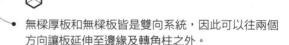

- 無樑厚板和無樑板皆是雙向系統，因此可以往兩個方向讓板延伸至邊緣及轉角柱之外。

- 單向和雙向板樑系統都採用橫跨兩個主要方向的樑面構架，以降低構造的整體深度，

- 懸挑的長度一般都只是間隔尺寸的一小部分；如果懸挑長度與後方跨距相同、甚至更長，便會在柱支撐位置引發極大的彎曲力矩，而需要很大的樑深。

鋼構造

鋼構造中的懸臂可以採用抗力矩接頭施作成共面結構，或者承重在末端的橫樑或大樑上持續向外延伸。不管採取哪種做法，單向構架系統的方向特性都會展露在兩個臨接的立面上，即使建築物完成後的視覺層面上不易察覺，也必定會在構造的細節設計上清晰可辨。

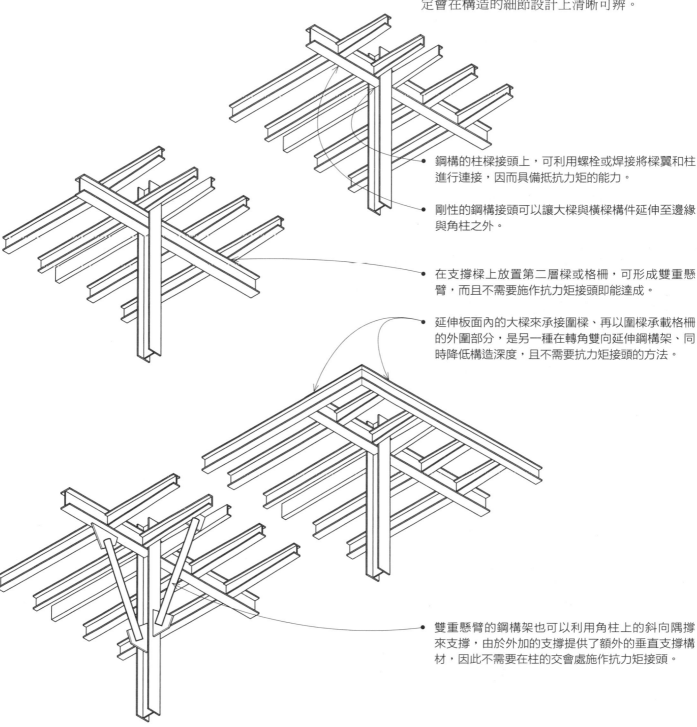

- 鋼構的柱樑接頭上，可利用螺栓或焊接將樑翼和柱進行連接，因而具備抵抗力矩的能力。

- 剛性的鋼構接頭可以讓大樑與橫樑構件延伸至邊緣與角柱之外。

- 在支撐樑上放置第二層樑或格柵，可形成雙重懸臂，而且不需要施作抗力矩接頭即能達成。

- 延伸板面內的大樑來承接圍樑、再以圍樑承載格柵的外圍部分，是另一種在轉角雙向延伸鋼構架、同時降低構造深度，且不需要抗力矩接頭的方法。

- 雙重懸臂的鋼構架也可以利用角柱上的斜向隅撐來支撐，由於外加的支撐提供了額外的垂直支撐構材，因此不需要在柱的交會處施作抗力矩接頭。

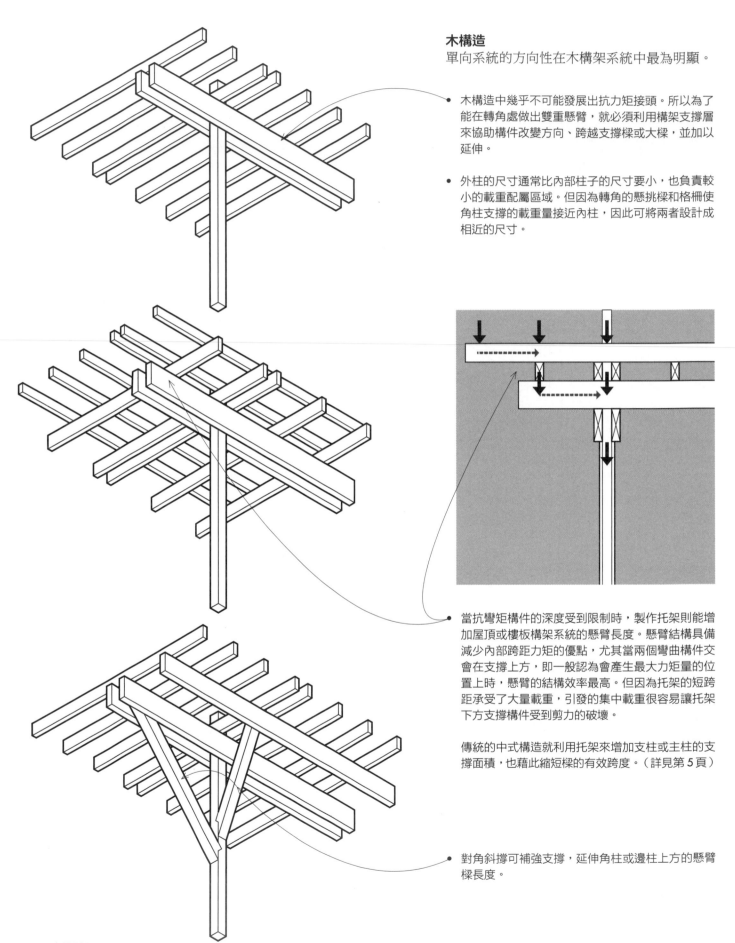

木構造

單向系統的方向性在木構架系統中最為明顯。

- 木構造中幾乎不可能發展出抗力矩接頭。所以為了能在轉角處做出雙重懸臂,就必須利用構架支撐層來協助構件改變方向、跨越支撐樑或大樑,並加以延伸。

- 外柱的尺寸通常比內部柱子的尺寸要小,也負責較小的載重配屬區域。但因為轉角的懸挑樑和格柵使角柱支撐的載重量接近內柱,因此可將兩者設計成相近的尺寸。

- 當抗彎矩構件的深度受到限制時,製作托架則能增加屋頂或樓板構架系統的懸臂長度。懸臂結構具備減少內部跨距力矩的優點,尤其當兩個彎曲構件交會在支撐上方,即一般認為會產生最大力矩量的位置上時,懸臂的結構效率最高。但因為托架的短跨距承受了大量載重,引發的集中載重很容易讓托架下方支撐構件受到剪力的破壞。

  傳統的中式構造就利用托架來增加支柱或主柱的支撐面積,也藉此縮短樑的有效跨度。(詳見第5頁)

- 對角斜撐可補強支撐,延伸角柱或邊柱上方的懸臂樑長度。

4 垂直向度
Vertical Dimensions

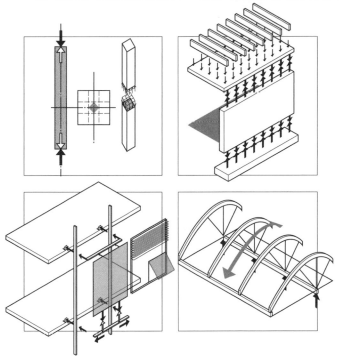

垂直向度

本章重點是建築結構的垂直向度,包括水平跨距系統的垂直支撐以及包覆的垂直系統;後者可用來遮蔽並保護建築物抵擋各種氣候元素,同時控制氣流、熱氣、進出建築物內部的噪音干擾。

水平跨距系統的樣式當然必須和垂直支撐的樣式密切配合,不論垂直支撐是設計成柱樑陣列、平行的承重牆序列、或上述兩種的結合。而且這些垂直支撐的樣式也必須再和室內空間所期望的形式和配置進行整合。相較於水平板,柱和牆體的視覺存在感較強,用來定義分離量體和提供使用者包覆性與私密感的功效也比較顯著。此外,垂直支撐還可以分隔空間以及建立室內外環境的共同邊界。

將屋頂結構納入這個章節而非上一章的原因是,屋頂結構的本質雖然屬於跨距系統,但也兼具垂直面向的特性,因此必須將它對建築物外部形式、形塑內部空間的影響納入考慮。

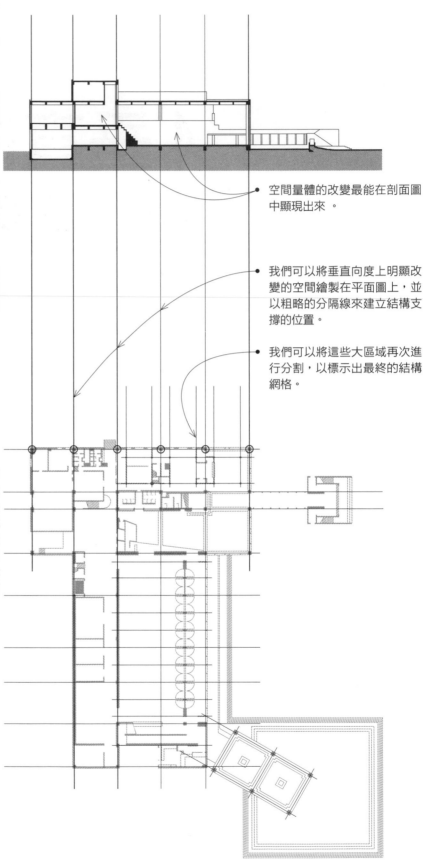

空間量體的改變最能在剖面圖中顯現出來 。

我們可以將垂直向度上明顯改變的空間繪製在平面圖上,並以粗略的分隔線來建立結構支撐的位置。

我們可以將這些大區域再次進行分割,以標示出最終的結構網格。

- 在設計過程中,我們使用平面圖、剖面圖及立面圖來建立二維平面,然後在其中研擬造型上的樣式和構成時的尺度關係,同時在設計裡加入理性的秩序。任何一張多視角的圖面,不論是平面、剖面或立面圖,都只能透露三維度空間構想、結構或構造的一部分而已。這是因為三維度的資訊在單一視圖上被扁平化後,自然會模糊掉空間的深度。所以我們需要一系列不同但互有關聯的圖,才能完整地描述形式、結構或構成的三維特性。

建築物尺度

我們可以將建築物的垂直尺度分為低層結構、中高層結構和高層結構。一般來說，低層結構是指一層樓、二層樓或三層樓高，無配備電梯的建築；中高層結構的高度適中，通常是五層至十層樓，配有電梯設備；高層結構則擁有較多的樓層數，也必須配置電梯設備。而因為建築物的尺度與構造類型及建築法規容許的使用類別有直接的關聯，因此利用上述分類來選擇及設計結構系統會很有幫助。

建築物的垂直尺度也會影響結構系統的選擇與設計。以較重材料如混凝土、石材或鋼材施作的低層短跨距結構，活載重是決定這類結構形式的首要因素；而以相同材料施作的長跨距結構，本身的靜載重可能是決定結構策略最主要的因素。但是隨著建築物的高度增加，不僅重力載重隨著樓層數量遞增，側向的風力與地震力也成為影響整體結構系統發展的關鍵因素。

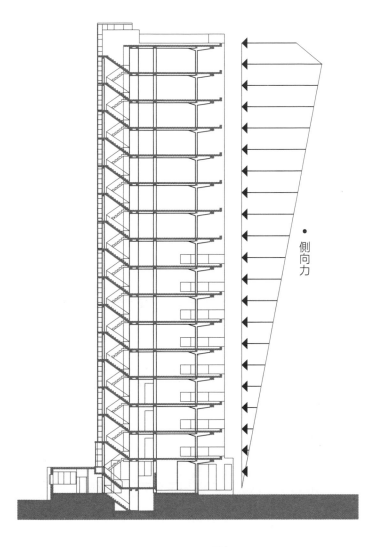

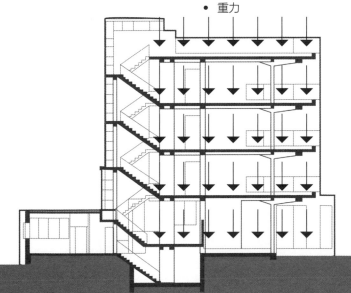

• 側向力的討論詳見第五章；高層結構詳見第七章。

垂直向度

人體尺度

在空間的三個向度中，相較於寬度或長度，高度對尺度的影響力較大。房間的牆體提供圍閉，頭頂天花板的高度則決定這個空間的遮蔽品質與親密感。提高空間中的天花板高度比增加等量的寬度更能影響空間尺度。對大部分的人來說，長寬尺寸及天花板高度適中的房間即是舒適的空間，但如果在大型集會空間也配置類似高度的天花板，就很可能讓人感到壓迫。因此，柱與承重牆必須有足夠的高度才能建立符合建築物樓層或單一空間所需的尺度。一旦無支撐的高度增加，就必須增加柱與承重牆的厚度來維持穩定性。

室內空間的尺度取決於高度對比水平向度的寬度與長度所形成的比例。

外牆對建築物的視覺效果有決定性的影響，無論外牆採取的是具重量感且低穿透性的承重牆、輕量感的牆體，或是由柱樑結構構架支撐具有高通透性的非承重帷幕牆。

外牆

牆體是圍塑、區隔、以及保護建築物內部空間的垂直構造。牆體是以同質或複合材料構成的承重結構，支持來自樓板與屋頂的載重，或是在柱樑構架中附加、或填入無結構作用板所形成的牆體構造。對空間進行再分割的室內牆體或隔間牆可不具備結構作用、或不承受載重，但其構造必須能支持所需的裝修材料、提供一定程度的音響區隔，並在必要時容納機械設備與電訊服務的配置與出線口。

外牆上必須施作門窗開口，來自上方的垂直載重才能因此繞過開口，而不傳遞到這些門窗單元上。門窗的尺寸與位置將依據自然採光、通風、視覺景觀和出入口的需要來設置，同時也會受到結構系統和模組化牆面材料的限制。

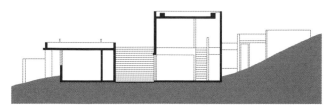

1979 ～ 1984 年：日本，兵庫縣蘆屋市，小筱邸
（Koshino House），由安藤忠雄（Tadao Ando）設計。

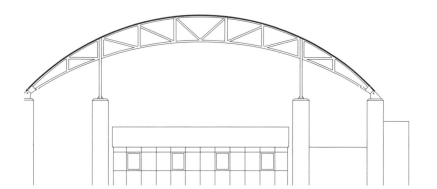

屋頂結構

建築物最主要的遮蔽元素是屋頂結構。屋頂不僅保護室內空間避免遭受陽光、雨水與降雪的侵襲，對建築物的整體形式與空間形狀的影響也很巨大。屋頂結構的形式與幾何性則是由屋頂橫跨空間中支撐柱的方式和可瀉雨融雪的斜度所決定。屋頂板是一個重要的設計元素，設置方式對建築物的形式和輪廓線都會產生很大的影響。

若要在視覺上隱藏屋頂板，可藉由建築物的外牆設計、或透過整合屋頂板與外牆來強調建築量體感的手法來達成。屋頂板可以是遮蔽下方多個空間的單一遮罩形式；也可以是將單一建築物內一序列空間全部連接起來的多屋帽形式。

屋頂板可以向外延伸成懸臂，以保護門窗開口不受日照或雨水侵襲；或再向下延伸接近地面。在溫暖氣候的地區，可以將屋頂抬起、引導涼爽微風穿過建築物的室內空間。

1989 ～ 1992 年：馬來西亞，雪蘭莪州梳邦再也，梅納拉商業大樓頂樓（Menara Mesiniaga, Top floor），由楊經文（Ken Yeang）設計。

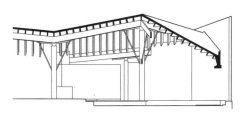

1991 ～ 1993 年：加拿大，不列顛哥倫比亞省納奈莫市，巴恩斯住宅（Barnes House），由帕高建築師事務所（Patkau Architects）設計。

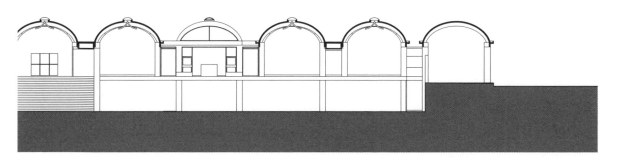

1966 ～ 1972 年：美國，德州沃思堡，金貝爾美術館（Kimbell Art Museum），由路易 · 康（Louis Kahn）設計。

垂直向支撐

綜觀歷史的進程，建築材料和建築技術的發展使得建築物的垂直支撐出現變化，例如從疊石而成的承重牆，到有楣樑或拱形開口的石造壁體；以及從木造的柱樑構架，到鋼筋混凝土與鋼構造的剛性構架。

因為建築物外牆是保護內部空間不受氣候侵擾的保護層，因此在構造上必須能夠控制熱的傳導、避免空氣、聲音、濕氣和水氣滲入。建築物表層的施作不論是附加在牆體結構之外、或是與牆體結構整合起來，都必須具備耐久性並抵抗日照、風和雨水等的天候影響。建築法規也明確規範了外牆、承重牆及室內隔間的防火等級。除了支撐垂直載重的功能，外牆構造還須承受水平向的風力載重。此外，在剛性足夠的條件之下，可將外牆當做剪力牆來傳遞側向風力、地震力到地面基礎上。

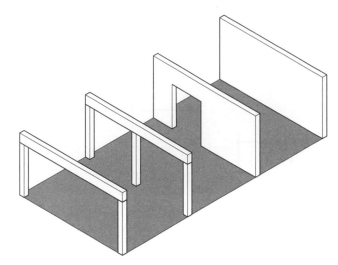

• 從承受樓板與屋頂載重的承重牆系統轉變成柱樑結構構架系統。

相較於面狀性質的板構造，柱和牆的視覺存在感更為強烈，因此在定義分離空間量體、以及為內部使用者提供包圍感和私密感的功能上有更好的表現。以木造、鋼構或混凝土柱樑的結構構架為例，空間量體的四面都可以和相鄰的空間建立關係。如果要提供包圍感，可利用任何能與結構構架連結的非承重板或非承重牆系統，結合抵抗風力、剪力以及其他側向力的設計來達成。

如果用一組平行的石造或混凝土承重牆取代結構構架，會讓量體朝空間的開口端形成明確的方向性。為了保持承重牆的結構完整度，牆上的任何開口都會有尺寸與位置的限制。如果量體的四面都被承重牆包圍，則會形成內向性的空間，此時與相鄰空間的關係就必須完全透過開口來建立。

上述三種空間類型中，提供頭頂上方遮蔽的跨距系統可以是平面或各種斜面，它對量體的空間和形式品質有進一步的調整作用。

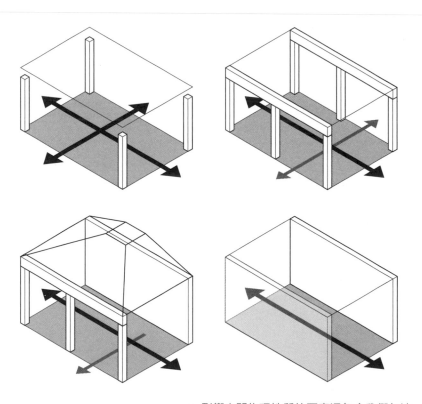

• 影響空間物理性質的要素還包含我們無法觸及、幾乎只具備純視覺功能的天花板面。天花板可以表現上方樓板或屋頂結構的形式，不論是當它跨越在空間的支撐之間、或當它被以吊掛方式依附在屋頂結構下方，用來調整空間尺度或定義房間裡不同的區域。

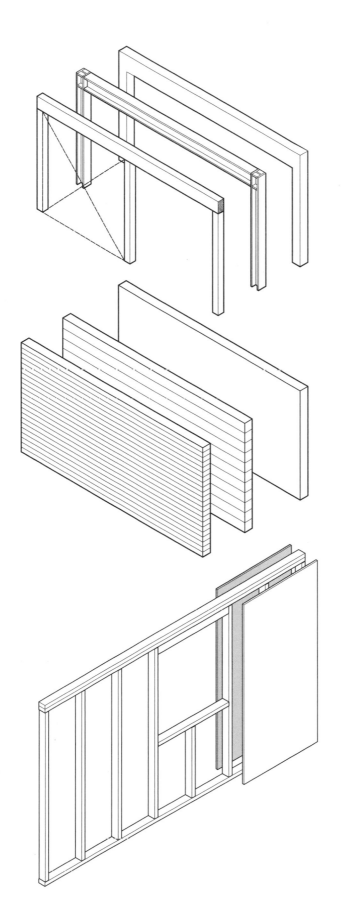

結構構架

- 混凝土構架通常是剛性構架,而且是符合不燃性的防火構造。
- 不燃性鋼構架可以利用抗力矩接合構件來接合,同時須採取防火措施以符合防火構造的要求。
- 木構架必須採用對角斜撐或剪力板以達到側向穩定性的要求。如果採用不燃性的防火外牆、且構件符合建築法規所規範的最小尺寸,就可視之為重木構造。
- 鋼構與混凝土構架比木構架具備更長的跨距能力,也能承受更大的載重。
- 結構構架可支撐並容納多種的非承重牆系統或帷幕牆系統。
- 當結構構架外露,接合部位的細節就成為影響結構和視覺的關鍵理由。

混凝土與石造承重牆

- 混凝土和石造承重牆可視為不燃性構造,並由其體積來決定載重的能力。
- 混凝土與石材承受壓應力的能力很高,但需要利用鋼筋來對應拉拔應力。
- 利用高寬比來評估側向載重能力,適當地配置伸縮接縫是牆體設計與施工時的關鍵要素。
- 牆面可保持外露。

金屬與木立柱牆

- 冷軋成形的金屬立柱或木立柱正常都會以柱心間距16英吋或24英吋(406公釐或610公釐)的間隔來配置。而這個間距與普遍使用的蓋板材料的長、寬值有關。
- 木立柱承受垂直載重,蓋板或對角斜撐則可以輔助形成更堅硬的牆面。
- 牆構架中的凹洞可以放置隔熱材、阻濕材和機電配管,還可設置為機械與電信服務設備的出線口。
- 木立柱構架可以容受各種內牆和外牆裝修;有些裝修方式需以釘定的覆蓋材來施作。
- 裝修材料決定牆體構造的防火等級。
- 木立柱牆構架可以在現場組立、或是在工廠進行規格化生產和製作。
- 因為木立柱牆的構材尺寸小,又能以多種方式來固定,因此牆體的形式很有彈性。

垂直向支撐

配屬載重
要決定垂直支撐上的載重配屬區域，必須考慮結構網格的配置和水平跨距系統的支撐類型與樣式。承重牆和柱子用來承接來自桁架、大樑、橫樑、和樓板的重力載重，然後將這些載重再垂直向下分配到基礎。而設有斜撐的構架、剛性構架和剪力牆也能將承重牆與柱子上的側向載重導引、向下分配至垂直方向。

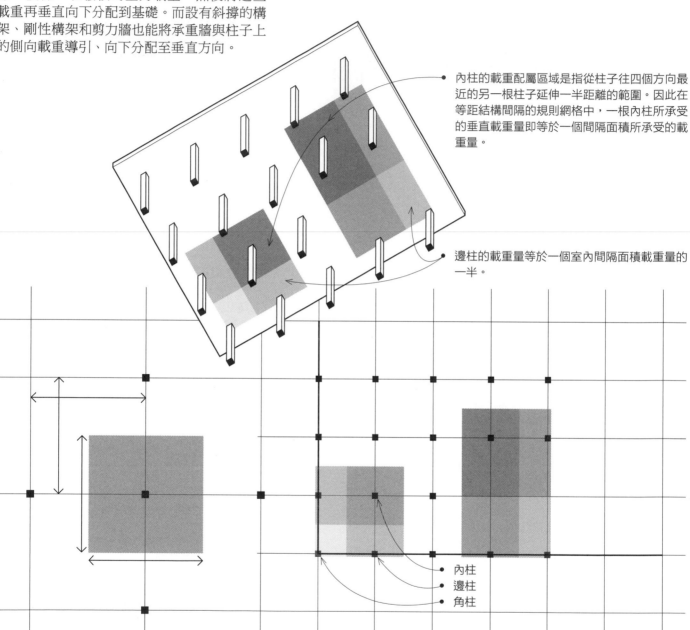

內柱的載重配屬區域是指從柱子往四個方向最近的另一根柱子延伸一半距離的範圍。因此在等距結構間隔的規則網格中，一根內柱所承受的垂直載重量即等於一個間隔面積所承受的載重量。

邊柱的載重量等於一個室內間隔面積載重量的一半。

內柱
邊柱
角柱

- 特定承重牆或柱子的重力載重配屬區域是取決於牆或柱本身到相鄰垂直支撐之間的距離，這段距離剛好等於所支撐的樓板或屋頂結構的跨距長度。

- 從網格中移走一根柱子，代表該柱子原先承受的載重必須移轉到相鄰的柱子上。這種做法也會導致樓板或屋頂的跨度加倍，因而需要更深的跨距構件來因應。
- 外圍角柱的載重量等於室內間隔面積載重量的1/4。

載重積累

柱子將來自於橫樑和大樑的重力載重重新導向為垂直的集中載重。在複層建築物中,這些重力載重從屋頂、沿著承重牆及柱子往下穿越層層的樓板不斷累積與增加,直到基礎為止。

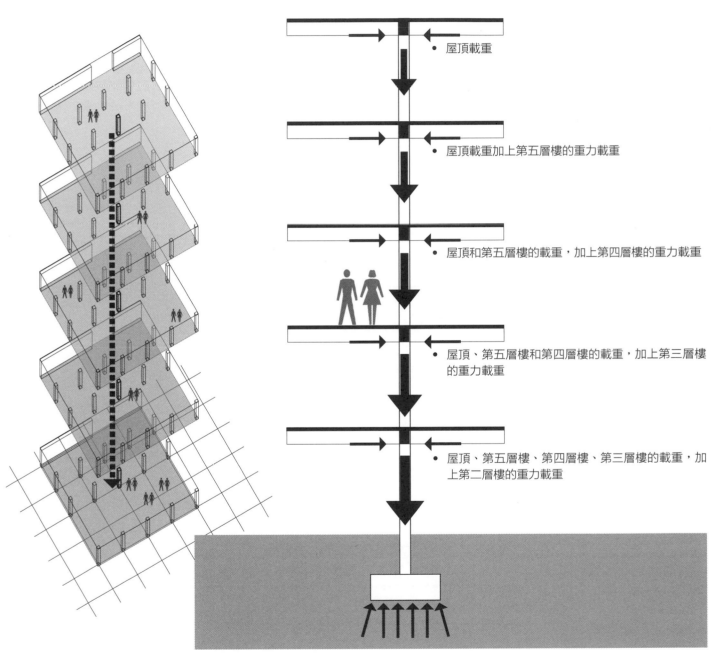

• 屋頂載重

• 屋頂載重加上第五層樓的重力載重

• 屋頂和第五層樓的載重,加上第四層樓的重力載重

• 屋頂、第五層樓和第四層樓的載重,加上第三層樓的重力載重

• 屋頂、第五層樓、第四層樓、第三層樓的載重,加上第二層樓的重力載重

• 柱腳或基礎上的所有載重是屋頂加上所有樓板重力載重的總和。

垂直向支撐

垂直向的連續性

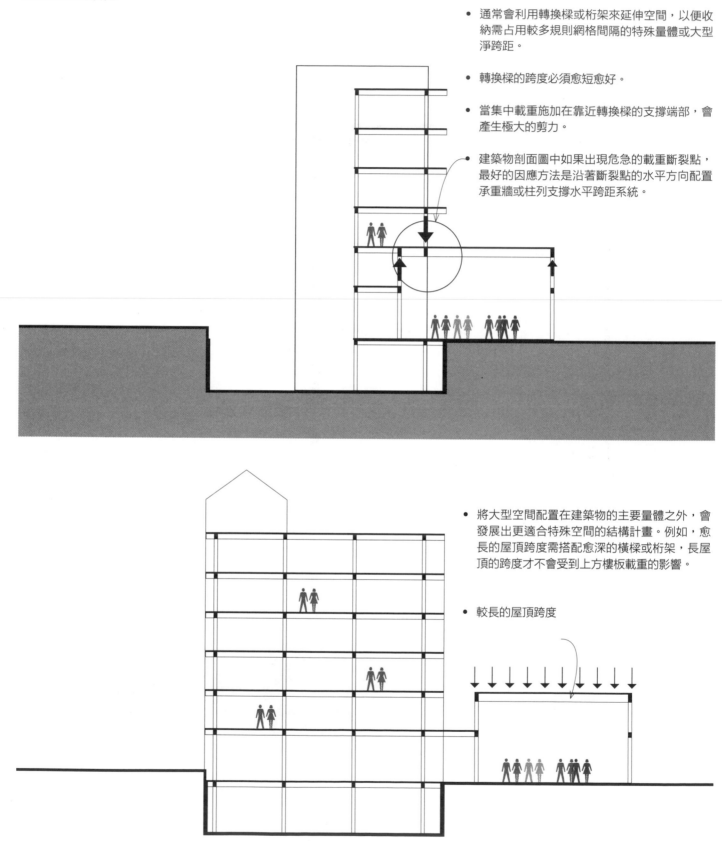

- 通常會利用轉換樑或桁架來延伸空間，以便收納需占用較多規則網格間隔的特殊量體或大型淨跨距。

- 轉換樑的跨度必須愈短愈好。

- 當集中載重施加在靠近轉換樑的支撐端部，會產生極大的剪力。

- 建築物剖面圖中如果出現危急的載重斷裂點，最好的因應方法是沿著斷裂點的水平方向配置承重牆或柱列支撐水平跨距系統。

- 將大型空間配置在建築物的主要量體之外，會發展出更適合特殊空間的結構計畫。例如，愈長的屋頂跨度需搭配愈深的橫樑或桁架，長屋頂的跨度才不會受到上方樓板載重的影響。

- 較長的屋頂跨度

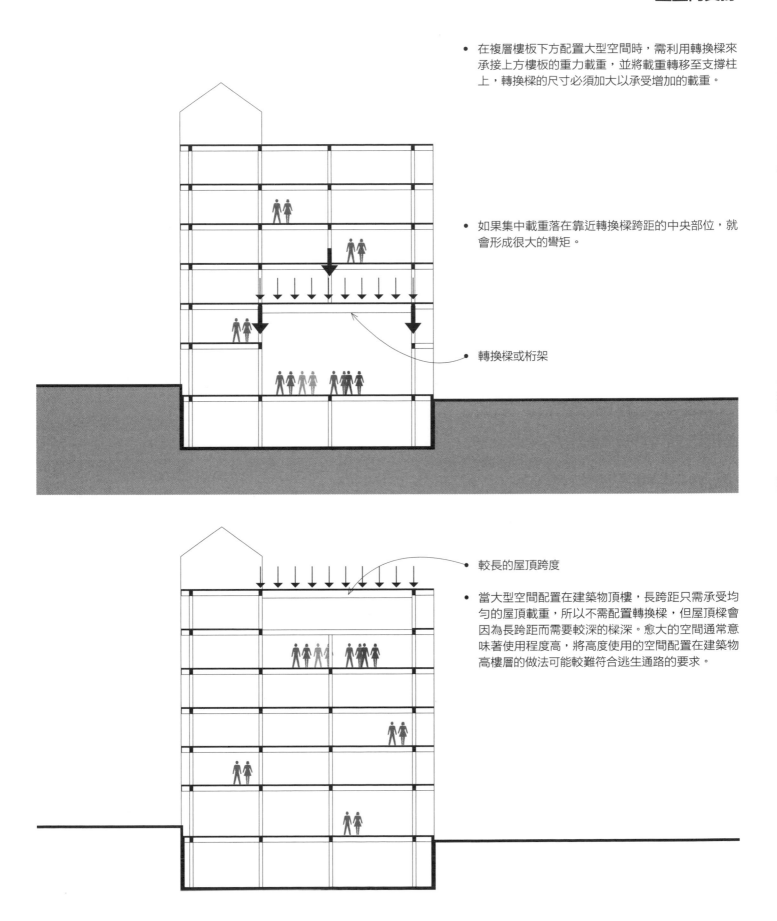

- 在複層樓板下方配置大型空間時，需利用轉換樑來承接上方樓板的重力載重，並將載重轉移至支撐柱上，轉換樑的尺寸必須加大以承受增加的載重。

- 如果集中載重落在靠近轉換樑跨距的中央部位，就會形成很大的彎矩。

轉換樑或桁架

較長的屋頂跨度

- 當大型空間配置在建築物頂樓，長跨距只需承受均勻的屋頂載重，所以不需配置轉換樑，但屋頂樑會因為長跨距而需要較深的樑深。愈大的空間通常意味著使用程度高，將高度使用的空間配置在建築物高樓層的做法可能較難符合逃生通路的要求。

柱

柱子是剛性且相對纖細的結構構件，主要用來支撐施加在構件端部的軸向性壓力載重。而較為短厚的柱子受重壓力破壞的機率會高於挫屈破壞。當軸向載重的直接壓力超過材料斷面的抗壓能力，破壞就會產生。不過，偏心載重則會造成材料彎曲，並導致材料斷面出現不均等的壓力分布。

細長柱以挫屈破壞為主，而非壓壞破壞。挫屈與彎曲相反，挫屈是在到達材料的塑性極限之前，在軸向載重作用下，引發細長結構構件產生突然的側向變動或不穩定的扭轉。柱子承受挫屈載重後會出現側向變形，也無法產生足以讓構件回復原有線性狀態的內部作用力。任何額外的載重都會加重柱子的變形，直到彎曲、倒塌為止。柱子的細長比愈高，引發挫屈變化的臨界應力值就愈低。為了因應這個特性，柱子設計的基本目標就是要藉由縮短柱子發生挫屈的作用長度、或提高斷面的迴旋半徑來降低細長比。

中等長度柱子的破壞模式介於短柱和長柱之間，一部分具有重壓破壞的非彈性性質、另一部分則具有挫屈破壞的彈性性質。

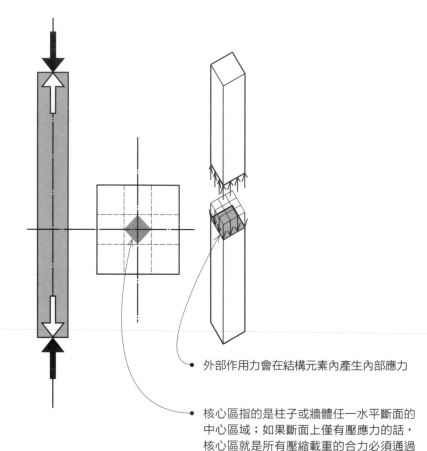

- 外部作用力會在結構元素內產生內部應力

- 核心區指的是柱子或牆體任一水平斷面的中心區域；如果斷面上僅有壓應力的話，核心區就是所有壓縮載重的合力必須通過的位置。施加在此區以外的壓縮載重都會在斷面上產生拉應力。

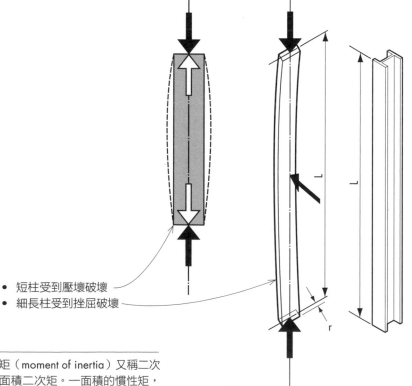

強軸
弱軸

- 短柱受到壓壞破壞
- 細長柱受到挫屈破壞

- 迴旋半徑（r）是某點到軸線的距離，軸線也就是物體質量集中的假想位置。以柱的斷面來說，迴旋半徑等於慣性矩[1]與面積相除所得商數的平方根。
- 柱子的細長比是指柱的作用長度（L）和最小迴旋半徑的比值。

- 在不對稱的柱斷面上，挫屈較容易發生在弱軸或最小尺寸的方向上。

譯注

1. 慣性矩（moment of inertia）又稱二次矩或面積二次矩。一面積的慣性矩，等於該面積中各個微小面積乘以各微小面積至轉軸距離平方的總合。

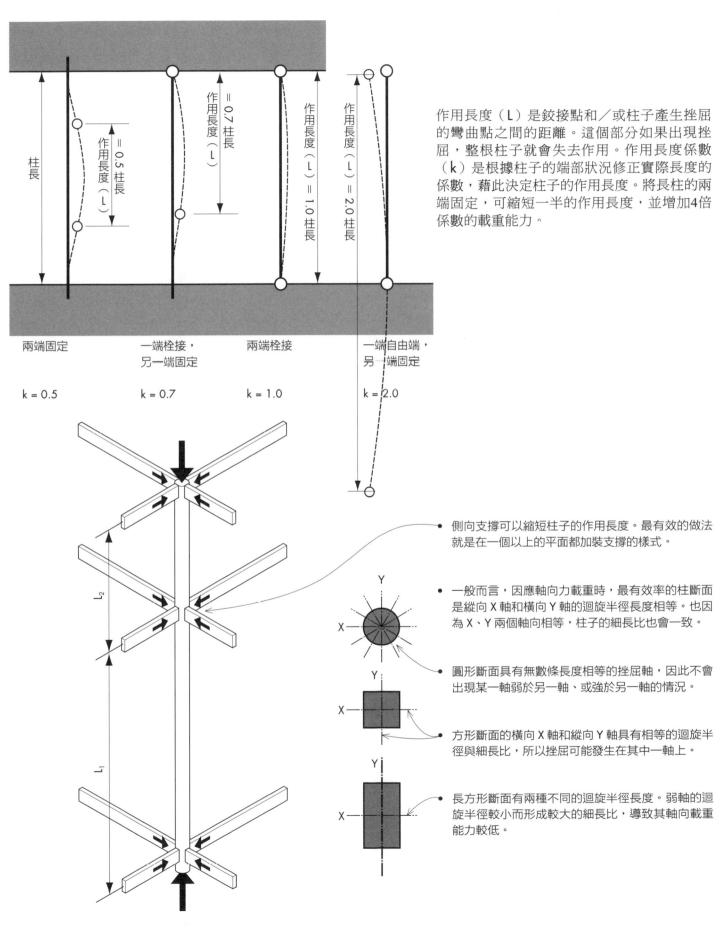

兩端固定

k = 0.5

一端栓接，
另一端固定

k = 0.7

兩端栓接

k = 1.0

一端自由端，
另一端固定

k = 2.0

柱長

＝ 0.5 柱長 作用長度（L）

＝ 0.7 柱長 作用長度（L）

作用長度（L）＝ 1.0 柱長

作用長度（L）＝ 2.0 柱長

作用長度（L）是鉸接點和／或柱子產生挫屈的彎曲點之間的距離。這個部分如果出現挫屈，整根柱子就會失去作用。作用長度係數（k）是根據柱子的端部狀況修正實際長度的係數，藉此決定柱子的作用長度。將長柱的兩端固定，可縮短一半的作用長度，並增加4倍係數的載重能力。

- 側向支撐可以縮短柱子的作用長度。最有效的做法就是在一個以上的平面都加裝支撐的樣式。

- 一般而言，因應軸向力載重時，最有效率的柱斷面是縱向 X 軸和橫向 Y 軸的迴旋半徑長度相等。也因為 X、Y 兩個軸向相等，柱子的細長比也會一致。

- 圓形斷面具有無數條長度相等的挫屈軸，因此不會出現某一軸弱於另一軸、或強於另一軸的情況。

- 方形斷面的橫向 X 軸和縱向 Y 軸具有相等的迴旋半徑與細長比，所以挫屈可能發生在其中一軸上。

- 長方形斷面有兩種不同的迴旋半徑長度。弱軸的迴旋半徑較小而形成較大的細長比，導致其軸向載重能力較低。

柱

傾斜柱

在某些情況下，柱子會設計成傾斜狀來傳遞無法排成一直線的集中載重。而傾斜柱帶來的重大影響是，因為傾斜柱承受軸向載重後的水平受力會分散到支撐樑、樓板或基腳上，因此必須將這個因素納入設計的考量。

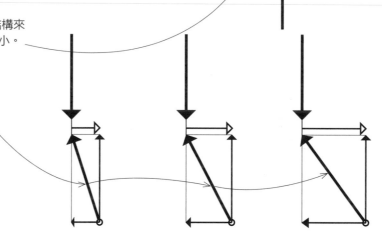

- 只要加以考量來自柱子本身自重的額外力矩、還有因為傾斜而額外產生的剪力，傾斜柱就能設計成垂直柱。
- 只有支柱的反作用垂直分力才能抵抗重力載重。
- 當垂直重力載重沿著傾斜支柱的軸向重新分配時，所產生的軸向反作用力會形成垂直分力和水平分力兩種。但因為傾斜支柱的軸向力永遠大於它的垂直分力，因此傾斜支柱的斷面尺寸必須比垂直柱的斷面尺寸來得大。

- 支柱的軸向載重也包含了水平分力，須利用結構來抵抗。支柱的傾斜度會直接影響水平分力的大小。

- 支柱愈傾斜，軸向載重的水平分力就愈大。

支柱

雖然承受重力載重的傾斜柱通常被視為支柱，但其實支柱是指可以承受壓力或拉力作用的任何傾斜構件。例如在末端部位與桁架構架的其他構件相連、用以維持結構剛性的構件，就是其中一種支柱類型。支柱失效的最主要原因是因為受到壓力而出現的彈性挫屈，但另一方面，支柱具備抵抗拉力的特性。

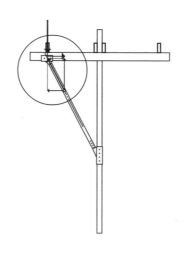

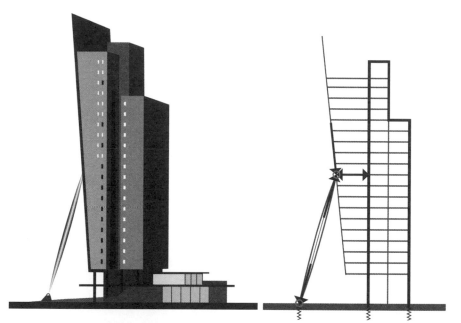

本頁的案例說明了不同尺度的傾斜柱使用情形。KPN電信公司大樓由三個部分組成 —— 中央垂直核和兩個相鄰的樓塔。當中第二高的量體傾斜了5.9°，與鄰近的伊拉斯馬斯（Erasmus）大橋的纜線角度相似。玻璃帷幕牆覆蓋這個傾斜面，再加上896盞特製燈光做為告示板使用。這棟建築物的特殊之處在於一根164英呎（50公尺）長的傾斜鋼柱，造型像一根細長的雪茄，和建築物立面的中心點連接著，以便協助樓塔對抗側向作用力與維持穩定。不過，如果傾斜柱遭受某些因素破壞，整棟建築物並不會因此倒塌。

1997 ～ 2000 年：荷蘭，鹿特丹，KPN 電信公司大樓（KPN Telecom Building），由建築師倫佐 · 皮亞諾（Renzo Paino）設計。外部概觀與剖面圖。

中央捷運公園大樓利用一根不對稱的樹狀柱子、和深度20英呎（6公尺）且跨距120英呎（36公尺）的全樓高桁架，來支撐位於四樓的大型懸臂結構。第四層樓是從屋頂結構懸吊而下，中央部分留設一處長方形開口使光線能夠照進下方的廣場區域。樹狀柱子則是由厚鋼板先預製成四個區塊，運載到現場焊接為一體，之後再注入混凝土而成。

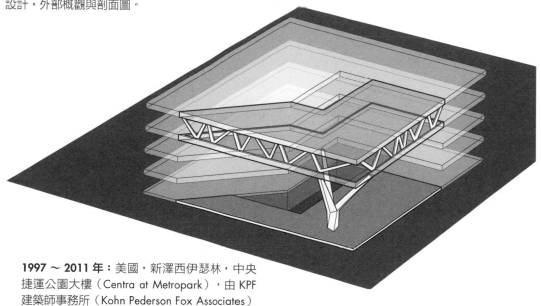

1997 ～ 2011 年：美國，新澤西伊瑟林，中央捷運公園大樓（Centra at Metropark），由 KPF 建築師事務所（Kohn Pederson Fox Associates）設計。示意圖。

安格斯·格蘭社區中心暨圖書館的屋頂則是利用橫跨整個游泳池長度的主桁架來支撐。桁架是由無對角斜撐的中空鋼管所構成的拉力拱，用以支撐集成材主樑和屋面板。傾斜柱只在末端部分輔助支撐桁架，所以空間中不會有造成實體障礙的內柱。此外，傾斜的桁架柱也被用來支撐集成材橫樑外側的末端部分。

2004 年：加拿大，安大略省馬克罕，安格斯 · 格蘭社區中心暨圖書館（Angus Glen Community Center and Library），由柏金斯＋威爾（Perkins + Will）建築師事務所設計。剖面圖。

柱

混凝土柱的設計重點是利用縱向主筋與箍筋的共同作用來抵抗應力。

箍筋用來控制縱向鋼筋的穩定性、以及加強柱子抵抗挫屈的能力。

- 箍筋的最小直徑（∅）須有 3/8 英吋（10公釐），間隔不得超過 48 倍本身的直徑、16 倍垂直筋直徑、或柱子斷面的最小尺寸。在每個角落交錯搭接的長向筋在橫向上都必須以箍筋綁紮固定，箍筋彎鉤的彎折角度不可小於 135°，而且每一根鋼筋與箍筋的淨距離都應在 6 英吋（150公釐）以內。

- 長方柱：最小寬度 8 英吋（205 公釐），最小斷面積為 96 平方英吋（61,935 平方公釐）

- 圓柱：最小直徑 10 英吋（255 公釐）

- 螺旋筋是以間隔相等且連續的螺旋組成，並以垂直隔件固定。

- 螺旋筋的最小直徑須有3/8英吋（10公釐），上螺旋中心與下螺旋中心的最大距離必須在核心直徑的1/6以內；螺旋之間的淨距離不可超過3英吋（75公釐）、也不可小於1 3/8 英吋（35公釐），或是不小於混凝土中粗骨材[1]尺寸的1 1/2倍。

- 將螺旋延長 1 1/2 圈以利端部的錨定。

譯注

1. 粗骨材（coarse aggregate）是指灌漿時摻於水泥砂漿中的粒料，簡單講就是 RC 中的小石頭，為了避免間距太密會阻撓粒料的流動。

2. 潛變（creep）是混凝土在承受持續載重的作用之下，隨著時間所產生之變形；收縮（shrinkage）是混凝土體積隨著時間而產生的變化，與載重無關，例如水分的蒸發。一般來說，潛變和收縮會相伴而生，不易區別，潛變會增加樑及板的垂直變位，並且導致預力樑的預力損失；若是承受壓力的柱子，潛變會使原本由混凝土承受的載重移轉到鋼筋之上，進而使鋼筋應力增加而提前到達降伏階段，最後出現破壞。

- 利用鋼筋錨定將柱子與支撐樑和樓板接合在一起。

- 利用混凝土的連續性、並結合鋼筋可朝柱、樑、板與樓板之外延伸的特性，做出兼具剛性和抵抗力矩功能的接合部。

縱向主筋能夠提升混凝土柱承載壓縮載重的能力，在受到橫向載重影響時抵抗張力，並且降低柱內受到潛變和收縮[2]作用的影響。

- 縱向主筋不能少於總斷面積的 1%、也不能多於總斷面積的 8%；繫柱內至少要有四根 5 號鋼筋、螺旋柱內最少要有六根 5 號鋼筋。

- 支撐點部位可能需要增加額外的箍筋。

- 鋼筋的混凝土保護層至少要 1 1/2 英吋（38公釐）。

- 搭接時必須依據鋼筋直徑來決定縱向鋼筋的重疊長度，或以套夾、弧焊對點的方式來進行縱向鋼筋端部的續接工作。

- 混凝土柱可以利用獨立基腳、基礎板、複合型基腳、或樁來支撐。

- 鋼筋錨定與垂直筋疊合的長度為 40 倍的鋼筋直徑或 24 英吋（610 公釐）；往下延伸至基腳或樁，使其深度達到錨定的適當長度。

- 澆置的混凝體如果是直接接觸到土壤並且永久外露在土壤上，覆蓋鋼筋的混凝體保護層至少須有 3 英吋（75 公釐）厚。

- 基腳分布柱子載重的區域，須確保不會超過支撐土壤的容許承載能力。

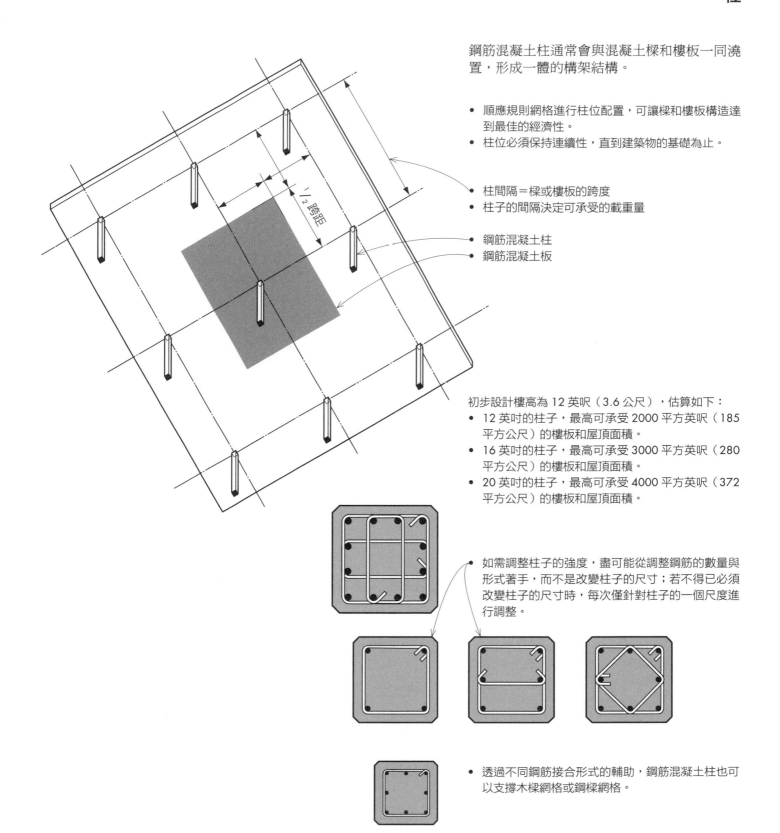

鋼筋混凝土柱通常會與混凝土樑和樓板一同澆置，形成一體的構架結構。

- 順應規則網格進行柱位配置，可讓樑和樓板構造達到最佳的經濟性。
- 柱位必須保持連續性，直到建築物的基礎為止。

- 柱間隔＝樑或樓板的跨度
- 柱子的間隔決定可承受的載重量

- 鋼筋混凝土柱
- 鋼筋混凝土板

初步設計樓高為 12 英呎（3.6 公尺），估算如下：
- 12 英吋的柱子，最高可承受 2000 平方英呎（185 平方公尺）的樓板和屋頂面積。
- 16 英吋的柱子，最高可承受 3000 平方英呎（280 平方公尺）的樓板和屋頂面積。
- 20 英吋的柱子，最高可承受 4000 平方英呎（372 平方公尺）的樓板和屋頂面積。

- 如需調整柱子的強度，盡可能從調整鋼筋的數量與形式著手，而不是改變柱子的尺寸；若不得已必須改變柱子的尺寸時，每次僅針對柱子的一個尺度進行調整。

- 透過不同鋼筋接合形式的輔助，鋼筋混凝土柱也可以支撐木樑網格或鋼樑網格。

柱

最常使用的鋼柱斷面是寬翼（W）形，這種形狀的兩個方向都很適合與樑連接，而且每一面都能施作螺栓或焊接接頭。其他可用的鋼柱形狀有圓管、方管或長方形管。柱斷面也可利用各種形狀或板材來組合製作，以符合柱子的最終使用需求。

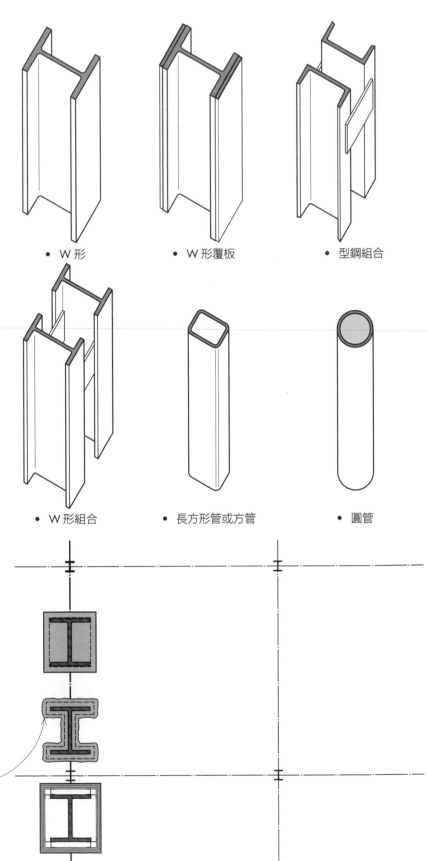

- W 形
- W 形覆板
- 型鋼組合
- W 形組合
- 長方形管或方管
- 圓管

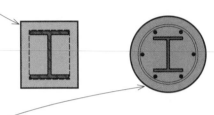

- 混合柱是將結構鋼柱以至少 2 1/2 英吋（64 公釐）厚的混凝土包覆，並以鋼絲網強化的柱類型。

- 合成柱是以混凝土包覆整段結構鋼材斷面，再以縱向鋼筋與螺旋筋強化的柱類型。

- 將柱子的腹板轉成與結構構架的短軸平行、或是沿著結構最容易受側向作用力影響的方向配置。
- 將邊柱的翼部往外轉，以便設置帷幕牆附掛在結構構架上所需的構件。

- 為了抵抗側向風力和地震引起的側向力，必須使用剪力板、對角斜撐、或是由抗力矩接頭構成的剛性構架。

- 鋼材在火災時會快速地喪失性能，因此必須使用防火構材或防火披覆。這道隔離層可能會使鋼柱的整體完成尺寸增加 8 英吋（205 公釐）。
- 在某些構造類型中，如果建築物設有自動灑水系統的保護，那結構鋼材就可以直接外露。

鋼柱的容許載重是根據其斷面面積和細長比（L/r）而定。L是指鋼柱無支撐部分的長度，以英吋為單位；r則是鋼柱斷面面積的最小迴旋半徑。

假設作用長度為12英呎（3.7公尺），估算鋼柱的準則如下：

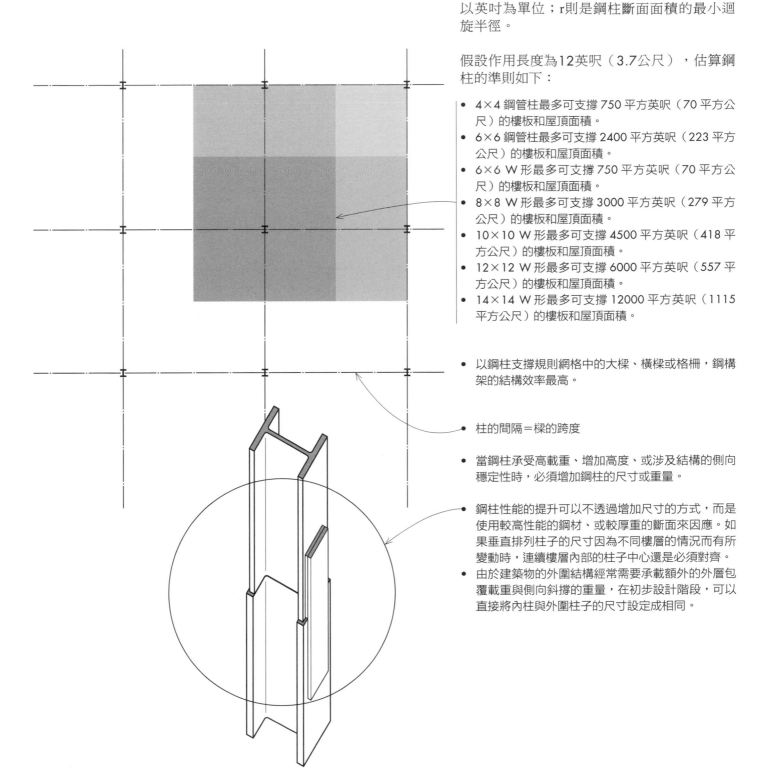

- 4×4 鋼管柱最多可支撐 750 平方英呎（70 平方公尺）的樓板和屋頂面積。
- 6×6 鋼管柱最多可支撐 2400 平方英呎（223 平方公尺）的樓板和屋頂面積。
- 6×6 W 形最多可支撐 750 平方英呎（70 平方公尺）的樓板和屋頂面積。
- 8×8 W 形最多可支撐 3000 平方英呎（279 平方公尺）的樓板和屋頂面積。
- 10×10 W 形最多可支撐 4500 平方英呎（418 平方公尺）的樓板和屋頂面積。
- 12×12 W 形最多可支撐 6000 平方英呎（557 平方公尺）的樓板和屋頂面積。
- 14×14 W 形最多可支撐 12000 平方英呎（1115 平方公尺）的樓板和屋頂面積。

- 以鋼柱支撐規則網格中的大樑、橫樑或格柵，鋼構架的結構效率最高。

- 柱的間隔＝樑的跨度

- 當鋼柱承受高載重、增加高度、或涉及結構的側向穩定性時，必須增加鋼柱的尺寸或重量。

- 鋼柱性能的提升可以不透過增加尺寸的方式，而是使用較高性能的鋼材、或較厚重的斷面來因應。如果垂直排列柱子的尺寸因為不同樓層的情況而有所變動時，連續樓層內部的柱子中心還是必須對齊。
- 由於建築物的外圍結構經常需要承載額外的外層包覆載重與側向斜撐的重量，在初步設計階段，可以直接將內柱與外圍柱子的尺寸設定成相同。

柱

木柱

木柱可以是實木材、複合材或間隔構成材。
選擇木柱必須考量以下幾點：木材種類、結
構等級、彈性模數，以及符合使用規定的容
許壓力、彎曲與剪應力值。此外，還要注意
確切的載重條件和需搭配使用的接頭類型。由
於成熟木材匱乏，導致高結構等級的實木材不
易取得，所以用膠合集成材和積層平行束狀材
（PSL）來代替大型構件尺寸和結構等級較高
的材料。

木柱與木支柱依其承受軸向壓力的方式來配
置。如果在平行木紋的方向受到壓力作用，且
最大單位應力超過材料的容許單位應力時，木
材纖維將會碎裂而使木材產生破壞。木柱的載
重能力也受到細長比的影響，細長比增加會導
致柱子出現挫屈破壞。

- 實木柱或複合柱 L/d < 50
- 間隔構成的柱單元 L/d < 80

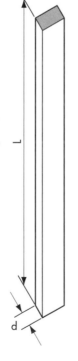

- L＝無支撐長度，以英吋為單位
- d＝受壓材的最小尺寸，以英吋
    為單位

- 實木柱必須是風乾的木材。

- 複合柱可採用膠合材或以機械固著
  的材料。膠合柱的容許壓應力比實
  木柱高；但機械固著的柱材強度並
  無法等同於同尺寸、同木材的實木
  柱。

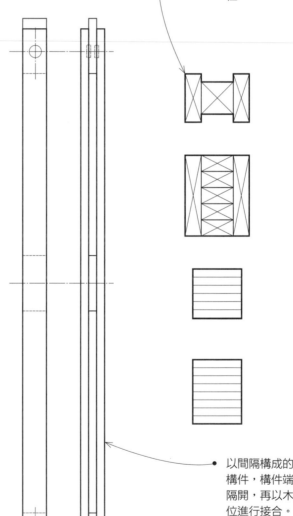

- 以間隔構成的柱子包含兩個以上的
  構件，構件端部及中間部位以木塊
  隔開，再以木接頭和螺栓在末端部
  位進行接合。

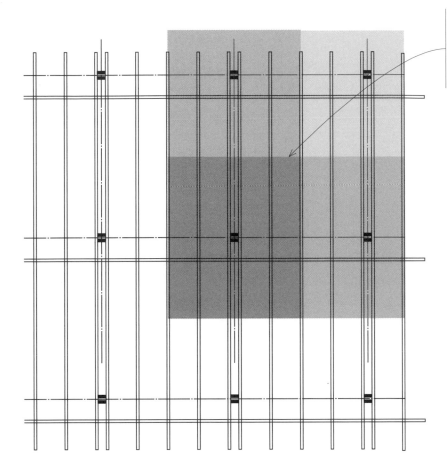

以下是針對木柱的支撐估算原則：

- 6×6 的木柱最高可以支撐 500 平方英呎（46 平方公尺）的樓板和屋頂面積。
- 8×8 的木柱最高可以支撐 1000 平方英呎（93 平方公尺）的樓板和屋頂面積。
- 10×10 的木柱最高可以支撐 2500 平方英呎（232 平方公尺）的樓板和屋頂面積。

- 一般假設木柱不受支撐的高度是 12 英呎（3.6 公尺）。
- 在支撐較大載重、增加高度、或需要抵抗側向力時，就必須增加柱子的尺寸。
- 提高木柱承重能力的方式，除了選擇較大的斷面，也可選用彈性模數較高、或是容許應力更好的樹種來因應與木紋平行的壓力。

木材接頭

當接觸面積不夠容納所需的螺栓數量，可以採用木材接頭。木材接頭是在兩個木構件表面之間傳遞剪力的金屬環、金屬板、或網柵，以單一螺栓將組合構件夾緊固定。木材接頭比單獨使用螺栓或木螺釘更有效率，因為它能擴大木材的作用面積，分配掉載重後再發展成較小的應力。

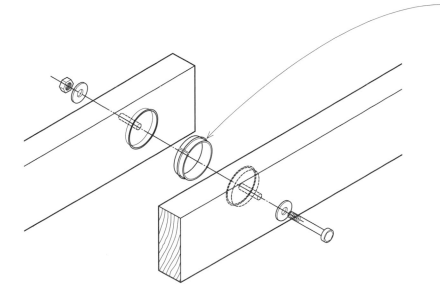

- 分離環接頭包含嵌入接合構件表面榫槽內的金屬環，使用單一螺栓來固定。分離環中的雌雄榫分離，在承受載重後產生輕微變形而使所有接觸表面均維持可承重的狀態。傾斜的斷面可以更容易將螺栓嵌入，也確保整個金屬構件完全固定在榫槽中後，形成密實的接頭。

- 可用尺寸的直徑分別有 2 1/2 英吋或 4 英吋（64 公釐及 100 公釐）。
- 2 1/2 英吋（64 公釐）的分離環需要 3 5/8 英吋（90 公釐）的最小面寬；4 英吋（100 公釐）的分離環需要 5 1/2 英吋（140 公釐）的最小面寬。
- 2 1/2 英吋（64 公釐）的分離環需使用直徑 1/2 英吋（13 公釐）的螺栓；4 英吋（100 公釐）的分離環需使用 3/4 英吋（19 公釐）的螺栓。

- 剪力板是一塊由延展鐵構成、可插入對應榫槽的圓形板，剪力板和木材表面齊平並以單一螺栓固定。一組背對背的剪力板搭配可拆式的木材—木材接頭，或者是以剪力板搭配木材—金屬接頭的做法，都能增加抵抗剪力的能力。

柱

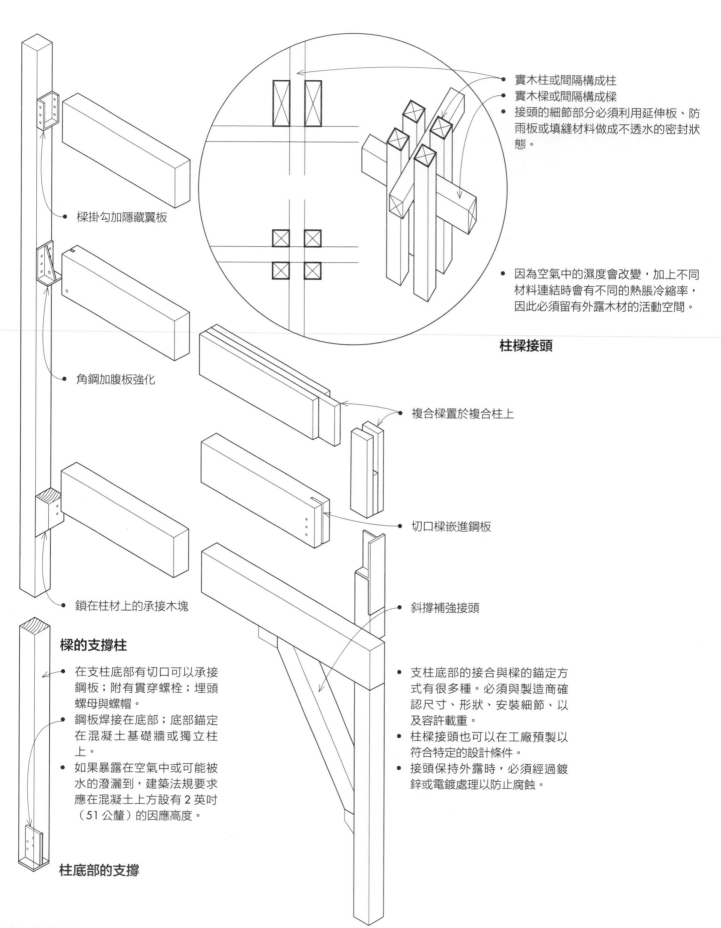

- 實木柱或間隔構成柱
- 實木樑或間隔構成樑
- 接頭的細節部分必須利用延伸板、防雨板或填縫材料做成不透水的密封狀態。

樑掛勾加隱藏翼板

- 因為空氣中的濕度會改變，加上不同材料連結時會有不同的熱脹冷縮率，因此必須留有外露木材的活動空間。

柱樑接頭

角鋼加腹板強化

複合樑置於複合柱上

切口樑嵌進鋼板

鎖在柱材上的承接木塊

斜撐補強接頭

樑的支撐柱

- 在支柱底部有切口可以承接鋼板；附有貫穿螺栓；埋頭螺母與螺帽。
- 鋼板焊接在底部；底部錨定在混凝土基礎牆或獨立柱上。
- 如果暴露在空氣中或可能被水的潑灑到，建築法規要求應在混凝土上方設有 2 英吋（51 公釐）的因應高度。

- 支柱底部的接合與樑的錨定方式有很多種。必須與製造商確認尺寸、形狀、安裝細節、以及容許載重。
- 柱樑接頭也可以在工廠預製以符合特定的設計條件。
- 接頭保持外露時，必須經過鍍鋅或電鍍處理以防止腐蝕。

柱底部的支撐

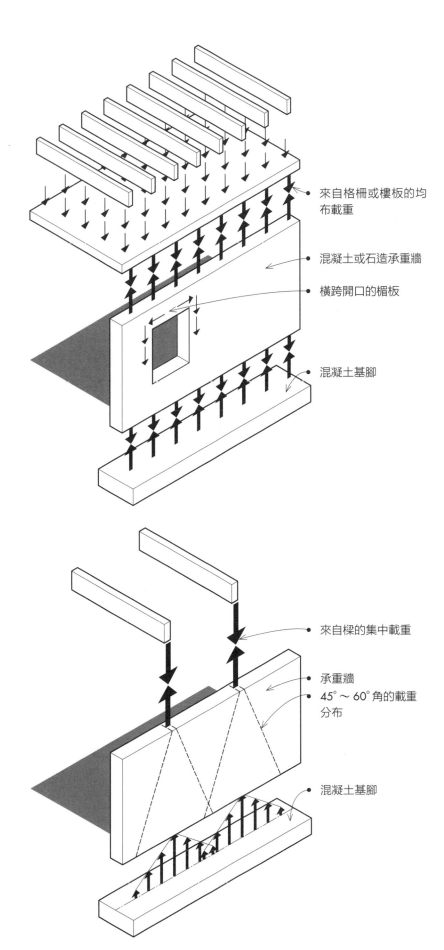

來自格柵或樓板的均布載重

混凝土或石造承重牆

橫跨開口的楣板

混凝土基腳

來自樑的集中載重

承重牆

45°～60°角的載重分布

混凝土基腳

承重牆

承重牆是指任何可以支撐載重，例如來自建築物樓板或屋頂的載重，再透過牆面將壓力傳遞至下方基礎的牆體構造。承重牆系統可由石材、場鑄混凝土、現場預鑄傾立混凝土板、或是木材或金屬立柱來構成。

承重牆必須維持樓板接著樓板的連續性，並且從屋頂到基礎之間垂直排列好。因為有此連續性，承重牆可以做為剪力牆，抵抗地震或風力在牆板平行方向上所引發的側向力。然而因為承重牆的構造比較薄，因此針對垂直牆面的側向力，無法發揮顯著的剪力抵抗能力。

除了抵抗重力載重帶來的壓壞破壞或挫屈，外部承重牆也會因水平風力載重而彎曲。這些側向作用力會先傳遞到水平向的屋頂板或樓板，再傳到與承重牆垂直的側向力抵抗構件上。

- 混凝土板和屋頂或樓板格柵會將均布載重施加在承重牆頂部，如果牆頂沒有阻撓載重傳遞路徑的開口，那均布載重就會一直傳遞到基腳頂部。

- 在輕質框架構造中，垂直載重必須透過頂樑重新導向到開口的兩側；在石構造中，利用拱或楣樑來轉換；在混凝土構造中，則是增加額外的鋼筋來因應。

- 如果承重牆所支撐的柱或樑間隔較寬，牆頂會出現集中載重。隨著牆體材料的不同，集中載重會沿著45°～60°不等的角度向下傳遞，因而導致不均勻的基腳載重，作用力的最大值會出現在載重施加位置的正下方。

- 建築法規依據建築物的所在位置、構造類型和使用類別來制定外牆的防火等級。通常符合這些要求的牆體也十分適合做為承重牆使用。

混凝土牆

混凝土牆可以在現場或工廠進行預鑄，但比較普遍的做法是在現場澆置。預鑄混凝土牆的優點是可達到高品質的混凝土完成面，還可進行預力加工。通常以混凝土牆做為最終裝修面時會採用預鑄牆板的做法。預鑄牆板特別適合用在不能承受高側向載重的低層建築上。

- 場鑄混凝土牆可做為結構中主要的垂直承重元素；也可以與鋼構架或混凝土構架結合在一起。
- 混凝土具備高度的防火性能，是封閉性空間核或管道豎井的理想材料，也可以做為剪力牆使用。

- 混凝土牆可與混凝土樓板系統一起澆置，形成如同剪力牆的效用。

- 將鋼筋混凝土牆錨定在樓板、柱、和相交的牆體上。
- 為了維持結構的連續性，須將位在角落、以及與牆體交叉處的水平鋼筋彎折起來。

- 厚度超過 10 英吋（255 公釐）的牆體須設置兩層和牆體表面平行的鋼筋。
- 在特殊的載重條件下，調整所需的鋼筋數量和位置會比變更牆體厚度更為適當。

- 如果混凝土不接觸土壤或不暴露在空氣中，包覆鋼筋的混凝土保護層最小厚度為 3/4 英吋（19 公釐）。
- 如果混凝土接觸土壤或暴露在空氣中，保護層的最小厚度為 1 1/2 英吋（38 公釐）；6 號以上鋼筋的最小保護層厚度為 2 英吋（51 公釐）。

- 混凝土牆通常設置在連續的帶狀基腳上。
- 利用相互彎折交叉的彎鉤將牆體和基腳繫結在一起。

- 必須沿著門窗開口的邊緣和角落進行補強。

- 鋼筋上方最少須 6 英吋（150 公釐）。
- 當混凝土澆灌進土壤並且永久接觸土壤，包覆鋼筋的混凝土保護層厚度最少須 3 英吋（75 公釐）。

除去複層建築的某些可能特例，鋼筋混凝土牆的承重能力通常不是決定牆體厚度的關鍵因素。混凝土牆的垂直向和長向都必須以規則的間距進行側向支撐。貫穿牆體的樓板或屋頂板可以穩定混凝土牆的高度，垂直向的牆體或壁柱則可以穩定混凝土牆的長度。

牆體最小厚度：
- 承重牆的最小厚度是 6 英吋（150 公釐）、或是在強化元素之間無支撐部位的高度或長度的 1/25。
- 非承重牆的最小厚度是 4 英吋（100 公釐）、或是無支撐部位高度或長度的 1/36。
- 地下室、基礎、防火牆、或共同壁的最小厚度是 8 英吋（205 公釐）

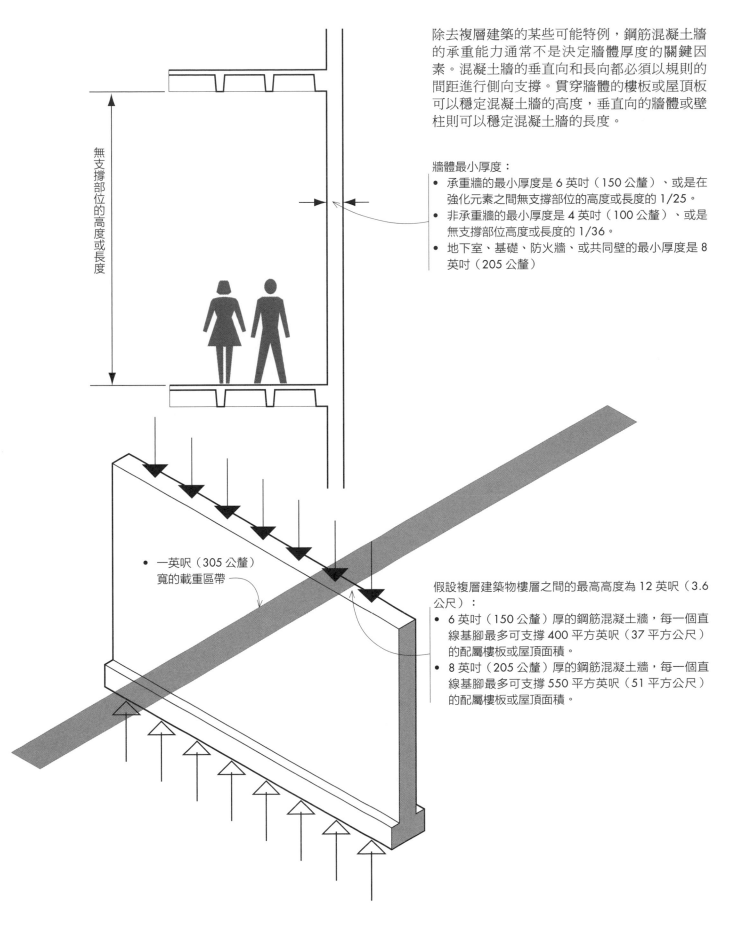

無支撐部位的高度或長度

- 一英呎（305 公釐）寬的載重區帶

假設複層建築物樓層之間的最高高度為 12 英呎（3.6 公尺）：
- 6 英吋（150 公釐）厚的鋼筋混凝土牆，每一個直線基腳最多可支撐 400 平方英呎（37 平方公尺）的配屬樓板或屋頂面積。
- 8 英吋（205 公釐）厚的鋼筋混凝土牆，每一個直線基腳最多可支撐 550 平方英呎（51 平方公尺）的配屬樓板或屋頂面積。

石牆

石構造是指由各種天然材料或製成品，例如石材、磚、或混凝土塊構成，通常以砂漿為黏合劑將上述材料砌疊成具有耐久性、防火性、在結構上能有效承受壓力的牆體。最普遍的結構石材單元是預鑄混凝土空心磚（CMU）或混凝土塊。因為混凝土塊的製作比較經濟而且容易加固，常被用來取代承重牆中的耐火磚與耐火磁磚。磚與粘土瓷磚的外觀主要做為建築物的最終完成面，通常用於輕構架或混凝土塊承重牆構造的外層。

石造承重牆可做成實牆、空心牆或外飾牆。雖然這些牆體在砌疊時無須加入鋼筋，不過位於地震帶的石造承重牆必須施以強化支撐，在加厚的接頭中埋入鋼筋、或在空心部分用水泥、骨材和水組成的水泥砂漿來封填，以提高垂直載重、和抵抗挫屈與側向作用力的能力。鋼筋、灌漿和石材單元之間也需有非常堅固的連結。

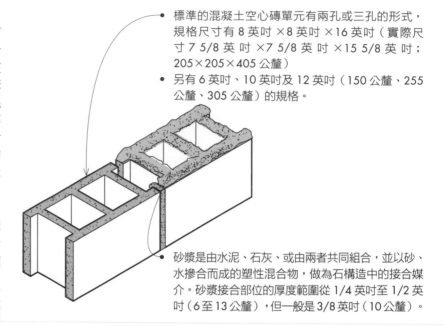

- 標準的混凝土空心磚單元有兩孔或三孔的形式，規格尺寸有 8 英吋 ×8 英吋 ×16 英吋（實際尺寸 7 5/8 英吋 ×7 5/8 英吋 ×15 5/8 英吋；205×205×405 公釐）
- 另有 6 英吋、10 英吋及 12 英吋（150 公釐、255 公釐、305 公釐）的規格。

- 砂漿是由水泥、石灰、或由兩者共同組合，並以砂、水摻合而成的塑性混合物，做為石構造中的接合媒介。砂漿接合部位的厚度範圍從 1/4 英吋至 1/2 英吋（6 至 13 公釐），但一般是 3/8 英吋（10 公釐）。

- 外側石造牆須具備抵抗天候變化和控制熱流的能力。
- 必須利用構件接頭、空隙、防雨板和填縫等做法來控制水氣入侵壁體。
- 空心牆抑制水氣進入室內的能力較好，也具備良好的隔熱效果。

- 最小規格厚度應設計為 8 吋（205 公釐）的牆體包含：
  石造承重牆
  石造剪力牆
  石造女兒牆

- 以鋼筋補強石造承重牆的最小規格厚度是 6 英吋（150 公釐）；石造牆用於抵抗側向載重時的限高為 35 英呎（10 公尺）。

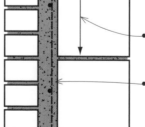

- 模組尺寸

- 利用灌漿施作石造牆時，灌漿必須將所有內部接合處和空心部分完全填封。因為波特蘭水泥砂漿不受其他固體材料阻礙而能自由流動，因此可以將所有接合材料固化成一個實體。

- 水平向接合鋼筋
- 鋼材補強材
- 鋼筋向下延續至鋼筋混凝土基腳。

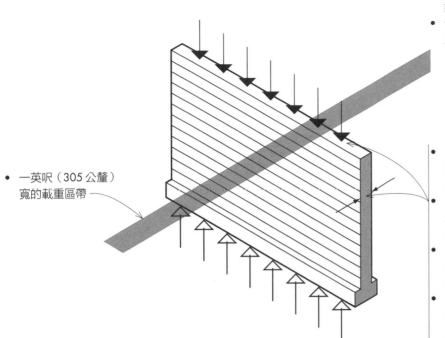

- 石造承重牆通常會以平行方式進行配置，用來支撐鋼構、木構或混凝土跨距系統。
- 普遍的跨距元素包含空腹鋼格柵、木樑或鋼樑，以及場鑄或預鑄的混凝土板。

- 8 英吋（205 公釐）厚的混凝土空心磚牆，直線距離每英呎最高可以支撐 250 平方英呎（23 平方公尺）的配屬樓板或屋頂區域。
- 10 英吋（255 公釐）厚的混凝土空心磚牆，直線距離每英呎最高可以支撐 350 平方英呎（32 平方公尺）的配屬樓板或屋頂區域。
- 12 英吋（305 公釐）厚的混凝土空心磚牆，直線距離每英呎最高可以支撐 450 平方英呎（40 平方公尺）的配屬樓板或屋頂區域。
- 16 英吋（405 公釐）厚的混凝土空心磚牆，直線距離每英呎最高可以支撐 650 平方英呎（60 平方公尺）的配屬樓板或屋頂區域。

- 一英呎（305 公釐）寬的載重區帶

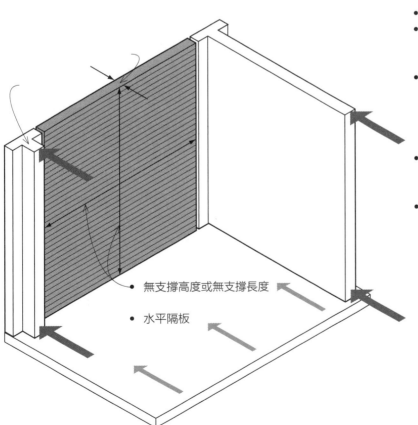

- 石造承重牆的水平向與垂直必須進行側向支撐。
- 側向支撐可以利用交叉的牆體、壁柱或水平走向的結構構架來施作；垂直面的支撐則可以利用樓板或屋頂隔板來輔助。
- 壁柱不僅可以強化石造承重牆的穩定度，使牆體能抵抗側向作用力和挫屈，也可以做為大型集中載重的支撐。

- 經灌漿完全填實的承重牆，其無支撐高度或無支撐長度可達厚度的 20 倍，其他石造承重牆的無支撐高度或無支撐長度最高則為厚度的 18 倍。
- 由於溫度、濕度的變化、或應力集中的情形不同，石造牆體會出現不同樣態的變化，因此必須採用具有伸縮性和可控制性的接頭形式。

- 無支撐高度或無支撐長度

- 水平隔板

牆

立柱框架牆

輕質框架牆是由輕薄型金屬或木立柱構成，依據所需的牆高、以及一般皮層和表面材料的尺寸和跨距能力，以中心距離12、16或24英吋（305、405或610公釐）的間隔進行配置。由於輕質框架構造具有構件輕量、易於組裝的優點，通常被做為低層結構的承重牆。這種系統特別適合不規則形式或不規則配置的建築物使用。

輕薄型金屬立柱以鋼板或條鋼冷軋製成。冷軋金屬立柱易於切割且能以簡單工具組裝成具有輕量、不燃性和防潮優點的牆體結構。金屬立柱牆可以做為非承重隔間、或支撐輕薄鋼格柵的承重牆。有別於木構造輕框架，金屬輕框架也可用於製作不燃性構造的隔間。不過，木造和鋼構輕框架牆組的防火性能基本上都取決於表面材料的防火性能。

當上方載重均勻分布，金屬與木立柱牆兩者都是均質牆面的理想材料。在立柱框架牆中，立柱用來承受垂直向和水平向的彎曲載重，面材則用來強化牆板、並且在各立柱間分配水平及垂直載重。任何牆面框架上的開口都須透過頂樑將載重重新引導至開口的兩側。來自楣板的集中載重由類似柱子功能的立柱組合來支撐。

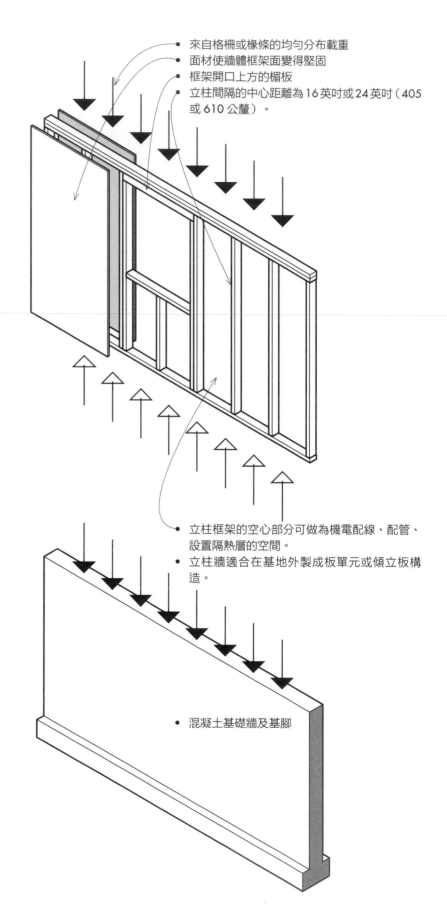

- 來自格柵或椽條的均勻分布載重
- 面材使牆體框架面變得堅固
- 框架開口上方的楣板
- 立柱間隔的中心距離為16英吋或24英吋（405或610公釐）。

- 立柱框架的空心部分可做為機電配線、配管、設置隔熱層的空間。
- 立柱牆適合在基地外製成板單元或傾立板構造。

- 混凝土基礎牆及基腳

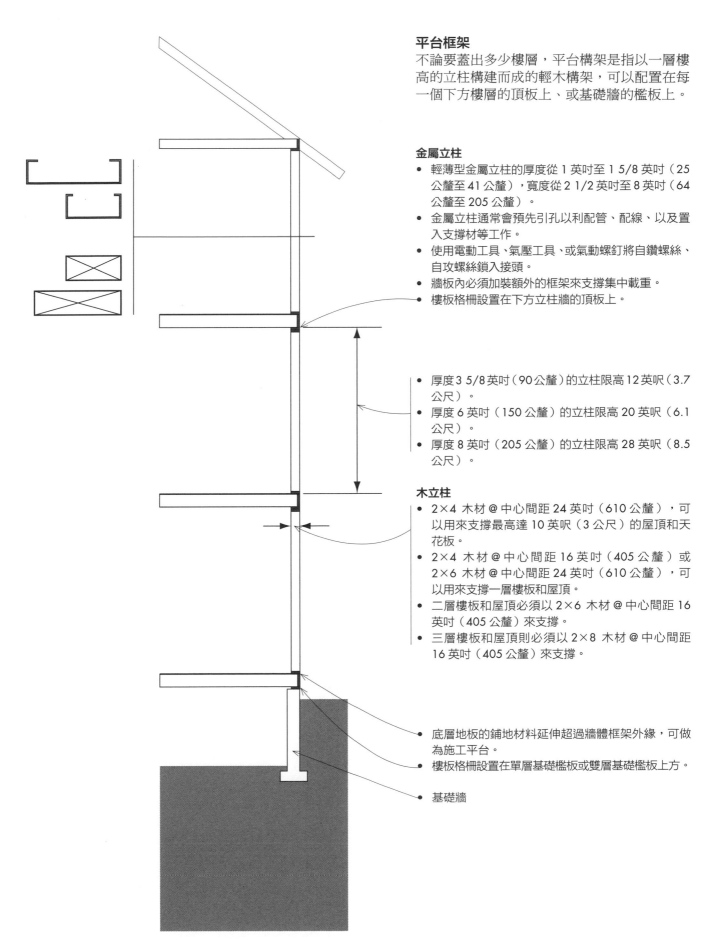

平台框架

不論要蓋出多少樓層，平台構架是指以一層樓高的立柱構建而成的輕木構架，可以配置在每一個下方樓層的頂板上、或基礎牆的檻板上。

金屬立柱

- 輕薄型金屬立柱的厚度從 1 英吋至 1 5/8 英吋（25 公釐至 41 公釐），寬度從 2 1/2 英吋至 8 英吋（64 公釐至 205 公釐）。
- 金屬立柱通常會預先引孔以利配管、配線、以及置入支撐材等工作。
- 使用電動工具、氣壓工具、或氣動螺釘將自鑽螺絲、自攻螺絲鎖入接頭。
- 牆板內必須加裝額外的框架來支撐集中載重。
- 樓板格柵設置在下方立柱牆的頂板上。

- 厚度 3 5/8 英吋（90 公釐）的立柱限高 12 英呎（3.7 公尺）。
- 厚度 6 英吋（150 公釐）的立柱限高 20 英呎（6.1 公尺）。
- 厚度 8 英吋（205 公釐）的立柱限高 28 英呎（8.5 公尺）。

木立柱

- 2×4 木材 @ 中心間距 24 英吋（610 公釐），可以用來支撐最高達 10 英呎（3 公尺）的屋頂和天花板。
- 2×4 木材 @ 中心間距 16 英吋（405 公釐）或 2×6 木材 @ 中心間距 24 英吋（610 公釐），可以用來支撐一層樓板和屋頂。
- 二層樓板和屋頂必須以 2×6 木材 @ 中心間距 16 英吋（405 公釐）來支撐。
- 三層樓板和屋頂則必須以 2×8 木材 @ 中心間距 16 英吋（405 公釐）來支撐。

- 底層地板的鋪地材料延伸超過牆體框架外緣，可做為施工平台。
- 樓板格柵設置在單層基礎檻板或雙層基礎檻板上方。

- 基礎牆

牆

帷幕牆

帷幕牆是指完全由建築物的鋼構或混凝土結構構架所支撐的外牆，除了本身的自重和側向載重之外，不承受其他載重。也就是說，帷幕牆無法為建築物的結構穩定性提供任何輔助。

帷幕牆可以使用金屬構架來支撐透明玻璃或不透明玻璃單元、或以預鑄混凝土、石片、石材、金屬等材質組成的膠合薄板。牆體單元的高度可達一層、兩層或三層樓高；不論預先安裝玻璃再組裝、或是先完成組裝再安裝玻璃都可行。板系統如果在工廠組裝較便於控管，搭建速度也很快，只是運送和後續處理起來會比較笨重。

帷幕牆的構造系統理論上看似簡單，但實際上卻很複雜，需要經過仔細地研發、測試與組裝。整個過程都需要建築師、結構工程師、包商和經驗豐富的帷幕牆製造商彼此密切合作。

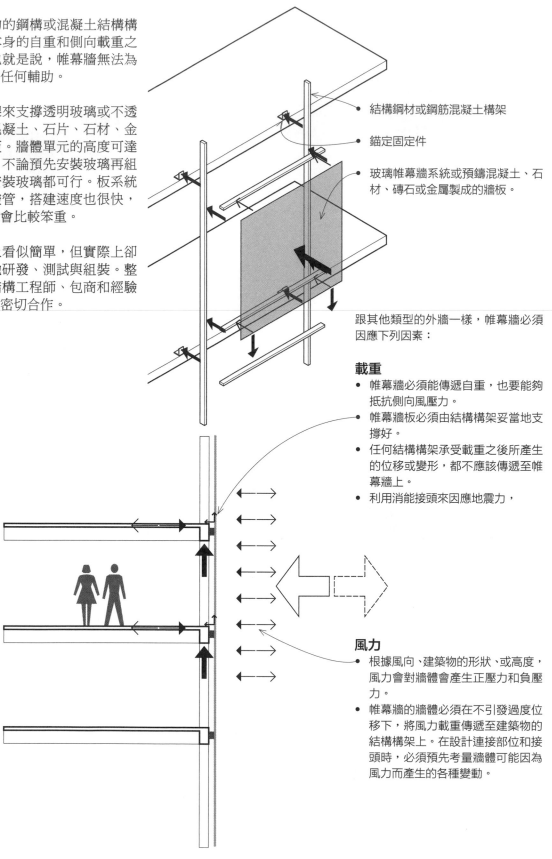

結構鋼材或鋼筋混凝土構架

錨定固定件

玻璃帷幕牆系統或預鑄混凝土、石材、磚石或金屬製成的牆板。

跟其他類型的外牆一樣，帷幕牆必須因應下列因素：

載重
- 帷幕牆必須能傳遞自重，也要能夠抵抗側向風壓力。
- 帷幕牆板必須由結構構架妥當地支撐好。
- 任何結構構架承受載重之後所產生的位移或變形，都不應該傳遞至帷幕牆上。
- 利用消能接頭來因應地震力，

風力
- 根據風向、建築物的形狀、或高度，風力會對牆體會產生正壓力和負壓力。
- 帷幕牆的牆體必須在不引發過度位移下，將風力載重傳遞至建築物的結構構架上。在設計連接部位和接頭時，必須預先考量牆體可能因為風力而產生的各種變動。

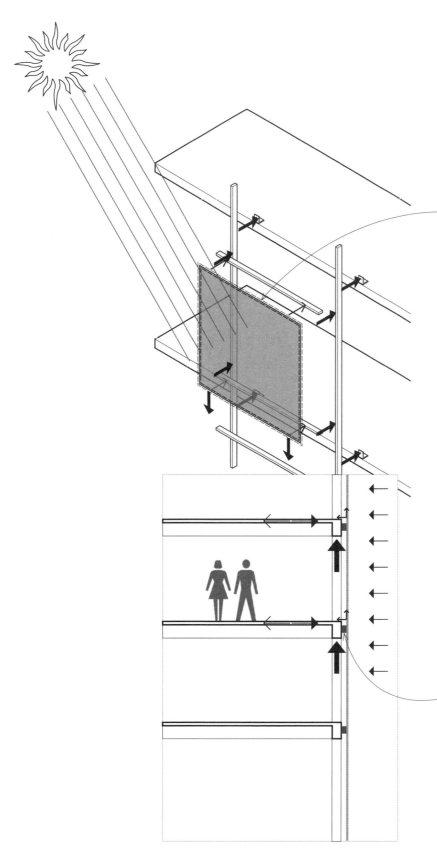

日照

- 帷幕牆應利用遮陽設施，或是使用反射玻璃或有色玻璃控制亮度與炫光。
- 紫外線會導致接頭和上釉材料劣化，也會讓室內家具褪色。

溫度

- 日常和季節性的溫度變化都會造成牆體組件材料膨脹和收縮，尤其以金屬材料的變化程度特別劇烈。因此必須預留空間以因應不同材料之間因熱脹冷縮所引起的不同變動情形。
- 接頭和密封劑必須承受材料受到溫度變化而產生的變動。
- 利用隔熱玻璃、不透光隔熱板、配合金屬構架內的阻熱材來抑制熱流穿透玻璃帷幕牆。
- 若有需要，可在牆體單元上加裝隔熱用的外飾板，例如將隔熱材料黏貼在牆體背面、或是現場將隔熱材料施作在背牆上。

水

- 雨水會蓄積在牆體表面，並且在風壓作用下穿過最微小的牆體開口。
- 凝聚在牆面的水氣必須向外排除。
- 等壓設計原則是設計帷幕牆細節的關鍵，特別是當高大型建築物的內外氣壓出現差異，雨水會穿過帷幕牆接合部的細小孔隙進入室內。

火

- 有時候因為安全考量，必須在每一樓層的柱板、牆板和樓板邊緣之間、或上下層樓的窗間牆面上使用不燃材料，以防止火災的延燒。。
- 建築法規針對結構構架和帷幕牆板制定了防火規範。

牆

帷幕牆組件必須與橫跨柱子的水平構件、或是跨越兩層樓板的垂直構件整合在一起。當水平構件能夠橫跨在柱子與柱子之間，由結構構架的柱位間隔所決定的跨度通常會大於樓層之間的高度，因此，帷幕牆系統通常都是垂直跨越在樓層之間，懸吊在窗間鋼樑或混凝土樑上、或是吊掛在懸挑混凝土樓板的邊緣上。

帷幕牆組件的主要跨距構件可能是鋁擠型、較小的型鋼、角材或輕薄型金屬框架。利用跨距構件形成強力的背支撐，將帷幕牆視為板狀單元來運用。

如有特別需要，在主要跨距構件的垂直向加上第二層構架，可以將帷幕牆的模組分割成較小的單元，以便施作各種設施，例如不透光板、隔熱板、通風窗口、百葉窗、或其他遮陽設施等。

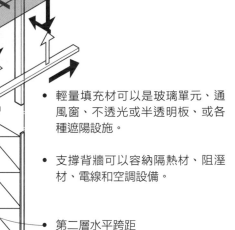

結構豎框的垂直跨距

- 窗間鋼樑或混凝土樑

- 結構豎框的主要垂直跨距
- 結構豎框將帷幕牆板上的風力載重傳遞至建築物的結構構架上
- 不論結構豎框是鋁擠型斷面或結構型鋼的形式，都是從窗間樑上吊掛而下、或是由窗間樑或混凝土樓板邊緣所支撐。

- 輕量填充材可以是玻璃單元、通風窗、不透光或半透明板、或各種遮陽設施。

- 支撐背牆可以容納隔熱材、阻溼材、電線和空調設備。

- 第二層水平跨距

- 當玻璃帷幕牆系統的垂直跨距提高到結構豎框尺寸的極限，例如大型門廳空間的情形，即可採用三維度桁架來輔助。

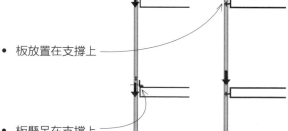

- 板放置在支撐上

- 板懸吊在支撐上

許多金屬裝置都能將帷幕牆牢固地附掛在建築物的結構構架上。其中一些是能夠抵抗來自各個方向載重的固定型接頭；也有只用來抵抗側向風力載重的裝置。這些接頭基本上都可以在三個維度上做調整，不但能夠處理帷幕牆單元和結構框架之間的尺寸差異，也能容納結構構架的受力變形、或帷幕牆因為溫度改變的熱應力造成的移動。

填縫板和設有調整孔洞的角料可在某一方向上進行調整；角料與板材組成的複合構件則可以進行三維度的調整。如果需要將固定接合部位固定，那在最終調整工作完成後，就可以將接合部位焊接在一起。

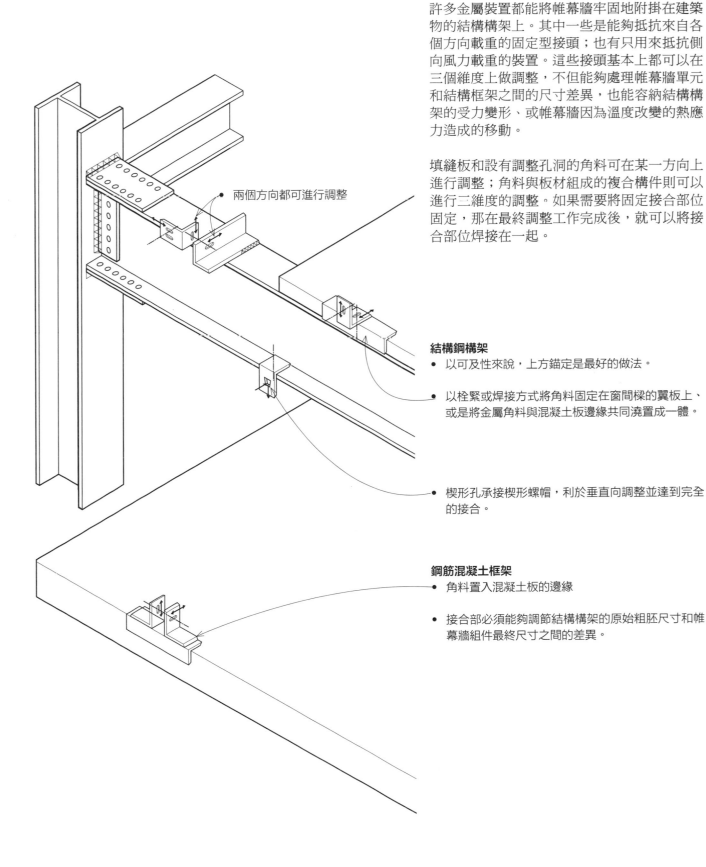

兩個方向都可進行調整

結構鋼構架

• 以可及性來說，上方錨定是最好的做法。

• 以栓緊或焊接方式將角料固定在窗間樑的翼板上、或是將金屬角料與混凝土板邊緣共同澆置成一體。

• 楔形孔承接楔形螺帽，利於垂直向調整並達到完全的接合。

鋼筋混凝土框架

• 角料置入混凝土板的邊緣

• 接合部必須能夠調節結構構架的原始粗胚尺寸和帷幕牆組件最終尺寸之間的差異。

帷幕牆與結構構架的關係

如果不考慮在建築物構造中帷幕牆遮蔽天候的結構功能，帷幕牆的設計會立即面對一個重要問題──決定帷幕牆和結構構架的位置關係。

帷幕牆組件和建築物結構構架的關係有以下三種主要的情形：
- 帷幕牆在結構構架面後方
- 與結構構架共面的帷幕牆
- 帷幕牆在結構構架面前方

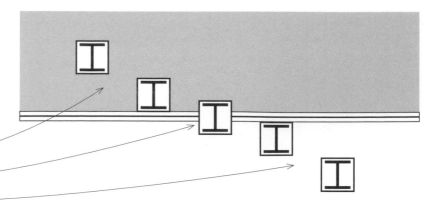

帷幕牆在結構構架前方

最普遍的做法是將帷幕牆組件裝在結構構架的前面。帷幕牆面和建築物結構呈現這種關係時，外部包覆的設計要不是強調結構構架的網格，就是呈現柱與樑或樓板的樣式對位關係。

- 帷幕牆上沒有任何結構開口，因此能形成連續性的天候屏障。

- 雖然外部帷幕牆受熱產生移動的積累影響比較大，但因為帷幕牆不受結構構架的限制，處理起來也比較容易。

- 柱子結構的深度可以做為舖設縱向服務管線的空間。

- 暴露在建築物內部的結構鋼構件，必須使用防火配件或施作防火披覆層。

- 柱子和對角斜撐會在建築物的內部空間中外露出來。

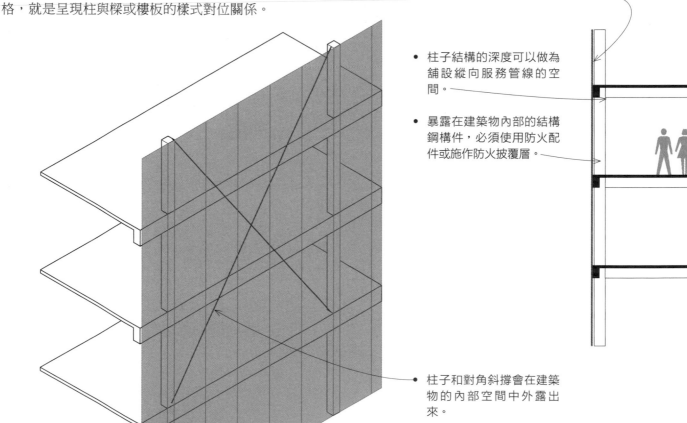

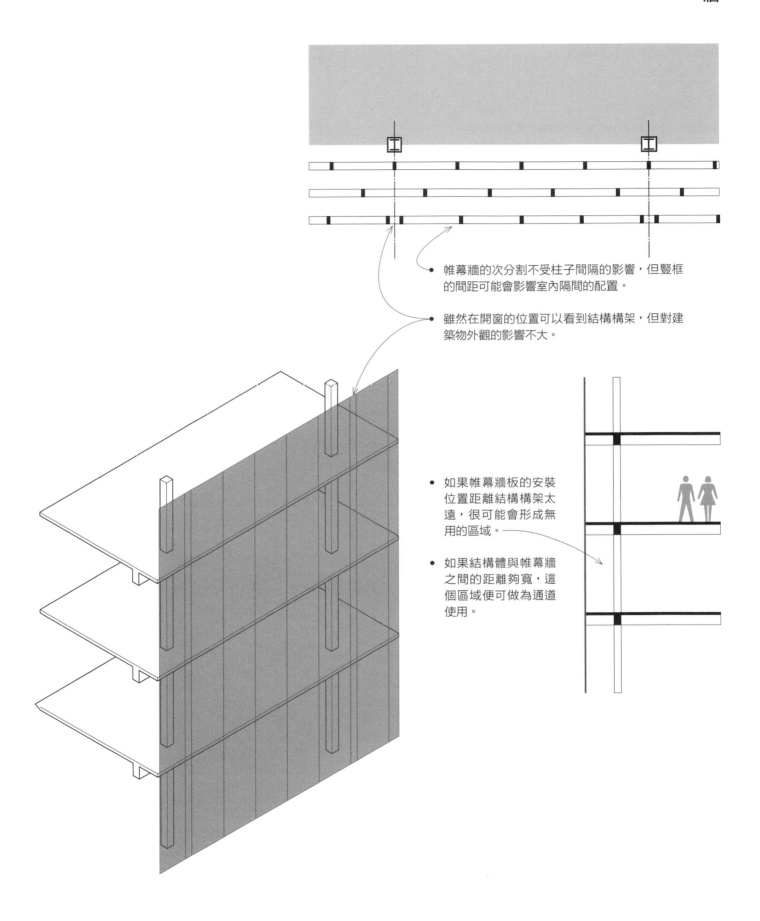

帷幕牆的次分割不受柱子間隔的影響，但豎框的間距可能會影響室內隔間的配置。

雖然在開窗的位置可以看到結構構架，但對建築物外觀的影響不大。

- 如果帷幕牆板的安裝位置距離結構構架太遠，很可能會形成無用的區域。

- 如果結構體與帷幕牆之間的距離夠寬，這個區域便可做為通道使用。

牆

與結構構架共面的帷幕牆

將帷幕牆板或組件裝設在結構構架的表面時，柱樑構架的尺度、比例和視覺量感也會因此表現在建築物的立面上。

- 外露的樑、柱或樓板邊緣可能需採用包含隔熱層的耐候包覆材。

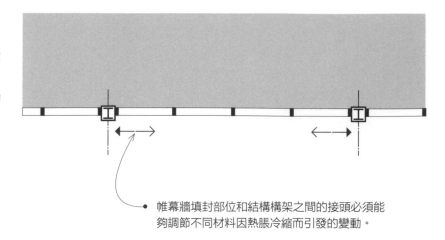

- 帷幕牆填封部位和結構構架之間的接頭必須能夠調節不同材料因熱脹冷縮而引發的變動。

- 結構構架承受載重後所產生的任何偏移或變形都不會傳遞到帷幕牆組件上。

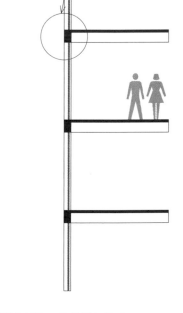

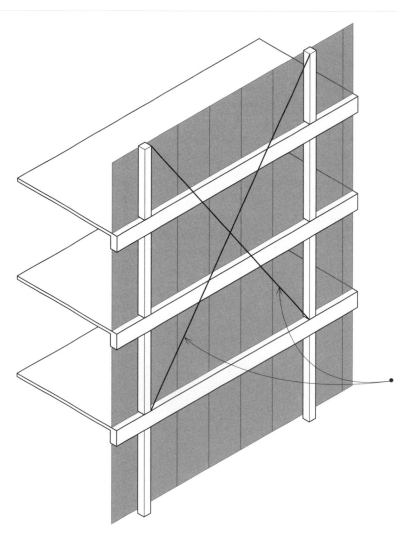

- 如果結構構架以斜撐進行補強，除非構架深度足以讓斜撐構件跨過帷幕牆組件，否則應該避免這種構架和帷幕牆共面的做法。和構架共面的斜撐構件因為形狀和接合方式特殊，會讓整體構造變得更加複雜。

帷幕牆在結構構架後方

如果帷幕牆裝設在結構構架後方,結構構架的設計就成為外部立面的主要特色。

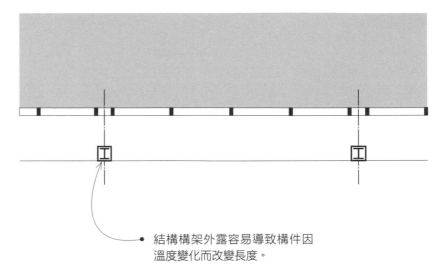

結構構架外露容易導致構件因溫度變化而改變長度。

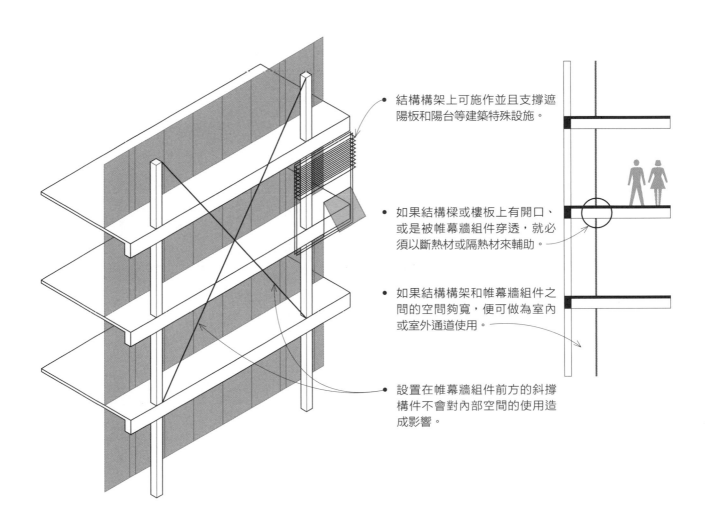

結構構架上可施作並且支撐遮陽板和陽台等建築特殊設施。

如果結構樑或樓板上有開口、或是被帷幕牆組件穿透,就必須以斷熱材或隔熱材來輔助。

如果結構構架和帷幕牆組件之間的空間夠寬,便可做為室內或室外通道使用。

設置在帷幕牆組件前方的斜撐構件不會對內部空間的使用造成影響。

結構玻璃立面

帷幕牆和結構玻璃立面相似，不過兩者在支撐
方式上有所不同。帷幕牆通常跨越在樓板與樓
板之間、貼附在建築物的主要結構上，並以建
築物的結構為主要支撐。其中，鋁擠型構件通
常會做為牆體構架中一部分，可固定玻璃、複
合金屬、石材、或陶瓦等板材類型。

數十年前誕生的結構玻璃立面是一種能讓建築
物呈現極度穿透性的手法。結構玻璃立面整合
了結構和包覆材，而且可應用在長跨度的需求
上。支撐玻璃的結構系統會呈現外露，和建築
物的主結構清楚地區隔開來。通常結構玻璃立
面是根據在背後支撐的結構特性來分類。

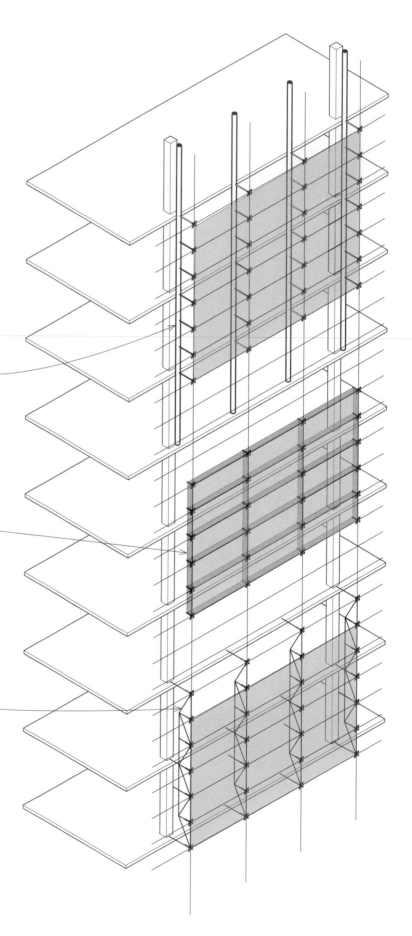

- 背撐骨架系統：這種系統的結構斷面必須依照跨距
  的需求採用垂直和（或）水平構件來構成支撐骨架。
  有時候，不管直線或曲線的水平樑都會用上方繩索
  懸吊而下，再將樑端錨定在建築物結構上。

- 玻璃翼板系統：以玻璃翼板支撐的立面可以回溯至
  1950 年代，這是一種除了使用五金和接合板，不
  仰賴其他金屬支撐結構的特殊玻璃科技。玻璃翼板
  和玻璃立面垂直以提供側向支撐，也表現出一種類
  似背撐（定位板）結構構件的手法。在近年的技術
  發展中，也開始採用多層薄板熱處理玻璃樑做為主
  要的結構元素。

- 平面桁架系統：構成方式和類型多樣化的平面桁
  架可用來支撐玻璃立面。其中最普遍的是和玻璃板
  面垂直的垂直桁架。桁架通常有特定的間距配置規
  則，一般會沿著建築物的網格線或網格模組的次分
  割間隔來配置。雖然桁架通常不是和立面垂直、就
  是和面板形成線性關係，但它也能根據面板的曲線
  幾何凹入或凸出。桁架可以設置在立面的外側或內
  側。桁架系統也很常加裝斜撐支撐，引發對角張力
  以達到側向穩定性。

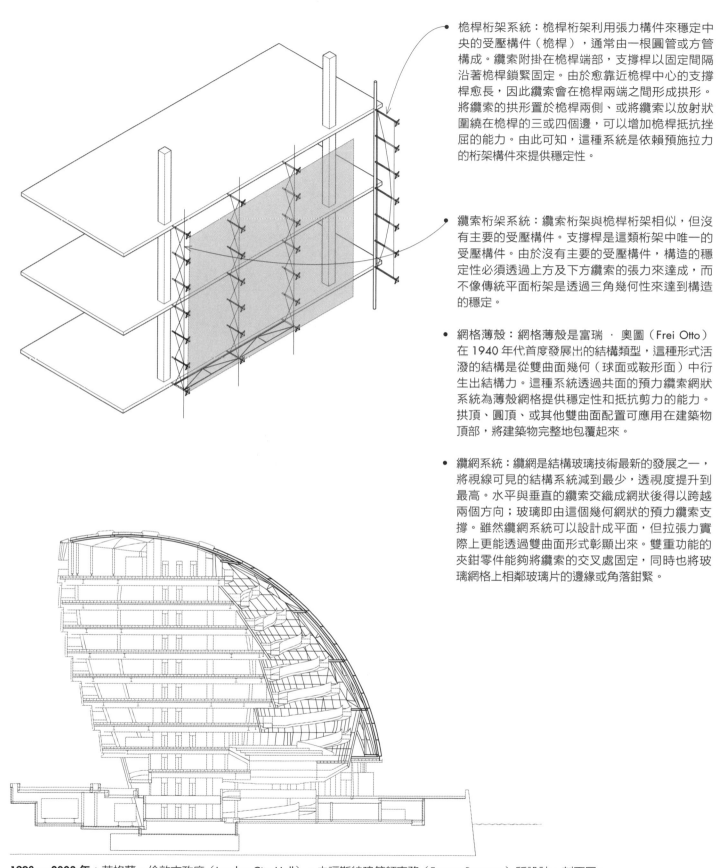

● 桅桿桁架系統：桅桿桁架利用張力構件來穩定中央的受壓構件（桅桿），通常由一根圓管或方管構成。纜索附掛在桅桿端部，支撐桿以固定間隔沿著桅桿鎖緊固定。由於愈靠近桅桿中心的支撐桿愈長，因此纜索會在桅桿兩端之間形成拱形。將纜索的拱形置於桅桿兩側、或將纜索以放射狀圍繞在桅桿的三或四個邊，可以增加桅桿抵抗挫屈的能力。由此可知，這種系統是依賴預施拉力的桁架構件來提供穩定性。

● 纜索桁架系統：纜索桁架與桅桿桁架相似，但沒有主要的受壓構件。支撐桿是這類桁架中唯一的受壓構件。由於沒有主要的受壓構件，構造的穩定性必須透過上方及下方纜索的張力來達成，而不像傳統平面桁架是透過三角幾何性來達到構造的穩定。

● 網格薄殼：網格薄殼是富瑞・奧圖（Frei Otto）在 1940 年代首度發展出的結構類型，這種形式活潑的結構是從雙曲面幾何（球面或鞍形面）中衍生出結構力。這種系統透過共面的預力纜索網狀系統為薄殼網格提供穩定性和抵抗剪力的能力。拱頂、圓頂、或其他雙曲面配置可應用在建築物頂部，將建築物完整地包覆起來。

● 纜網系統：纜網是結構玻璃技術最新的發展之一，將視線可見的結構系統減到最少，透視度提升到最高。水平與垂直的纜索交織成網狀後得以跨越兩個方向；玻璃即由這個幾何網狀的預力纜索支撐。雖然纜網系統可以設計成平面，但拉張力實際上更能透過雙曲面形式彰顯出來。雙重功能的夾鉗零件能夠將纜索的交叉處固定，同時也將玻璃網格上相鄰玻璃片的邊緣或角落鉗緊。

1998 ～ 2003 年：英格蘭，倫敦市政廳（London City Hall），由福斯特建築師事務（Foster+Partners）所設計。剖面圖。

斜肋構架

斜肋構架是指以特殊的接頭連接交叉構件而成
的斜角網格,在建築物表面形成能夠抵抗側向
作用力和重力載重的一體網狀系統。這種外部
骨骼構架不但能減少內部支撐的數量,還能省
下空間和建築材料,同時也增加室內配置的彈
性。水平環件能將所有三角構件繫結成三維度
框架,協助外部骨骼框抵抗挫屈。

- 斜肋構架兩兩一組,以分離式的構件拼接起來,形
  成連續性的剛性外殼結構,利用這樣的構造能夠抵
  抗任何方向的載重。

- 每一根斜向構材都可視為將載重傳遞至地面的連續
  路徑,以這些可能的傳遞路徑就形成高度的冗餘。

- 斜肋構架和其應用在穩定高層結構的相關討論詳見
  第 297 ～ 301 頁。

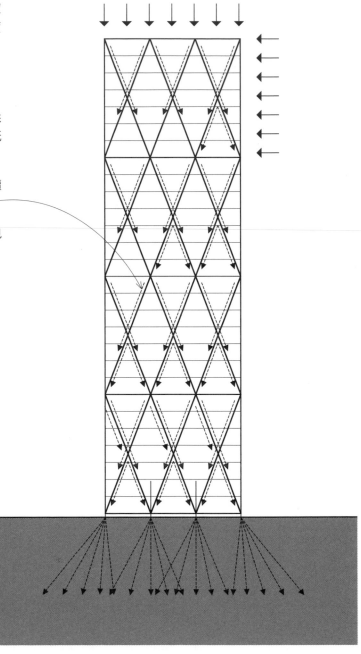

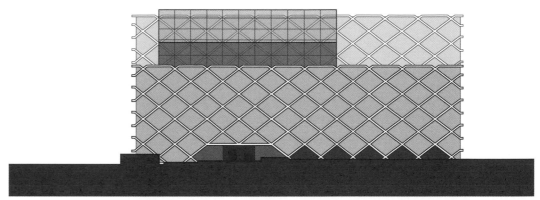

2009 年：澳洲雪梨 · 雪萊街一號（One Shelly Street），由菲茲派翠克建築師事務所（Fitzpatrick ＋ Partners）設計。立面圖。

雪萊街一號的計畫採用結構斜肋系統創造出獨特的外觀，因為斜肋網格配置在相當靠近玻璃立面的外側，因此在製造和組裝過程都須密切監控、管理、以及多方協調，才能順利完成精密的組裝工作。

不同於雪萊街一號的幾何規則性斜肋，TOD's表參道大樓所使用的混凝土斜肋系統則是模擬附近街道上榆樹相互交疊的樣式所構成。斜肋構件和樹木的生長樣式類似，愈高處的構件變得愈細、數量愈多、開口比例也愈高。最終結構可以支撐跨度從32英呎至50英呎（10至15公尺）、且沒有任何內柱的樓板。而為了讓地震擺動減至最低，結構因此設置在減震基礎之上。

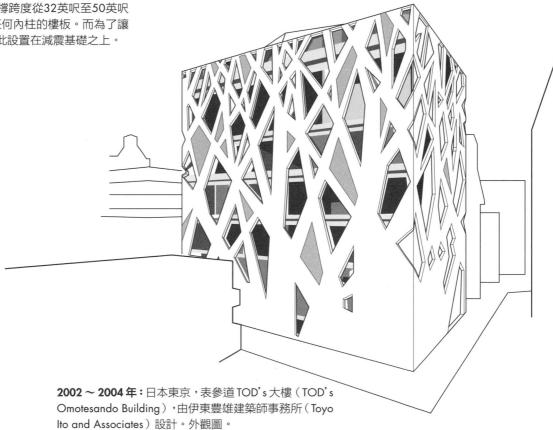

2002 ～ 2004 年：日本東京，表參道 TOD's 大樓（TOD's Omotesando Building），由伊東豊雄建築師事務所（Toyo Ito and Associates）設計。外觀圖。

屋頂結構

屋頂結構類似樓板結構,也是水平跨距系統的一種。但兩者的差別是,樓板結構提供平坦且水平的平台以支撐我們的日常活動和家具;而屋頂結構除了在垂直外觀上明顯地影響建築物的外在形式,對屋頂覆蓋的下方空間量體品質也有一定程度的影響。屋頂結構可以是平面或是斜面、山牆型或四坡型,可呈現寬廣的遮蔽性、或是韻律感的連結造型。屋頂結構的邊緣可以和外牆一起做成外露或跨越外牆外露、或隱藏在女兒牆後面。如果屋頂底面保持外露,從內部空間就能感知到上方的屋頂形式。

因為屋頂系統是建築物內部空間的主要遮蔽元素,它的形式和斜度必須配合不同屋頂類型—不論是由木板、磁磚、或連續薄膜構成—將雨水和融雪宣洩到簷槽、落水管等排水系統中。此外,屋頂構造還要控制水氣、空氣滲透、熱流、以及日光輻射的路徑。根據建築法規指定的構造類型,屋頂結構和相關組件可能須具備抑制火災延燒的防火能力。

屋頂和樓板系統一樣都能橫跨空間,可以承受自重和所有附加設備、積雨或積雪的重量。做為平台的平屋頂也會受到活載重限制。除了這些重力載重,屋頂板還必須抵抗側向風力、地震力、和風的上掀力,然後將這些作用力傳遞到支撐結構中。

因為建築物的重力載重從屋頂系統開始,因此屋頂結構的配置必須配合其支撐柱子和承重牆系統,才得以將載重向下傳遞至建築物的基礎系統中。相反地,屋頂的支撐樣式和跨度也會影響內部空間的配置方式和天花板類型。長跨度屋頂能夠開展出較有彈性的室內空間;短跨度屋頂則能更明確地定義空間。

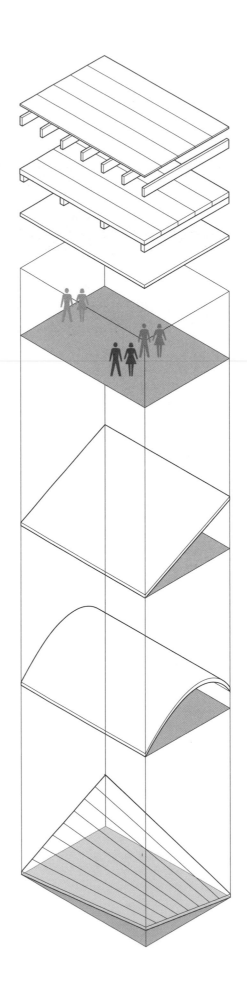

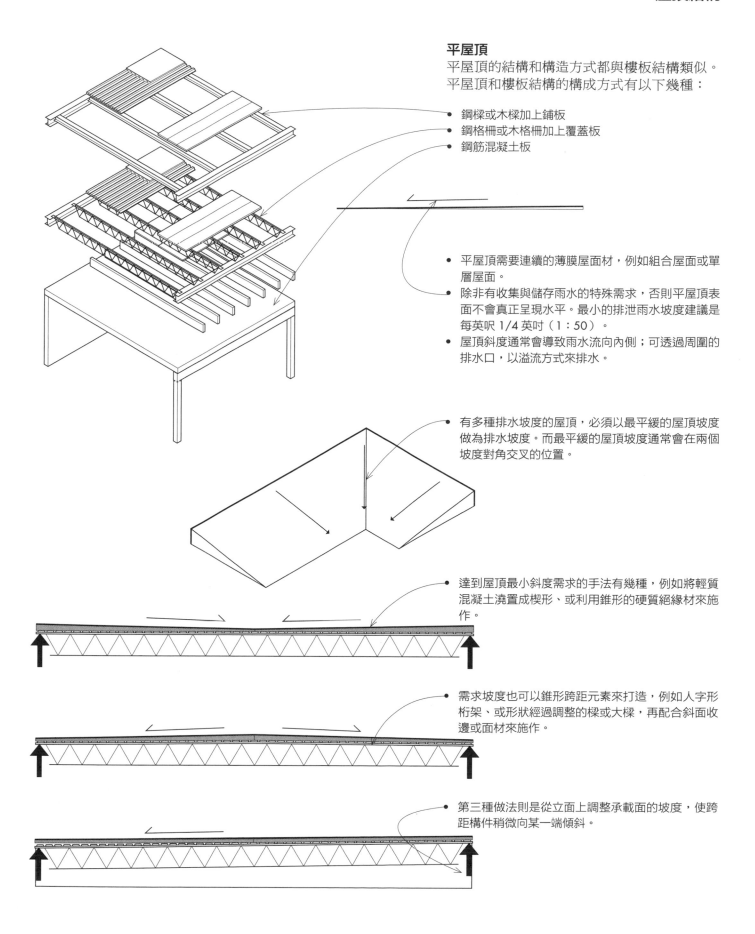

平屋頂

平屋頂的結構和構造方式都與樓板結構類似。
平屋頂和樓板結構的構成方式有以下幾種：

- 鋼樑或木樑加上鋪板
- 鋼格柵或木格柵加上覆蓋板
- 鋼筋混凝土板

- 平屋頂需要連續的薄膜屋面材，例如組合屋面或單層屋面。
- 除非有收集與儲存雨水的特殊需求，否則平屋頂表面不會真正呈現水平。最小的排泄雨水坡度建議是每英呎 1/4 英吋（1：50）。
- 屋頂斜度通常會導致雨水流向內側；可透過周圍的排水口，以溢流方式來排水。

- 有多種排水坡度的屋頂，必須以最平緩的屋頂坡度做為排水坡度。而最平緩的屋頂坡度通常會在兩個坡度對角交叉的位置。

- 達到屋頂最小斜度需求的手法有幾種，例如將輕質混凝土澆置成楔形、或利用錐形的硬質絕緣材來施作。

- 需求坡度也可以錐形跨距元素來打造，例如人字形桁架、或形狀經過調整的樑或大樑，再配合斜面收邊或面材來施作。

- 第三種做法則是從立面上調整承載面的坡度，使跨距構件稍微向某一端傾斜。

屋頂結構

斜屋頂

屋頂斜度關係著屋面材料的選擇、屋面底層和屋簷披水板的需求，以及風力載重設計。有些屋面材料適合低緩的屋頂，有些材料則必須覆蓋在陡峭的屋頂面才能順利洩除雨水。

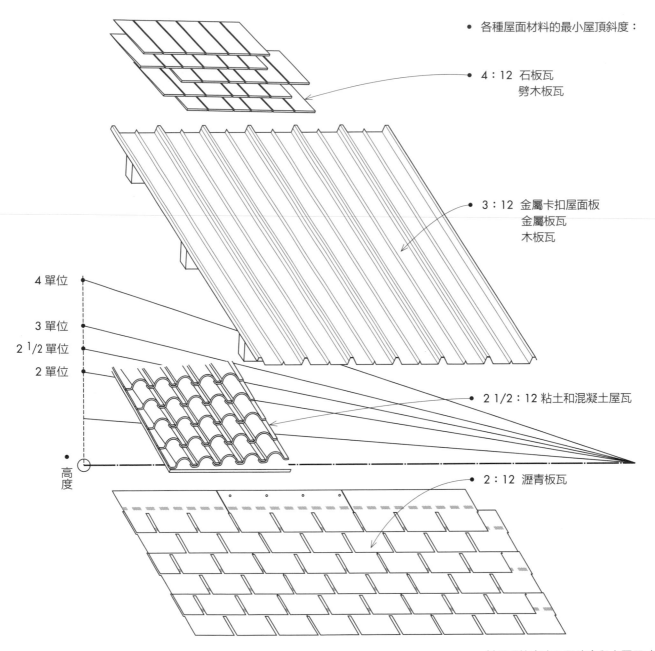

- 斜屋頂比平屋頂更容易將雨水洩除至排水溝槽。

- 各種屋面材料的最小屋頂斜度：

- 4：12 石板瓦
  劈木板瓦

- 3：12 金屬卡扣屋面板
  金屬板瓦
  木板瓦

- 2 1/2：12 粘土和混凝土屋瓦

- 2：12 瀝青板瓦

4 單位

3 單位

2 1/2 單位

2 單位

高度

- 斜屋頂的高度和面積會與水平尺寸成正比。
- 陡峭的斜屋頂下方空間可以善加利用。
- 天花板可以懸吊在屋頂結構下方，也可以自成一套獨立的結構系統。

屋頂結構和樓板結構一樣，屋面的材料和因應排水而採取的鋪排方式都會影響第二層支撐的樣式。第二層支撐再進一步影響屋頂結構中主要跨距構件的方向和間隔。理解這些關係將有助於發展屋頂結構的構架樣式。

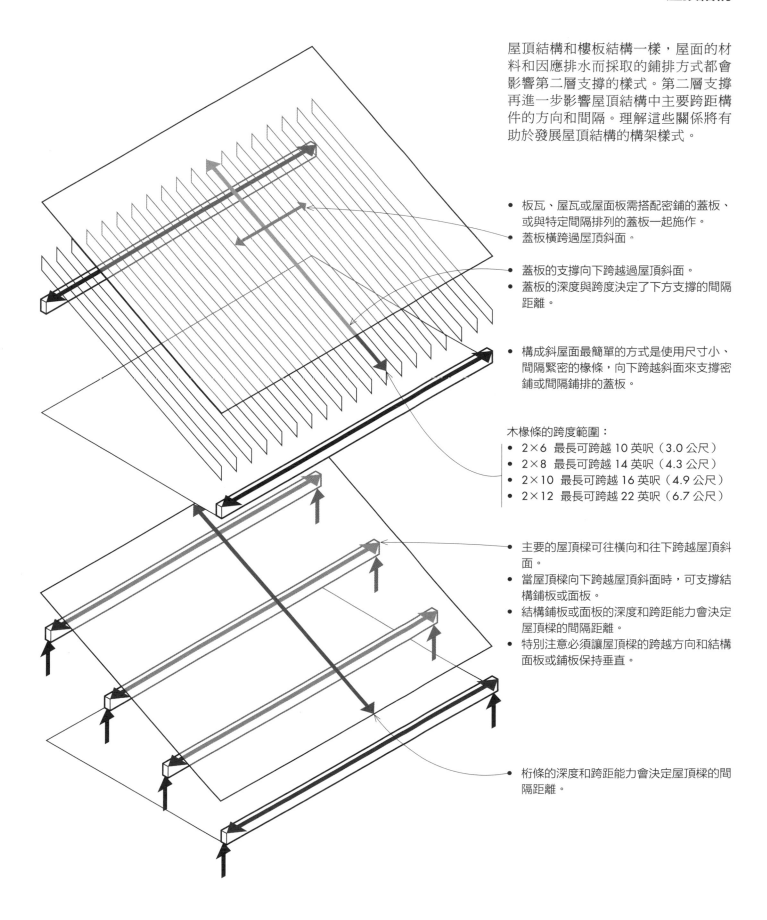

- 板瓦、屋瓦或屋面板需搭配密鋪的蓋板、或與特定間隔排列的蓋板一起施作。
- 蓋板橫跨過屋頂斜面。

- 蓋板的支撐向下跨越過屋頂斜面。
- 蓋板的深度與跨度決定了下方支撐的間隔距離。

- 構成斜屋面最簡單的方式是使用尺寸小、間隔緊密的椽條，向下跨越斜面來支撐密鋪或間隔鋪排的蓋板。

木椽條的跨度範圍：
- 2×6　最長可跨越 10 英呎（3.0 公尺）
- 2×8　最長可跨越 14 英呎（4.3 公尺）
- 2×10　最長可跨越 16 英呎（4.9 公尺）
- 2×12　最長可跨越 22 英呎（6.7 公尺）

- 主要的屋頂樑可往橫向和往下跨越屋頂斜面。
- 當屋頂樑向下跨越屋頂斜面時，可支撐結構鋪板或面板。
- 結構鋪板或面板的深度和跨距能力會決定屋頂樑的間隔距離。
- 特別注意必須讓屋頂樑的跨越方向和結構面板或鋪板保持垂直。

- 桁條的深度和跨距能力會決定屋頂樑的間隔距離。

屋頂結構

從屋頂樑的方向與間隔、跨越樑間隔的元素和構造組合的整體深度來討論屋頂結構，其實已經有許多種組成鋼構和木構屋頂結構的方法。

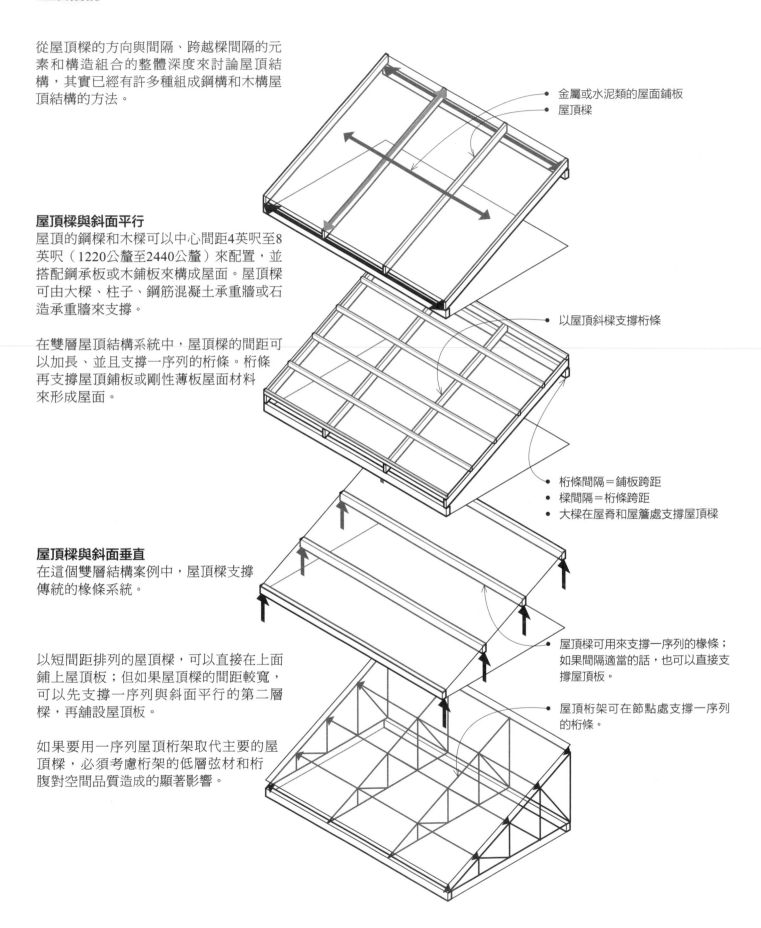

- 金屬或水泥類的屋面鋪板
- 屋頂樑

屋頂樑與斜面平行

屋頂的鋼樑和木樑可以中心間距4英呎至8英呎（1220公釐至2440公釐）來配置，並搭配鋼承板或木鋪板來構成屋面。屋頂樑可由大樑、柱子、鋼筋混凝土承重牆或石造承重牆來支撐。

在雙層屋頂結構系統中，屋頂樑的間距可以加長、並且支撐一序列的桁條。桁條再支撐屋頂鋪板或剛性薄板屋面材料來形成屋面。

- 以屋頂斜樑支撐桁條

- 桁條間隔＝鋪板跨距
- 樑間隔＝桁條跨距
- 大樑在屋脊和屋簷處支撐屋頂樑

屋頂樑與斜面垂直

在這個雙層結構案例中，屋頂樑支撐傳統的椽條系統。

以短間距排列的屋頂樑，可以直接在上面鋪上屋頂板；但如果屋頂樑的間距較寬，可以先支撐一序列與斜面平行的第二層樑，再鋪設屋頂板。

如果要用一序列屋頂桁架取代主要的屋頂樑，必須考慮桁架的低層弦材和桁腹對空間品質造成的顯著影響。

- 屋頂樑可用來支撐一序列的椽條；如果間隔適當的話，也可以直接支撐屋頂板。

- 屋頂桁架可在節點處支撐一序列的桁條。

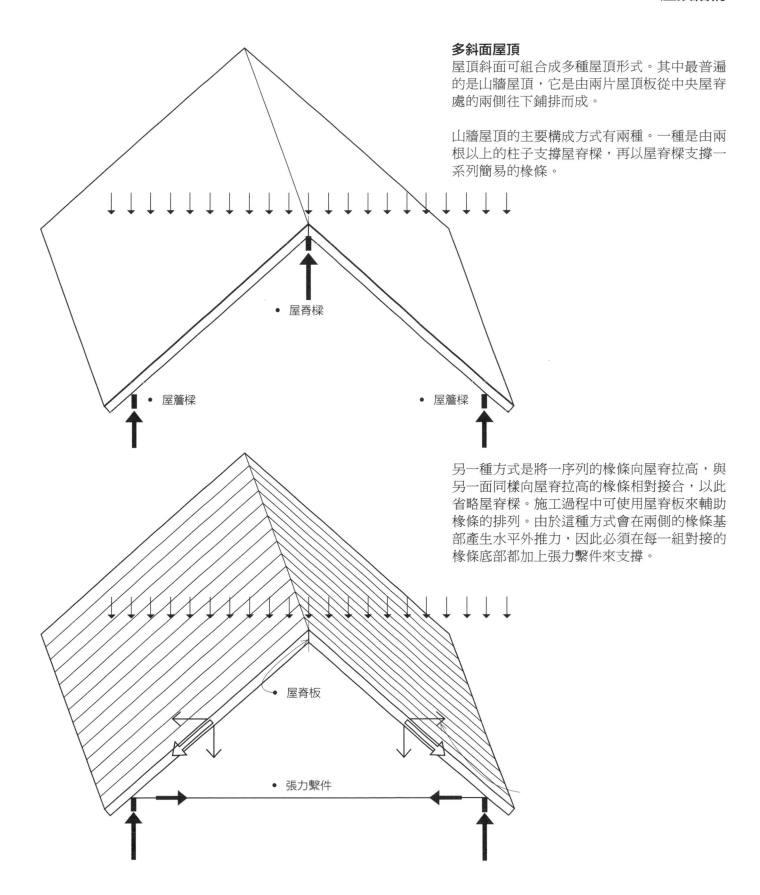

多斜面屋頂

屋頂斜面可組合成多種屋頂形式。其中最普遍的是山牆屋頂，它是由兩片屋頂板從中央屋脊處的兩側往下鋪排而成。

山牆屋頂的主要構成方式有兩種。一種是由兩根以上的柱子支撐屋脊樑，再以屋脊樑支撐一系列簡易的椽條。

屋脊樑

屋簷樑

屋簷樑

另一種方式是將一序列的椽條向屋脊拉高，與另一面同樣向屋脊拉高的椽條相對接合，以此省略屋脊樑。施工過程中可使用屋脊板來輔助椽條的排列。由於這種方式會在兩側的椽條基部產生水平外推力，因此必須在每一組對接的椽條底部都加上張力繫件來支撐。

屋脊板

張力繫件

屋頂結構

任何一種屋頂的構成都可以想像成好幾個斜板，要不是在屋脊相接或交錯，就是在交叉脊或屋頂凹谷處相接或交錯，並且牢記這是用來洩水或溶雪的樣式，有這樣的理解對屋頂的設計相當有用。屋脊、交叉脊和屋谷都代表屋頂板中斷，得透過一列由柱子或承重牆支撐的樑或桁架加以支撐。

四坡屋頂、圓頂、和其他相似屋頂形式的跨距元素，都可在峰部相互支撐。而為了抵抗出現在支撐基部的水平外推力，必須加入張力繫件或張力環、或是以一序列水平繫樑來輔助。

- 屋脊是兩片屋頂斜板在頂端交會形成的交叉線。

- 交叉脊是兩片相鄰屋頂的斜邊交會而成的斜向凸角。

- 屋谷是兩片斜向屋面相交所形成的內角，也是雨水匯集的流向。

- 如果屋頂板因下方空間的設計而出現中斷的部位，這個位置就必須利用柱子或承重牆所支撐的屋脊樑或屋谷樑來做收邊處理。
- 另一種做法則是以塑形後的大樑或桁架橫跨整個空間、並支撐屋脊樑或屋谷樑，以達到類似承受集中載重的效果。

- 延伸並橫跨過下方空間而形成中斷面的屋頂板，可利用兩端邊柱或承重牆所支撐的淨跨距樑或桁架來支撐這道中斷面。例如，一序列的深桁架可以淨跨距的方式橫跨整個空間，形成鋸齒狀的屋頂。

拱頂屋頂

有曲度的屋頂面可由不同的跨距元素構成，例如組合樑或特製鋼樑、集成材木樑、或是桁架，塑形後可達成特定形式或空間所需的輪廓造型。

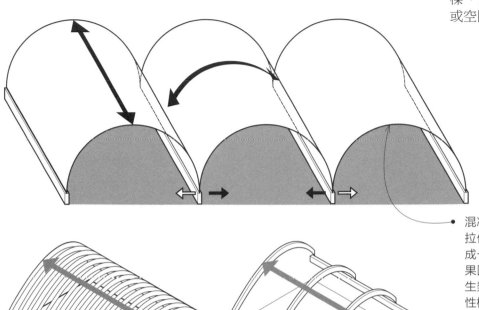

混凝土板可依照所需做成曲面、亦可做縱向拉伸。例如，圓桶形的殼體可以在拉伸後形成一道跨越縱向、具有弧形斷面的深樑。如果圓桶形殼體的縱向長度較短的話，就會產生類似拱的作用，這時需要以繫桿或橫向剛性構架來抵抗拱作用的外推力。

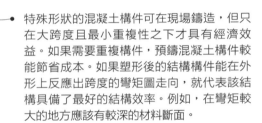

特殊形狀的混凝土構件可在現場鑄造，但只在大跨度且最小重複性之下才具有經濟效益。如果需要重複構件，預鑄混凝土構件較能節省成本。如果塑形後的結構構件能在外形上反應出跨度的彎矩圖走向，就代表該結構具備了最好的結構效率。例如，在彎矩較大的地方應該有較深的材料斷面。

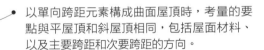

以單向跨距元素構成曲面屋頂時，考量的要點與平屋頂和斜屋頂相同，包括屋面材料、以及主要跨距和次要跨距的方向。

屋頂結構

隨著結構規模擴大，必須利用內部支撐線將屋頂的跨度維持在合理的範圍內。在任何可行的情況下，這些支撐線都必須強化由屋頂形式所賦予的量體空間品質。如果內部支撐會干擾空間功能，最好將支撐改為淨跨距的做法，例如體育館或音樂廳等需要長跨度的屋頂結構。關於長跨距結構的說明詳見第六章。

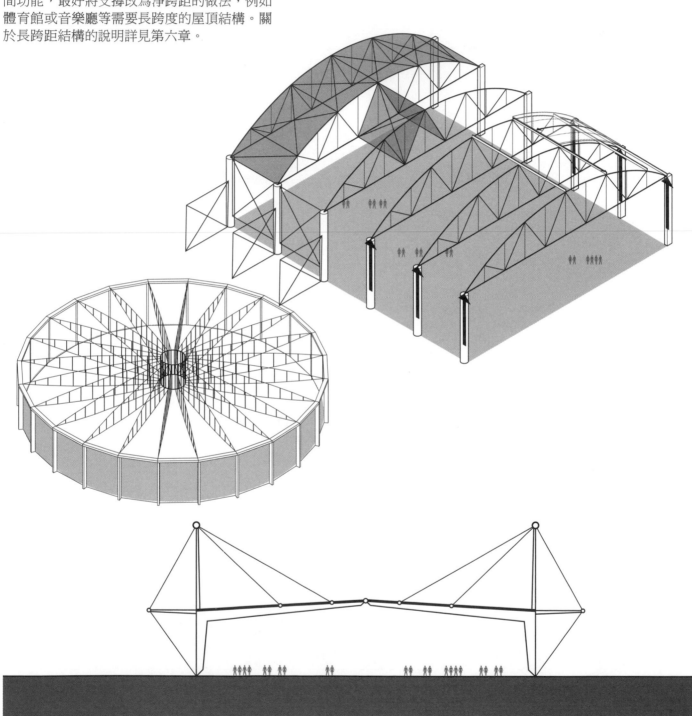

5 側向穩定性
Lateral Stability

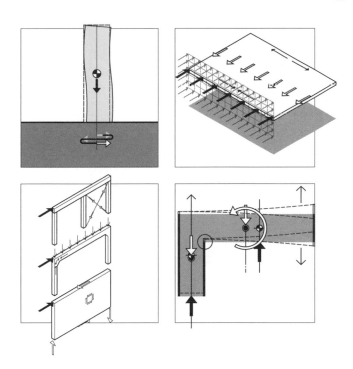

側向穩定性

當我們在考慮建築物的結構系統時，通常會優先思考垂直支撐和水平跨距組件該如何設計，才能承載構造本身，以及來自不同使用類型的靜載重與活載重。然而和建築物的穩定性一樣關鍵的是建築物抵抗複合環境條件的能力，諸如因應風力、地震力、土壤壓力和溫度變化等造成建築物重力載重元素不穩固的因素。在眾多環境條件中，施加在建築物結構上的風力和地震力正是本章的關注重點。建築建構承受風和地震的動態載重，讓載重量和作用點突然出現劇變。在動態載重作用下，結構本身會對應量體發展出慣性作用力，但結構變形量和慣性作用力的強度並沒有必然關係，也就是說，結構的最大變形量不見得對應到慣性作用力的最大值。由於風力和地震載重通常被視為從側向影響建築結構的等量靜態載重，因此這裡暫且不論它們的動態性質。

風力

風力載重是空氣體的移動運能所產生的作用力，風力會對建築物和行經路徑中的其他障礙物形成直接壓力、負壓力、吸力和拉拔力的複合作用。風力的作用一般認為有一般作用、或垂直於建築物表面的作用方式。

地震力

地震作用力來自地震所引發的地層運動震動，不但使建築物基部突然移動，也同步讓結構往所有的方向搖晃。雖然地震引發的地面運動本質上屬於包含了水平分力、垂直分力、旋轉分力的三維度作用，但以結構設計來說，水平分力最為重要。在地震發生期間，建築的結構體會產生慣性作用力以試圖抵抗水平地表加速度，最後會在地面和建築量體之間產生剪力，並且透過結構作用分配至每一樓層或基礎上方的水平隔板之中。

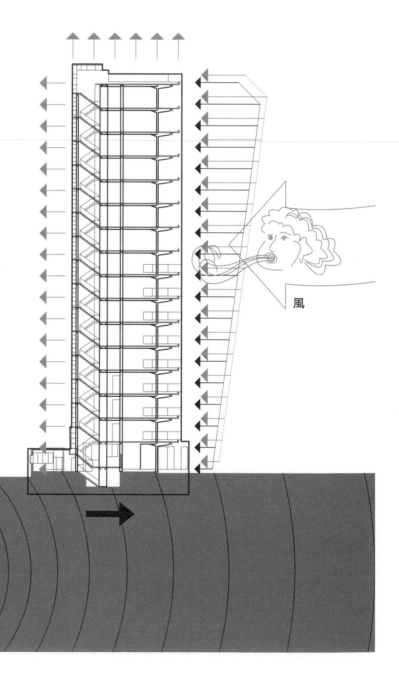

風

地震

側向穩定性

所有建築物都會承受風和地震所產生的側向載重。其中，高層或細長型建築物的結構系統設計很容易受側向作用力的支配，因為這些側向作用力會在建築物的垂直構件上形成大量的彎矩並引發側向位移。

相反地，低長寬比建築物的結構設計則受垂直重力載重的影響較大。風力和地震力的側向載重對這種構件尺寸的影響較小，但也不能因此就忽視這項因素。

雖然風力和地震力都會對所有建築物施加側向作用力，但二種側向力的作用方式有所差異。而其中最大的差別應該是地震力所引起的慣性性質，這種慣性作用力會隨著建築物高度增加而提高。建築物重量因此成為地震力設計時主要的不利條件；但在因應風力時，建築物的重量又是抵抗滑動和傾覆的優勢。

同樣的，一棟剛度相對高的建築物在承受風力時的震動幅度小，所以是比較適當的設計方式。然而，一棟受地震載重影響的建築物如果結構較為彈性，則可透過運動來抵消部分動能並緩和應力，回應地震力作用力的表現較佳。

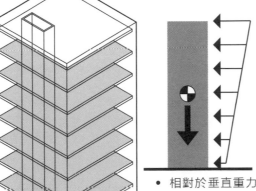

- 相對於垂直重力載重，側向載重對建築物的影響並非線性關係，而是隨著建築物的高度增加而大幅增強。

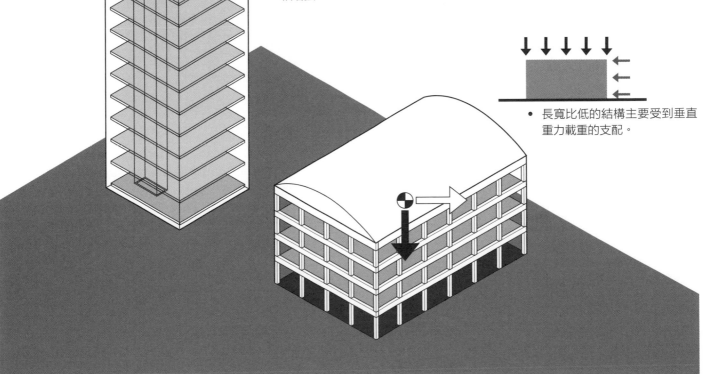

- 長寬比低的結構主要受到垂直重力載重的支配。

風力

風是流動的空氣體。當建築物或其他結構讓風轉向或形成阻礙時，會促使流體動能轉換成壓力勢能（或稱位能）。

風壓會隨著風速的提高而增加。經過長時間觀測，任何特定區域的風速平均值通常都會隨著高度增加。平均風速增加率也受到地面粗糙度以及環境中的物件，例如其他建築物、植被和地形等影響。

直接壓力：與風路徑垂直的建築物表面（向風牆）會以直接壓力的形式接收大部分的風力作用力。

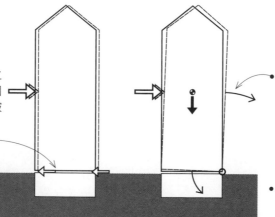

吸力：建築物的表面側邊及下風側（向風牆的對向）、和斜度小於30°的向風側屋頂表面會出現負壓力或吸力，導致屋面材料和包覆材料破壞。

拉拔力：移動的氣流並不會在衝撞建築物之後就停止，反而會像流體一樣繞過建築物。因此和流動方向平行的建築物表面，就很容易因為摩擦力而產生縱向拉拔力作用。

風向

風對建築物產生的主要影響在於它對整體結構施加的側向作用力，尤其對外層包覆面的作用最為明顯。淨作用力是直接壓力、負壓力、吸力和拉拔力的總和。風壓也會讓建築物結構滑動與傾覆。

- 滑動：風壓會在建築物的結構和基礎之間產生剪力，導致變形或側向移動。因此必須以適當的錨定措施來防止這類破壞。

- 傾覆：對木構架結構這類輕量的建築物來說，必須謹慎地設計細節以避免傾覆的影響。雖然較重的建築物比較能抵抗風壓力所產生的傾覆力，但相對也較容易受到地震引發的大量慣性作用力影響。

- 風壓所產生的傾覆力會因為風速增加、或建築物表面積增加而增強。

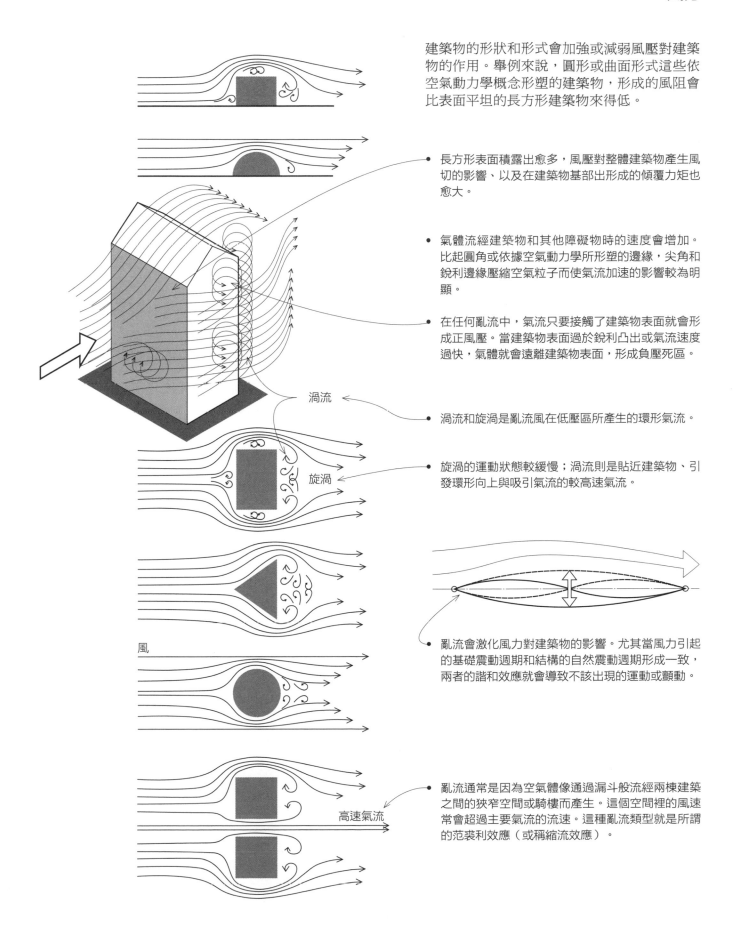

風力

建築物的形狀和形式會加強或減弱風壓對建築物的作用。舉例來說，圓形或曲面形式這些依空氣動力學概念形塑的建築物，形成的風阻會比表面平坦的長方形建築物來得低。

- 長方形表面積露出愈多，風壓對整體建築物產生風切的影響、以及在建築物基部出形成的傾覆力矩也愈大。

- 氣體流經建築物和其他障礙物時的速度會增加。比起圓角或依據空氣動力學所形塑的邊緣，尖角和銳利邊緣壓縮空氣粒子而使氣流加速的影響較為明顯。

- 在任何亂流中，氣流只要接觸了建築物表面就會形成正風壓。當建築物表面過於銳利凸出或氣流速度過快，氣體就會遠離建築物表面，形成負壓死區。

渦流

- 渦流和旋渦是亂流風在低壓區所產生的環形氣流。

旋渦

- 旋渦的運動狀態較緩慢；渦流則是貼近建築物、引發環形向上與吸引氣流的較高速氣流。

風

- 亂流會激化風力對建築物的影響。尤其當風力引起的基礎震動週期和結構的自然震動週期形成一致，兩者的諧和效應就會導致不該出現的運動或顫動。

高速氣流

- 亂流通常是因為空氣體像通過漏斗般流經兩棟建築之間的狹窄空間或騎樓而產生。這個空間裡的風速常會超過主要氣流的流速。這種亂流類型就是所謂的范裘利效應（或稱縮流效應）。

風力

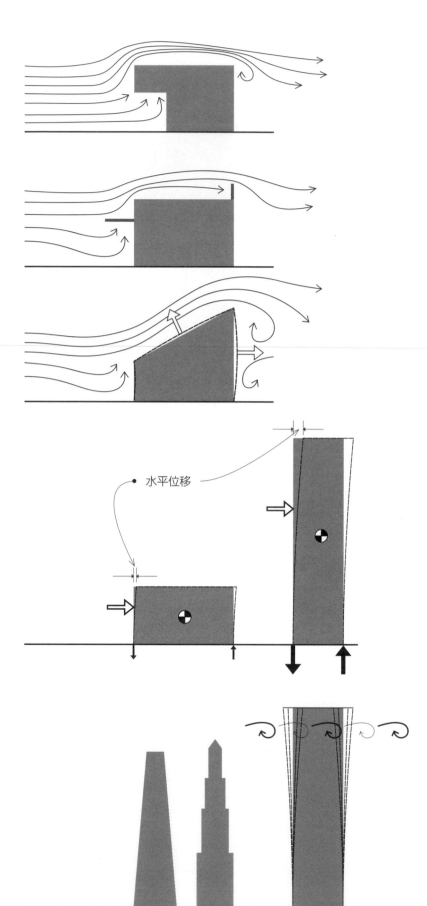

- 具有開口邊的建築物、或是設置了捕風作用的內凹處或中空部分的建築，風壓的設計必須更審慎進行。

- 建築物凸出部位，例如女兒牆、陽台、雨遮或懸臂會使流動氣體的局部壓力增加

- 風壓會迫使高牆和長跨度椽條出現大幅度的彎曲力矩和變形。

風力會在超出一般設計等級的高層、細長形結構上產生動態載重。因此如果想設計出有效率的高層建築結構系統和外覆層，就必須知道風力如何影響建築物的細長形式。結構設計師用風洞試驗和電腦模擬來測定整體結構的基礎剪力、傾覆力矩、以及風壓分配在每一樓層結構的情況，並藉此收集建築物的運動型態影響使用者舒適度的相關資訊。

水平位移

- 高長寬比（高度與基部寬度的比值）的高層、細長形建築物，頂部會承受較大的水平位移量，也較容易受到傾覆力矩的影響。

- 短暫的強風也會產生動態風壓，形成額外的位移。對高層、細長形建築物來說，這種具支配力且產生動態運動的強風作用稱作陣風侵害，導致細長結構振盪。

- 愈上方受風面面積愈少的建築物形式，有助於抑制隨著高度增加的風速與壓力。

- 有關高層建築結構的內容，請詳見第七章。

地震是因為地殼中板塊突然沿著斷層線移動，引發一序列的縱向和橫向震動。地殼碰撞是以地震波的形式沿著地表傳播，而且距離震央愈遠，震波會以對數的模式遞減。因為地表運動的本質是三維度運動，其中水平分力是結構設計的關鍵所在；結構中的承受垂直載重元素在抵抗額外垂直載重時，一般都會遭受到相當大的損壞。

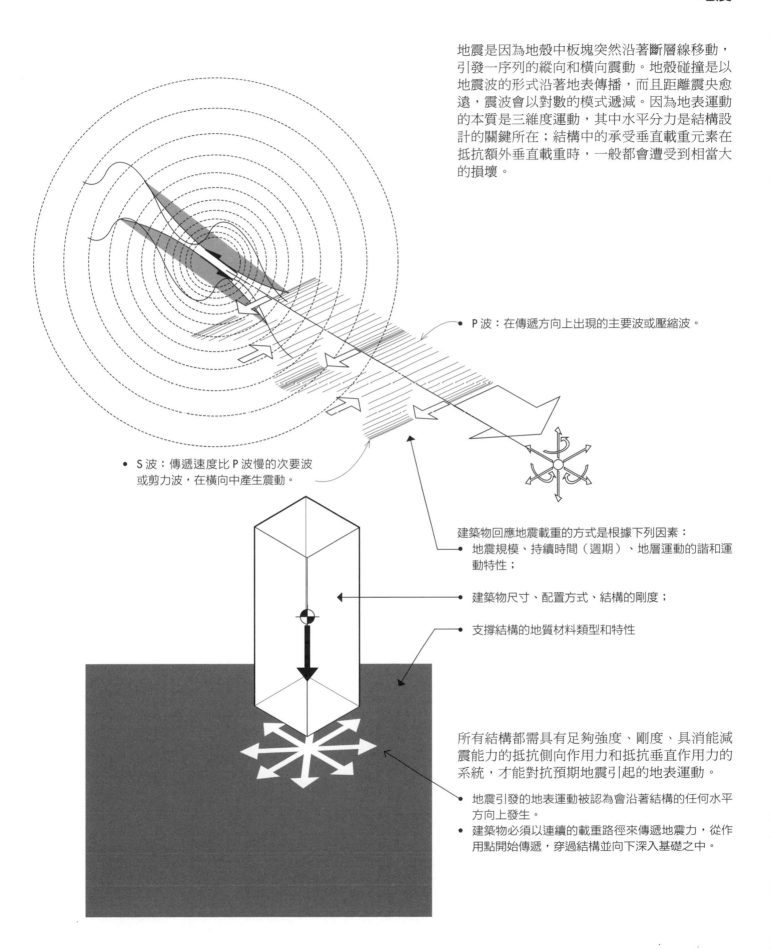

• P 波：在傳遞方向上出現的主要波或壓縮波。

• S 波：傳遞速度比 P 波慢的次要波或剪力波，在橫向中產生震動。

建築物回應地震載重的方式是根據下列因素：
• 地震規模、持續時間（週期）、地層運動的諧和運動特性；

• 建築物尺寸、配置方式、結構的剛度；

• 支撐結構的地質材料類型和特性

所有結構都需具有足夠強度、剛度、具消能減震能力的抵抗側向作用力和抵抗垂直作用力的系統，才能對抗預期地震引起的地表運動。

• 地震引發的地表運動被認為會沿著結構的任何水平方向上發生。
• 建築物必須以連續的載重路徑來傳遞地震力，從作用點開始傳遞，穿過結構並向下深入基礎之中。

地震

當地面震動時，建築物整體都會隨之震動，地震對建築物所引發的作用力主要有三種類型：慣性力、傾覆力和震動基本週期。

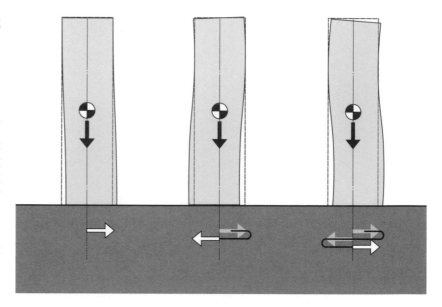

慣性力

- 由於質量的慣性，建築物在地震發生的當下會完全不動。然而幾乎就在同一時間，地表加速度會導致基部突然地移動，進而引發建築物的側向載重和底部的剪力作用力（基部剪力）。建築物的慣性作用力會抵抗基部剪力，但當建築物來回反覆震動，兩種作用力會以相反的運作方向來進行。
- 從牛頓第二運動定律來看，慣性力等於質量與加速度的乘積。
- 慣性作用力可透過縮減建築物質量來降低。因此，輕量構造在抗震設計方面具有優勢。例如木構架住宅這種輕量建築物，通常在地震時會表現較好的抗震性能；厚重的石造結構則較容易出現巨大的破壞。

- 基部剪力是針對所有水平方向施加在結構上的側向地震力的最小設計參考值。

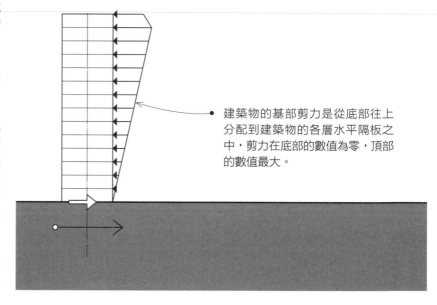

建築物的基部剪力是從底部往上分配到建築物的各層水平隔板之中，剪力在底部的數值為零，頂部的數值最大。

- 對規則結構、低度不規則結構、和低地震風險的結構設計來說，估算基部剪力時會將結構全部的靜載重乘上一個係數值，以反應地震區帶中地層運動的特性與強度、基礎下方地質的土壤斷面類型、使用類別、結構的質量分布情形與剛度、結構的基本週期（一次完整擺動所需要的時間）等因素。
- 高層結構、不規則的結構形狀或構架系統、或建築在軟層地質或高塑性地質都易受地震載重而破壞或倒塌，因此必須進行更複雜的動態分析。

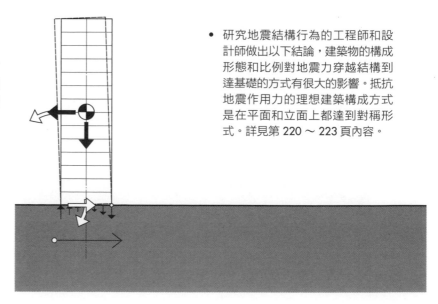

傾覆力矩

- 任何作用在建築物基部上方的側向載重都會在基部產生傾覆力矩。為了保持平衡，須透過外部的回復力矩、以及由柱構件與剪力牆所提供的內部抵抗力矩來達到反向平衡。

- 研究地震結構行為的工程師和設計師做出以下結論，建築物的構成形態和比例對地震力穿越結構到達基礎的方式有很大的影響。抵抗地震作用力的理想建築構成方式是在平面和立面上都達到對稱形式。詳見第 220 ～ 223 頁內容。

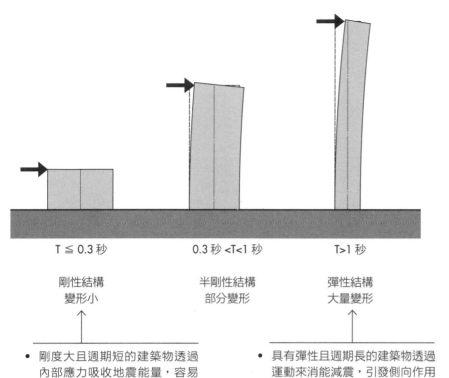

T ≤ 0.3 秒　　　　　0.3 秒 <T<1 秒　　　　T>1 秒

剛性結構　　　　　　半剛性結構　　　　　彈性結構
變形小　　　　　　　部分變形　　　　　　大量變形

- 剛度大且週期短的建築物透過　　　　- 具有彈性且週期長的建築物透過
  內部應力吸收地震能量，容易　　　　　運動來消能減震，引發側向作用
  受到側向作用力的破壞。　　　　　　　力的可能性較低。

震動基本週期

結構的自然週期或基本週期（T），根據基部以上的高度和平行作用力方向的建築物尺寸會有所不同。剛度較高的結構震動較快，震動週期較短；彈性的結構則震動較慢、震動週期較長。

當地震震動在建築物結構下方的地層傳遞時，根據地層材質的基本週期，地震波可能因此被放大或減弱。地層材質基本週期的差異範圍大約介於硬質土壤或岩層的0.4秒和軟質土壤的1.2秒之間，極軟的土壤甚至可達到2秒的週期。軟質地層上建築物所受的震動比硬質地層上的建築物來得大。而如果土壤週期落在建築物週期的範圍內，建築物和土壤很可能因為共伴而引發共振效應。

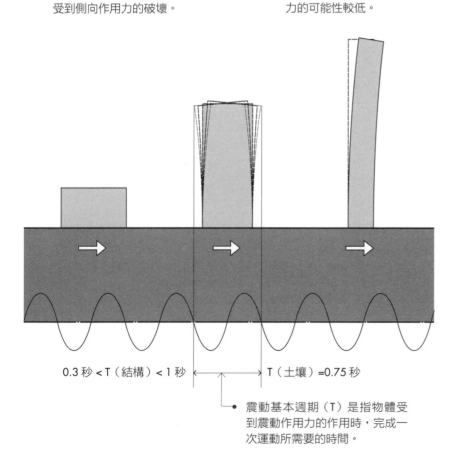

0.3 秒 <T（結構）< 1 秒 ⟷　　T（土壤）=0.75 秒

- 震動基本週期（T）是指物體受到震動作用力的作用時，完成一次運動所需要的時間。

任何讓建築物震動被擴大的情形都不理想。結構設計必須確保建築物週期不會和支撐土壤的週期重疊。因此，將低矮且剛度大（短週期）的建築物設置在軟質地盤（長週期）上、將高層建築物（長週期）設置在硬質（短週期）地盤上，會是比較適當的方式。

地震

阻尼、延展性、強度-剛度這三種特性可協助結構抵抗並消除地震運動的影響。

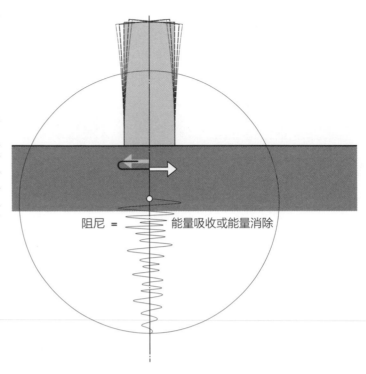

阻尼

阻尼是指任何可以吸收、消除地震能量以逐漸減少持續擺動或結構震動波的做法。特定的阻尼機制種類詳見第302～304頁。除了阻尼措施，建築物的非結構元素、接合部位、構造材料、和設計上的假定，都能在結構中形成具有阻尼特性的功能，大幅降低地震時建築物的震動量與擺動幅度。

阻尼 ＝ 能量吸收或能量消除

延展性

延展性是指結構構件在彎曲降伏能力範圍內經歷數次變形的能力，此特性能夠將過量的載重分配至其他結構構件、或相同構件的其他部分。延展性是建築物保持強度的重要來源，像是鋼材就是因為能產生大量變形而不至於破壞，同時藉這個做法來消除地震能量。

強度和剛度

強度是指結構構件在不超出材料安全應力範圍可抵抗載重的能力。剛度則是指結構構件控制變形，以及在承受載重下限制位移量的測定量。以這種方式限制位移量可以讓包覆材、隔間、懸吊天花板與裝修等非結構元素的不利因素降至最低，同時也能照顧到建築物使用者的舒適度。

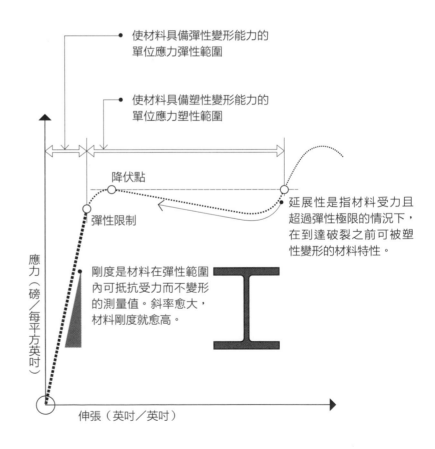

使材料具備彈性變形能力的單位應力彈性範圍

使材料具備塑性變形能力的單位應力塑性範圍

降伏點

彈性限制

延展性是指材料受力且超過彈性極限的情況下，在到達破裂之前可被塑性變形的材料特性。

剛度是材料在彈性範圍內可抵抗受力而不變形的測量值。斜率愈大，材料剛度就愈高。

應力（磅／每平方英吋）

伸張（英吋／英吋）

一般來說，確保建築物側向穩定性常用的基本機制有三種，包含斜撐加強構架、力矩構架和剪力牆，可單獨或結合實施。需特別注意的是，上述這些側向力抵抗機制只對同一平面內的側向作用力有效，並無法抵抗與平面垂直的側向作用力。

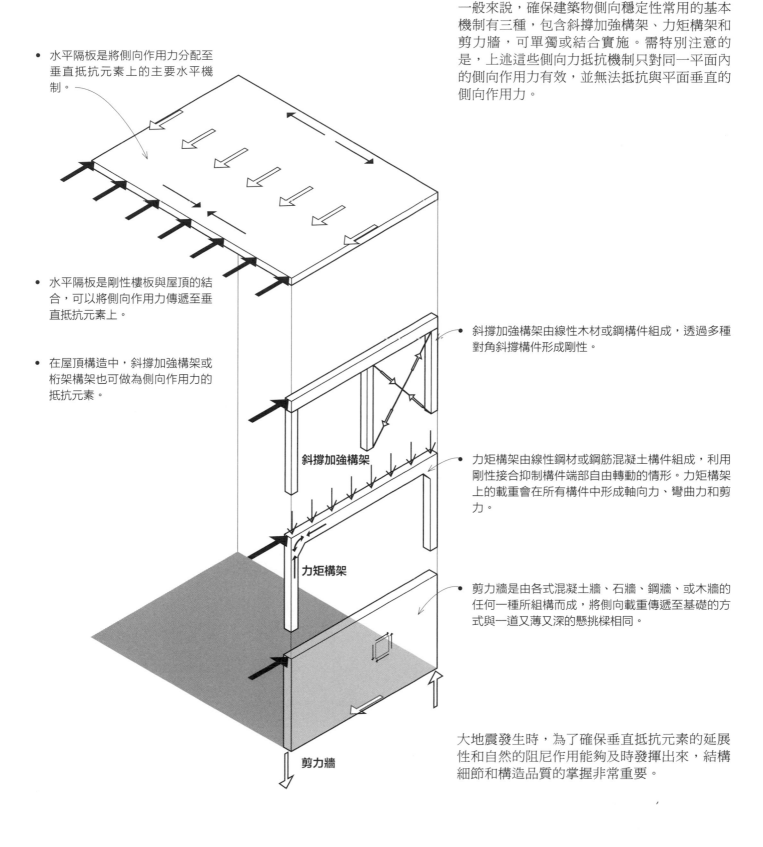

- 水平隔板是將側向作用力分配至垂直抵抗元素上的主要水平機制。

- 水平隔板是剛性樓板與屋頂的結合，可以將側向作用力傳遞至垂直抵抗元素上。

- 在屋頂構造中，斜撐加強構架或桁架構架也可做為側向作用力的抵抗元素。

斜撐加強構架

- 斜撐加強構架由線性木材或鋼構件組成，透過多種對角斜撐構件形成剛性。

- 力矩構架由線性鋼材或鋼筋混凝土構件組成，利用剛性接合抑制構件端部自由轉動的情形。力矩構架上的載重會在所有構件中形成軸向力、彎曲力和剪力。

力矩構架

- 剪力牆是由各式混凝土牆、石牆、鋼牆、或木牆的任何一種所組構而成，將側向載重傳遞至基礎的方式與一道又薄又深的懸挑樑相同。

剪力牆

大地震發生時，為了確保垂直抵抗元素的延展性和自然的阻尼作用能夠及時發揮出來，結構細節和構造品質的掌握非常重要。

側向作用力抵抗機制

斜撐加強構架

斜撐加強構架是以斜撐構件系統做剛性補強的柱樑構架，形成穩固的三角配置。目前通用的斜撐系統有下列幾種：

- 隅撐
- 對角斜撐
- 交叉斜撐
- V形斜撐
- K形斜撐
- 偏心斜撐
- 格狀斜撐

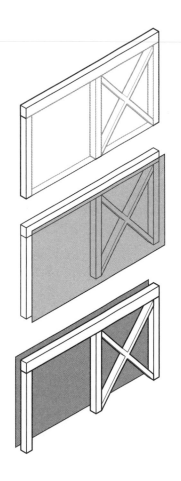

斜撐加強構架可設置在建築物內部，以補強服務核或主要支撐面，或配置在外牆牆面上。斜撐加強構架可以包藏在牆體或隔間牆內、也可以保持外露，在視覺上建立強烈的結構性表現。

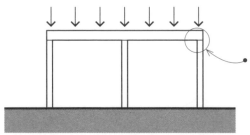

- 典型的柱樑構架以栓接或鉸接接合，具有抵抗垂直載重的潛在能力。

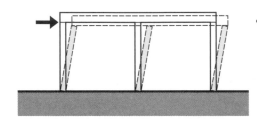

- 四隅鉸接的四邊形本質上不太穩固，因此無法用來抵抗側向載重。

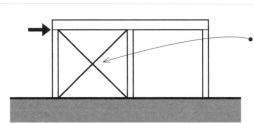

- 增加對角斜撐系統，可提供構架所需的側向穩定性。

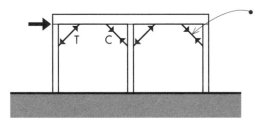

- 隅撐在柱樑接合處透過三角形成剛性接頭，用以抵抗側向力。隅撐的尺寸較小、必須成對配置才能抵抗來自不同方向的側向作用力。

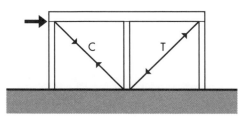

- 單一對角斜撐必須能處理拉力和壓力。斜撐尺寸依據承受壓力時的抵抗挫屈能力而定，這也會和斜撐構件不受支撐的長度有關。

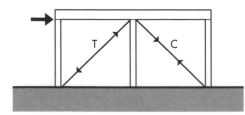

- 對角斜撐中，水平分力和垂直分力的數值是由斜撐的斜度所決定，斜撐愈筆直，抵抗等量側向載重的強度就必須愈大。

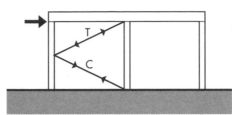

- K 形斜撐是由一組對角斜撐所組成，且對角斜撐在垂直構架構件的近中央處接合。這兩支對角斜撐會根據側向力作用在構架上的方向不同，而受到拉力或受壓力作用。

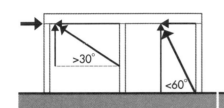

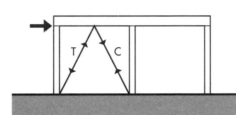

- 斜撐中的水平分力和垂直分力由斜撐的斜度決定。斜撐愈筆直，抵抗等量側向載重所需的構件強度就必須愈大。

- V 形斜撐由一組對角斜撐組成，且對角斜撐在水平構架構件的近中央處接合。就像 K 形斜撐一樣，V 形斜撐中每支對角斜撐承受拉力或壓力的情形，也是由側向力的作用方向而定。

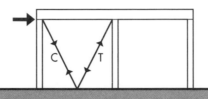

- 山形斜撐與 V 形斜撐相似，只是倒過來呈倒 V 形，讓下方形成可穿越的通道。

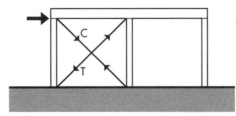

- X 形斜撐由一組對角斜撐組成。與上述案例一樣，斜撐受張力或壓力作用是由側向力的作用方向而定。如果每支單獨的斜撐都能確實穩定構架，那麼在某種程度上就能達到路徑冗餘的功能。

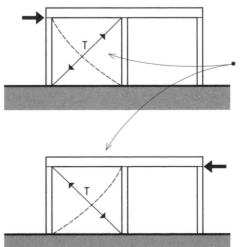

- 由纜索或桿件構成的斜向抗拉系統主要透過拉力來發揮效能。此系統必須以一組纜繩或一組桿件穩定構架，進而抵抗來自各方向的側向作用力。不論作用力來自何方，其中一支纜索或桿件會有效地形成張力作用，另一支則將呈現鬆弛而不承受任何載重。

側向作用力抵抗機制

偏心斜撐

偏心斜撐構架結合了兼具強度和剛度的斜撐加強構架，以及兼具無彈性（塑性）行為與消能特性的力矩構架。它們整合了連接在樑或大樑間不同節點位置的斜撐，在斜撐與柱構件之間、或是兩個相對的斜撐之間形成短接樑。這道短接樑就像保險絲一般，阻斷了巨大作用力施加在其他元素而形成過度應力。

在預期的地震載重和保守的建築法規之下，必須假設有些建築物會在大地震中達到結構的降伏點。儘管如此，在高危險地震區如美國加州，要將建築物設計到在大地震中仍可維持彈性的狀態，建造成本實在太高了。由於鋼構架具有消除大量地震能量的延展性，在大量非彈性變形的情況下也能保持穩定，因此地震好發地區即普遍採用偏心斜撐鋼構架。這種做法同時也能提供必要的剛度以減少風力載重所引發的漂移現象。

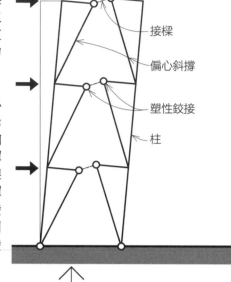

接樑
偏心斜撐
塑性鉸接
柱

- 短接樑透過比其他構件更好的塑性變形能力，來吸收地震能量。
- 偏心斜撐構架也可做為控制構架變形的方法，在重複發生的地震載重中減低建築物元素的破壞。

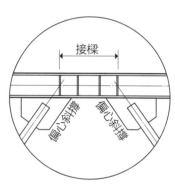

接樑
偏心斜撐　偏心斜撐

- 鋼材兼具延展性（變形卻不斷裂的能力）和高強度，是製作偏心斜撐構架的理想材料。

- 偏心斜撐構架一般都配置在結構的外牆面，但有時候也會用來強化鋼構架的核心部位。

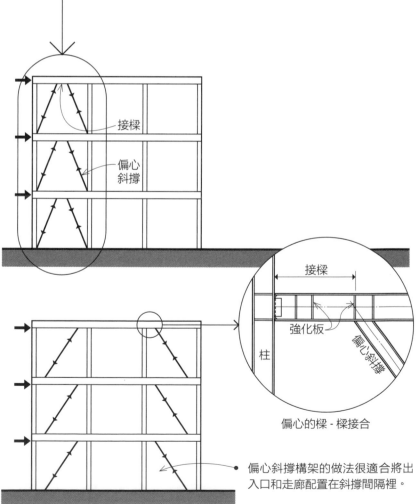

接樑
偏心斜撐

接樑
強化板
柱
偏心斜撐

偏心的樑 - 樑接合

- 偏心斜撐構架的做法很適合將出入口和走廊配置在斜撐間隔裡。

多重結構間隔的配置

配置在多重間隔內的側向斜撐會共同抵抗側向作用力；但不是所有多重間隔的間隔單元都需施作斜撐。

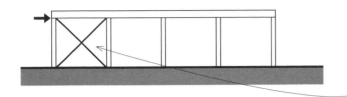

- 配置斜撐的基本原則是，至少每三個或每四個結構間隔就必須配置一組斜撐。

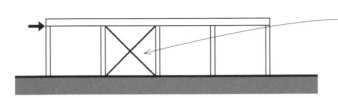

- 在內側間隔中配置側向支撐，可連帶使其他間隔保持穩定性。

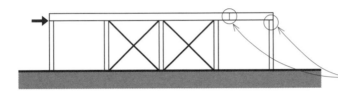

- 在愈多間隔中配置斜撐，可縮小斜撐尺寸並提升構架剛度，側向位移情形也因此減少。

- 在兩個內側間隔中配置斜撐，可強化外側間隔的側向穩定性。

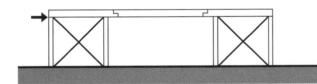

- 多重間隔構架的樑構件不需保持連續性。舉例來說，在這些位置使用栓接接合並不會影響構架的側向穩定性。

- 在兩個外側間隔中配置斜撐，可形成無落柱且具有側向穩定性的內部空間。左圖是兩道懸臂樑支撐著一道簡支樑所形成的空間。

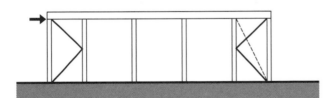

- 如果因為間隔比例而導致單一斜撐過於陡峭或過於平坦，就必須考慮採用其他斜撐形式以確保斜撐的效能。

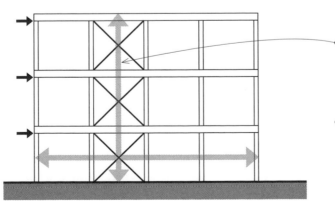

- 在複層建築中，雖然不需讓單一樓層的每個間隔都配置斜撐，但重點是是所有樓層都要有斜撐措施。在這種情況下，設有對角斜撐的間隔會形成類似垂直桁架的功能。

- 要特別注意的是，可利用力矩構架或剪力牆來取代圖中的斜撐構架。

側向作用力抵抗機制

力矩構架

力矩構架，也稱為抗力矩構架，包含樓板或屋頂的跨距構件，利用剛性或半剛性的接合部件與樑構件相接而成的同面構架。力矩構架的強度和剛度與樑柱的尺寸成正比，但與柱子無支撐部位的高度和間隔距離成反比。力矩構架必須以相當大尺寸的樑和柱來構成，特別是高層結構中的低層部分更需要這種結構策略。

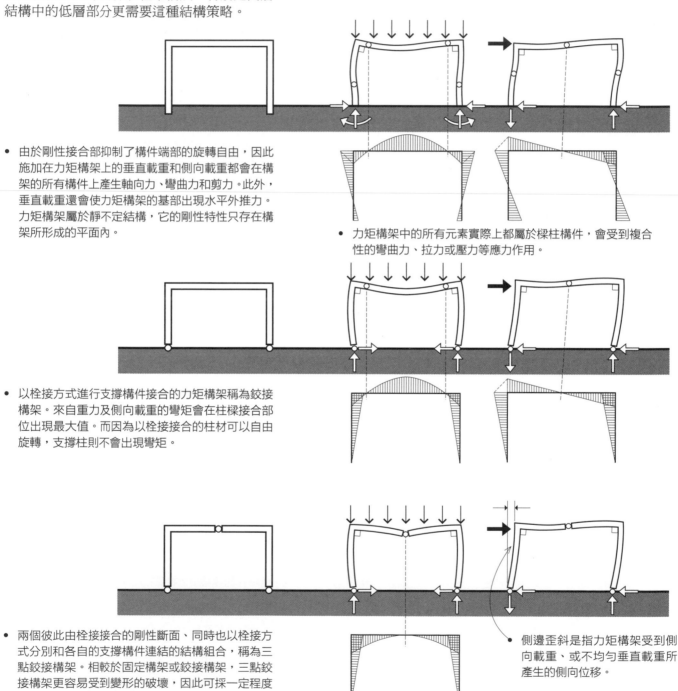

- 由於剛性接合部抑制了構件端部的旋轉自由，因此施加在力矩構架上的垂直載重和側向載重都會在構架的所有構件上產生軸向力、彎曲力和剪力。此外，垂直載重還會使力矩構架的基部出現水平外推力。力矩構架屬於靜不定結構，它的剛性特性只存在構架所形成的平面內。

- 力矩構架中的所有元素實際上都屬於樑柱構件，會受到複合性的彎曲力、拉力或壓力等應力作用。

- 以栓接方式進行支撐構件接合的力矩構架稱為鉸接構架。來自重力及側向載重的彎矩會在柱樑接合部位出現最大值。而因為以栓接接合的柱材可以自由旋轉，支撐柱則不會出現彎矩。

- 兩個彼此由栓接接合的剛性斷面、同時也以栓接方式分別和各自的支撐構件連結的結構組合，稱為三點鉸接構架。相較於固定構架或鉸接構架，三點鉸接構架更容易受到變形的破壞，因此可採一定程度的預製、和相對簡單的現場接合作業。

- 側邊歪斜是指力矩構架受到側向載重、或不均勻垂直載重所產生的側向位移。

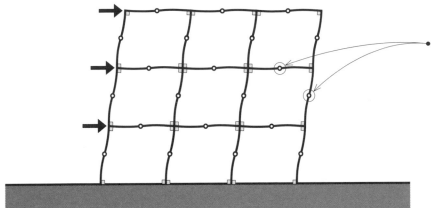

• 複層的力矩構架受到側向作用力後會出現彎曲點（內部鉸接點）。這些理論上假設的鉸接點事實上並不會產生力矩，反而可用來判斷鋼構造的接合點位置、以及澆置混凝土時的鋼筋配置。

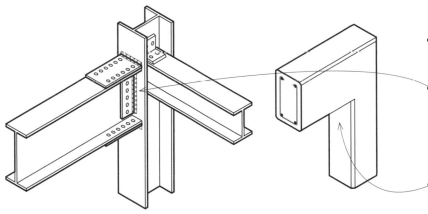

• 力矩構架必須要能抵抗力矩，通常會以結構鋼材或鋼筋混凝土施作。其中，樑柱接合部位的細節是確保接合點剛性的重要關鍵。

• 結構鋼樑與鋼柱可透過焊接、高拉力螺栓、或者兩者併用的做法來連接，進而發揮抵抗力矩的作用。鋼構抗力矩構架提供了具有延展性的系統，使構架在作用力超出整體系統的彈性能力時仍能抵抗地震作用力。

• 鋼筋混凝土力矩構架可由樑和柱、平板和柱、或是板和承重牆構成。由於一體澆置的混凝土具有內在連續性，自然能讓接合部位具有抵抗力矩的能力，因此，只需加上簡單的鋼筋配置，就能將構件做成懸挑。

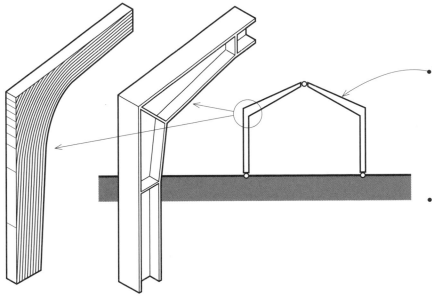

• 三點鉸接構架可運用在屋頂的斜面上。三點鉸接構架的基本結構行為與平屋頂相似。三點鉸接構架的構件形狀經常反應出該點位置的相對彎矩量，特別在樑柱接合部位更為明顯。由於栓接處的彎矩值為零，因此在這個栓接點上的構件橫斷面也會縮小。

• 除了結構鋼材之外，木材也可用來製作三點鉸接構架。但必須在樑柱交叉處增加額外構材，以抵抗大量的彎矩。

側向作用力抵抗機制

剪力牆

剪力牆是相對薄且長的剛性垂直面。我們可以將剪力牆類比為立在垂直板邊緣的懸挑樑，可抵抗從上方樓板或屋頂水平隔板傳遞而來的集中剪力載重。

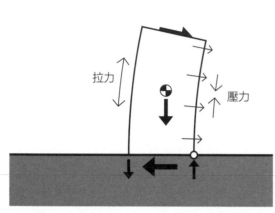

拉力

壓力

剪力牆的均衡配置，來自牆體的靜載重重量、和牆緣或牆隅的抵抗拉力和壓力所形成的作用力。

剪力牆的構成材料有以下幾種：

- 場鑄鋼筋混凝土
- 預鑄混凝土
- 加強磚石構造
- 以結構板材覆蓋的輕構架立柱構造，例如夾板、定向纖維板（OSB）或斜向板材。

一般來說，剪力牆只有少量開口或破口；如果剪力牆上出現規則的破口，那麼結構行為就會介於剪力牆和抗力矩構架之間。

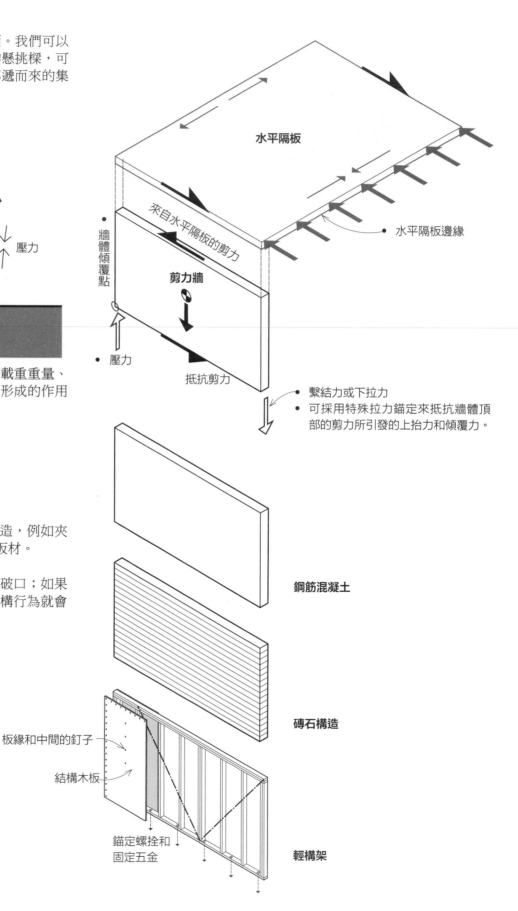

水平隔板

水平隔板邊緣

牆體傾覆點

來自水平隔板的剪力

剪力牆

壓力

抵抗剪力

- 繫結力或下拉力
- 可採用特殊拉力錨定來抵抗牆體頂部的剪力所引發的上抬力和傾覆力。

鋼筋混凝土

磚石構造

板緣和中間的釘子

結構木板

錨定螺栓和固定五金

輕構架

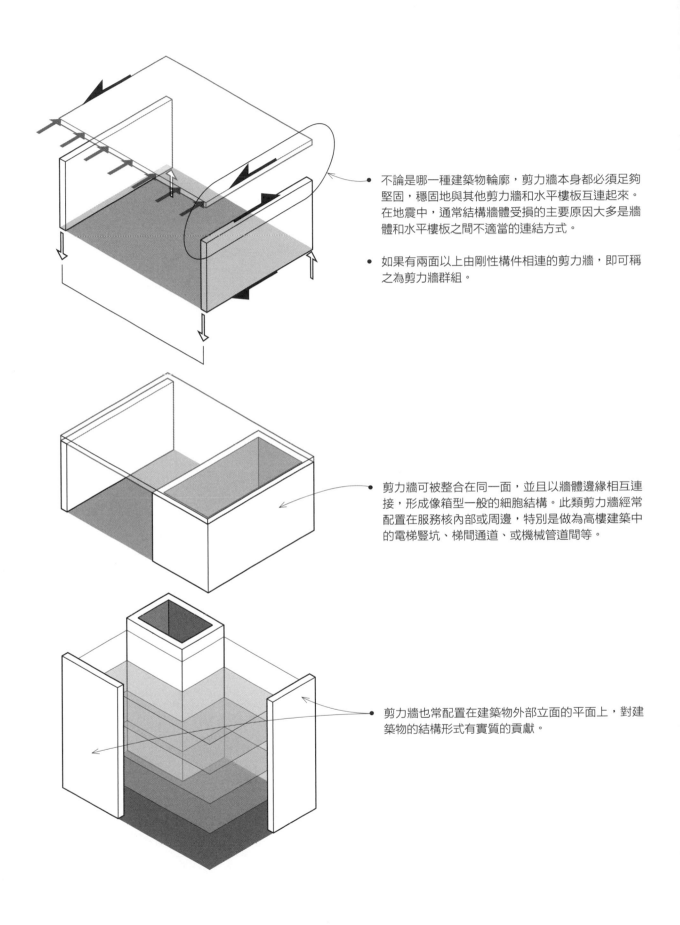

不論是哪一種建築物輪廓，剪力牆本身都必須足夠堅固，穩固地與其他剪力牆和水平樓板互連起來。在地震中，通常結構牆體受損的主要原因大多是牆體和水平樓板之間不適當的連結方式。

如果有兩面以上由剛性構件相連的剪力牆，即可稱之為剪力牆群組。

剪力牆可被整合在同一面，並且以牆體邊緣相互連接，形成像箱型一般的細胞結構。此類剪力牆經常配置在服務核內部或周邊，特別是做為高樓建築中的電梯豎坑、梯間通道、或機械管道間等。

剪力牆也常配置在建築物外部立面的平面上，對建築物的結構形式有實質的貢獻。

側向作用力抵抗機制

水平隔板

為了對抗側向作用力，建築物必須具備垂直向和水平向的抵抗元素。其中，能將側向作用力傳遞至地面的垂直元素，包括了斜撐加強構架、力矩構架和剪力牆。而將側向作用力傳遞至垂直抵抗元素的主要水平元素則是水平隔板和水平斜撐。

水平隔板一般是指是能將側向風力和地震作用力傳遞至垂直抵抗元素上的樓板和屋架構造。如果以鋼樑做為比喻，水平隔板就像一道具備類似鋼樑功能的扁平樑，隔板本身是樑腹，隔板邊緣就像鋼樑的凸緣一樣。雖然水平隔板通常是水平的，但也可以製作成曲面或斜面，建造屋頂時就經常這麼做。

一般而言，結構性水平隔板的平面內有極大的強度和剛度，即使是為了要讓使用者行走在樓板或屋頂板上更加舒適，隔板會稍具彈性，但隔板平面本身還是相當堅固。這種材料本質上的剛度和強度，讓每一層樓的水平隔板得以和柱與牆體繫結成一體，以提供支撐元素所需的側向抵抗力。

水平隔板分成剛性板和彈性板兩類。兩者的差異會很明顯地影響側向載重從水平隔板分配到垂直抵抗元素的模式。載重從剛性隔板分配至垂直抵抗元素的過程，和垂直元素的剛度有密切關係。扭力效應就是因為剛性隔板連接了不對稱的垂直抵抗元素而造成。混凝土板、金屬板澆置混凝土，以及一些厚重型鋼承板都可視為剛性水平隔板。

如果水平隔板具有彈性，隔板平面內的變形可能會比較大，而且垂直抵抗元素的載重量會依據隔板的載重配屬區域來決定。木鋪板和無混凝土澆置的輕薄型鋼承板都是彈性水平隔板的案例。

水平隔板上開口的尺寸和位置都會大幅地削弱屋頂板和樓板的強度。當隔板的厚度減少，隔板前、後緣的拉力和壓力都會增加，因此必須謹慎處理內角應力集中部位的細節。

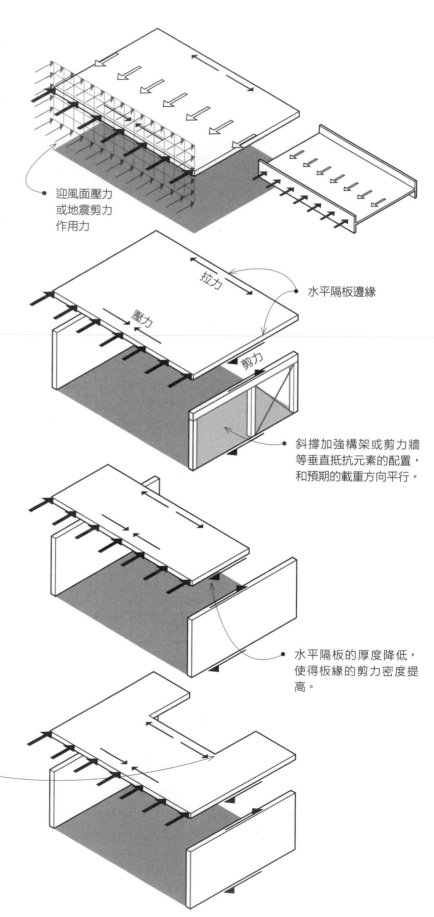

迎風面壓力或地震剪力作用力

拉力

壓力

水平隔板邊緣

剪力

斜撐加強構架或剪力牆等垂直抵抗元素的配置，和預期的載重方向平行。

水平隔板的厚度降低，使得板緣的剪力密度提高。

樓板和屋頂板可以由木材、金屬、或混凝土板等材料構成。

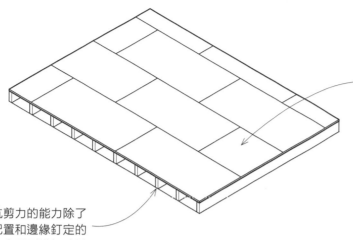

有鋪板的輕構架

- 在輕構架構造中，水平隔板由結構木板構成，例如以夾板鋪排在木構架或輕薄型鋼承板構架上。當樓板或屋頂構架的邊緣像鋼樑翼板一樣在抵抗壓力和拉力時，鋪板就會形成類似剪力腹板的作用。

- 水平隔板抵抗剪力的能力除了依據板材的配置和邊緣釘定的狀況而定，也會受到構架弦材強度的影響。

鋼承板

- 澆置混凝土的鋼承板可有效地做為水平隔板使用。混凝土提供必要的強度，而鋼承板和混凝土中的鋼筋則提供抗拉的強度。其中最關鍵的條件就是所有元素要能妥善地結合在一起。

- 不澆置混凝土的屋頂鋼承板也可做為水平隔板；但會比有澆置混凝土的水平隔板更具彈性，且強度減弱。

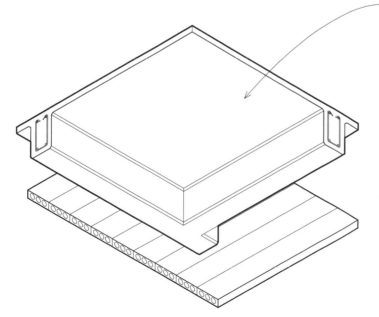

混凝土板

- 場鑄鋼筋混凝土板可以做為水平隔板的剪力腹板，只需適當地在樑內或板內加入鋼筋形成抗拉弦材與抗壓部位。混凝土屋頂和樓板系統中的鋼筋連續性能在整棟建築物中提供結構繫結效用。

- 當混凝土板做為鋼構架建築物中的水平隔板時，必須將樓板與鋼構架確實結合與連接，才能穩定鋼樑的受壓翼板，也讓水平隔板的作用力更容易傳遞至鋼構架上。因此，必須將鋼樑置入混凝土中、或將剪力釘焊接在鋼樑上緣翼板後再與混凝土進行接合。

- 以預鑄混凝土樓板和屋頂系統做為結構水平隔板的挑戰性比較高。因此，當水平隔板承受較大應力時，可以在預鑄構件上澆置混凝土板來補強。如果不這麼做，就必須利用適當的扣件將預鑄混凝土構件連接起來，以傳遞在預鑄構件邊緣出現的剪力、拉力和壓力。扣件通常是由焊接在相連板之間的鋼板或鋼棒所構成。

側向作用力抵抗系統

建築物不僅是雙向板的集合體，更是一種三維度的結構。其幾何穩定性必須依賴水平隔板和垂直構件的三維度構成，相互整合、連結才能夠抵抗來自各個方向的側向作用力。舉例來說，建築物在地震侵襲時形成的慣性作用力，就必須透過這個三維度側向力抵抗系統將作用力穿越結構傳遞至基礎層中。

了解側向作用力抵抗系統的運作模式對建築物的設計十分重要，尤其對建築物的形狀和形式設計特別關鍵。側向作用力抵抗元素的類型與位置的選擇都會直接影響建築物的組織計畫和最後的外貌呈現。

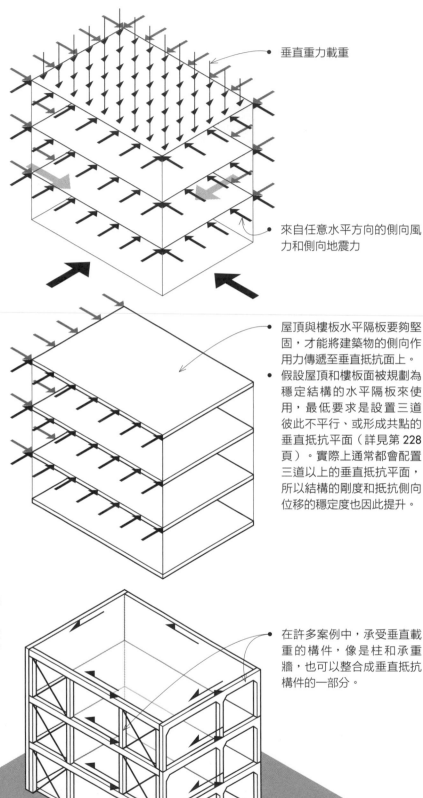

垂直重力載重

來自任意水平方向的側向風力和側向地震力

- 屋頂與樓板水平隔板要夠堅固，才能將建築物的側向作用力傳遞至垂直抵抗面上。
- 假設屋頂和樓板面被規劃為穩定結構的水平隔板來使用，最低要求是設置三道彼此不平行、或形成共點的垂直抵抗平面（詳見第 228頁）。實際上通常都會配置三道以上的垂直抵抗平面，所以結構的剛度和抵抗側向位移的穩定度也因此提升。

- 側向作用力的抵抗面可以是斜撐加強構架、力矩構架或剪力牆的組合。例如，剪力牆可抵抗某個方向上的側向力，斜撐加強構架則在另一個方向上發揮類似作用。有關這些垂直抵抗元素的比較請詳見下頁。

在許多案例中，承受垂直載重的構件，像是柱和承重牆，也可以整合成垂直抵抗構件的一部分。

建築物垂直面的側向抵抗力也可透過斜撐加強構架、力矩構架或剪力牆的其中一種或多種來達成。然而，這些垂直抵抗機制並不一定等同於剛度和結構效率。在部分案例中，可能只有少部分的結構構架需要加以穩定。左側圖示以五個跨距的構架為例，說明不同垂直抵抗機制所需的強化長度也會不同。

斜撐加強構架

- 斜撐加強構架有很高的強度和剛度，在抵抗劇烈變形時的效率比力矩構架更好。
- 相較於力矩構架，斜撐加強構架使用的材料較少，接合方式也比較簡單。
- 相較於力矩構架，斜撐加強構架比較適用於低矮樓高的設計。
- 斜撐加強構架可能成為建築物設計中重要的視覺元素；但另一方面，也可能造成相鄰空間之間的通行阻礙。

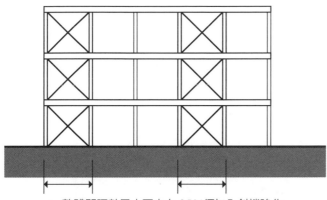

- 整體間隔數量中至少有 25% 須加入斜撐強化

力矩構架

- 力矩構架在視覺效果和相鄰空間的實質通道兩方面都具備最大的彈性。
- 如果能謹慎處理力矩構架的接合細節，就能得到很好的構架延展性。
- 力矩構架的結構效率比斜撐加強構架和剪力牆低。
- 比起於斜撐加強構架，組成力矩構架會耗費比較多的材料與勞力。
- 地震期間出現的大量變形會破壞建築物的非結構元素。

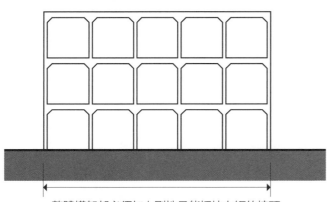

- 整體構架都必須加上剛性且能抵抗力矩的接頭。

剪力牆

- 鋼筋混凝土牆或石造牆體如果能穩固結合樓板與屋頂水平隔板，就能形成很好的吸能效果。
- 剪力牆的比例必須妥善設計，才能避免出現過度的側向變形與過高的剪應力。
- 要避免過高的方向比（高寬比）。

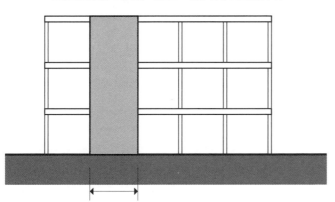

- 剪力牆的比例最少應占間隔總數的 20%～25%

側向作用力抵抗系統

建築物的輪廓

建築物的輪廓是指結構中側向力抵抗機制所形成的三維度構成。關於抵抗機制的位置、排列方式及其尺寸和形狀的各項決定，都會對結構表現產生很大的影響，特別在建築物受到地震力作用時更加明顯。

規則輪廓

建築法規針對地震作用力所做的基本假設是，抵抗系統的規則輪廓在承受均衡的側向作用力時，也會均衡地回應。此外，規則輪廓通常有以下幾個特徵，例如對稱的平面、短跨距、路徑冗餘、均等的樓高、一致的斷面和立面、均衡的抵抗作用、最大扭曲抵抗作用和直接的載重路徑。

不規則輪廓例如不連續的水平隔板或L形、T形建築物，會形成嚴重的集中應力與扭轉運動（扭力），要抵抗這些作用力非常困難。詳見第226頁。

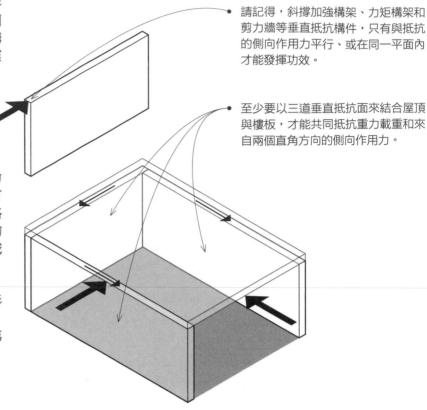

請記得，斜撐加強構架、力矩構架和剪力牆等垂直抵抗構件，只有與抵抗的側向作用力平行、或在同一平面內才能發揮功效。

至少要以三道垂直抵抗面來結合屋頂與樓板，才能共同抵抗重力載重和來自兩個直角方向的側向作用力。

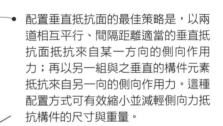

配置垂直抵抗面的最佳策略是，以兩道相互平行、間隔距離適當的垂直抵抗面抵抗來自某一方向的側向作用力；再以另一組與之垂直的構件元素抵抗來自另一向的側向作用力。這種配置方式可有效縮小並減輕側向力抵抗構件的尺寸與重量。

在初期設計階段，決定側向力抵抗元素的三維度樣式、了解其對空間配置與形式構成的潛在影響，比起指定特定的側向力抵抗元素類型更加重要。

垂直抵抗平面彼此的配置關係，對必須抵抗各方向側向載重的建築結構性能來說非常重要。最好將側向作用力抵抗元素以平衡且對稱的方式配置，才能避免因為建築物質心和抵抗力中心呈偏心狀態而出現的扭力。

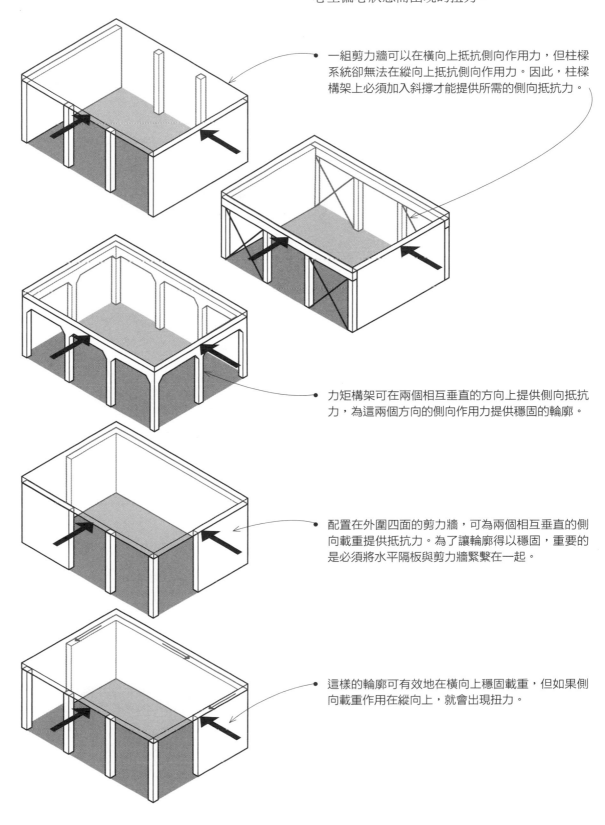

一組剪力牆可以在橫向上抵抗側向作用力，但柱樑系統卻無法在縱向上抵抗側向作用力。因此，柱樑構架上必須加入斜撐才能提供所需的側向抵抗力。

力矩構架可在兩個相互垂直的方向上提供側向抵抗力，為這兩個方向的側向作用力提供穩固的輪廓。

配置在外圍四面的剪力牆，可為兩個相互垂直的側向載重提供抵抗力。為了讓輪廓得以穩固，重要的是必須將水平隔板與剪力牆緊繫在一起。

這樣的輪廓可有效地在橫向上穩固載重，但如果側向載重作用在縱向上，就會出現扭力。

側向作用力抵抗系統

上一頁說明了較小規模建築物的穩定輪廓。對大規模建築物來說，更具策略性地設置可抵抗各個水平方向來的側向載重，並且將可能產生的扭矩和位移降至最低，這樣的重要性可說有過之而無不及。此外，在方形或長方形網格配置的複層建築物中，設置垂直抵抗元素的理想位置應在整個結構中相互垂直的平面上，並且一層樓一層樓地保持連續性。

垂直抵抗元素如何配置，會影響側向力抵抗策略的效能。建築物的側向力抵抗元素愈是集中，其強度和剛度也必須隨之提高。反之，側向力抵抗元素則是愈平均分散配置，剛度就愈低。

影響側向配置策略表現的另一項關鍵是，分散的抵抗元素和水平隔板的連結程度會影響它們是否能共同作用，而不是單獨作用。舉例來說，當側向力抵抗元素集中作用時，水平隔板必須能夠將側向力從最外部表面傳遞到內部的抵抗元素上。

複層建築物中，容納電梯、樓梯、和機電管道間的服務核可由剪力牆或斜撐加強構架組構而成。以服務核牆體抵抗來自各平面方向的側向作用力，或是把服務核牆體當做可穩固、強化建築結構以抵抗側向載重的三維度結構管體。由於服務核豎井的斷面通常為長方形或圓形，這種管狀作用對於抵抗來自各方向的力矩和剪力都十分有效。如果每一層樓的服務核和側向力抵抗面之間都能有策略地以水平隔板連結，就可形成絕佳的側向力抵抗機制。

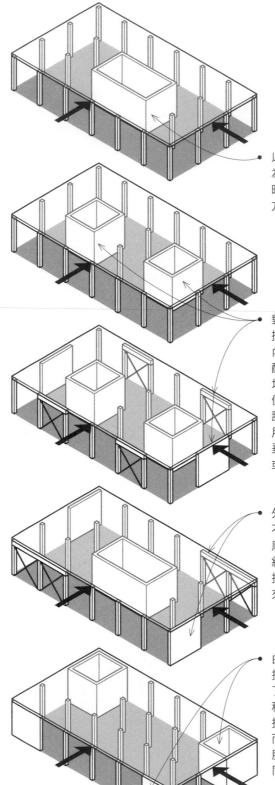

以位在正中央的單一服務核為結構提供所有側向抵抗力時，必須比兩兩對稱的配置方式具備更高的強度和剛度。

對稱地設置於外部的側向力抵抗元素，搭配兩個對稱的內部結構核，會是比較好的配置方式，能夠有效分散並均衡地抵抗來自兩個方向的側向作用力。如果將剪力牆設置在主要方向上以抵抗作用力時，必須在主要方向的垂直向上設置斜撐加強構架或力矩構架做為搭配。

外部的側向力抵抗元素如果不對稱，就會變成不規則輪廓。但因為這種配置的內部結構核仍具有額外的側向抵抗能力，所以還是可以抵抗來自兩個方向的側向作用力。

由於在縱軸周邊的側向力抵抗元素採不對稱配置，形成了左圖所呈現的另一種不對稱輪廓。其中，服務核牆體提供橫向上的側向抵抗力，而外部的側向抵抗牆體則與服務核牆體的縱向對齊、共同作用。

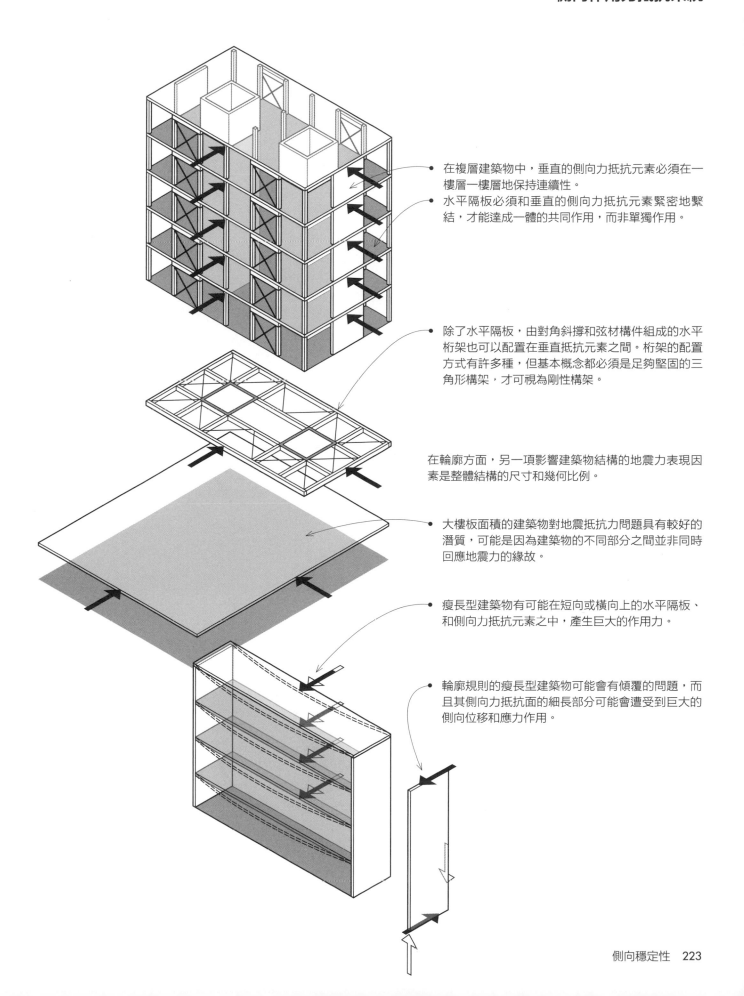

在複層建築物中，垂直的側向力抵抗元素必須在一樓層一樓層地保持連續性。

水平隔板必須和垂直的側向力抵抗元素緊密地繫結，才能達成一體的共同作用，而非單獨作用。

除了水平隔板，由對角斜撐和弦材構件組成的水平桁架也可以配置在垂直抵抗元素之間。桁架的配置方式有許多種，但基本概念都必須是足夠堅固的三角形構架，才可視為剛性構架。

在輪廓方面，另一項影響建築物結構的地震力表現因素是整體結構的尺寸和幾何比例。

大樓板面積的建築物對地震抵抗力問題具有較好的潛質，可能是因為建築物的不同部分之間並非同時回應地震力的緣故。

瘦長型建築物有可能在短向或橫向上的水平隔板、和側向力抵抗元素之中，產生巨大的作用力。

輪廓規則的瘦長型建築物可能會有傾覆的問題，而且其側向力抵抗面的細長部分可能會遭受到巨大的側向位移和應力作用。

側向作用力抵抗系統

不規則輪廓

很難想像所有建築物都有著規則輪廓。平面和剖面中的不規則性通常是為了回應計畫和環境上的需求、考量或渴望。不均衡的建築物配置會影響結構承受側向載重時的穩定性，也特別容易因為地震而損壞。從地震力的設計脈絡來說，在特殊不規則性存在的時候，不規則輪廓也會有不同的重要性和不同的程度。如果無法避免不規則性，設計者就必須清楚認知地震力對建築物可能產生的影響，並且要小心處理建築結構的細節，以確保適當的結構表現。

水平向上的不規則性

水平向上的不規則性包括了所有在平面輪廓的構成過程中引發像是扭矩不規則、凹角、不平行系統、水平隔板的不連續性、或面外偏移等情形。

扭矩的不規則性

結構周圍的強度和剛度如果出現變化，會在質量中心（側向作用力的質量中心）和剛心、或和阻力中心（系統中用來抵抗側向作用力元素的剛度中心）之間產生偏心或分離。這會使得建築物水平地旋轉或扭轉，然後在結構元素上形成過度的應力、或是讓應力集中在特定部位上，比如集中在凹角的位置。為了避免這種毀壞性的扭矩效應，結構必須妥善配置，並加入對稱的斜撐來補強，使質心和剛心盡可能重疊在一起。

如果建築物的平面不對稱，必須透過調整側向力抵抗系統來讓剛心接近質心的位置。如果這個做法不可行，則必須針對不對稱配置引發的扭矩效應進行特殊的結構設計。其中一種做法即是根據質量的分布情形來配置具有剛度的斜撐構件。

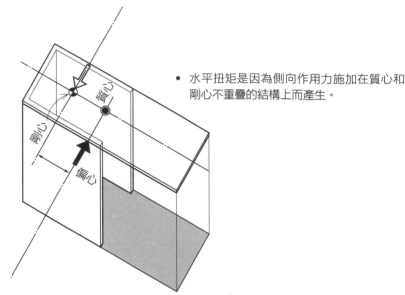

- 水平扭矩是因為側向作用力施加在質心和剛心不重疊的結構上而產生。

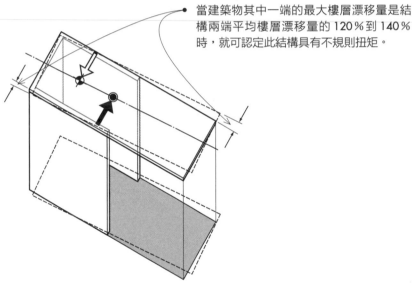

- 當建築物其中一端的最大樓層漂移量是結構兩端平均樓層漂移量的 120％ 到 140％ 時，就可認定此結構具有不規則扭矩。

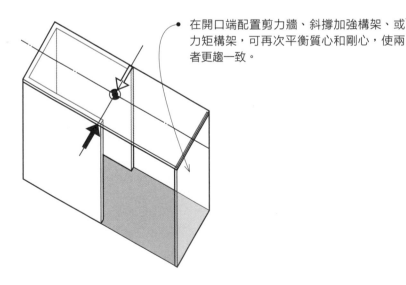

- 在開口端配置剪力牆、斜撐加強構架、或力矩構架，可再次平衡質心和剛心，使兩者更趨一致。

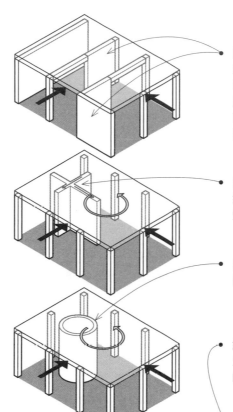

均衡配置的側向力抵抗面能為來自平行方向的側向載重提供良好的抵抗能力。但是與載重方向平行的單一剪力牆在承受其他方向的載重時會出現扭矩。所以為了穩定結構,必須在兩個受力方向上皆配置兩道相互平行的側向力抵抗面,才能因應兩個方向的側向載重。

即使側向力抵抗面和側向載重的方向平行,但如果結構的剛心和結構相互彼此偏移,還是會引發扭矩。

圓形結構核上的作用力會沿著圓周作用,導致不良的抵抗扭矩。

線性的建築物有較高的長寬比和不對稱配置的側向力抵抗元素,很容易因為不均質的剛度而引發巨大的扭矩問題。

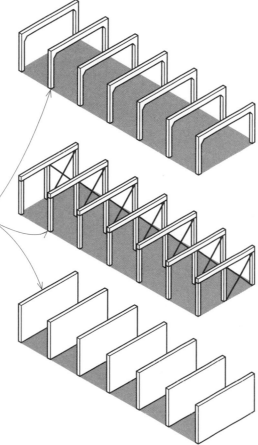

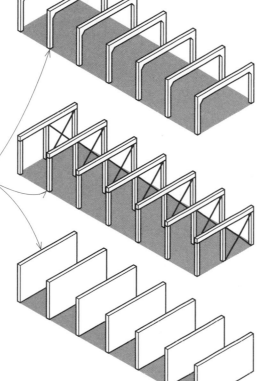

• 因為橫向上的側向載重通常會比縱向上的側向載重更為關鍵,抵抗側向載重機制中比較有效率的類型因此被應用在短向上。

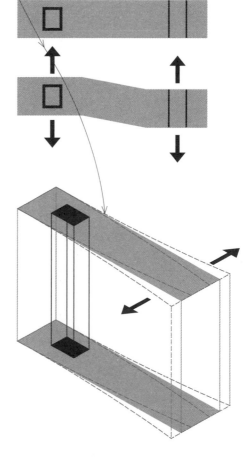

側向作用力抵抗系統

凹角

L形、T形、H形建築物、以及十字形平面組織的共通問題是應力高度集中在凹角，也就是建築物在某軸向上凸出的部分超出平面尺寸15％的內部角隅。

這些建築物形狀的各部位剛性都不一樣，在結構中不同部位產生的運動狀態也不同，而使得應力集中在凹角位置。

凹角的應力集中現象和扭矩效應彼此相互關聯。在這種構成中，質心和剛心無法在承受來自各種可能方向的地震力時形成重疊，因此會導致扭矩效應。

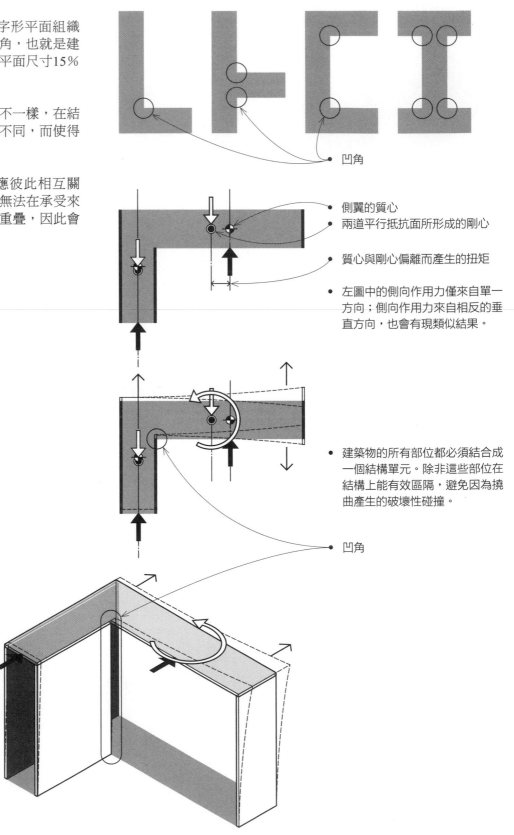

凹角

側翼的質心
兩道平行抵抗面所形成的剛心

質心與剛心偏離而產生的扭矩

- 左圖中的側向作用力僅來自單一方向；側向作用力來自相反的垂直方向，也會有現類似結果。

- 建築物的所有部位都必須結合成一個結構單元。除非這些部位在結構上能有效區隔，避免因為撓曲產生的破壞性碰撞。

凹角

處理內角問題的基本手法有兩種：

1.第一種手法是在結構上將建築物輪廓分隔成幾個更簡單的形狀，並以抗震的接合方式連結為一體。抗震接合的設計和構造用來負責容受這兩個單元產生的最大漂移量，以避免在最嚴重時，兩個分隔的單元可能向彼此傾倒毀壞。建築物中每個結構獨立的部分都必須能完全抵抗作用在該部分的垂直作用力和水平作用力。

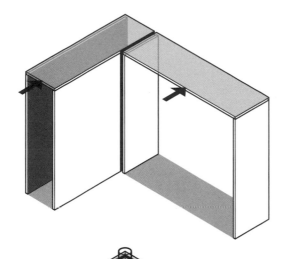

• 右排圖中的側向作用力均來自單一方向。但如果側向作用力來自相反的垂直方向，也會有類似的結果。

2.第二種手法則是在建築物的各部分進行更強力的實質繫結，以因應更高的應力層級。

• 其中一種做法是將兩棟建築物穩固地繫結為一體，使兩翼在地震中形成類似一個單元的作用。接收樑可以配置在交界處，以便傳遞穿越交界處結構核的載重。

• 假設兩道側翼已經穩固地繫結在一起，還可在自由端配置全樓高的加固元素，例如剪力牆、斜撐加強構架、或力矩構架，以減少建築物位移和扭矩發生的可能性。

• 應力集中在凹角的情形，可以利用斜面取代原本的銳角，透過緩和應力流的手法減少應力的集中。

側向作用力抵抗系統

非平行系統

非平行系統指的是，垂直的側向力抵抗元素
和結構中主要的長方形軸既不平行、也不對
稱的結構配置。不平行的抵抗面無法因應側
向載重所引發的扭矩，也無法抵抗與載重方
向平行的牆面所產生的剪力。

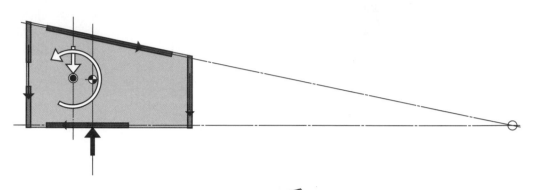

水平隔板的不連續性

水平隔板明顯的剛度差異除了會隨著不同樓
層而改變，也會表現在有大面積切割或有開
口的隔板中，這些都是另一種平面不規則性
的類型。這樣的不連續性會影響水平隔板將
側向作用力分配至垂直構件上的效率。

面外偏移

面外偏移指的是，側向力抵抗系統中的垂直
構件傳遞路徑形成不連續性。結構上的作用
力應該盡可能地直接沿著連續路徑，從一個
結構元素傳遞至下一個結構元素，最後經由
基礎系統消解而進入土壤層中。當側向力抵
抗系統中的垂直元素中斷，水平隔板就必須
將水平剪力重新分配至同一平面、或其他平
面的垂直抵抗元素中。

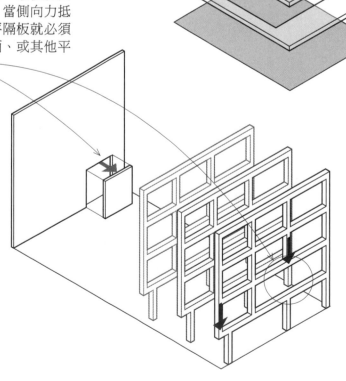

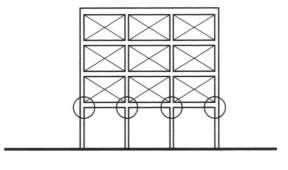

垂直向的不規則性

垂直向的不規則性出現在剖面輪廓上，例如軟層、弱層、不規則幾何性、面內中斷（平面內的不連續性）、不規則的質量或重量等情形。

軟層

軟層的側向剛度明顯小於上方其他樓層。這種情形會發生在任何樓層，但因為地震力會朝基礎方向往下累積，因此在建築物一層與二層之間出現剛度中斷的機率最高。剛度降低會使軟層的柱子產生大量變形，而且通常還會導致柱樑接合部位出現剪力破壞。

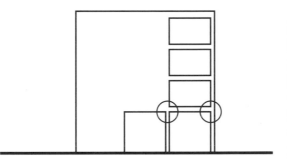

弱層

弱層是因為某一樓層的側向強度明顯低於上方其他樓層。如果剪力牆不是從上層至下層都排列在同一平面，側向作用力就無法直接透過牆體從屋頂傳遞至基礎，而是轉以替代路徑跳過結構中斷處而將側向作用力重新導向，導致在中斷處形成臨界超應力。剪力牆中斷是地面層為弱層結構的問題案例中最特殊的一例。

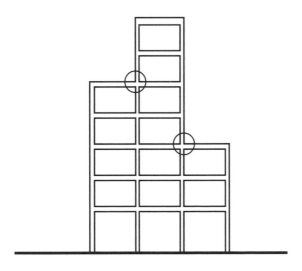

幾何的不規則性

幾何的不規則性是因為側向作用力抵抗系統的水平尺寸明顯大於相鄰樓層。這樣的垂直向不規則性會在建築物的不同部位引發相異且複雜的結構行為。因此必須特別留意立面出現變化的接合位置。

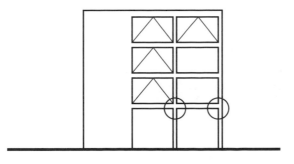

面內中斷

面內中斷會使垂直的側向作用力抵抗構件產生剛度變化。剛度變化通常會從建築物的屋頂往基部逐漸增加。地震力會累積在每一個連續樓層下方的水平隔板中，而且在二層成為關鍵。二層如果少了任何一支側向斜撐，不只一層的柱子會產生嚴重的側向變形，也會在剪力牆和柱子上引發相當高的剪應力。

側向作用力抵抗系統

重量或質量的不規則性

重量或質量的不規則性起因於某一樓層的質量明顯高於相鄰樓層。這種不規則性和軟層的情形相似，剛度改變將導致載重路徑重新分配，並且在樑柱接合部位形成集中應力，以及下方柱子大幅度的位移。

- 游泳池、有大量土壤需求的綠屋頂、和厚重的屋頂材料都會提高屋頂層的質量，而質量在地震發生時會轉換成巨大的水平慣性作用力。因此，必須透過更堅固的垂直側向力抵抗系統，才能因應額外的載重。例如，增加每一個結構構件的尺寸、或是縮短間隔距離等手法。

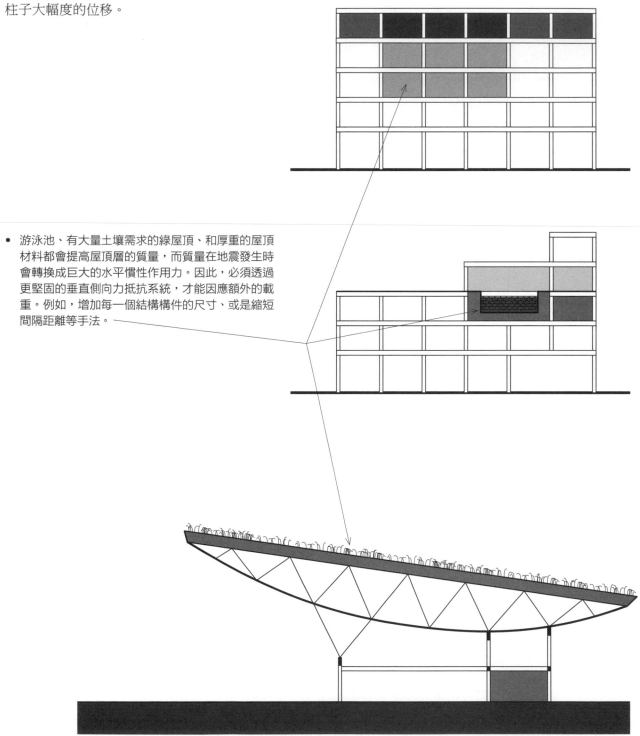

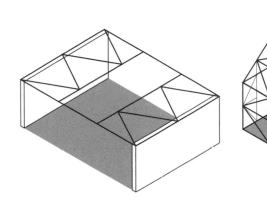

水平斜撐構架

有時候當屋頂或樓板的鋪板太輕或彈性太高，以至於無法承受水平隔板的作用力時，就必須結合水平構架和斜撐，達成類似強化牆體構架的作用。在鋼構架建築物中，尤其是架設長跨距桁架的工業建築物或倉庫結構，其屋頂水平隔板即是以對角鋼斜撐和支柱的組合來支撐。最重要的設計考量是要能提供一條將側向作用力傳遞至垂直抵抗元素的完整路徑。

● 水平斜撐，通常也稱為抗風斜撐，倚賴桁架的作用且能有效抵抗屋頂板的破壞，特別對於那些不是來自縱向和橫向的作用力，有很好的因應能力。

● 斜撐在施工階段也能協助平面尺度保持方正，並且在屋頂水平隔板完成之前提供結構所需的剛性。一般來說，不必在屋頂面的每一個間隔內都施作抗風斜撐。只要有足夠的間隔加上斜撐補強，確保水平構架足以將側向載重傳遞至垂直抵抗系統上即可。

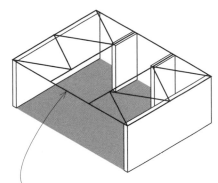

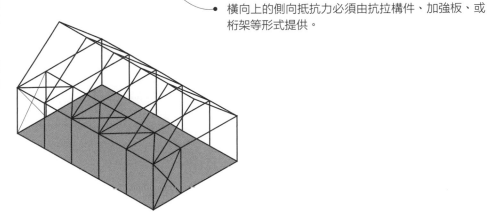

● 側向作用力會沿著屋頂面傳送，其作用類似橫跨在垂直的側向作用力抵抗系統上的扁平樑。

● 桁架斜撐不僅可提升整體結構的剛度，還能協助個別構件抵抗挫屈的破壞。

● 橫向上的側向抵抗力必須由抗拉構件、加強板、或桁架等形式提供。

側向作用力抵抗系統

基礎隔震

基礎隔震是一種將建築物和其基礎分離或隔離、讓基礎吸收地震震動的策略。當地層移動，由於隔震機制消解了大部分的震動，建築物的震動頻率會因此降低。基礎隔震的做法是在結構和基礎之間置入一道低水平剛質層，協助建築結構吸收地震土壤運動中的水平分力震波，進而減低結構必須抵抗的慣性作用力。

目前最普遍採用的基礎隔震，是將可交替使用的天然橡膠層或氯丁橡膠層與鋼材層疊結合，中心部位置入純鉛製的圓柱體緊密結合。橡膠層可以讓隔震裝置輕易地在水平向運動，減低建築物和其使用者所接收到的地震力。基礎隔震也能像彈簧般運作，在地震結束後將建築物回復到原來的位置。經過硫化處理的橡膠片結合強化薄鋼片，可容受水平向上的彈性，但仍保有垂直向上的剛度。因此相較於水平載重，傳送到結構上的垂直載重反而是不變的。

基礎隔震系統通常只能應用在最高高度為七層的剛質建築上；超過此高度的建築物很可能因為基礎隔震系統起不了緩和作用而傾覆。但近來，較高的建築物也開始受惠於基礎隔震的應用。隔震建築物的週期通常必須比無隔震建築物的週期高出2.5至3倍。

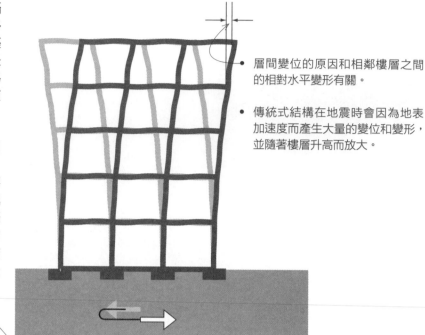

- 層間變位的原因和相鄰樓層之間的相對水平變形有關。

- 傳統式結構在地震時會因為地表加速度而產生大量的變位和變形，並隨著樓層升高而放大。

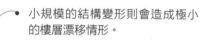

- 小規模的結構變形則會造成極小的樓層漂移情形。

- 建築物必須設計成可如同一體活動的剛性單元，並且讓接合部位保有彈性，才能因應變動。

- 基礎隔震軸承必須合理地配置在相同高度。坡面或斜面基地的梯形基腳並不適合設置基礎隔震。

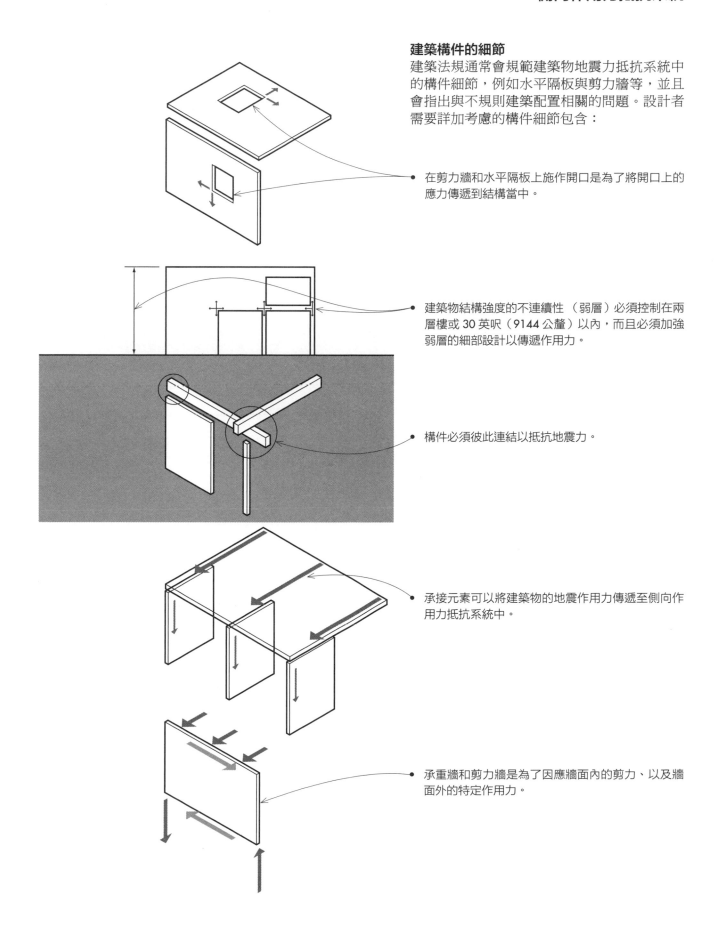

建築構件的細節

建築法規通常會規範建築物地震力抵抗系統中的構件細節，例如水平隔板與剪力牆等，並且會指出與不規則建築配置相關的問題。設計者需要詳加考慮的構件細節包含：

在剪力牆和水平隔板上施作開口是為了將開口上的應力傳遞到結構當中。

建築物結構強度的不連續性（弱層）必須控制在兩層樓或 30 英呎（9144 公釐）以內，而且必須加強弱層的細部設計以傳遞作用力。

構件必須彼此連結以抵抗地震力。

承接元素可以將建築物的地震作用力傳遞至側向作用力抵抗系統中。

承重牆和剪力牆是為了因應牆面內的剪力、以及牆面外的特定作用力。

側向作用力抵抗系統

不論建築結構想傳達哪種形狀或幾何性，重力和側向載重都會對所有結構造成影響。即便是看似不具規則性、形式自由的建築物，在皮層底下通常也會有規則的構架系統、或是性質穩定的非直線結構幾何。建構非直線、不規則、或有機結構形式的方式有很多，關鍵是這些貌似自由的形式都應具備深層的幾何性或結構基礎，就算視覺上無法察覺，卻是因應側向力的基本抵抗策略。

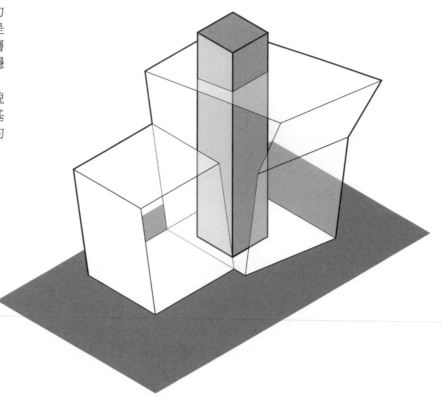

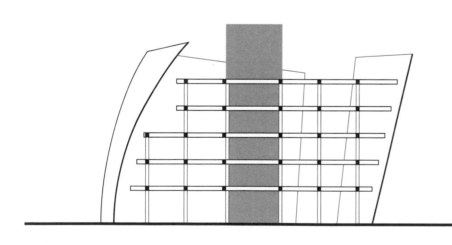

- 第三級支撐元素，例如垂直桁架，可支撐從規則直線結構構架中延伸出來的自由立面。
- 外部形式是由同一平面方向的間隔規則性、以及一序列形式自由的力矩構架共同定義而成。
- 雙曲面的構成其實是從規則幾何面比例分割出來的。

6 長跨距結構
Long-Span Structures

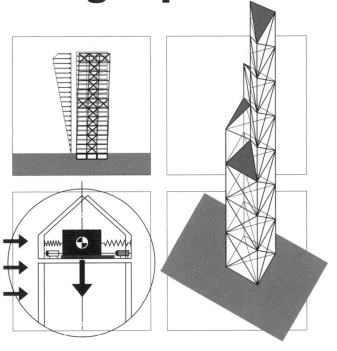

長跨距結構

對大部分的大型建築物而言，跨距是非常關鍵的議題，主宰著禮堂、展演廳這類需要大型無落柱空間的設計。設計者和工程師因而肩負著為這類建築物選擇適當結構系統的任務，在不犧牲安全性的前提下，結構系統必須盡可能以最有效率的方式來抵抗大幅度的彎矩與長跨度構件的撓曲。

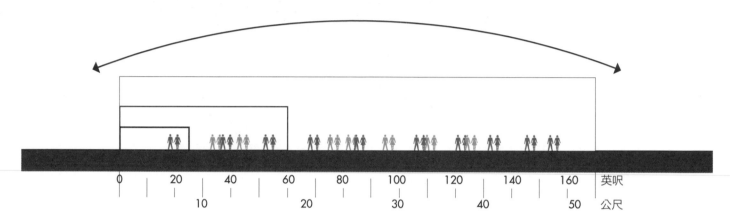

長跨距結構的構成方式並沒有特定的定義，本書將所有超過60英呎（18公尺）的跨距都視為長跨距。長跨距結構常被用來形塑與支撐各種大型開放式樓板空間的屋頂，例如運動場、劇院、游泳中心和停機棚等。如果建築結構中嵌入了一個大型空間，也可以利用長跨距結構來支撐建築物的樓板。

- 進行足球、棒球、橄欖球比賽的體育場可分為開放式場館或室內場館兩種。有些室內體育館擁有可遮蔽高達 50,000 至 80,000 名觀眾的屋頂系統、和超過 800 英呎（244 公尺）的跨距。

- 體動場的尺寸和形狀與中央樓板空間的尺寸、形狀、觀眾席的配置和容量有關。屋頂可做成圓形、橢圓形、方形或長方形等不同形狀，而臨界跨距通常在 150 英呎至 300 英呎（45.7 公尺至 91 公尺）之間，或者更長。為了避免遮擋觀看視線，幾乎所有現代的體育場館採用無落柱式的設計。

- 劇場和表演廳的尺度通常比體育場小，但仍需倚賴長跨距屋頂系統來達成無落柱空間。

- 展覽和會議廳包含展示或商業表演的大型空間，樓地板面積約在 25,000 至 300,000 平方英呎（2323 至 27,870 平方公尺）以上。結構上會盡量以最長的間距來配置柱子，以求空間布局的最大彈性。20 英呎至 35 英呎（6.1 公尺至 10.7 公尺）的柱距是最為普遍的標準類型，但偶爾展覽廳也會有 100 英呎（30 公尺）以上的柱距需求。

- 其他普遍採用長跨距系統的建築物類型還包含倉庫、工業廠房和製造設施、機場大廳和停機棚，以及大型零售商場等。

尺度是決定結構形式的主要角色。對單戶住宅或單一用途建築等小規模建築物來說,簡單的結構系統加上不同類型的建築材料也許就能符合結構上的要求;但對大型結構來說,垂直重力的作用和風力、地震引發的側向作用力卻經常限制了結構材料的使用,而受限的構造方式也會主導結構系統的概念。

- 撓曲是在設計長跨距結構時最主要的決定因素。長跨距構件的深度和尺寸主要是用來控制撓曲,而不是以承受彎曲應力為考量。

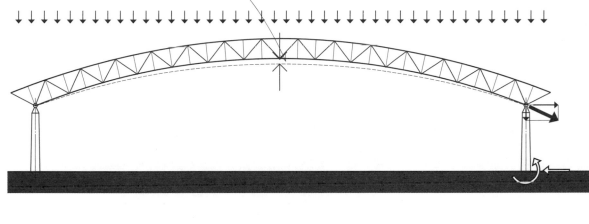

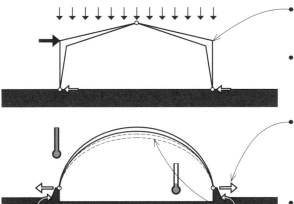

- 在長跨距結構斷面中出現最大彎矩的地方必須有最大的斷面深度。

- 有些長跨距結構像是圓頂與纜索系統,很適合用來支撐分布載重,但如果要因應重設備的集中載重,就會出現困難。

- 由於部分長跨距結構如拱圈、拱頂和圓頂的結構特性,會在下方支撐部位產生外推力,因此必須利用抗拉構件或墩座加以反制。

- 長結構構件容易因為熱脹冷縮而出現明顯的長度變化,尤其是外露結構或位於開放環境中的構件更為嚴重。

- 長跨距結構經常容納大量的使用者,因此讓結構有效抵抗橫向作用力而達到穩定的做法就特別關鍵。

- 長跨距結構中的冗餘路徑較少,因此當關鍵的單一元素或多個元素受到破壞,整個結構就極有可能出現災難性的破壞。支撐長跨距構件的柱子、構架、和牆體等元素均承受了大量的配屬載重,當局部遭受破壞,便很難再將載重重新分配到其他構件上。

- 積水是長跨距屋頂設計時最嚴峻的問題之一。如果屋頂出現變形而阻礙正常的排水通路,多餘的水很有可能聚集在屋頂跨距中央,導致更大量的撓曲、造成更多的積累載重,如此不斷循環直到出現結構破壞。有鑒於此,屋頂必須設計有足夠的坡度或弧度,以確保留設了適當的排水通路,或在設計時就直接將積水載重納入最大載重支撐量之中。

長跨距結構

設計議題

為達較高的經濟效益和效率,長跨距結構應該依適當的結構幾何性來形塑。舉例來說,出現最大彎矩的部位必須配置最深的結構斷面;在彎矩量最小、或彎矩幾乎為零的栓接處,則設計最小的斷面。在這個原則下所形成的輪廓會對建築物外觀,特別是屋頂輪廓,以及屋頂所覆蓋的內部空間形式都會造成很大的影響。

適當的長跨距結構系統該如何選擇,攸關跨距範圍的設計是否能符合內部活動、或滿足建築物設計對形式與空間配置的暗示,也關係著經濟因素,例如材料選用、施工方法、運輸、和建造等。上述任何一個因素都會限制長跨距結構選擇時的可能性。

設計者面臨的另一項抉擇是,長跨距結構究竟該表現或被歌頌到什麼程度。由於長跨距結構的大尺度,使得結構的存在感很難隱藏。然而,有些長跨距結構會清楚表達出橫跨空間的聳立感,有些則保持比較低調的結構角色。設計者可以在兩種態度中選擇,究竟該讓建築設計凸顯長跨距系統的結構技術?還是降低結構系統的視覺衝擊,將焦點放在空間內的活動較為適當?

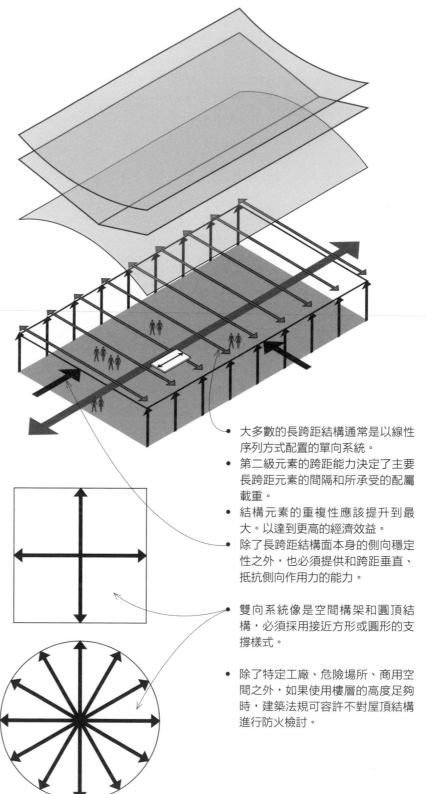

- 大多數的長跨距結構通常是以線性序列方式配置的單向系統。
- 第二級元素的跨距能力決定了主要長跨距元素的間隔和所承受的配屬載重。
- 結構元素的重複性應該提升到最大。以達到更高的經濟效益。
- 除了長跨距結構面本身的側向穩定性之外,也必須提供和跨距垂直、抵抗側向作用力的能力。

雙向系統像是空間構架和圓頂結構,必須採用接近方形或圓形的支撐樣式。

- 除了特定工廠、危險場所、商用空間之外,如果使用樓層的高度足夠時,建築法規可容許不對屋頂結構進行防火檢討。

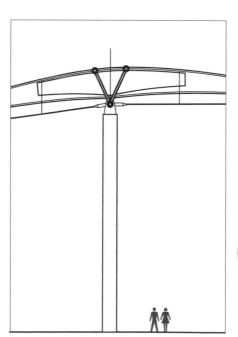

- 長跨距結構的接合部位細部可以展現視覺上的效果與尺度感。

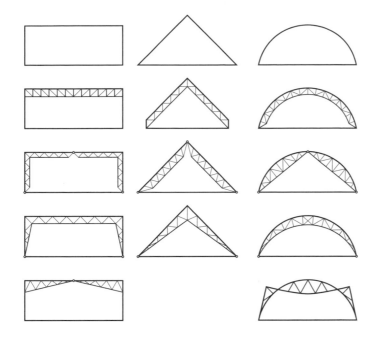

- 由於多數的長跨距結構屬於單向系統，它們的輪廓因此成為設計時的重要考量。

- 扁平樑和桁架結構會以其直線的幾何性影響建築物外在形式和內在空間的表現。

- 拱頂和圓頂結構可賦予建築物凸狀的外在形式和凹狀的內在空間。

- 桁架、拱圈、和纜索系統可賦予建築物多樣的外形輪廓。左側例舉幾種可行的長跨距桁架和桁架拱圈的輪廓外形。

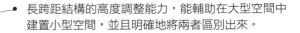
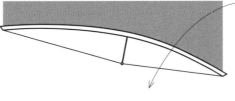

- 對稱的長跨距結構最能符合均衡載重的條件；但當結構必須呼應基地和環境脈絡、或容納特定使用需求時，不對稱的輪廓較能發揮作用。例如在建築群集中，空間的不對稱性可以引導使用者移動、或是協助使用者辨別出動線的方向。

- 長跨距結構的高度調整能力，能輔助在大型空間中建置小型空間，並且明確地將兩者區別出來。

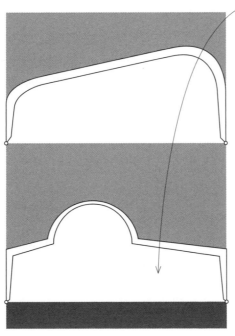

施工議題

- 長跨距構件的運送困難，而且在建築基地內還需要特定的空間來儲存。卡車可運送的最長長度是 60 英呎（18.3 公尺），火車的運送長度則大約是 80 英呎（24.4 公尺）。此外，長跨距樑和長跨距桁架的深度也是運輸上的一大問題。如果在運送過程中行經高速公路，最大的可運送寬度約為 14 英呎（4.3 公尺）。

- 由於運輸上的限制，長跨距構件一般都會在現場組立。長跨距構件的組裝通常先在地面進行，再以吊車吊裝定位，每一根長跨距構件的重量於是成為選擇現場吊車機具性能的重點考量。

長跨距結構

單向系統

樑

- 木材　集成材樑
- 鋼材　寬翼樑
　　　　板樑
- 混凝土 預鑄 T 形樑

桁架

- 木材　平式桁架
　　　　成形桁架
- 鋼材　平式桁架
　　　　成形桁架
　　　　空間桁架

拱圈

- 木材　集成材拱
- 鋼材　組成拱
- 混凝土 塑形拱

纜索結構

- 鋼材　纜索系統

板結構

- 木材　摺板
- 混凝土 摺板

殼結構

- 木材　集成材拱頂
- 混凝土 桶形殼

雙向系統

板結構

- 鋼材　空間構架
- 混凝土 格子板

殼結構

- 鋼材　肋筋圓頂
- 混凝土 圓頂

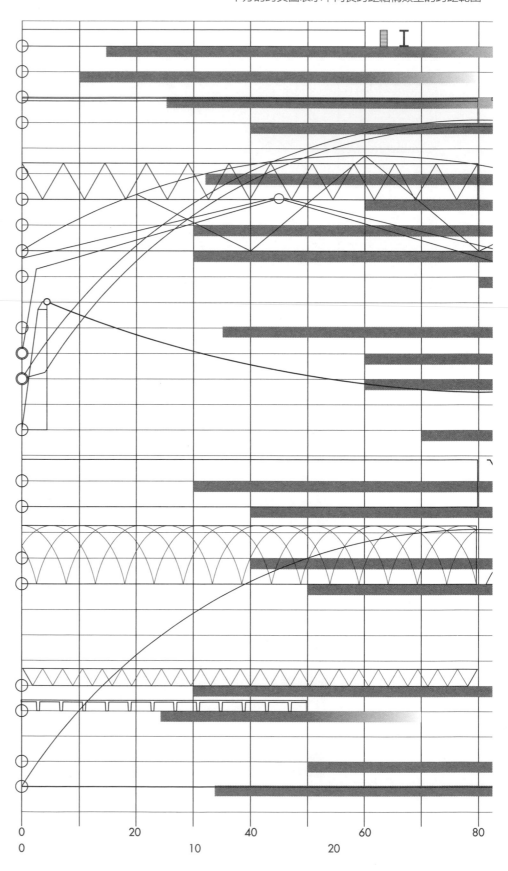

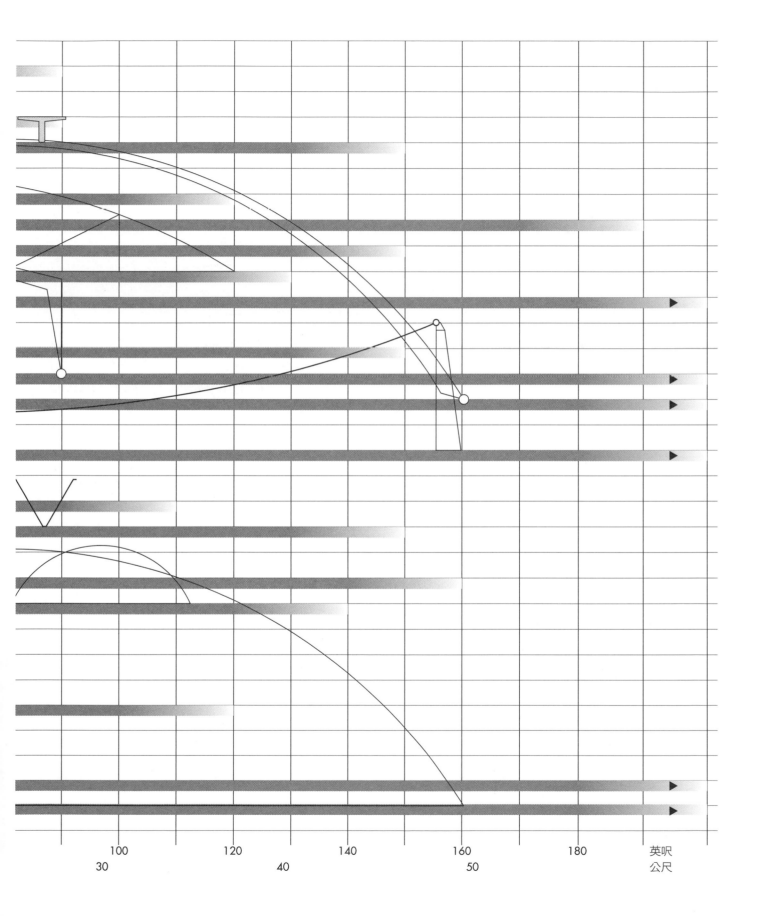

長跨距樑

如果在設計的淨高度下有最小空間量體的需求，扁平樑結構就成為最適當的跨距方式。可達到的跨距長度與樑的深度有直接關係，在正常載重的情況下，集成材樑和鋼樑的深度：長度比例約為1：20。相較之下，雖然實心樑腹結構的深長比例較具優勢，但因為自重很重，又不像開放式樑腹系統或桁架樑結構那樣容易將機電設備整合進樑內，因此並不是長跨距結構的首選。

膠合層積材樑

即便無法取得實木材樑做為為長跨距的構材，但是膠合層積材（glulam）木材可以跨越長達80英呎（24.4公尺）的跨距。膠合層積材樑優異的強度，適合用來製成大斷面和曲線或錐形輪廓的構材。

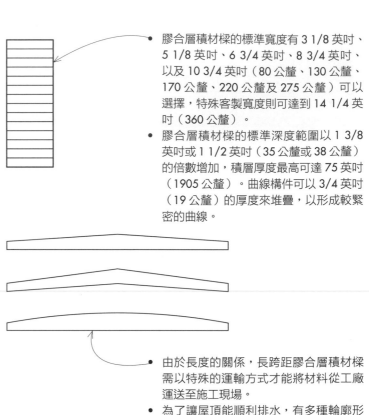

- 膠合層積材樑的標準寬度有 3 1/8 英吋、5 1/8 英吋、6 3/4 英吋、8 3/4 英吋、以及 10 3/4 英吋（80 公釐、130 公釐、170 公釐、220 公釐及 275 公釐）可以選擇，特殊客製寬度則可達到 14 1/4 英吋（360 公釐）。
- 膠合層積材樑的標準深度範圍以 1 3/8 英吋或 1 1/2 英吋（35 公釐或 38 公釐）的倍數增加，積層厚度最高可達 75 英吋（1905 公釐）。曲線構件可以 3/4 英吋（19 公釐）的厚度來堆疊，以形成較緊密的曲線。

- 由於長度的關係，長跨距膠合層積材樑需以特殊的運輸方式才能將材料從工廠運送至施工現場。
- 為了讓屋頂能順利排水，有多種輪廓形式可供選擇。
- 長跨距膠合層積材樑的斷面夠深，適用類型四或重木構構造的規定，約等於具備一小時的防火時效。

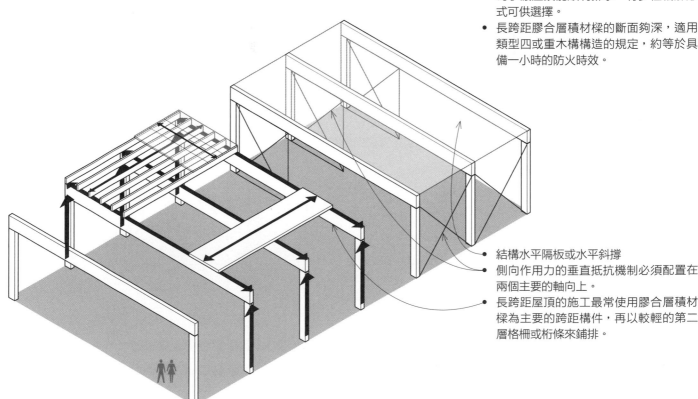

- 結構水平隔板或水平斜撐
- 側向作用力的垂直抵抗機制必須配置在兩個主要的軸向上。
- 長跨距屋頂的施工最常使用膠合層積材樑為主要的跨距構件，再以較輕的第二層格柵或桁條來鋪排。

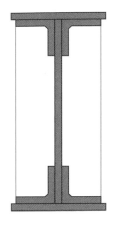

鋼樑

深度44英吋（1120公釐）的寬翼鋼樑斷面可以跨越長達70英呎（21公尺）的跨度。將許多鋼板的斷面焊接在一起所製成的鋼板樑，能提供更長跨距的深斷面需求，並且與輾軋成型的鋼樑同等效能。

為了符合彎曲和撓曲的要求，板樑和輾軋成型的寬翼樑斷面所需的材料量會過多，因此不是可以應用在長跨距中的有效做法。一般較為經濟的做法是調整板樑的輪廓，在板樑最大彎矩產生處製造出最大的結構斷面、並且在最小彎矩產生處盡可能縮小的斷面面積，透過移除不必要的材料來減輕樑材的靜載重。這種逐漸縮窄的錐形輪廓對屋頂結構排洩雨水特別有效。

混凝土樑

傳統鋼筋混凝土構件雖然可以跨越長跨距，但也會使樑體變得大而笨重。預鑄混凝土可以製作出更有效率、更小、更輕的斷面，裂痕也較標準鋼筋混凝土樑更少。

混凝土構件可以在工廠進行先拉預力加工、或在現場進行後拉預力加工。預製預力構件必須有謹慎的計畫方案和運輸方式。在現場混凝土橫樑或大樑後拉預力作業的優點是能夠省去超長尺寸預鑄構件的運輸成本。

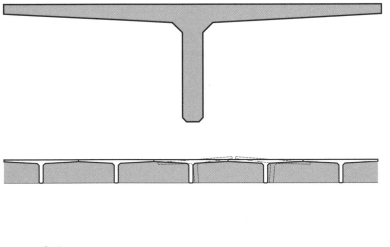

預鑄、預力混凝土構件都有標準的形狀和尺寸規格。最普遍採用的斷面形狀是單T形與雙T形。雙T形斷面通常應用在跨距長度70英呎（21公尺）以下的結構，而單T形的跨距則可達到100英呎（30公尺），甚至更長。也可因應需要製成特殊的斷面形狀，但只在構件具有高度重複性時才能分攤特殊尺寸的製造成本，達到經濟效益。

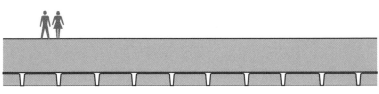

長跨距樑

桁架樑

桁架樑是結合受壓支柱和對角張力桿件以產生剛度的連續樑材。垂直支柱為樑構件提供了中間支撐點，不但降低了彎曲力矩，也因為桁架的支撐行為而提高樑材承重的能力。

- 相較於膠合層積材樑和輥軋鋼樑，桁架樑在增加載重和跨距能力方面比較有效率和經濟性。
- 樑構件可以做成扁平形狀以符合樓板或屋頂結構的需要，山形樑和彎樑構件則能讓屋頂跨距的排水效果更好。
- 將桁架樑組合成三鉸拱可以達到更長的跨距。但因為三鉸拱會在每一個支撐點上形成水平外推力，因此必須透過墩座或抗拉構件來抑制（詳見第 256 頁）。

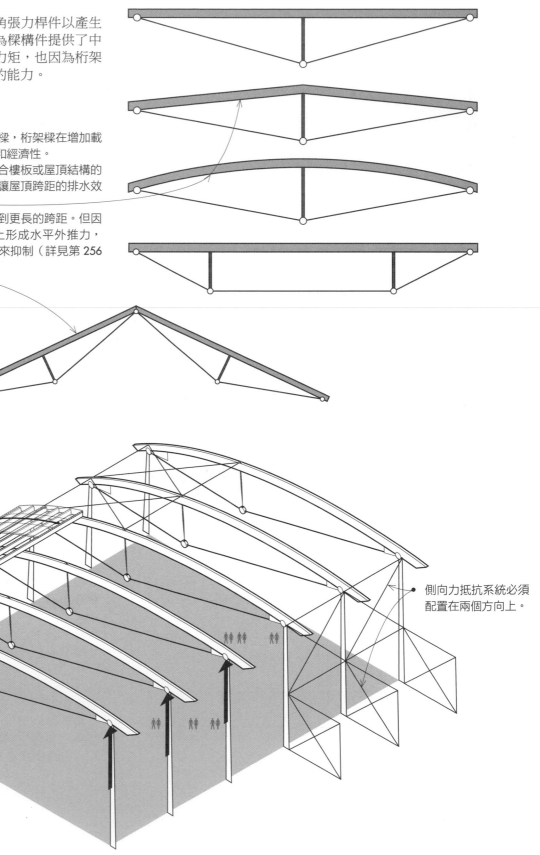

側向力抵抗系統必須配置在兩個方向上。

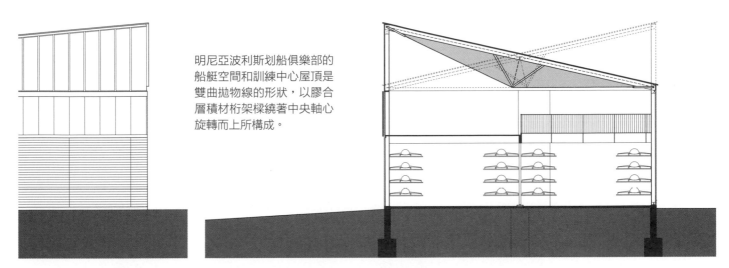

明尼亞波利斯划船俱樂部的
船艇空間和訓練中心屋頂是
雙曲拋物線的形狀，以膠合
層積材桁架樑繞著中央軸心
旋轉而上所構成。

西元 1999～2001 年：美國明尼蘇達州明尼亞波利斯，明尼亞波利斯划船俱樂部（Minneapolis Rowing Club），
由文森 · 詹姆斯事務所（Vincent James Associates）建築師設計。部分立面和剖面圖。

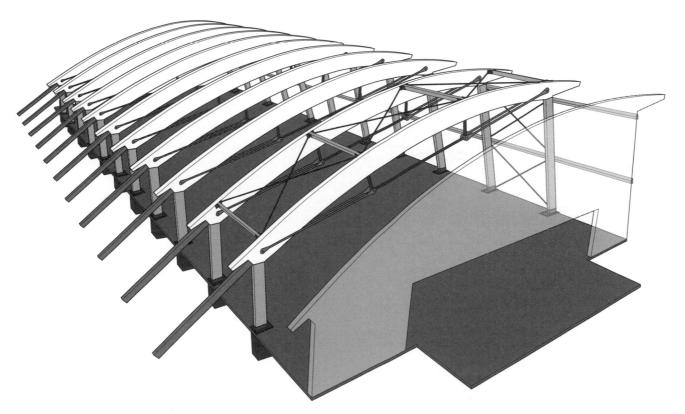

西元 2011 年：加拿大艾伯塔省班夫，班夫社區遊憩中心（Banff Community Recreation Center），由 GEC 建築師事
務所（GEC Architecture）設計。構想圖。

班夫社區遊憩中心的屋頂是利用老舊溜冰場回收來的膠合層積材拱形桁架所支撐。膠合層積材拱形桁架也同時應
用在整棟建築的柱子上。所有回收構件都經過最新標準的盤點、檢查和測試，以確保構材可以再次使用；在一些
案例中，構件有時候還會被切割成兩個較小的構材以供使用。

長跨距桁架

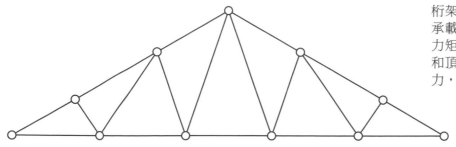

桁架是採用栓接合方式，將簡單支柱組成可承載壓力和拉力的三角形組件。桁架的彎曲力矩會分解成拉力和壓力，並且作用在底部和頂部的弦材上；剪力也會分解成拉力和壓力，再傳遞到斜向及垂直向的構件當中。

- 平式桁架有平行的上弦材和下弦材。平式桁架的結構效率通常不如山形桁架或弓形桁架。

- 剪式桁架的拉力構件分別從兩根上弦材的底部延伸到對側上弦材的中間點。

- 新月形桁架的上、下弦材都是從同一側的共同端點往上彎曲。

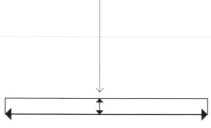

- 平式桁架的跨距範圍：最長可到達 120 英呎（37 公尺）。
- 平式桁架的深度範圍：跨距的 1/10 至跨距的 1/15

- 造型桁架的跨距範圍：最長可到達 150 英呎（46 公尺）。
- 造型桁架的深度範圍；跨距的 1/6 至跨距的 1/10

- 弓形桁架的彎曲上弦材和平直的下弦材在兩端接合。

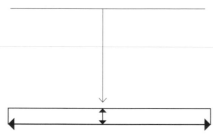

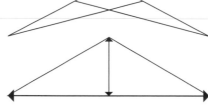

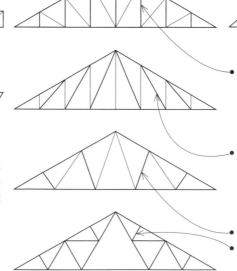

- 普拉特式（Pratt）桁架是由承受壓力的垂直樑腹構件和承受拉力的斜向樑腹構件所組成。通常較有效率的桁架類型會以較長的樑腹構件來承受拉力。

- 華倫式（Warren）桁架的斜向樑腹構件形成一序列等邊三角形。有時候會在桁架中置入垂直的樑腹構件以縮短承受壓力作用的上弦材長度。

- 郝威式（Howe）桁架的垂直樑腹構件承受拉力作用，斜向樑腹構件則承受壓力作用。

- 比利時桁架僅有斜向樑腹構件。
- 芬克式（Fink）桁架是在比利時桁架中加入次要斜向構件，以縮短往跨距中心線傾斜、受壓樑腹構件的長度。

桁架使用的材料比實心樑更為經濟，在跨越長跨距的時候也較有效率，但由於接合部的數量和接合複雜度較高，生產桁架耗費的成本相對較高。所以當空間跨距達到或超過100英呎（30公尺），並且是做為支撐第二層桁架或樑材的主要結構構件時，桁架才是較為經濟的做法。

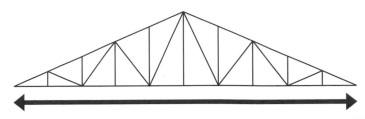

- 長跨距桁架最常應用在屋頂結構，輪廓十分多樣化。如果應用在樓板中，桁架則會使用平行的弦材。

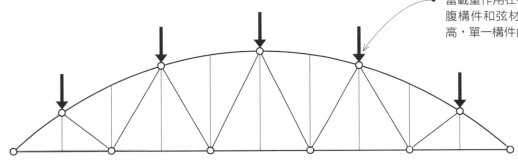

- 當載重作用在桁架分隔的接點，也就是樑腹構件和弦材的交會點，桁架的效率最高，單一構件內的彎矩也能降到最低。

- 長跨距主桁架的間隔是依據垂直於主桁架的第二層構架元素的跨距能力而定。常用的桁架中心間隔長度在6英呎至30英呎（1.8公尺至9公尺）之間。

- 第二層元素的間隔則依照主要桁架面的分隔間距來配置，以確保載重可從桁架面接合點繼續傳遞下去。

- 在相鄰桁架的上下弦材之間加入垂直輔助斜撐，可用來抵抗側向風力和地震力。
- 桁架的上弦材須以第二層構件和側向對角斜撐來支撐，才能避免挫屈發生。
- 當屋頂構架的水平隔板效能不足以應付來自端牆的作用力，上下弦材的平面內就必須增設水平對角斜撐來補強。

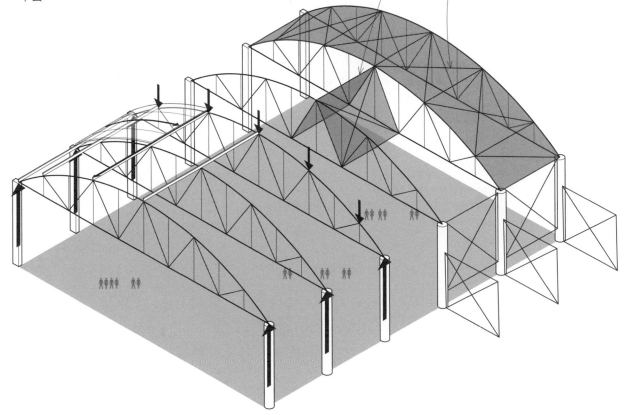

長跨距桁架

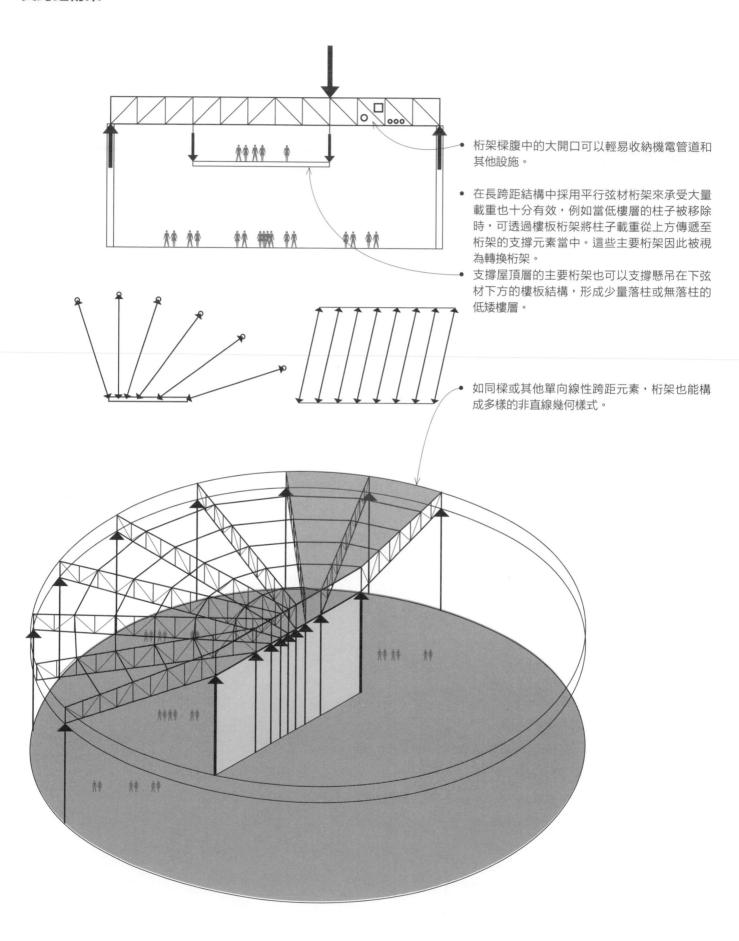

桁架樑腹中的大開口可以輕易收納機電管道和其他設施。

在長跨距結構中採用平行弦材桁架來承受大量載重也十分有效，例如當低樓層的柱子被移除時，可透過樓板桁架將柱子載重從上方傳遞至桁架的支撐元素當中。這些主要桁架因此被視為轉換桁架。

支撐屋頂層的主要桁架也可以支撐懸吊在下弦材下方的樓板結構，形成少量落柱或無落柱的低矮樓層。

如同樑或其他單向線性跨距元素，桁架也能構成多樣的非直線幾何樣式。

桁架通常由木材、鋼材、偶爾也會結合兩者來構成。由於自重的關係，混凝土很少用來製作桁架結構。選擇木材或鋼材來製作桁架皆取決於外觀上的構想、屋頂構架與屋頂材料的相容性、和所需的構造類型。

鋼桁架

鋼桁架通常是以焊接或螺栓將結構角鋼與 T 形鋼接合為一體的三角形構架。因為桁架構件的斜度，接頭部位通常需要連接板來輔助。比較重的鋼桁架則可採用寬翼型鋼和結構管材來施作。

木桁架

和單一平面的桁架椽相比，比較重的木桁架可以透過由多層構件疊合、並以分向環狀接頭將這些構件在接點處接合。因此，木桁架能承受的載重量大於桁架椽，桁架間隔也得以拉得更開。

- 為了將第二層構件的剪力和彎曲應力降至最低，桁架構件的中央軸和施加在接合部位的載重都必須通過共同點。
- 構件之間須以連接板配合螺栓或焊接來連接。
- 所有隅撐都必須連接至上弦材或下弦材的接點上。
- 受挫屈行為控制的受壓構件斷面尺寸會大於受拉力控制的受拉構件斷面尺寸。因此，最好在受壓部位配置較短的桁架構件，而在受拉的部位配置較長的構件。

- 實木構件可使用鋼板連接板來輔助接合。
- 複合桁架包含承受壓力的木材構件和承受拉力的鋼材構件。
- 構件尺寸和接合細部必須依據桁架類型、載重樣式、跨距、木材的等級和種類，經過工程計算後才能決定。

空腹格柵樑

- 商業製造的空腹木格柵樑和鋼格柵樑比一般的桁架輕、跨距可達 120 英呎（37 公尺）。
- 複合空腹格柵樑包含上下兩道木弦材、以及由對角鋼管所形成的樑腹。複合格柵樑適用於跨距超過 60 英呎（18.3公尺）和深度從 32 英吋至 46 英吋（810 公釐至 1170 公釐）。較重的複合格柵樑深度可達到 36 英吋至 60 英吋（915 公釐至 1525 公釐）。

- LH 和 DLH 系列的空腹鋼格柵樑適合應用在長跨距的結構上。LH 系列適合直接支撐樓板和屋頂板，而 DLH 系列只適合用來直接支撐屋頂板。
- LH 系列格柵樑的樑深從 32 英吋至 48 英吋（810 公釐至 1220 公釐），可跨越 60 英呎至 100 英呎（18 公尺至 30 公尺）。DLH 系列格柵樑的樑深從 52 英吋至 72 英吋（1320 公釐至 1830 公釐），可跨越 60 英呎至 140 英呎（18.3 公尺至 42.7 公尺）。

長跨距桁架

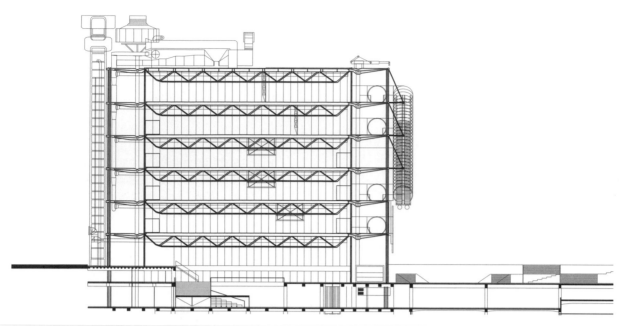

西元 1971 ～ 1977 年：法國巴黎，龐畢度中心（Pompidou Center），建築師為倫佐 · 皮亞諾（Renzo Piano）與理察 · 羅傑斯（Richard Rogers）。部分平面和立面圖。

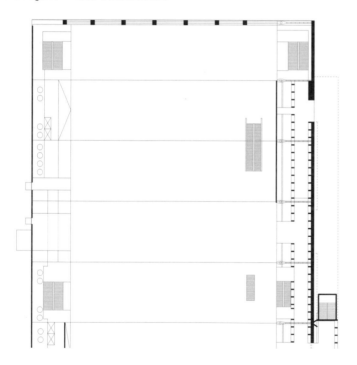

龐畢度中心的主要鋼桁架間隔是 42 英呎（12 公尺），跨距大約 157 英呎（48 公尺）。每一層樓的支撐柱頂部設有長 26 英呎（8 公尺）、重 20,000 磅的客製化鋼鉤。再以混凝土和寬翼鋼樑組成的複合樑來跨越主桁架。

斐諾自然科學中心的中央部屋頂（右頁下圖）是由長跨度的空間桁架支撐。這棟形式複雜的建築物之所以能夠實踐，是因為使用了先進的有限元素分析模擬軟體。這套軟體是由結構工程師亞當斯 · 卡拉 · 泰勒（Adams Kara Taylor）所研發，用於計算整體結構中複雜的作用力，並且一一分解成獨立元素，進而提升結構的整體性和材料效率。如果是在早前幾年的傳統方式下進行這個工程，想必整個結構系統會被拆解成好幾個部分來施作，最後勢必會導致過度的結構設計。 ⟶

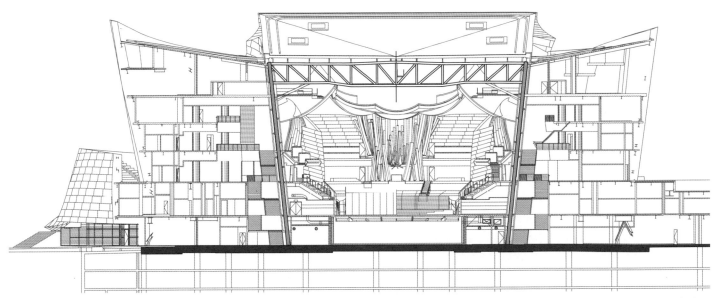

西元 1991～2003 年：美國加州洛杉磯，華特‧迪士尼音樂廳（Walt Disney Concert Hall），由法蘭克‧蓋瑞建築師事務所（Frank Gehry/Gehry Partners）設計。剖面圖。

華特‧迪士尼音樂廳是一個由曲線和不同形狀構成的複雜鋼構架，借用一套原本開發給法國航太工業的複雜應用軟體來輔助設計。建築物的中央既是觀眾席，也是洛杉磯愛樂和洛杉磯大師合唱團的總部。長跨度的鋼桁架橫跨無落柱的大型空間。

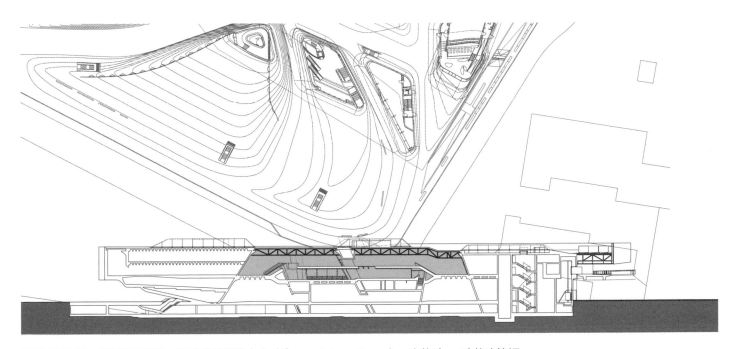

西元 2005 年：德國沃夫斯堡，斐諾自然科學中心（Phaeno Science Center），由扎哈‧哈蒂建築師事務所（Zaha Hadid Architects）設計。剖面圖。

長跨距桁架

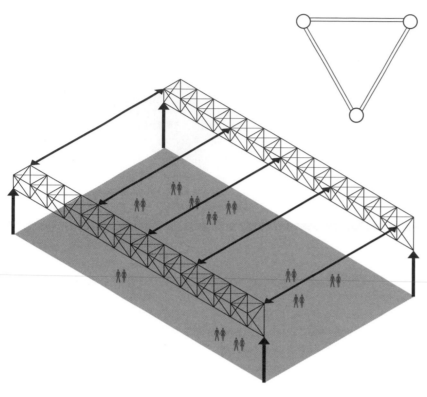

空間桁架

空間桁架是單向結構，在視覺上可看成是在兩個平面桁架的底部弦材相接後，與上方兩道弦材結合而成的第三道桁架。這個三向度的桁架可以抵抗垂直、水平、以及扭力作用力。

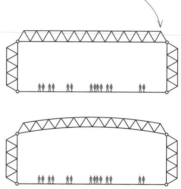

- 空間桁架可用來跨越長距離的寬闊屋頂輪廓。透過控制關鍵位置的桁架深度，可有效抑制彎矩和撓曲。

- 空間桁架的深度大約是跨度的 1/5 到 1/15 之間，視配屬載重量與長跨距所容許的撓曲量而定。

- 空間桁架的間隔是依據第二層構件的跨距能力而定。第二層構件的載重必須落在接合點上，才能避免單一構件產生局部的彎曲彎矩。

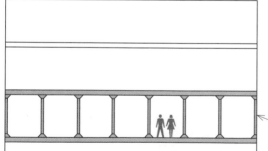

- 范倫迪爾桁架的結構效率比斷面深度相等的傳統桁架來得低，而且容易出現較大的撓曲。

- 大部分的范倫迪爾桁架都是全樓高的深度，又沒有斜向材元素，因此桁架的間隔在必要時可做為動線空間使用。

范倫迪爾桁架

范倫迪爾（Vierendeel）桁架的垂直樑腹構件與相互平行的上下弦進行剛性接合。由於沒有斜向支撐，因此並不屬於真正的桁架，結構行為比較類似剛性構架。范倫迪爾桁架的上弦材抵抗壓縮作用力，下弦材則受到拉力作用，和一般桁架相似。但因為桁架中沒有斜向材，因此上下弦材必須同時抵抗出現在弦材和垂直樑腹構件接點的剪力和彎矩。

薩菲柯球場的收合式屋頂是由三道可以移動的面板構成，屋頂闔上時面板即覆蓋在 9 英畝的球場上方。屋頂板由四道連接 128 顆鋼輪的空間桁架支撐，以 96 組十匹馬力的電動馬達來驅使鋼輪滑動；按下開關就可以在 10 到 20 分鐘內將屋頂關閉或敞開。屋頂關閉時，跨距 631 英呎（192 公尺）的 1 號屋頂板和 3 號屋頂板會收進跨距 655 英呎（200 公尺）的 2 號屋頂板之中。

這樣的屋頂設計可支撐 80 到 90 平方英呎、或深度 7 英呎（2.1 公尺）以上的積雪，也可承受高達 70mph 的風速。用來支撐三道屋頂板的移動式桁架中，其中一側配置了固定的抗力矩接頭，另一側則設置了栓接與消能接頭。這樣的屋頂設計能夠在高風速或地震侵襲時適當收縮，避免桁架構件出現過度應力、或將水平作用力往下傳遞至移動軌道當中。

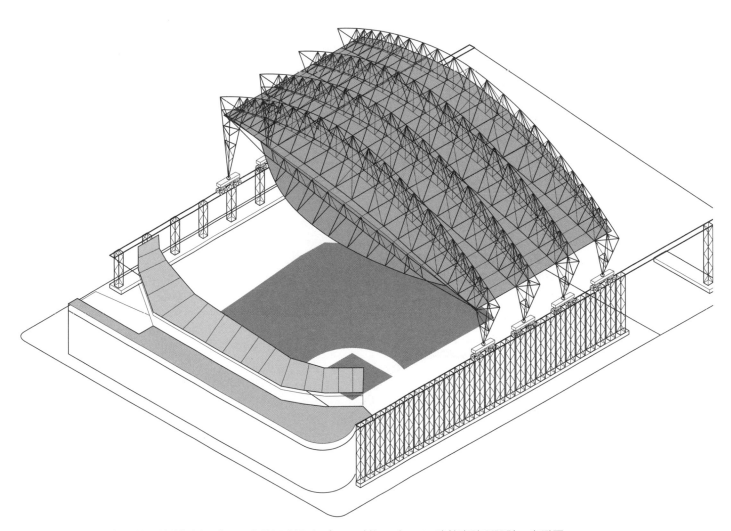

西元 1997 ～ 1999 年：美國華盛頓州西雅圖，薩菲柯球場（Safeco Field），由 NBBJ 建築事務所設計。鳥瞰圖。

長跨距拱

拱圈是用來支撐主要受軸向壓力作用的垂直載重。拱圈透過本身的弧形將所受的垂直作用力轉換成斜向分力，再傳遞至拱圈兩側的墩座上。

固定拱

固定拱為連續性構件，以剛性接合方式固定在兩端的支撐構件上。拱的全長和兩端的支撐構件都必須抵抗彎曲應力。固定拱的形狀，一般來說在愈靠近支撐端的構材斷面愈深；愈靠近拱頂的斷面則逐漸變細。固定拱通常以鋼筋混凝土、預力混凝土、或由型鋼施作而成。

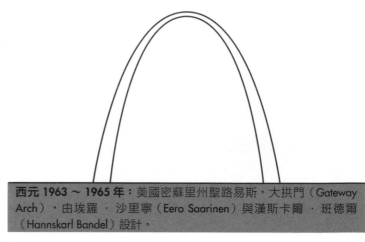

西元 1963 ～ 1965 年：美國密蘇里州聖路易斯，大拱門（Gateway Arch），由埃羅·沙里寧（Eero Saarinen）與漢斯卡爾·班德爾（Hannskarl Bandel）設計。

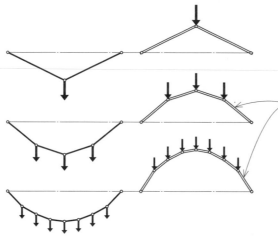

- 圓弧拱通常比較容易建造，索形拱則非常容易受彎曲應力影響。

- 索形拱的形狀設計是為了讓拱在受力後只出現單一軸向壓縮力。將受力的纜繩翻轉，類似的載重樣式也會產生同樣的形狀。

- 索形拱構造因為很容易受到各種載重影響，所以不會只有單一的索狀。如果原先的載重樣式改變，索形拱就很可能出現彎曲。

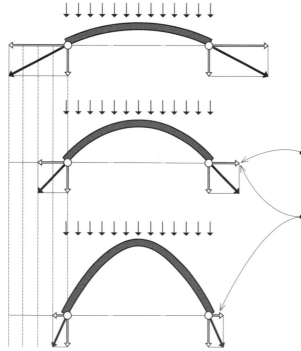

- 外推力是指受載重的水平分力影響而出現在拱基部的向外作用力。拱的外推力必須利用抗拉纜索或墩座來抑制。

- 淺拱（高長比較低）的外推力較大，深拱（高長比較高）的外推力較小。

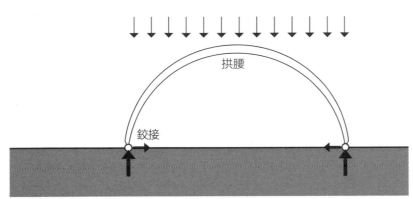

拱腰

鉸接

剛性拱

當代的拱圈多是由木頭、鋼材、或鋼筋混凝土構成的曲線剛性結構，可承受部分彎曲作用力。拱圈的結構行為類似剛性構架或力矩構架。以曲線幾何取代直線山形鋼構架的做法不但會影響施工成本，也會在構架產生應力，因為沒有任何一種單一索狀拱形就足以因應各種可能的載重情形。

雙鉸拱

雙鉸拱是在兩側支撐點裝上栓接接頭的連續性結構。當支撐點因沉陷而產生拉緊作用時，栓接接頭可容許構架適度旋轉，以免過高的彎曲應力產生；栓接接頭也會稍微屈曲以因應構件受溫度影響產生變動而形成的應力。雙鉸拱的頂部斷面通常會設計得比較厚，才能一方面限制彎曲應力量和維持拱形的形式，一方面讓載重路徑有調整的空間。膠合層積木材、型鋼、木頭和鋼桁架、混凝土等材料都可運用在雙鉸拱的構造中。

- 因為栓接接合部位不會形成彎矩，所以比起拱肩或拱腰這些形成最大彎矩量而需要較大斷面的部位，接合部位的斷面通常會比較細小。

- 垂直載重透過壓力和彎曲力的結合形式傳遞到剛性構架上，但因為構架會產生一定程度的拱結構行為，因而在兩端的基礎支撐部位形成水平外推力。因此必須以特別設計的墩座或抗拉構件來抵抗外推力。

- 剛性拱是靜不定結構，而且剛性只存在剛性拱的平面內。因此必須利用結構水平隔板或斜撐，抵抗來自垂直方向的側向作用力。

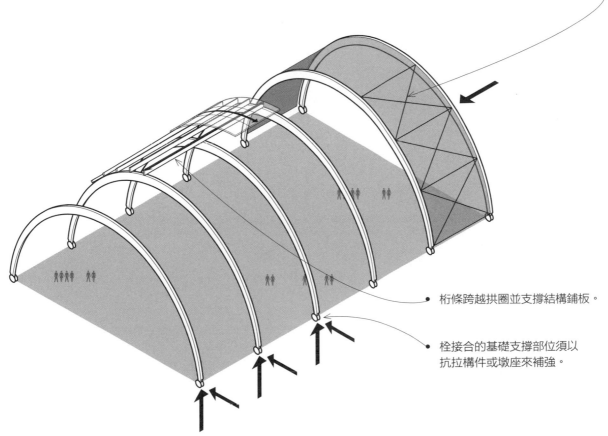

- 桁條跨越拱圈並支撐結構鋪板。

- 栓接合的基礎支撐部位須以抗拉構件或墩座來補強。

長跨距拱

三鉸拱

三鉸拱是將兩個剛性構架在頂部相互連接、底部則以栓接固定所形成的結構組合。雖然三鉸拱比固定拱或雙鉸拱更容易受變形作用影響，但卻非常不容易受支撐沉陷或溫度變化應力的作用。三鉸拱比雙鉸拱更有優勢之處在於便利的組構方式，可拆成兩個或多個剛性構件，運送至施工現場之後再行組立成形。

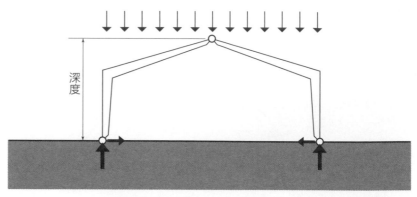

深度

- 膠合層積材拱可以跨越 100 英呎至 250 英呎（30 公尺至 76 公尺）的跨距，深度與跨距比大約 1/40，尺寸會受到從製造工廠到施工現場的運輸方式限制。
- 鋼拱可以跨越超過 500 英呎（152 公尺）的跨距，特別是在採用桁架拱系統時更能成立；拱的深度範圍則在跨距的 1/50 至 1/100 之間。
- 混凝土拱最長可跨越 300 英呎（91 公尺）的跨距，深度約為跨距的 1/50。

- 長跨距拱的結構行為接近剛性構架，可能呈現拱狀或纜索狀輪廓。
- 因為抵抗力矩的接合方式限制了構件末端的自由旋轉情形，載重因此會在所有剛性構架的構件上形成軸向作用力、彎曲作用力和剪力。
- 垂直載重藉由壓力和彎曲力的綜合形式傳遞到剛性構架的垂直構件上，但因為構架會產生一定程度的拱結構行為，在基礎支撐部位出現水平外推力，因此必須利用墩座或抗拉構件來抑制。

- 桁條橫跨在三鉸拱之間，支撐著結構鋪板。

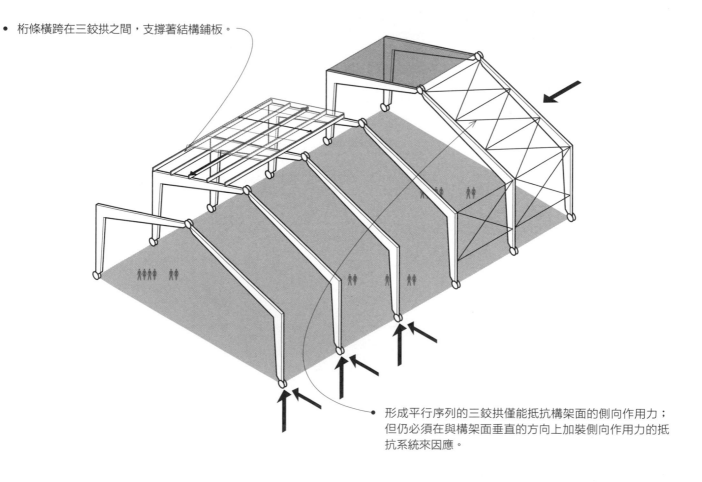

- 形成平行序列的三鉸拱僅能抵抗構架面的側向作用力；但仍必須在與構架面垂直的方向上加裝側向作用力的抵抗系統來因應。

桁架拱和拱形構架通常是比一整塊剛性拱更為經濟的替代方案。主要因為可以拆成數個部件而方便運輸至施工現場組裝，組構方式十分彈性。跨度通常在150英呎（45.7公尺）以內，但也可以因應需求而加長。

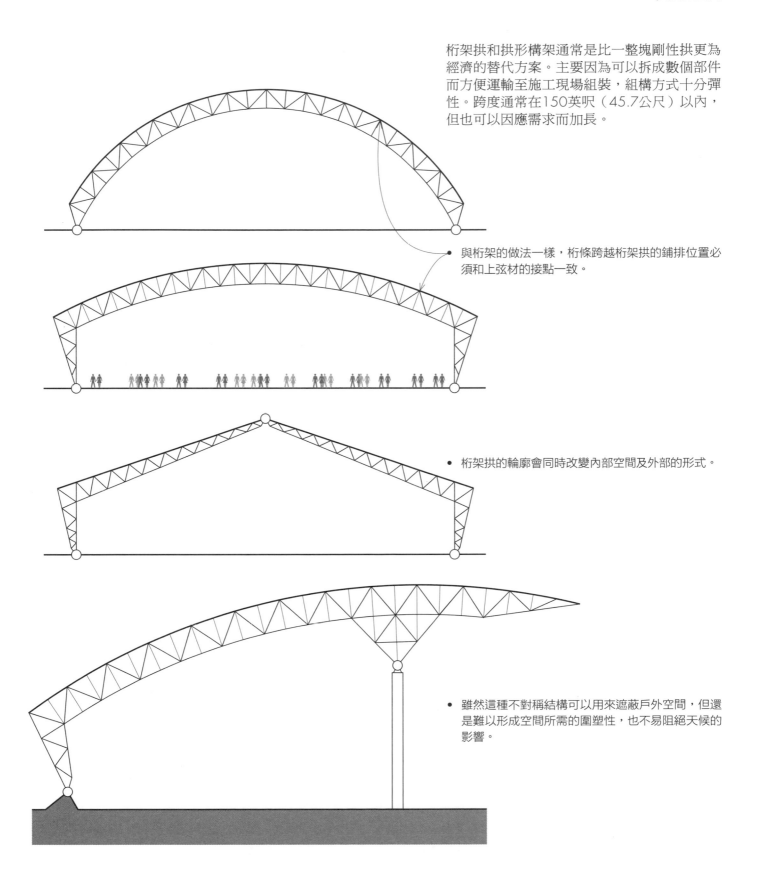

- 與桁架的做法一樣，桁條跨越桁架拱的鋪排位置必須和上弦材的接點一致。

- 桁架拱的輪廓會同時改變內部空間及外部的形式。

- 雖然這種不對稱結構可以用來遮蔽戶外空間，但還是難以形成空間所需的圍塑性，也不易阻絕天候的影響。

長跨距拱

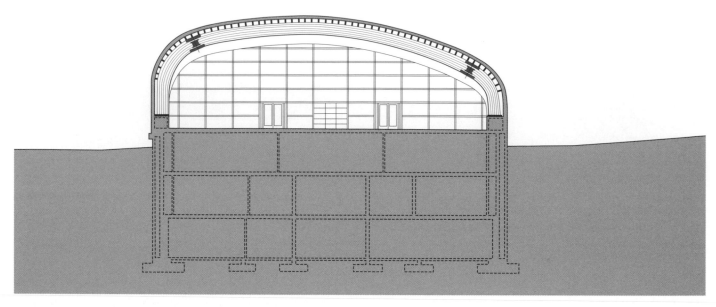

西元 2012 年：美國華盛頓州塔科瑪，李梅－美國汽車博物館（LeMay-America's Car Museum），由 LARGE 建築師事務所設計，工程師來自西部木材結構公司（Western Wood Structures）。

由拱形膠合層積材構件組成高聳屋頂的美國汽車博物館，是世界上最大的木構力矩構架系統之一。拱形木材的尺寸不一，以符合不對稱屋頂在結構的前後兩端逐漸變細的設計概念。也因為屋頂往兩個方向彎曲，所以 757 根桁條被製成不同的特定尺寸以滿足設計需求。

特殊的鋼接合設計為拱系統提供了延展性，以便在地震發生時，讓鋼材可透過塑性降伏來抵抗地震力。這種做法的用意是要避免膠合層積材構件產生脆性破壞。

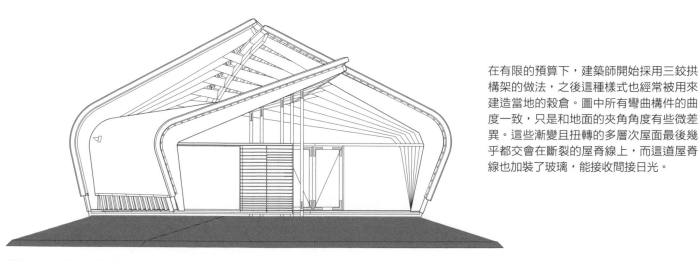

在有限的預算下，建築師開始採用三鉸拱構架的做法，之後這種樣式也經常被用來建造當地的穀倉。圖中所有彎曲構件的曲度一致，只是和地面的夾角角度有些微差異。這些漸變且扭轉的多層次屋面最後幾乎都交會在斷裂的屋脊線上，而這道屋脊線也加裝了玻璃，能接收間接日光。

西元 2000 年：荷蘭澤沃德，幻想藝棧（The Imagination Art Pavilion），由芮妮‧凡‧祖克（René van Zuuk）設計。剖面圖。

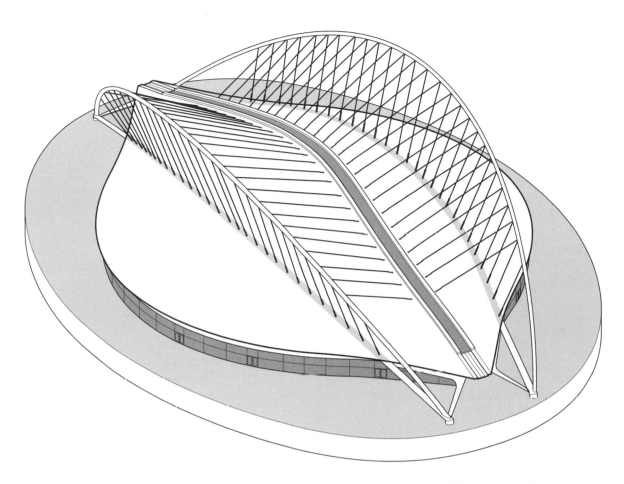

西元 **2004 年（更新自西元 1991 年的原始結構）**：希臘雅典，奧林匹克自行車賽車場（Olympic Velodrome），建築師為聖地亞哥·卡拉特拉瓦（Santiago Calatrava）。鳥瞰圖及橫向斷面圖。

奧林匹克自行車賽車場的屋頂結構是由兩個巨大的管形拱圈構成，每個拱圈重達 4000 噸，40 根橫向肋筋從中懸吊而出。在這個對稱結構中有 23 根獨特的肋筋被重複使用了兩次。兩端的最後三根肋筋由邊緣管支撐。從拱頂懸吊而下的雙索不僅承受了部分屋頂載重，同時也透過三角幾何性輔助結構維持側向穩定。

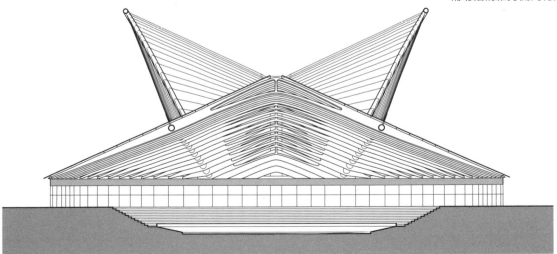

纜索結構

纜索結構使用纜索做為主要的支撐手段。纜索具有高度的抗拉能力,但是完全不具備抗壓或抗彎的能力,因此只能在受拉力的情況下發揮功效。當纜索承受集中載重時,會形成數個直線線段;纜索承受均勻的分配載重時,則會形成顛倒的拱形。

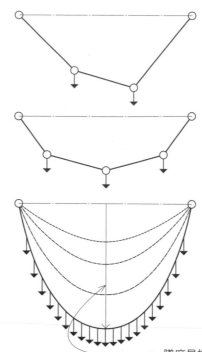

- 索狀是纜索直接反應外部作用力的強度與位置所產生的自由變形。纜索會不斷調整形狀,才能在承受載重時以單純承受拉力的方式來回應。

- 鏈狀是指一條具備完美彈性且均質的纜索,從不同垂直線上的兩點自由垂掛而下的曲線。假設載重呈水平向均勻分布,曲線會呈現非常接近拋物線的曲線形狀。

- 單索結構必須審慎設計以因應強風和亂流突襲時所引發的上抬力。振顫或震動在這樣相對輕量的拉力結構中會產生很嚴重的問題。

- 墜度是指纜索結構中的支撐點到纜索最低點的垂直距離。當纜索墜度增加,表示纜索的內部作用力減少。纜索結構的墜度:跨度比通常在 1:8 至 1:10 之間。

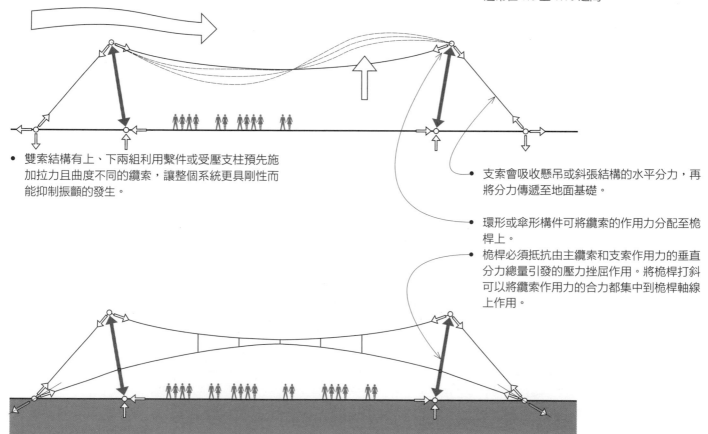

- 雙索結構有上、下兩組利用繫件或受壓支柱預先施加拉力且曲度不同的纜索,讓整個系統更具剛性而能抑制振顫的發生。

- 支索會吸收懸吊或斜張結構的水平分力,再將分力傳遞至地面基礎。

- 環形或傘形構件可將纜索的作用力分配至桅桿上。

- 桅桿必須抵抗由主纜索和支索作用力的垂直分力總量引發的壓力挫屈作用。將桅桿打斜可以將纜索作用力的合力都集中到桅桿軸線上作用。

單曲面結構

單曲面結構採用一序列平行的纜索來支撐構成表層的樑或板。樑或板很容易因為風的空氣動力效應而發生振顫。透過提高結構靜載重、或利用橫向支索將主要纜索錨定於地面的做法可以降低這個不利因素。

- 必須具備縱向的側向穩定性
- 橫向支索

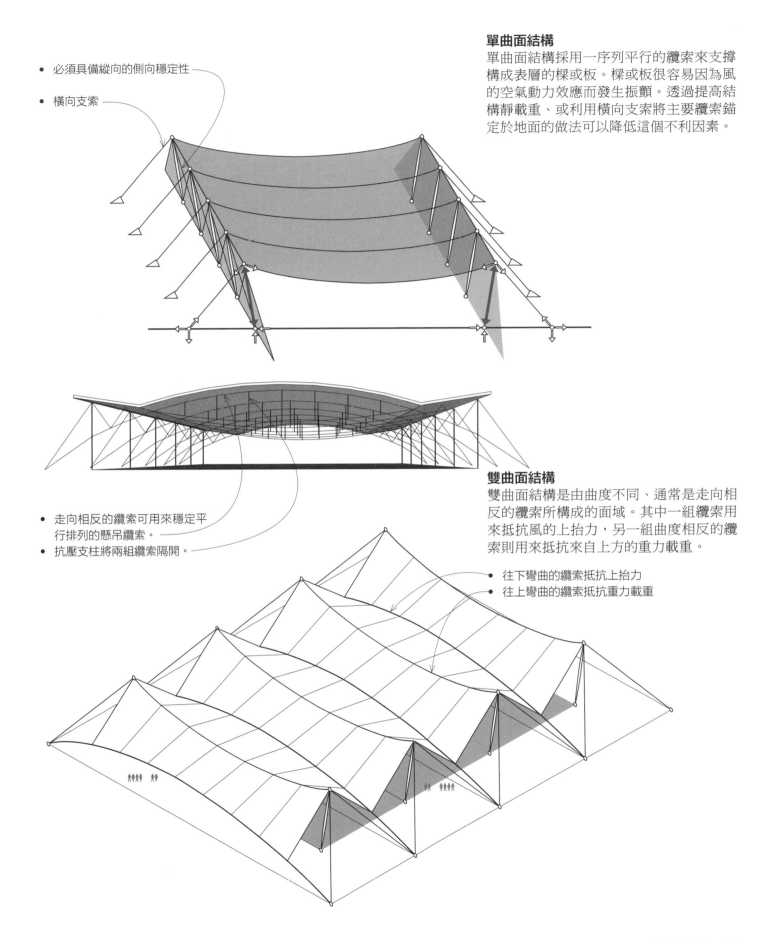

雙曲面結構

雙曲面結構是由曲度不同、通常是走向相反的纜索所構成的面域。其中一組纜索用來抵抗風的上抬力,另一組曲度相反的纜索則用來抵抗來自上方的重力載重。

- 走向相反的纜索可用來穩定平行排列的懸吊纜索。
- 抗壓支柱將兩組纜索隔開。

- 往下彎曲的纜索抵抗上抬力
- 往上彎曲的纜索抵抗重力載重

纜索結構

高強度鋼結構纜索可做拉伸、十字交叉、也可以和面材結合形成相對輕量的長跨距屋頂結構。本頁列舉出眾多纜索結構輪廓中的三種可行方案。

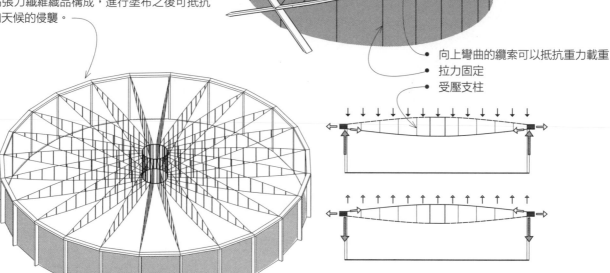

- 壓力拱
- 向下彎曲的纜索可以抵抗上抬力

- 表面由高張力纖維織品構成，進行塗布之後可抵抗紫外線和天候的侵襲。

- 向上彎曲的纜索可以抵抗重力載重
- 拉力固定
- 受壓支柱

- 和表面垂直的作用力會引發巨大的纜索作用力和變形，因此必須以曲度相反的纜索來抑制。

- 垂直向的重力作用力

- 風力引起的上抬作用力

- 積水或積雪都會在屋頂結構上形成局部或不均衡的載重。

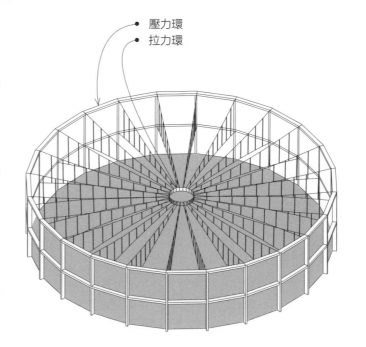

- 壓力環
- 拉力環

斜張結構

斜張結構包括了支撐塔或桅桿、並從中延伸出纜索以支撐水平跨距構件。纜索除了承受結構的靜載重，還要有足夠的強度來承接活載重。此外，受支撐結構表面的剛度也必須傳遞或抵抗各種側向作用力與扭力，不論是來自風吹、不均衡的載重、或是因斜張結構向上拉引而成的自然作用力。

斜張索通常會對稱地附貼在支撐塔或桅桿上，兩側的斜張索數量相等，因此能抵銷斜向纜索的水平分力，將支撐塔或桅桿頂部的力矩量減到最小。

纜索主要有兩種輪廓：放射狀或扇形系統、平行或豎琴狀系統。放射狀系統是將斜張索的頂端連結在塔頂單點上；平行系統則是將斜張索的頂端安置在桅桿的不同高程上。放射狀系統的方案較常被採用，因為這種單點固定的方式能將支撐塔的彎曲力矩減至最小。

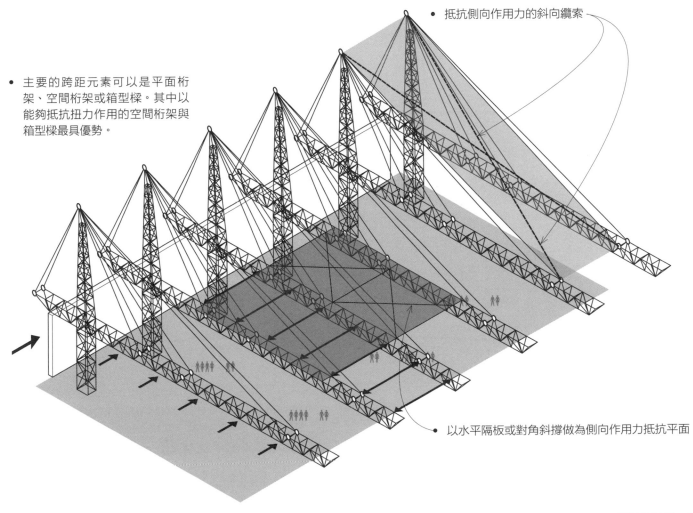

- 放射狀或扇形的斜張索
- 支撐塔可用混凝土或鋼構來建造
- 支撐塔高度通常是跨距長度的 1/6 至 1/5。

- 斜張索以高強度鋼材來施作

- 由平行斜張索構成的豎琴狀系統

- 主要的跨距元素可以是平面桁架、空間桁架或箱型樑。其中以能夠抵抗扭力作用的空間桁架與箱型樑最具優勢。

- 抵抗側向作用力的斜向纜索

- 以水平隔板或對角斜撐做為側向作用力抵抗平面

纜索結構

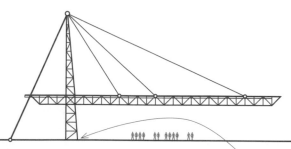

圖中的斜張結構是以最少量的地面層支撐結構撐起龐大的屋頂面。但懸臂屋頂的邊緣必須設置能夠抑制巨大上抬風力的系統。

● 基礎必須非常穩固才能因應巨大的重力載重和可能出現的傾覆力矩。

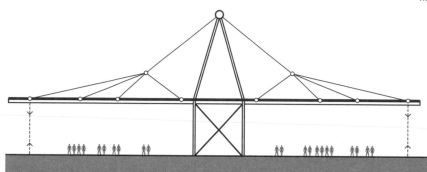

圖中的斜張結構在中央支撐系統的兩側分別定義出廣大的無落柱空間。須以拉力構件或固定構件來抵抗上抬風力。

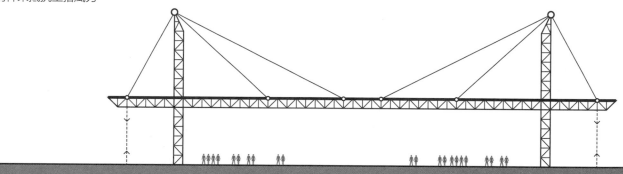

這種斜張系統採用兩組和最上圖相同的結構，以增加覆蓋面積和提供廣大的無落柱空間。

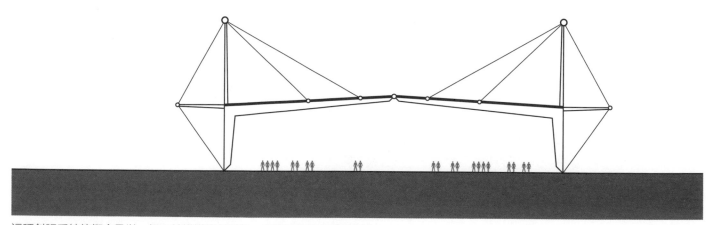

這種斜張系統的概念是以一組三鉸拱搭配斜張索，來增加水平跨距的長度。

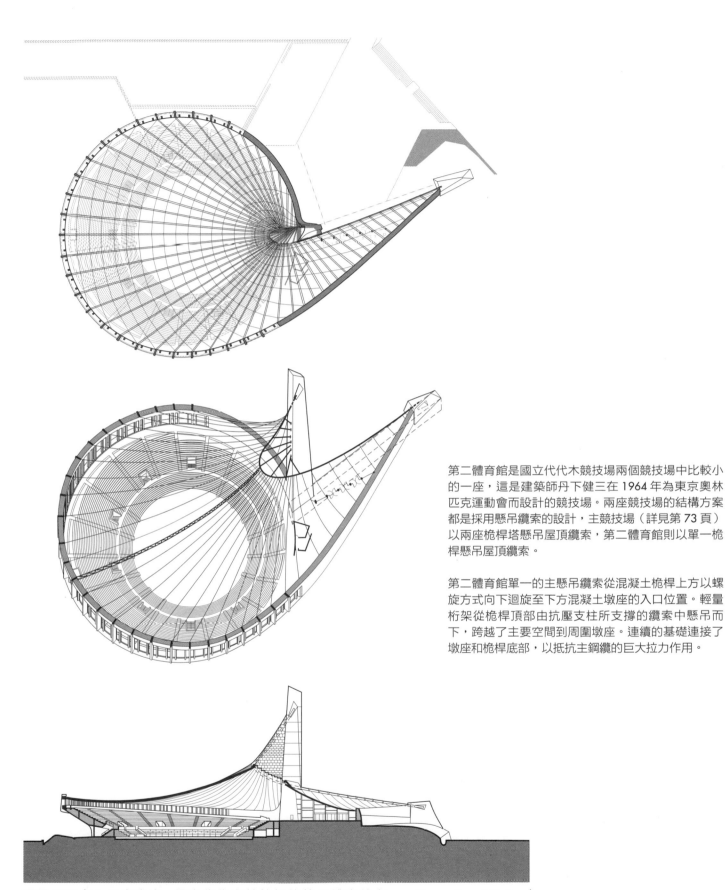

第二體育館是國立代代木競技場兩個競技場中比較小的一座，這是建築師丹下健三在 1964 年為東京奧林匹克運動會而設計的競技場。兩座競技場的結構方案都是採用懸吊纜索的設計，主競技場（詳見第 73 頁）以兩座桅桿塔懸吊屋頂纜索，第二體育館則以單一桅桿懸吊屋頂纜索。

第二體育館單一的主懸吊纜索從混凝土桅桿上方以螺旋方式向下迴旋至下方混凝土墩座的入口位置。輕量桁架從桅桿頂部由抗壓支柱所支撐的纜索中懸吊而下，跨越了主要空間到周圍墩座。連續的基礎連接了墩座和桅桿底部，以抵抗主鋼纜的巨大拉力作用。

西元 1964 年：日本東京，國立代代木競技場的第二體育館（Arena Minore, Yoyogi National Gymnasium），由建築師丹下健三＋ URTEC 事務所設計。

膜結構

膜結構

膜結構是由細薄、有彈性的表面所組成，主要透過拉應力來承接載重。

帷幕結構是以外部作用力來施加預力的膜結構，因此在承受預期載重時會呈現完全繃緊的狀態。為了避免產生過高的拉應力，膜結構應在相對方向上展現較明顯的曲度。

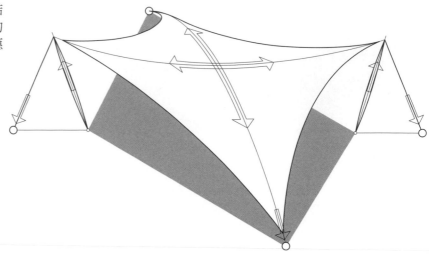

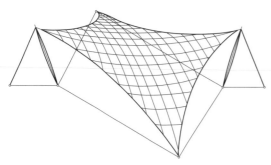

網結構則是以表面間隔較密的纜索來取代織物材料的膜結構。

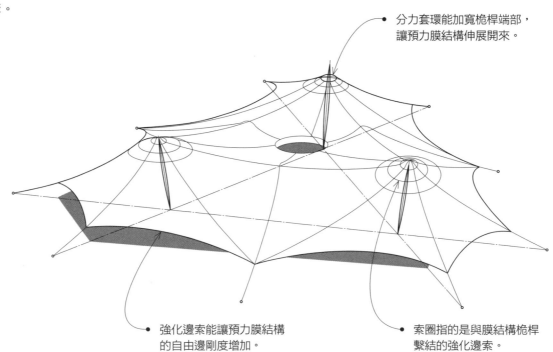

分力套環能加寬桅桿端部，讓預力膜結構伸展開來。

強化邊索能讓預力膜結構的自由邊剛度增加。

索圈指的是與膜結構桅桿繫結的強化邊索。

充氣結構是在拉力作用下，利用壓縮空氣做法來達到穩定狀態的膜結構。

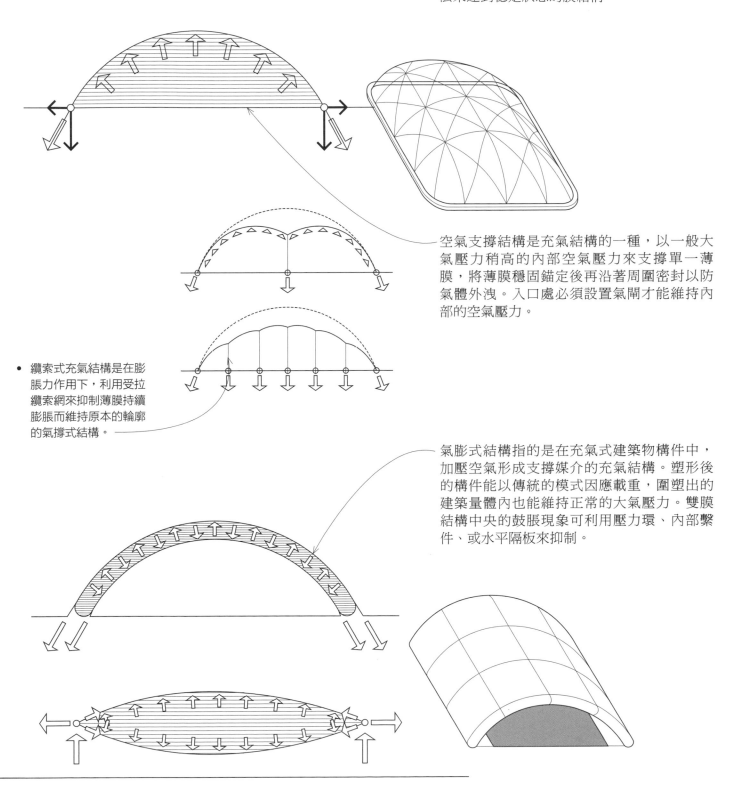

空氣支撐結構是充氣結構的一種，以一般大氣壓力稍高的內部空氣壓力來支撐單一薄膜，將薄膜穩固錨定後再沿著周圍密封以防氣體外洩。入口處必須設置氣閘才能維持內部的空氣壓力。

- 纜索式充氣結構是在膨脹力作用下，利用受拉纜索網來抑制薄膜持續膨脹而維持原本的輪廓的氣撐式結構。

氣膨式結構指的是在充氣式建築物構件中，加壓空氣形成支撐媒介的充氣結構。塑形後的構件能以傳統的模式因應載重，圍塑出的建築量體內也能維持正常的大氣壓力。雙膜結構中央的鼓脹現象可利用壓力環、內部繫件、或水平隔板來抑制。

板結構

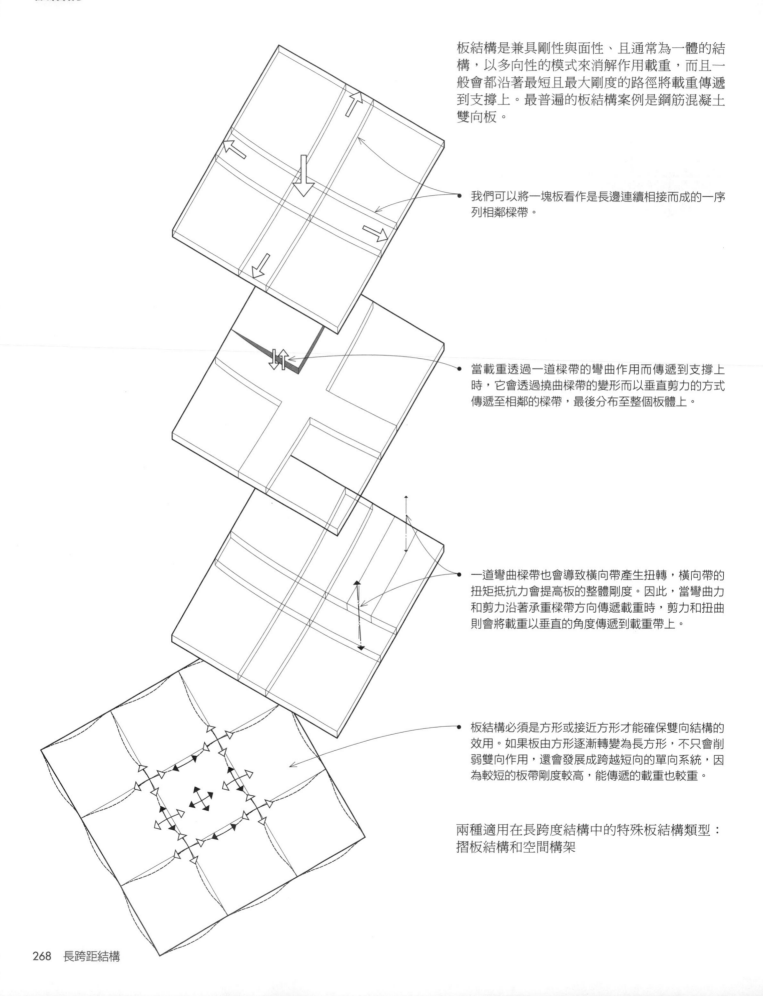

板結構是兼具剛性與面性、且通常為一體的結構,以多向性的模式來消解作用載重,而且一般會都沿著最短且最大剛度的路徑將載重傳遞到支撐上。最普遍的板結構案例是鋼筋混凝土雙向板。

• 我們可以將一塊板看作是長邊連續相接而成的一序列相鄰樑帶。

• 當載重透過一道樑帶的彎曲作用而傳遞到支撐上時,它會透過撓曲樑帶的變形而以垂直剪力的方式傳遞至相鄰的樑帶,最後分布至整個板體上。

• 一道彎曲樑帶也會導致橫向帶產生扭轉,橫向帶的扭矩抵抗力會提高板的整體剛度。因此,當彎曲力和剪力沿著承載樑帶方向傳遞載重時,剪力和扭曲則會將載重以垂直的角度傳遞到載重帶上。

• 板結構必須是方形或接近方形才能確保雙向結構的效用。如果板由方形逐漸轉變為長方形,不只會削弱雙向作用,還會發展成跨越短向的單向系統,因為較短的板帶剛度較高,能傳遞的載重也較重。

兩種適用在長跨度結構中的特殊板結構類型:摺板結構和空間構架

摺板結構

摺板結構是由薄而深的元素在邊緣做剛性接合，元素和元素彼此以銳角相互支撐以抵抗側向的挫屈破壞。

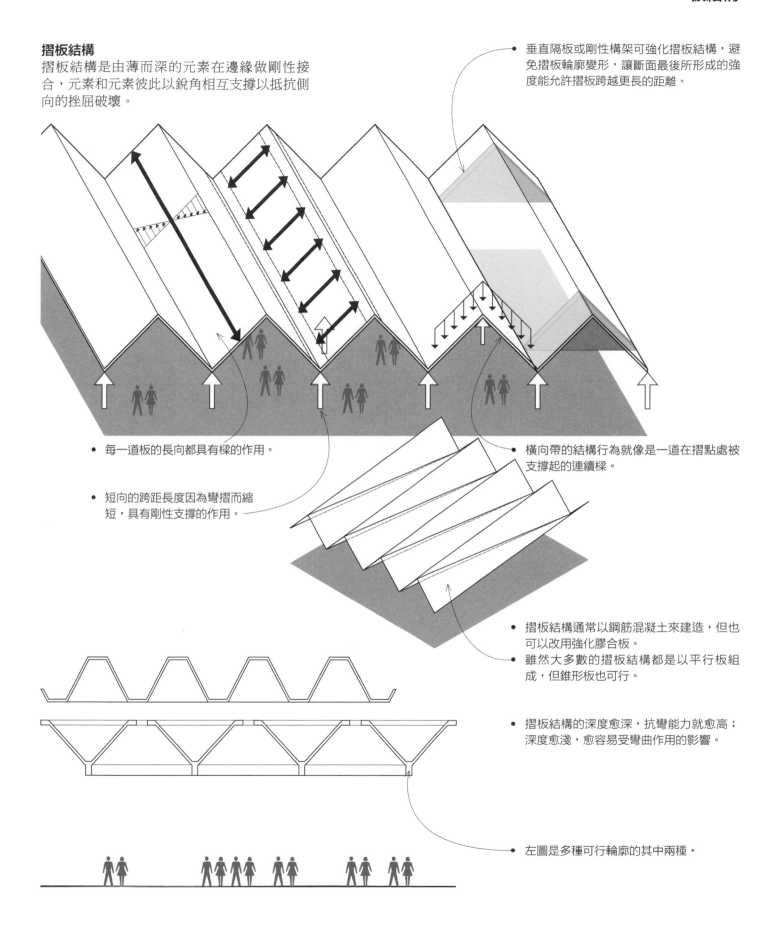

垂直隔板或剛性構架可強化摺板結構，避免摺板輪廓變形，讓斷面最後所形成的強度能允許摺板跨越更長的距離。

• 每一道板的長向都具有樑的作用。

• 短向的跨距長度因為彎摺而縮短，具有剛性支撐的作用。

• 橫向帶的結構行為就像是一道在摺點處被支撐起的連續樑。

• 摺板結構通常以鋼筋混凝土來建造，但也可以改用強化膠合板。

• 雖然大多數的摺板結構都是以平行板組成，但錐形板也可行。

• 摺板結構的深度愈深，抗彎能力就愈高；深度愈淺，愈容易受彎曲作用的影響。

• 左圖是多種可行輪廓的其中兩種。

板結構

- 空間構架中最簡單的空間單元是以方形為底、擁有五個面和五個接點的錐形（金字塔形）體。
- 空間構架可用結構鋼管、金屬管、型鋼、T 型鋼、或 W 型鋼等材料來組構。

- 構件可以焊接、螺栓、或螺紋連接器等做法進行接合。

空間構架

空間構架是一種立基於三角形的剛性，並且由只受軸向拉力或軸向壓力的線性元素所構成的三維度結構構架。這種相對輕量的長跨度結構主要用於屋頂構造，通常還會在局部安裝玻璃以獲取自然採光。各個組件可在施工現場的地面層組裝之後再豎立、或是用起重機吊裝至固定位置；施工上不太需要大型機具。和板結構一樣，空間構架的支撐間隔必須以方形或接近方形的方式來配置，以確保雙向結構的效用。

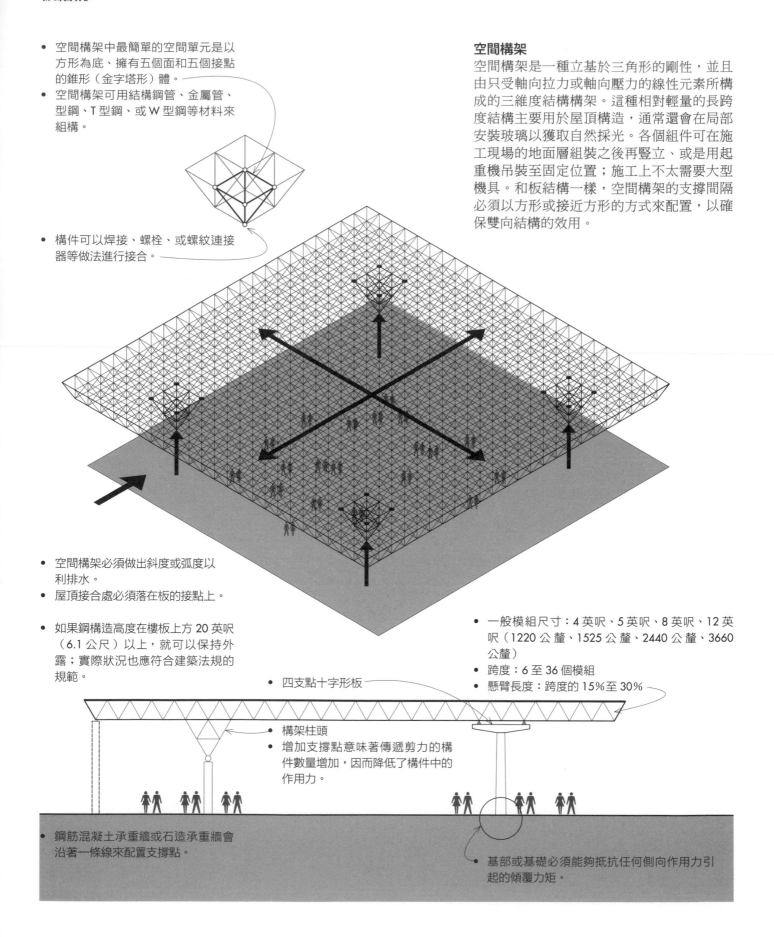

- 空間構架必須做出斜度或弧度以利排水。
- 屋頂接合處必須落在板的接點上。

- 如果鋼構造高度在樓板上方 20 英呎（6.1 公尺）以上，就可以保持外露；實際狀況也應符合建築法規的規範。

- 一般模組尺寸：4 英呎、5 英呎、8 英呎、12 英呎（1220 公釐、1525 公釐、2440 公釐、3660 公釐）
- 跨度：6 至 36 個模組
- 懸臂長度：跨度的 15%至 30%

- 四支點十字形板

- 構架柱頭
- 增加支撐點意味著傳遞剪力的構件數量增加，因而降低了構件中的作用力。

- 鋼筋混凝土承重牆或石造承重牆會沿著一條線來配置支撐點。

- 基部或基礎必須能夠抵抗任何側向作用力引起的傾覆力矩。

薄殼是輕薄的曲面板結構，通常都是以鋼筋混凝土為材料做成建築物的屋頂使用。塑形後的薄殼結構可用來傳遞來自薄膜應力的作用力，也就是在結構表面中作用的壓力、張力和剪力。如果作用力均勻分布，薄殼可以承受較大的作用力。但是因為這樣的結構薄度，薄殼只有少量的彎曲抵抗力，不適合用來抵抗集中載重。

薄殼表面的類型

- 平移面是透過平面曲線沿著某條直線滑動、或平面曲線跨越另一條平面曲線滑動而形成。

- 桶形薄殼是圓筒狀的薄殼結構。如果桶形薄殼的縱向長度是橫向跨度的三倍以上，那麼縱向長邊的結構行為即等同於一道橫跨長向的曲形斷面深樑。

- 如果桶形薄殼的縱向長度較短，則會有類似拱的結構行為，因此需利用繫桿或橫向剛性構架來抵抗拱作用所產生的外推力。

- 直紋面是透過直線的移動而形成。因為具備直線幾何的特性，直紋面一般都比旋轉面或平移面更容易成形與施工。

- 雙曲線拋物面是將曲度向下的拋物線沿著另一條曲度向上的拋物線移動、或是將直線線段的兩端沿著兩條斜線移動而形成的面域。雙曲線拋物面可同時視為是平移面和直紋面。

- 鞍形面的某個方向曲度向上，另一個與其垂直的方向曲度向下。在鞍形面薄殼結構中，曲度向下的區帶會呈現拱的作用，曲度向上的曲帶則形成類似纜索結構的作用。如果薄殼面板邊緣沒有另做支撐，也可能會出現樑的結構行為。

- 旋轉面是將平面曲線繞著某條軸線旋轉而成。球面、橢圓面和拋物圓頂面都是旋轉面的案例。

薄殼結構

透過幾何面的組合，可以創造出多種形式與空間構成。就施工性而言，在兩個薄殼的交會處必須相互調合並保持連續。

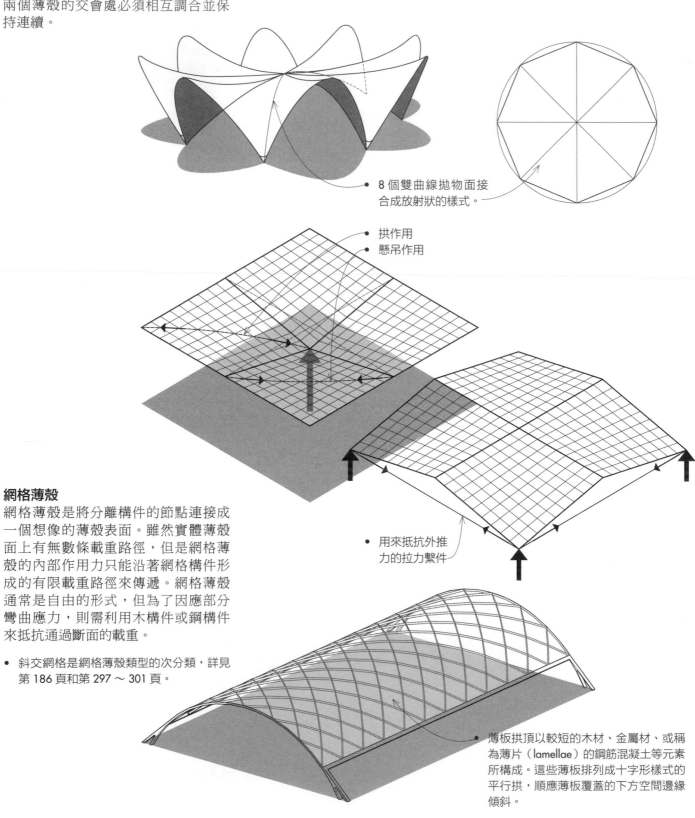

8 個雙曲線拋物面接合成放射狀的樣式。

拱作用

懸吊作用

用來抵抗外推力的拉力繫件

網格薄殼

網格薄殼是將分離構件的節點連接成一個想像的薄殼表面。雖然實體薄殼面上有無數條載重路徑，但是網格薄殼的內部作用力只能沿著網格構件形成的有限載重路徑來傳遞。網格薄殼通常是自由的形式，但為了因應部分彎曲應力，則需利用木構件或鋼構件來抵抗通過斷面的載重。

- 斜交網格是網格薄殼類型的次分類，詳見第 186 頁和第 297 ～ 301 頁。

薄板拱頂以較短的木材、金屬材、或稱為薄片（lamellae）的鋼筋混凝土等元素所構成。這些薄板排列成十字形樣式的平行拱，順應薄板覆蓋的下方空間邊緣傾斜。

特內里費音樂廳是一座鋼筋混凝土結構，包含一座可容納 1600 個觀
眾席的主表演廳和一座可容納 400 個觀眾席的小音樂廳 。特內里費
音樂廳的懸挑屋頂薄殼是從兩個交叉的圓錐體上建造起來，只在五個
支撐點進行支撐，高懸在主表演廳上方 190 英呎（58 公尺）後再往
下彎曲收攏至單一定點。音樂廳的內部對稱薄殼高 165 英呎（50 公
尺），是以旋轉曲線定義橢圓形的方式所形成的旋轉體。建築體的中
央部位有一個大約 15° 角的楔形被移除，因此兩個分隔區塊形成了和
摺板結構相似的凸出脊部。兩側跨距 165 英呎（50 公尺）的寬闊拱
圈則是表演者的出入口。

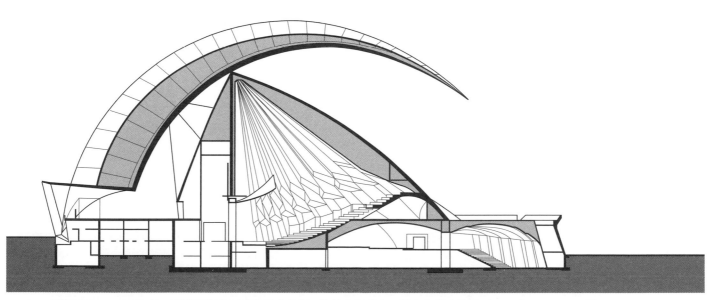

西元 1997 ～ 2003 年：西班牙迦納利群島聖克魯斯 - 德特內里費省，特內里費音樂廳（Tenerife Concert Hall），
由聖地牙哥 · 卡拉特拉瓦設計。外觀與剖面圖。

薄殼結構

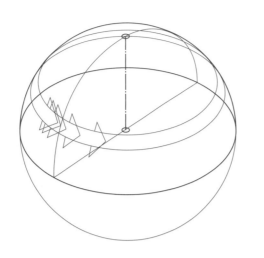

圓頂

圓頂是一種球形表面結構，包含一個圓形平面，而且是由連續性剛性材料如鋼筋混凝土、或是比較短的線性元素構成，就像曲面幾何圓頂的做法一樣。圓頂類似一個旋轉的拱圈結構，兩者的不同之處在於圓頂會形成圓周作用力，在接近頂部的地方形成壓力作用，在底部則形成張力作用。

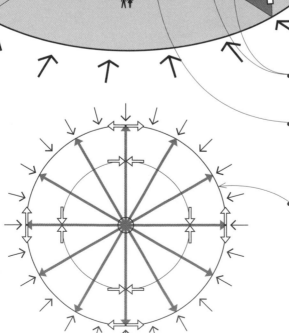

- 在承受完全垂直載重時，南北向子午線上的作用力都是壓力作用。

- 轉換過渡線

- 圍箍作用力，用以抑制圓頂薄殼子午線區帶的面外運動。圍箍作用力在上方區塊形成壓力作用，在下方區塊則是張力作用。

- 從壓力圍箍作用力轉換至張力圍箍作用力的現象會出現在垂直軸 45° 至 60° 角的範圍內。

- 使用張力環圍繞圓頂底部，可抵抗來自子午線上的向外分力。在混凝土圓頂構造中，可將張力環加厚並置入鋼筋，以因應張力環和薄殼之間因為不同彈性變形而產生的彎曲應力。

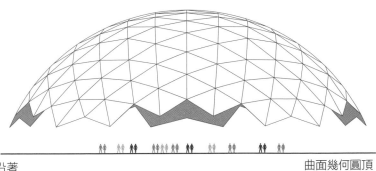

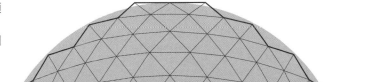

曲面幾何圓頂

- 曲面幾何圓頂是鋼構圓頂結構，結構構件沿著三組以 60° 角交會的圓形來配置，也就是將圓頂表面分割成一序列等邊的球面三角形。
- 有別於晶格圓頂和施威德勒圓頂，曲面幾何圓頂有不規則的底部輪廓，所以較難進行支撐。

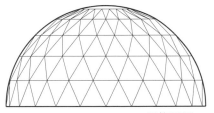

- 晶格圓頂是沿著圓形緯度線配置、並以兩組對角線形成一序列等腰三角形的鋼構圓頂結構。
- 施威德勒（Schwedler）圓頂是沿著緯度線和經度線配置構件、再由第三組對角線完成三角形外觀的鋼構圓頂結構。

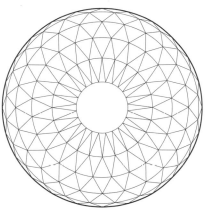

晶格圓頂

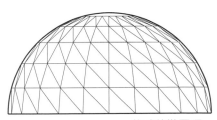

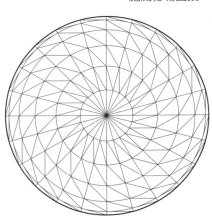

施威德勒圓頂

薄殼結構

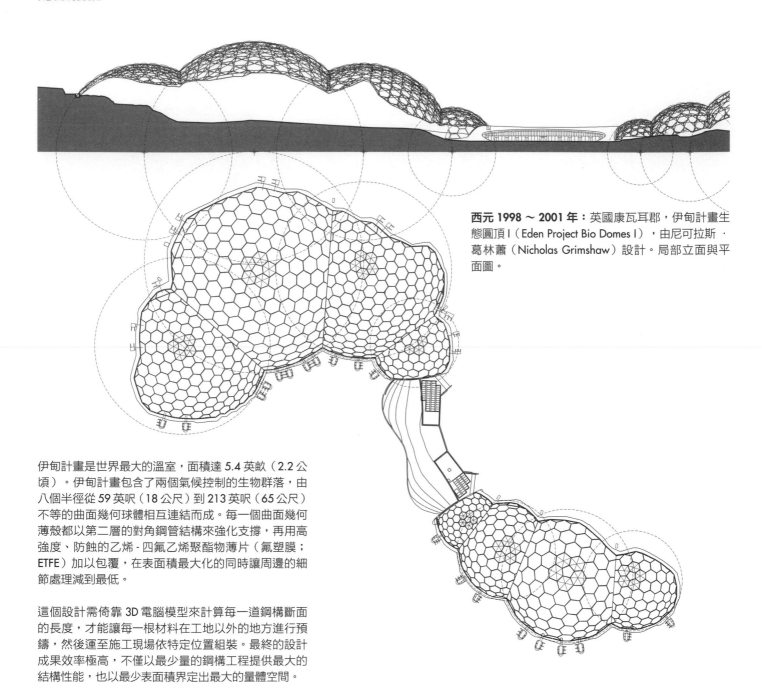

西元 1998 ～ 2001 年：英國康瓦耳郡，伊甸計畫生態圓頂I（Eden Project Bio Domes I），由尼可拉斯 · 葛林蕭（Nicholas Grimshaw）設計。局部立面與平面圖。

伊甸計畫是世界最大的溫室，面積達 5.4 英畝（2.2 公頃）。伊甸計畫包含了兩個氣候控制的生物群落，由八個半徑從 59 英呎（18 公尺）到 213 英呎（65 公尺）不等的曲面幾何球體相互連結而成。每一個曲面幾何薄殼都以第二層的對角鋼管結構來強化支撐，再用高強度、防蝕的乙烯 - 四氟乙烯聚酯物薄片（氟塑膜；ETFE）加以包覆，在表面積最大化的同時讓周邊的細節處理減到最低。

這個設計需倚靠 3D 電腦模型來計算每一道鋼構斷面的長度，才能讓每一根材料在工地以外的地方進行預鑄，然後運至施工現場依特定位置組裝。最終的設計成果效率極高，不僅以最少量的鋼構工程提供最大的結構性能，也以最少表面積界定出最大的量體空間。

7 高層結構
High-Rises Structures

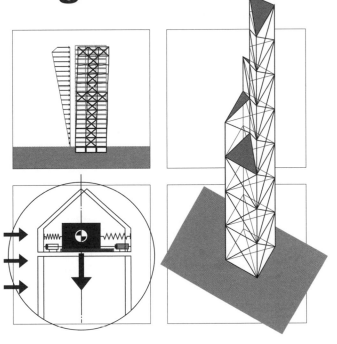

高層結構

建築工程師、建築師、施工者、監造、和相關專業人士通常將十層樓以上或100英呎（30公尺）以上的建築物定義為高層建築。建築法規會針對最低樓層上方的樓層火災逃生通道進行相關的建築高度規範。世界高層建築學會對高層建築的定義如下：

高層建築並不是由高度或樓層數來定義；重要的判斷標準在於設計上是否受到「高層性」這個觀點的影響。所謂的高層建築，即是強烈受「高層性」影響規劃、設計和使用的建築物。有別於某一區域內和某個時期的「一般」建築物，高層建築物在高度上創造了不同的設計、施工、和運轉環境。

從上述定義來看，我們會發現高層建築不僅是以高度，還要依據比例來定義。

結構設計有相同的基礎準則，適用於任何構造類型，也可運用在高層建築上。在重力和側向載重的作用下，每一個獨立構件和整體結構都必須具備有效的強度，結構中也需有足夠的剛度來抵抗變形，使變形量維持在某種可接受的程度上。不過因為高層建築的結構系統對抵抗側向作用力的需求較大，因此抵抗側向作用力的強度、建築漂移的控制、動態行為，以及抵抗傾覆的能力，都要比承載重力載重的能力更加重要。

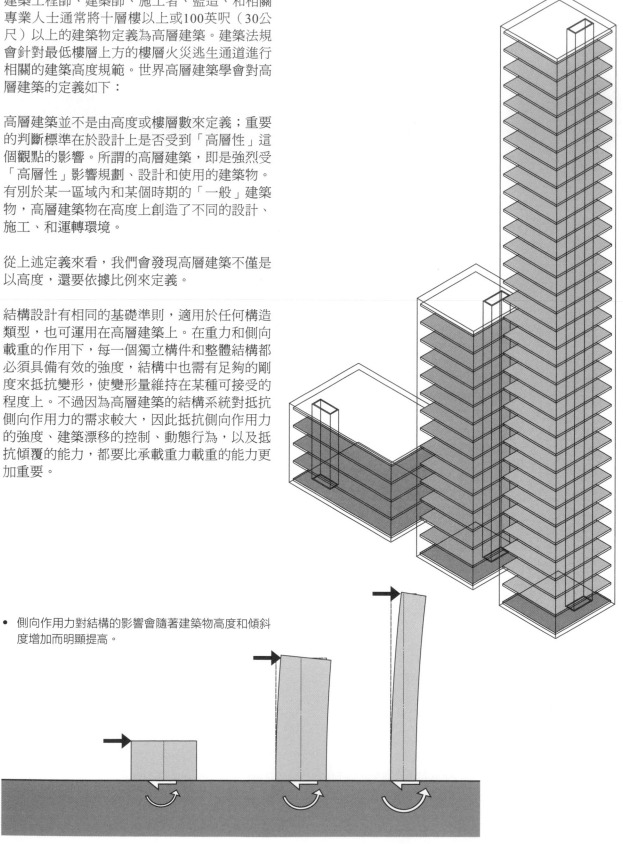

- 側向作用力對結構的影響會隨著建築物高度和傾斜度增加而明顯提高。

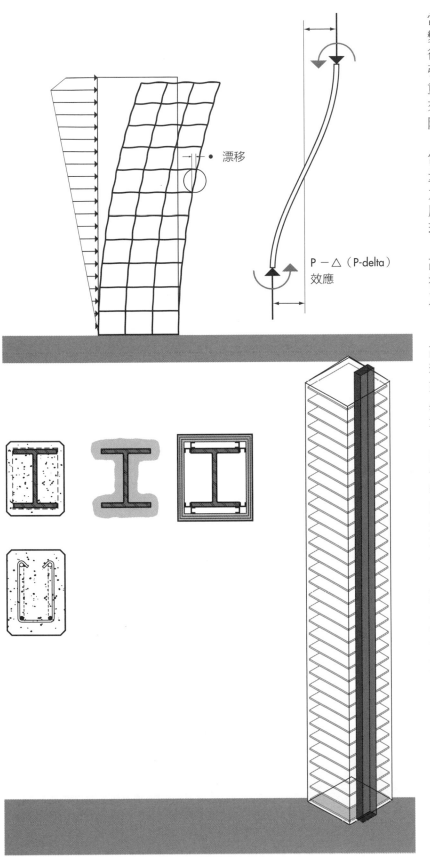

當建築物的高度提高時，側向變形或漂移也會變得很大，過度的變形會使電梯無法直線運行，使用者對變形運動將會出現不良的反應。引發側向變形和震動的兩個主要因素是風力載重以及地震力，而另一個不能忽略的因素則是來自建築物內部與外部空間、建築物向陽面和陰影面之間的溫度差異。

當高層結構偏移了原本的鉛直位置時，結構重量就會偏離位置的中性軸心，導致額外的傾覆力矩。這個額外傾覆力矩的規模一般會是造成原先位移的力矩規模的10%。這種潛在的危險現象就稱為P－△（P-delta）效應。

高層建築物的構造材料有很多選擇，並且常是複合的組合，包含結構鋼材、鋼筋混凝土、以及預力混凝土。

高層建築樓地板面積每平方英呎所需的結構材料用量超過低層和中層建築。整體建築物中用來承載垂直載重的元素，例如柱、牆和豎井都必須強化，此外，用來抵抗側向載重的材料用量更是相當龐大。

由於高層建築的樓板系統通常具有重複的特性，因此其結構深度對建築物設計有很大的影響。如果每一個樓層都省下幾英吋，加總起來就可能讓整棟建築物出現數英呎的高度差異，進而直接影響電梯、外牆包覆作業、以及其他次系統的成本。任何納入樓板系統的載重也都會增加基礎系統的尺寸和成本。

那些會造成建築物服務成本增加的額外開支，主要是指垂直動線系統而言。垂直動線系統所需要的空間增加，會進一步提高可用樓地板淨面積的成本，而且成本會隨著建築物高度的增加而提高。不過，垂直動線服務核的尺寸增加，也可做為垂直載重及側向載重策略的重要部分。

高層結構中的作用力

重力載重

因為載重從屋頂層往下傳遞至基礎的過程中具備積累的特性，因此在整個建築物高度中，承載高層結構重力載重的垂直分力元素，例如柱子、服務核豎井和承重牆等都必須進行強化。結構材料的數量也會隨著高層建築物的樓層數提高而增加。

混凝土高層結構的重力載重增加幅度比鋼構高層結構來得大。從某個角度來說，結構重量增加可以視為一種優點，因為混凝土結構的靜載重有助於抵抗風力所帶來的傾覆效應；但另一方面，因為較大的混凝土建築體積在地震發生時會產生較大的整體側向作用力，結構重量則成為不利的條件。

相對於需要強化的垂直重力載重承載元素，高層結構的水平跨距樓板和屋頂系統則與其他低層或中層建築物相似，可協助將垂直結構繫結起來，並且有水平隔板的功用。鋼構高層結構中最普遍的樓板系統是鋼承板配合輕質混凝土的澆置，如此不僅能提供電氣與通訊系統配管的空間，也提供了在樓板內配置其他小型服務配管的可能性。

在鋼筋混凝土造的高層結構中，採用樑與大樑構架來支撐輕質結構混凝土板的方式會是經濟的做法。

為了長跨度而設計的桁架型格柵也十分經濟，雖然其深度比一般樓板系統要來得深，不過機電系統可直接穿過格柵的空腹部位進行配管，而不需要在桁架下弦材的下方再增加額外的樓板厚度。

在高層住宅建築中，平板的跨度如果不超過25英呎至30英呎（7.6公尺至9公尺），通常會採行後拉預力的做法，厚度大約在6英吋至7英吋（150公釐至180公釐）的範圍之間，最高可達到8英吋（205公釐）。平板直接由柱子支撐，沒有其他任何支撐樑的配置，因此可以創造出最小的結構樓板深度。但是如果要做任何機電系統配管就必須懸吊在樓板的下方。

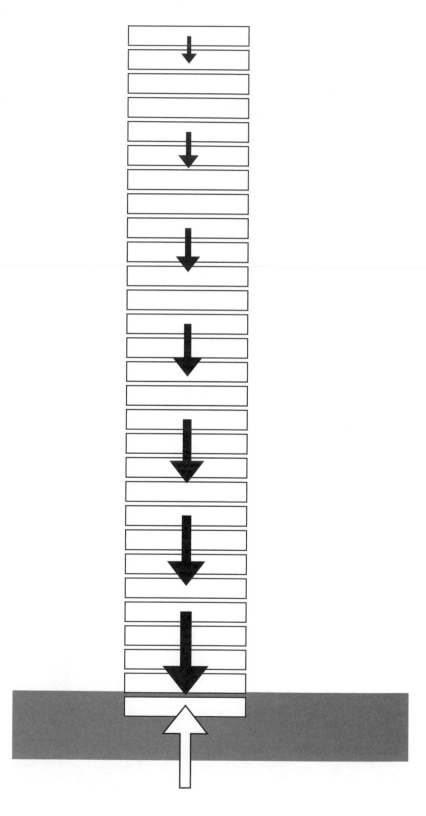

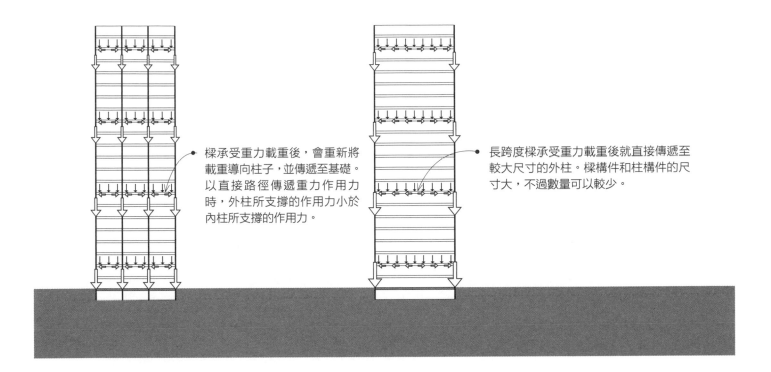

樑承受重力載重後，會重新將載重導向柱子，並傳遞至基礎。以直接路徑傳遞重力作用力時，外柱所支撐的作用力小於內柱所支撐的作用力。

長跨度樑承受重力載重後就直接傳遞至較大尺寸的外柱。樑構件和柱構件的尺寸大，不過數量可以較少。

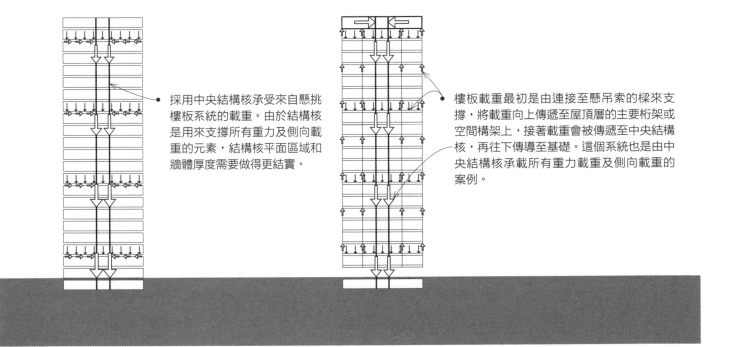

採用中央結構核承受來自懸挑樓板系統的載重。由於結構核是用來支撐所有重力及側向載重的元素，結構核平面區域和牆體厚度需要做得更結實。

樓板載重最初是由連接至懸吊索的樑來支撐，將載重向上傳遞至屋頂層的主要桁架或空間構架上，接著載重會被傳遞至中央結構核，再往下傳導至基礎。這個系統也是由中央結構核承載所有重力載重及側向載重的案例。

高層結構中的作用力

進行高層建築的安全性設計時，首要目標是降低建築物受到風力與地震力之後發生倒塌的情況，其次才是考量包覆材、建築元素、公共設施和服務管線可能的潛在破壞風險。

除了高風險的地震區帶之外，風力是影響高層建築物設計的最主要因素。在風力載重作用於整體結構之後，風壓通常呈階梯狀增加，其規模隨著建築物的高度增加而提高。這些都是假設風力載重以正常狀態作用在建築物的垂直表面上，同時也將側風的影響納入考量。

在穩定的風力之下，高層結構的變形就像是固定在地面層的垂直懸挑樑一樣。不過，作用在建築物上的陣風會造成建築物的振動，即便是小規模的變形也會導致建築物的振動。小幅度振動就可能會引發使用者的不適與不安全感。建築物本身的堅固程度、和大多數高層建築物具備的阻尼特性，均可能抑止風力產生共振效應與空氣動力不穩定性。

建築物因地震而起的運動方式，和由風力引起的運動方式不同。在嚴重的地震發生時，建築物的變形較大且方向隨機，因此，防止建築物出現大規模運動而傾倒是面臨地震因素的挑戰。地震的關鍵時期通常只是在幾分之一秒的瞬間，彈性高層建築物的週期則有數秒。當地震週期與建築物震動週期不同時，可使諧和共振的發生機率降低。諧和共振會增加位移的振幅，並導致建築物劇烈運動。高聳建築物的設計會因應風力載重而需較高的剛性，但在地震載重之下，特定部分結構可容許局部降伏或破裂，以延長建築物的震動週期和提高阻尼性能，這種做法是為了避免建築物在大地震中出現災難性的破壞。地震力設計所需的延展性涉及建築物是否具備足夠的強度，亦即在彈性極限之後產生的塑性降伏，如此建築物才可適度擺動而不喪失結構的完整性。

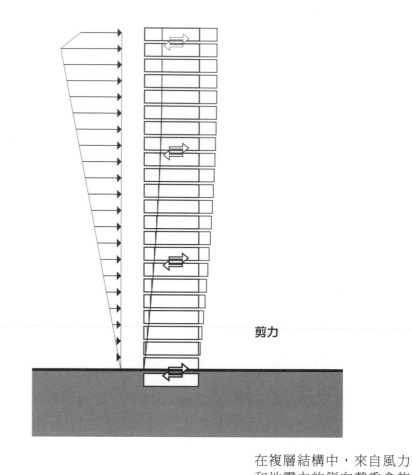

剪力

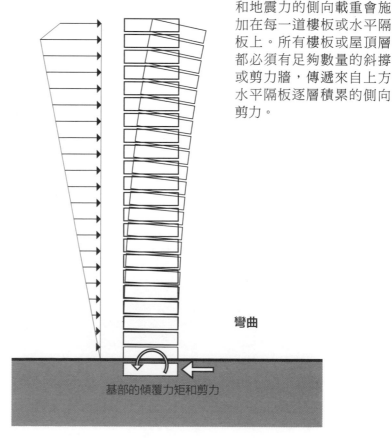

彎曲

基部的傾覆力矩和剪力

在複層結構中，來自風力和地震力的側向載重會施加在每一道樓板或水平隔板上。所有樓板或屋頂層都必須有足夠數量的斜撐或剪力牆，傳遞來自上方水平隔板逐層積累的側向剪力。

在高層建築物中，側向載重所引發的傾覆力矩非常明顯。較有利的做法是利用樓板系統將大部分的建築物重力載重傳遞至外部抵抗元素，並以預施壓力的方式抵抗拉張傾覆力，達成穩定外部抵抗元素的需求。而這項需求可透過採用橫跨中央結構核到外部柱子的長跨距樓板系統，同時盡可能減少內柱的做法來達成。此外，這種強度較高的樓板在抵抗側向剪力時也能發揮很好的功效。

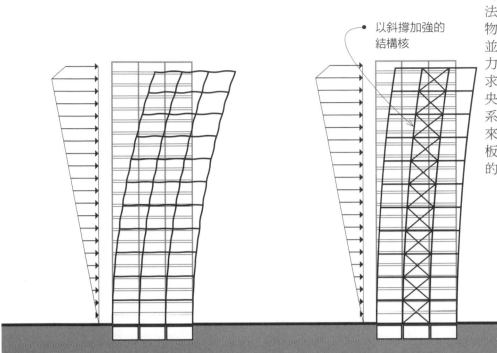

以斜撐加強的結構核

與結構核連結、並與外部繫柱結合的屋頂頂蓋桁架或懸臂桁架，能夠降低建築物的傾覆力矩和側向漂移。在每個樓層中配置繫柱，除了防止結構框架受側向運動的影響，也能用來支撐重力載重。

頂蓋桁架與繫柱的概念之所以有差異，是因為在建築物內不同樓層配置懸臂桁架的情形不同。結構核通常配置在中央，從兩側延伸出懸臂桁架。當剪力結構核出現彎曲變化時，懸臂桁架就會以直接的軸向載重形成槓桿臂作用，在其中一側引發張力、在另一側引發壓力，藉此將作用力傳遞至周圍的柱子上，這些柱子再做為支柱以抵抗結構核的變形。懸臂桁架通常有鋼構結構桁架或鋼筋混凝土結構牆體這兩種形式、或由鋼材和混凝土結合的組件。

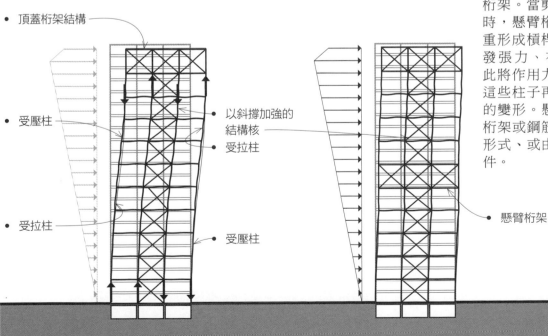

- 頂蓋桁架結構

- 受壓柱

以斜撐加強的結構核

受拉柱

- 受拉柱

受壓柱

懸臂桁架

高層結構中的作用力

不論是從建築物上方多少距離施加側向載重，
都會在結構基部產生傾覆力矩。為了達到平
衡，傾覆力矩必須藉由外部回復力矩與其相抗
衡，並且由柱構件和剪力牆所產生的作用力，
形成內部的抵抗力矩。細長型建築物（高度和
底部寬度的比例高）會在頂部出現較大的水平
變形，而且特別容易受到傾覆力矩的影響。

雖然扭轉會出現在各種高度的建築物上，不過
對於高層結構而言，扭轉的影響更加嚴峻。即
便單一樓層扭轉在低層或中層建築中可被容
許，但在高層建築物的極端高度條件下，隨著
眾多樓層的積累會導致扭轉總量過高，使建築
物整體旋轉，所以就算只有單一樓層的扭轉也
不被接受。與扭轉相關的各種運動將會沿著建
築物軸線增加擺動幅度，進而引發各種不被允
許的變化和運動加速狀態。

複層結構中的每一樓層一般至少都會配置四道
側向力抵抗面來強化支撐，每道牆體都是為了
將扭轉力矩及位移量降至最低。雖然最好能將
側向力抵抗面配置在各個樓層的相同位置，但
這也並非鐵則，不同樓層所傳遞的剪力可視為
獨立問題來加以檢驗。在設計時配置平衡且對
稱的側向力抵抗系統和結構核，可以使抵抗扭
轉的能力達到最大，也能讓建築物質心偏離剛
心或抵抗中心的情況降到最低。

• 抵抗扭轉的能力可透過將支撐構架、力矩抵抗構架
  或剪力牆形成一個完整管狀的輪廓，得到強化的效
  果；鋼筋混凝土或鋼構架所構成的環形結構核如果
  能形成封閉狀態，結構效率也會更加良好。

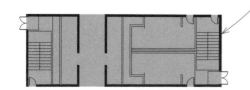

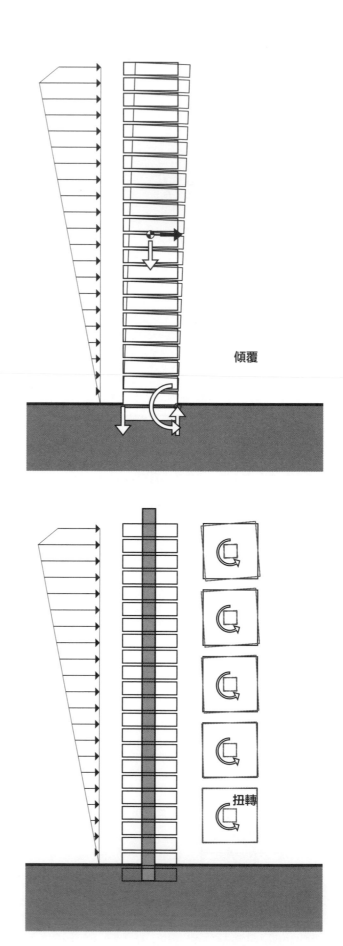

傾覆

扭轉

本頁圖說提供的是高層結構適用的穩定平面輪廓範例。開放的支撐形式具有較弱的扭轉剛度,必須盡量避免。L形、T形、和X形的平面配置方式最無法抵抗扭轉作用力,而C形和Z形也只比前述幾種好一些而已。

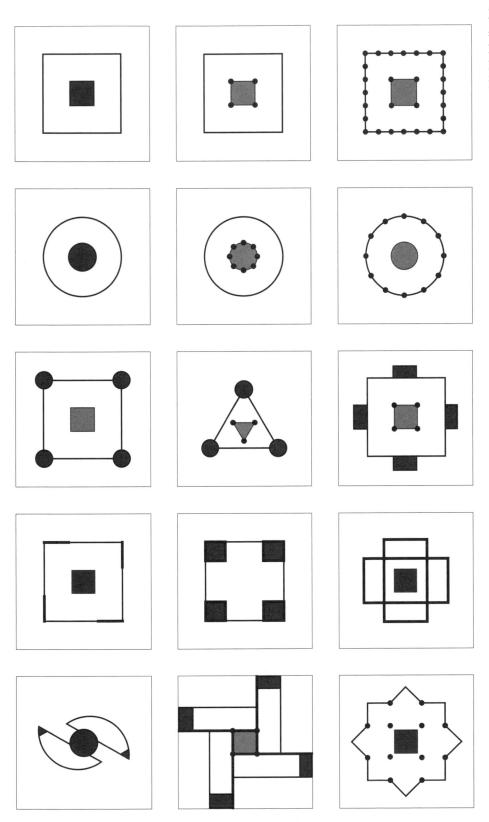

高層結構的類型

如果從構造性、實用性、經濟性的面向來檢視
高層結構,是否正確選擇側向作用力抵抗系統
將是高層建築計畫的成敗關鍵。

根據垂直的側向力抵抗系統的支配位置,我們
可以將高層結構分成兩種類別:內部結構以及
外部結構。

內部結構
內部結構是指利用結構內部的側向作用力抵抗
元素來抵抗側向載重的高層結構,例如鋼材或
混凝土製成的剛性構架結構、由斜撐構架或抗
力矩構架形成結構核的強化結構、或是由剪力
牆構成如同結構管的封閉系統等。

外部結構
外部結構則是沿著結構外圍配置側向作用力抵
抗元素、以抵抗側向載重的高層結構。

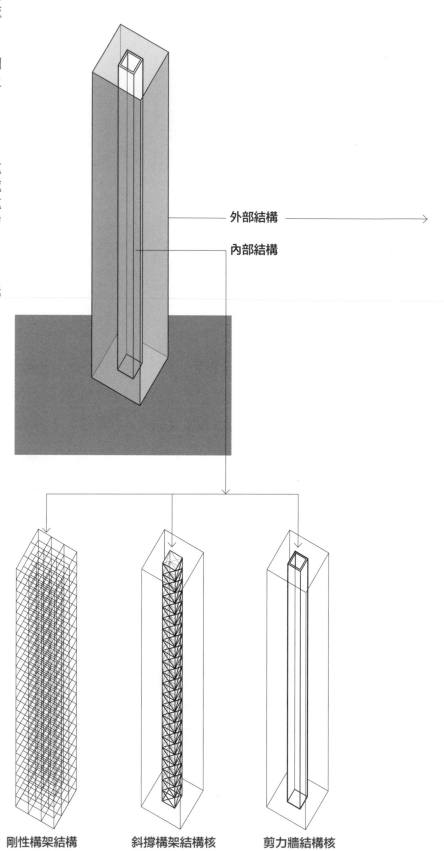

外部結構

內部結構

剛性構架結構　　斜撐構架結構核　　剪力牆結構核

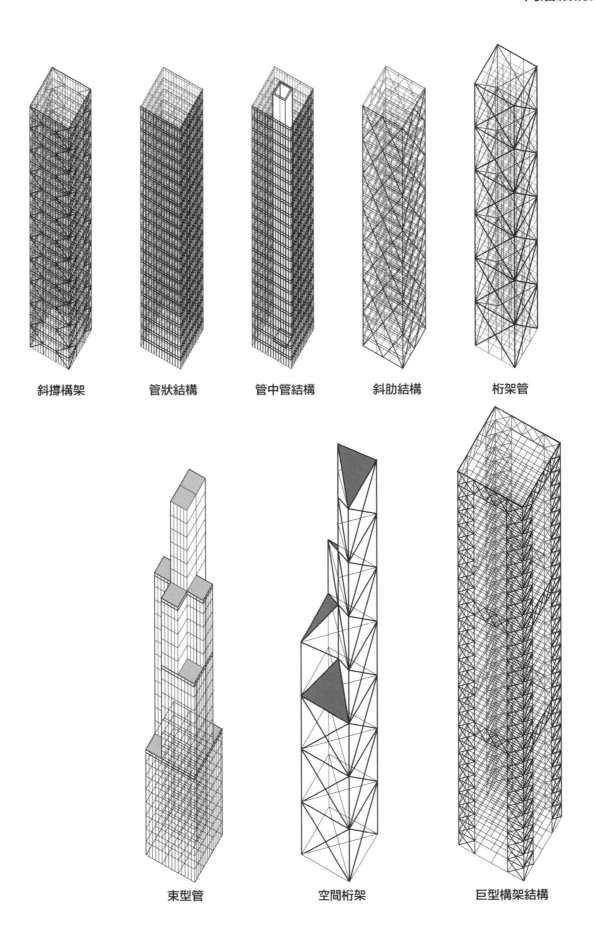

斜撐構架　　管狀結構　　管中管結構　　斜肋結構　　桁架管

束型管　　空間桁架　　巨型構架結構

高層結構的類型

下圖呈現的是高層結構的基本類型，以及每一種形式可達到的合理樓層數量。

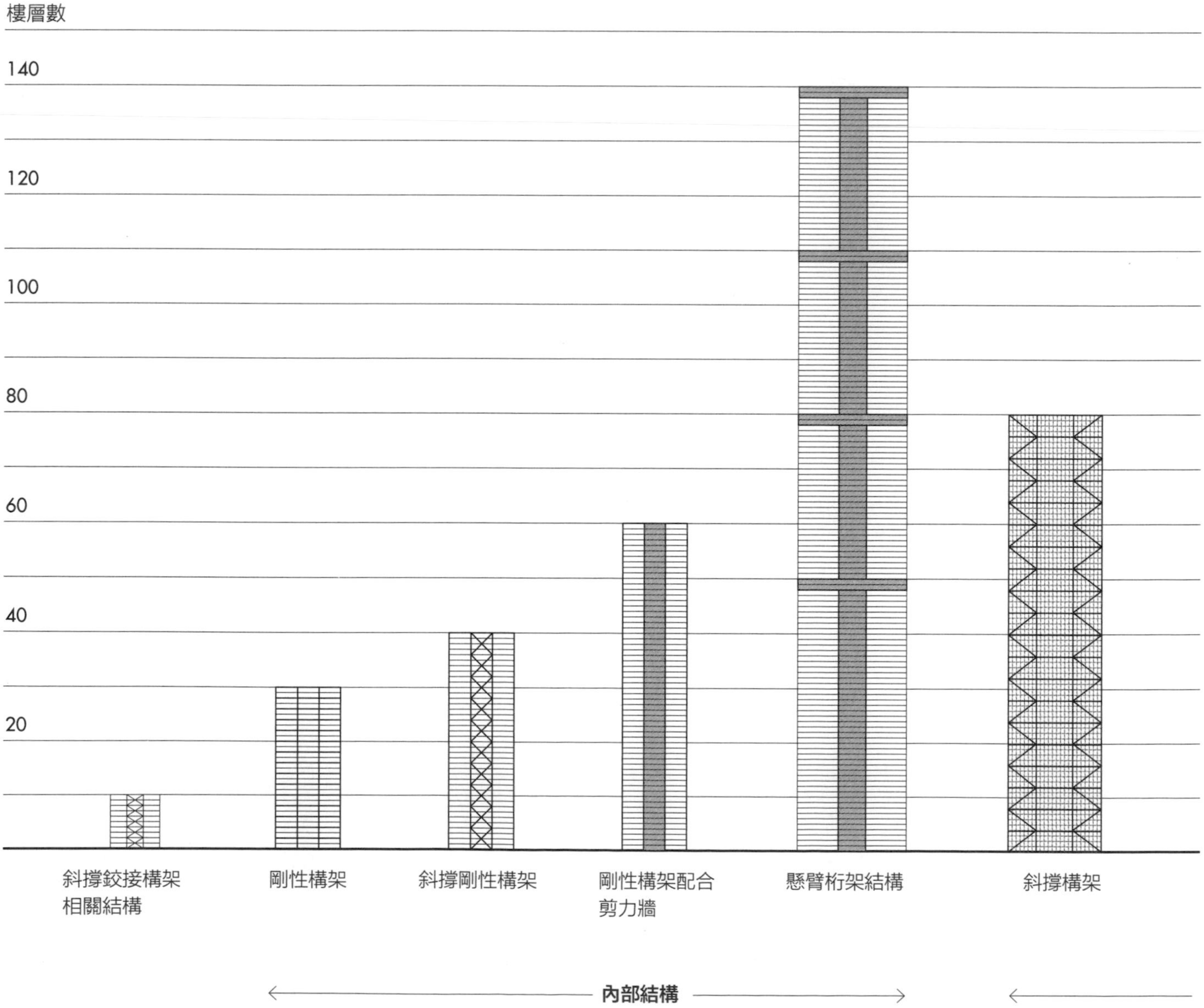

樓層數
140
120
100
80
60
40
20
斜撐鉸接構架
相關結構
剛性構架
斜撐剛性構架
剛性構架配合
剪力牆
懸臂桁架結構
斜撐構架
內部結構

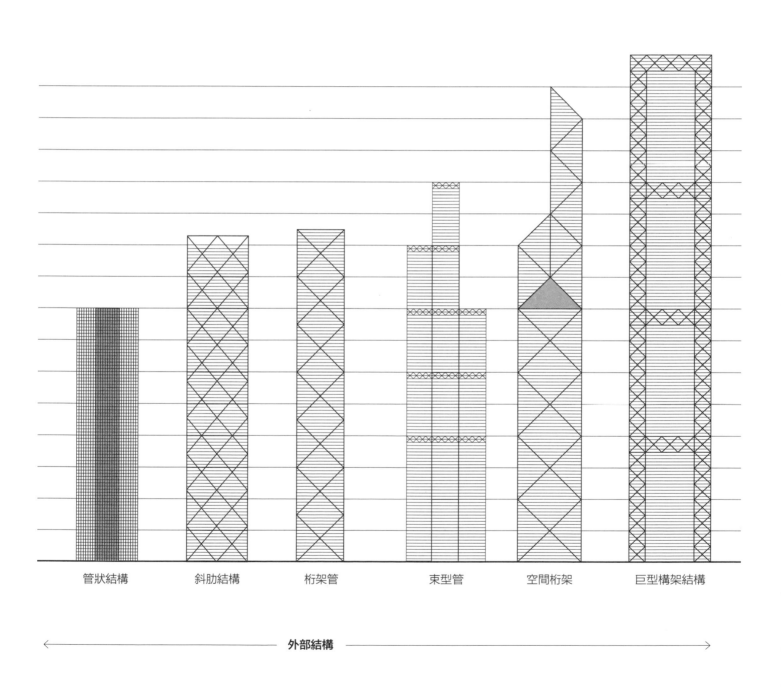

| 管狀結構 | 斜肋結構 | 桁架管 | 束型管 | 空間桁架 | 巨型構架結構 |

外部結構

穩定高層結構

剛性構架結構

貫穿1960年代，應用在高層鋼構和混凝土建築物上最主要、也最普遍結構系統之一就是傳統剛性構架。這種構架猶如固定於地面的垂直懸挑樑。

風力載重和地震載重皆以側向力的方式，在垂直重力載重之外產生額外的剪力與彎矩。每層樓的樓板構架系統通常都承載幾乎等量的重力載重，但隨著所在位置愈來愈接近建築物的基部，順著柱列配置的大樑尺寸也必須逐漸加大，才能抵抗遞增的側向作用力，也同時提高建築物的剛度。

由於上方樓板將重力往下傳遞並累積，使載重量增加，因此愈靠近建築物基部的柱子的尺寸必須逐漸加大來因應。同樣的，為了抵抗積累的側向載重，愈靠近基部的柱子也必須放得更大。結論是，隨著建築物高度提高，受到側向作用力影響而擺動的情況就更為嚴峻，對於柱樑必須補足剛性構架系統以抵抗側向作用力的要求也會隨之提高。

在剛性構架構造中，橫跨兩個方向的橫樑和大樑必須具備足夠的剛度，才能讓剪力破壞、或高樓層的漂移情況降到最小程度。除非樓板的飄移情形可受其他垂直元素控制，否則通常需要以額外的材料來支應橫樑或大樑，例如配置剪力牆或設置結構核等。當建築物高度超過三十層樓，抵抗側向載重的剛性構架所需的材料量成本會增加令人卻步的程度。

如果樓層數介於十至三十五層，垂直鋼構剪力桁架或混凝土剪力牆就足以為建築物提供有效的側向力抵抗能力；但如果將剪力牆或剪力桁架與剛性構架或力矩抵抗構架結合起來，兩種側向作用力抵抗系統的交互作用可達到更強的側向剛性，結構效能提高至六十層樓的高度。

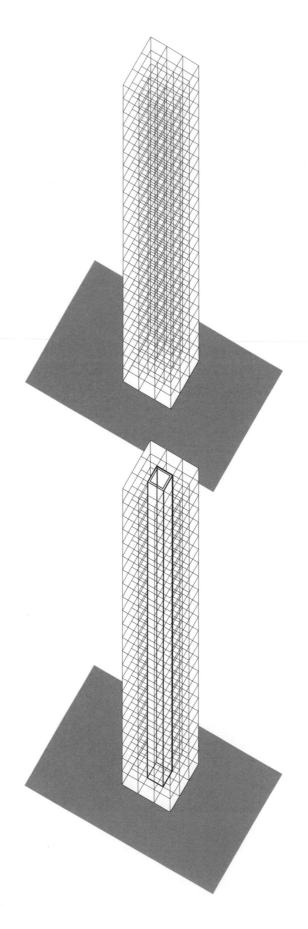

容納電梯及緊急逃生梯的垂直動線核通常會以鋼筋混凝土或斜撐鋼構架施作，這種做法可讓它們成為複層建築中承載重力載重及側向作用力抵抗策略的主要元素。剪力抵抗核的配置位置對降低側向載重可能引發的扭轉情形十分關鍵。結構核和斜撐構架（或剪力牆）之間的對稱性則有助於緩和水平隔板質心相對於剛心出現偏移、或抵抗中心產生偏心的情況。

暫且不論核的位置，最好的側向抵抗系統應該是封閉的類型，以斜撐強化或是構架作用形成完整的管狀。這類案例包括由連續、力矩接續拱腹、和圍繞在建築物四周的外柱所構成的管狀構架塔；或是在核側邊以水平隔板或隅撐來提高剛度的斜撐加強核；以及在出入口上方配置鋼筋混凝土楣樑，做為各部分牆體之間連結的混凝土結構核。這些封閉的形式之所以較為適當，是因為本身在抵抗扭轉上就具備了剛性。

高層結構中可容納一組或多組核。人型的單一核可以支撐懸挑樓板結構、或者和頂蓋結構或中間層懸挑桁架結合，在每一樓層創造出無落柱空間。

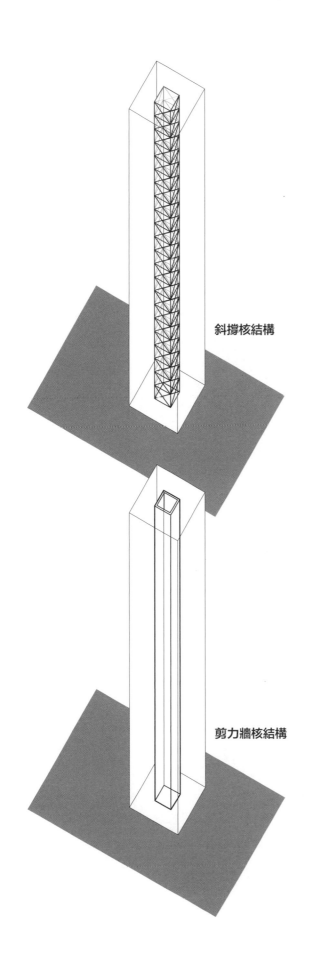

斜撐核結構

剪力牆核結構

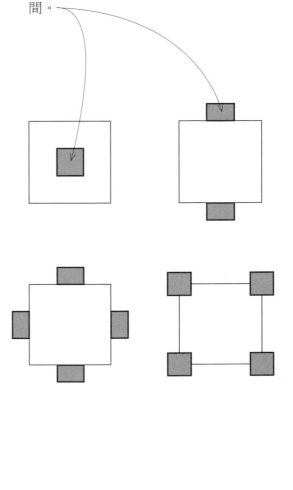

穩定高層結構

斜撐構架

斜撐構架結構利用垂直桁架來抵抗高層建築物的側向載重。這些垂直桁架以建築物周圍的柱為弦材構件，K形、V形、或X形支撐為腹材構件，能有效消除柱子承受側向載重後產生的彎曲。柱、大樑和對角斜撐可簡單地以栓接接頭連接，比起必須以抗力矩接頭來連接的剛性構架結構，這種做法的生產和建造成本更為經濟。對角斜撐能提高結構的剛度、控制漂移的情形，並且可達到更高的整體高度。斜撐構架通常會連結其他側向作用力抵抗系統以符合更高層建築物的需求。

偏心斜撐構架的構成，是利用對角斜撐將不同樓層中的大樑連結起來所形成的構架形式，而這個大樑就是桁架的水平元素。由軸向偏移引發的偏心性會在構架中發展出彎曲應力和剪力，降低構架的剛度，但卻提升其延展性；對位於地震帶的建築物來說，延展性正好是結構設計上的一項優點。此外，偏心斜撐構架也允許設計者在面內施作大型的門窗開口。

如果加大對角斜撐構件的尺度，使其橫跨過數個樓層，這個系統就會更接近巨型構架結構的類型。

剪力牆

剪力牆系統通常用來提供高層結構必須的強度和剛度，以抵抗風和地震所引發的側向作用力。剪力牆通常以鋼筋混凝土來施作，因為厚度相對較薄，所以高度-寬度比值相對較高。

剪力牆被視為一種固定於基部的垂直向懸挑結構。當同一平面中兩道、或兩道以上的剪力牆用樑或樓板連結成一體時，就形成了如同帶有門窗開口的剪力牆，整體系統的剛度會超過各個牆體剛度的加總值。這是因為連接樑限制了獨立懸挑作用而使牆體形成一個單元（就像一個大型的剛性構架）。如果被設計成一個單元，整個組合就會被視為一組的剪力牆。

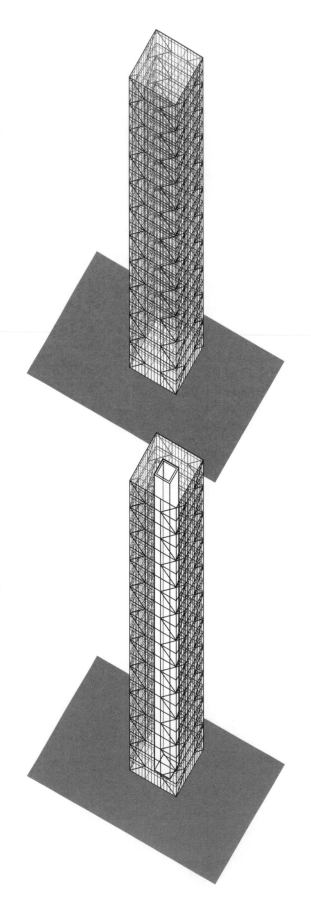

管狀結構

框架管結構利用整棟建築物的周圍來抵抗側向載重。基本的管狀結構最好視為是一道固定於地面層的中空懸挑箱型樑，其外部構架是由緊密排列的柱子和深繫樑進行剛性連結而成。前面提過的框架管系統案例，例如前世界貿易中心大樓（World Trade Center Towers），就是將間隔4英呎至15英呎（1.2公尺至4.6公尺）的柱子配置在中央，再和深度2英呎至4英呎（610公釐至1220公釐）的連接樑繫結在一起。

管結構可做成長方形、圓形、或其他相對規則的形狀。既然外牆抵抗了所有或幾乎大部分的側向載重，內部的對角斜撐和剪力牆就可以取消。立面的剛度可以透過加上對角斜撐形成桁架作用而得到進一步補強。

如果建築物受到側向載重後像懸挑樑那樣彎曲，結構構架的載重就會引起軸向柱上的載重分配不均情形。角柱因此承受較大的載重，並且以非線性方式將載重傳遞到中間柱上。框架管的結構行為介於純粹懸挑樑和純粹構架之間，與側向載重平行的框架管側邊會因為柱和繫樑的彈性，形成像有數個間隔的獨立剛性構架。這個作用使得愈靠近構架中心的柱子在結構反應上，比靠近角落的柱子來得慢，這點和真正的管結構行為不同。這個現象就稱為剪力遲滯效應。

設計者發展出許多減緩剪力遲滯效應的技術。其中最有名的做法是採用帶狀桁架來因應。帶狀桁架配置在外牆牆面上，通常位於機械層，以平衡因為剪力遲滯效應所引發的張力和壓力作用。

側向作用力

側向作用力

帶狀桁架

產生剪力遲滯　　　不產生剪力遲滯

- 剪力遲滯效應引發不均衡的載重分布
- 帶狀桁架協助載重平衡分配

管中管結構

框架管的剛度可利用結構核來進行大幅改善，不僅可以抵抗重力載重，也能抵抗側向載重。利用樓板將外管和內管繫結成一體，使兩個管形成一個單元以抵抗側向作用力。這種系統就稱為管中管結構。

平面尺寸較大的外管可以很有效率地抵抗傾覆作用力，但是外管系統中必要的開口卻會降低整體結構抵抗剪力的能力，特別是低樓層中的開口。另一方面，由剪力牆、斜撐構架、或抗力矩構架構成的內管，則是有更好的樓層剪力抵抗能力。

斜撐管結構

框架管結構本質上的弱點在於與其連接的繫樑彈性。框架管的外部牆構架中可加入大型對角斜撐來提高剛度，例如芝加哥市一百層樓高的約翰・漢庫克中心（John Hancock Center）就採用這種做法。當框架管結構加上對角斜撐，就稱為斜撐管結構。

大型對角斜撐和繫樑共同形成類似牆體的剛性，可以抵抗側向載重。這種強化構架周圍的做法克服了框架管結構的剪力遲滯問題。對角斜撐主要是透過軸向作用來抵抗側向載重作用力，同時也扮演了斜向柱的角色以抵抗樓板的重力載重，讓外柱能以更寬的間距來配置。

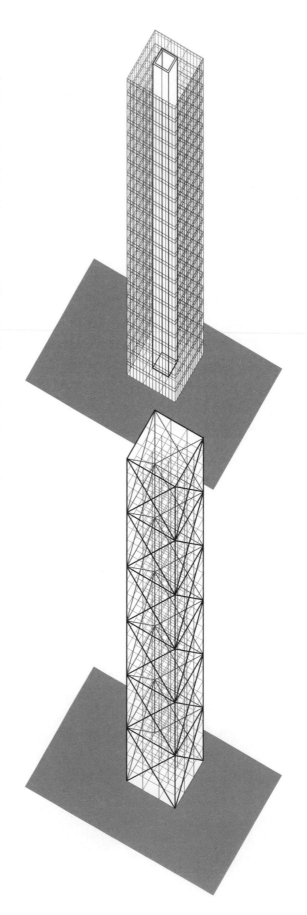

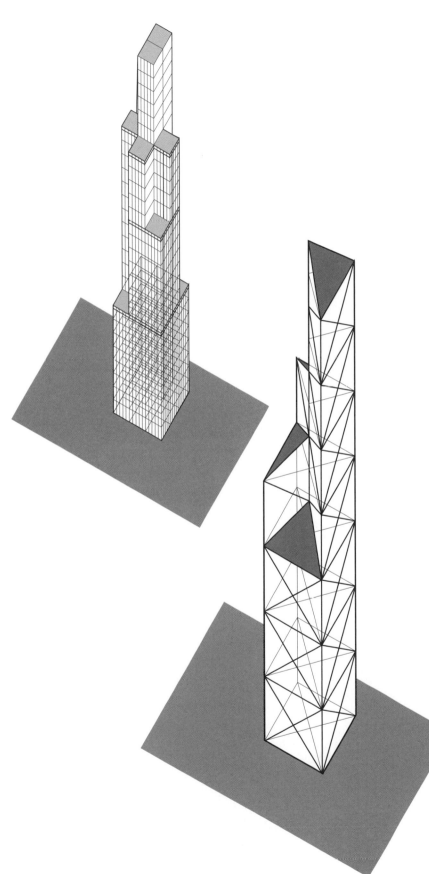

束型管

束型管結構是由一束束的獨立管繫結成一個結構單元。由於細長比（高度和寬度的比例）的關係，單一框架管的建築高度受到相當的限制。將數個管結合以達到共同作用的做法，不只提供了可觀的剛度，也能控制高樓層的擺動情形。但這個系統有一個特殊的弱點，即是不同的短柱效應。

芝加哥一百一十層樓高的西爾斯大樓（Sears Tower）是SOM所設計，由九根鋼構框架管組成，每一根管束都有完整獨立的結構。由於每一個獨立管束在面臨風力載重時都各自具備足夠的強度，因此管束可被捆紮成各種不同的輪廓，也可以終止在不同的樓層高度。九根鋼構框架管中，只有兩個模組達到結構整體高度的1450英呎高（440公尺），剩下的模組中，有兩個模組的高度終止在五十層樓、兩個模組終止在六十六層樓、還有三個模組到達九十層樓。在中途就終止的模組藉著破壞風的流動來降低風擺動。九個模組都是75乘75英呎（22乘22英呎）的正方形，利用共同的內柱所構成的兩片水平隔板在兩個方向上將建築物分成三等分，因此提高了結構的剛度。內部水平隔板的作用就像超大懸挑樑的樑腹抵抗剪力作用力一樣，降低了剪力遲滯的情形。

空間桁架結構

空間桁架結構是經過調整的框架管結構，概念是將連結外部構架和內部構架的對角斜撐所形成的三角柱堆疊起來。空間桁架結構可同時抵抗側向載重和垂直載重。有別於一般將斜撐配置在外牆面的斜撐管結構，空間桁架系統置入對角斜撐的方式使得對角斜撐成為室內空間中不可或缺的構件之一。

空間桁架系統的優異案例位於香港，由貝聿銘（I. M. Pei）建築師事務設計、高七十二層樓的中國銀行大廈（Bank of China Building）。這棟建築以高度不等的三角柱構成，十三個樓層做為間隔將內部載重傳遞至建築物角落。空間桁架可用來抵抗側向載重，而且幾乎將建築物全部的重量都傳遞到角落的四根超級柱上。

巨型構架結構

當建築物升高至六十層樓左右，巨型構架或超
級構架結構就變成可實行的選項。巨型構架結
構的角落採用包含超大尺寸斜撐構架弦材的巨
型柱，再利用複層桁架以15至20樓的間隔將巨
型柱連接起來；桁架所在的樓層通常是機械
層。機械層的整個樓層深度可用來打造兼具強
度和剛度水平次系統。將這些巨大的橫樑或空
間桁架和巨型柱相連所形成的剛性巨型構架，
可再填入依一般標準設計的輕量第二級構架。

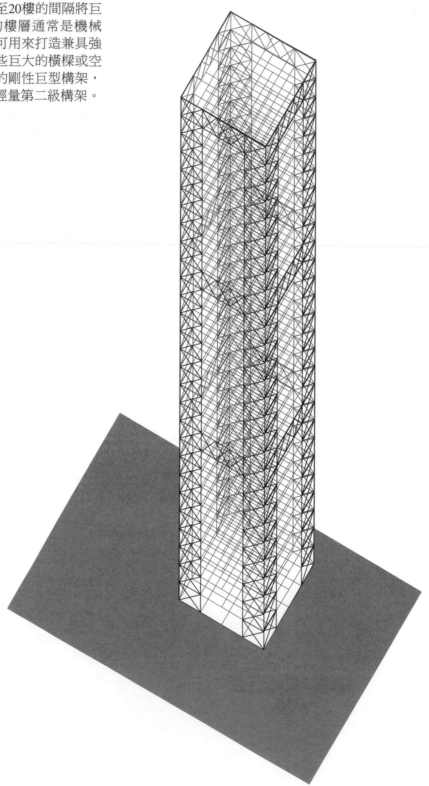

斜肋結構

近來被運用在建築物外觀立面、可同時抵抗側向載重和重力載重的的柵格狀構架是斜肋（對角網格）系統。和傳統的斜撐構架最不同的地方是，斜肋結構抵抗重力載重的能力非常有效率，以至於垂直向的柱子幾乎都捨棄不用了。

斜肋系統中的斜向構件經由三角剖分的方式，同時承載重力載重和側向載重，因此形成比較均勻的載重分布。由於斜向元素是透過軸向作用，而不是透過垂直柱和水平繫樑的彎曲來抵抗剪力，因此能夠有效地降低剪力變形。斜肋系統也提供剪力和彎曲剛性來抵抗漂移和傾覆力矩。此外，斜肋系統也因為具有高度的冗餘性質，因此當局部結構被破壞時，可以透過多重路徑來傳遞載重。詳見第186頁。

斜肋結構最常用的材料是鋼材。由於斜肋的結構效率高，因此和其他高層結構類型相比，斜肋結構的鋼材用量會比較少。

- 斜肋結構系統可容納多種開放式的樓板平面。除了服務核之外，一般的樓板平面都可以做成無落柱，而且不需要其他結構元素補強。

- 有設計研究指出，在高寬比達到 7 以上的極高層建築物中，採用多種角度的斜肋結構可以達到很好的結構效率；至於高寬比小於 7 的建築物，最好還是採取統一角度的斜肋，可以減少鋼材的用量。

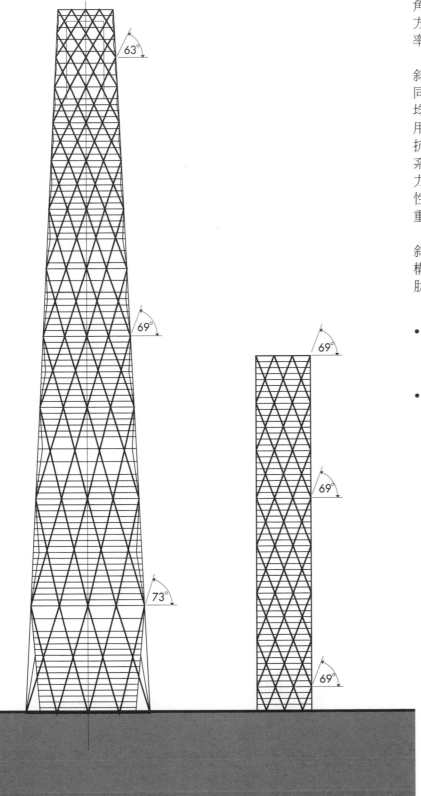

赫斯特大樓有46個樓層，高597英呎（182公尺），可容納860,000平方英呎（80,000平方公尺）的辦公空間。因為鋼構斜肋結構的三角形三維度形式可同時支撐重力載重和抵抗側向風力作用力，因此不需要在外部額外配置垂直柱。據報導指出，這個斜肋結構所使用的鋼材，比規模相近的傳統高層結構少了20％。

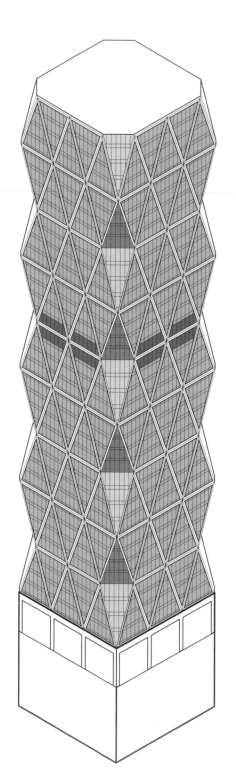

西元 2000 ～ 2006 年：美國紐約，赫斯特大樓（Hearst Tower），由諾曼‧福斯特建築師事務所設計。立面與立體圖。

聖瑪莉艾克斯30號大樓 （非正式名稱為小黃瓜，前身為瑞士再保險公司大樓）是坐落在倫敦金融區的摩天大樓。這棟大樓有41個樓層、591英呎（180公尺）高，位於前波羅的海交易所的基地上，交易所在1992年受到臨時愛爾蘭共和軍引爆炸彈而嚴重破壞。在原本千禧塔（Millennium Tower）的建造計畫中止之後，聖瑪莉艾克斯30號大樓於是取而代之從平地升起，很快地就成為倫敦的地標，也是這個城市中最廣為人知的現代建築案例之一。

大樓形狀的設計有一部分是受到必須讓建築物周邊的風流動順暢的影響，以及必須讓建築物對該地風環境的衝擊最小化等需求。透過交叉的對角線在兩個方向上形成螺旋狀的紋樣，最終成為遍及整個弧形表面的斜肋結構。

這種罕見的高塔幾何性在對角柱斜向交叉的節點上形成了明顯的水平作用力，這些水平作用力則是利用周圍的環箍來抵抗。如同圓頂結構一般，上部的環箍受到壓力作用，中間和底部的環箍則受到巨大的張力作用。環箍也可輔助斜肋形成剛度特別大的的三角形薄殼，讓內部結構不必再抵抗側向風力。相較於以結構核做為穩定方式的高層結構，這種設計也降低了基礎的載重。

西元 2001 ~ 2003 年：英國倫敦，聖瑪莉艾克斯 30 號大樓（30. St. Mary Axe），又稱作小黃瓜（The Gherkin），由諾曼・福斯特建築師事務所設計。標準層平面圖與剖面圖。

穩定高層結構

這個立面圖是紐約威爾大樓的最新設計——一棟75層樓高的細長形鋼構架摩天大樓，比原先計畫高達1050英呎（320公尺）、78層樓要矮一些。如果和具有規則幾何的赫斯特大樓與聖瑪莉艾克斯30號大樓相比，威爾大樓採用了不規則的斜肋結構構成有著許多小切面的外觀，向上逐漸變窄的錐形最後在大樓頂部收成三道明顯不對稱的結晶狀尖頂。

右頁的中國中央電視台（China Central Television, CCTV）總部位於北京的中央商務區，是一棟768英呎（234公尺）高的摩天大樓。2004年6月1日動土，2008年一月完成建築物的立面。2009年二月因一場火災使工程延宕，火舌也同時吞噬了相鄰的電視文化中心；最後終於在2012年五月完工。

為了抵抗巨大的力矩、兩座塔樓（兩座塔樓皆在兩個方向上傾斜6°）所產生的對應力，以及潛在的巨大地震力和風力威脅，英商奧雅納工程顧問公司的工程師發展出了一套系統，讓垂直的室內柱和電梯豎井能沿著傾斜的外柱來承接垂直載重，並以斜向構件來抵抗側向力，而且在建築物表面形成一組類似斜肋結構的剛性管桁架。這種對角鋼構斜撐的網格表現出結構在不同載重作用下所呈現的作用力分配情形。結構作用力愈大的地方，斜向網格就愈密；結構作用力比較不劇烈的地方，網格就愈寬鬆。

中國中央電視台總部最具特色的雙懸挑結構，是由一座位在兩棟建築物37樓的複層橋樑所構成，橋樑的其中一個方向懸挑長度為220英呎（67公尺），另一方向的懸挑長度為245英呎（75公尺）。

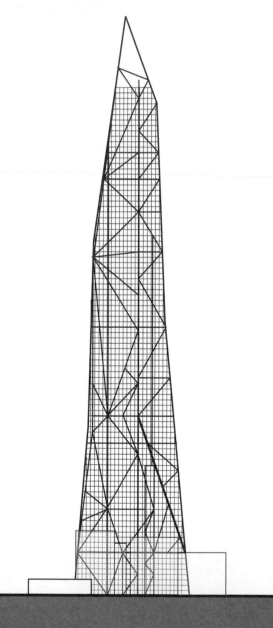

設計仍在檢討中：美國紐約，威爾大樓（Tower Verre），由建築師尚努維爾（Jean Nouvel）設計。立面圖。

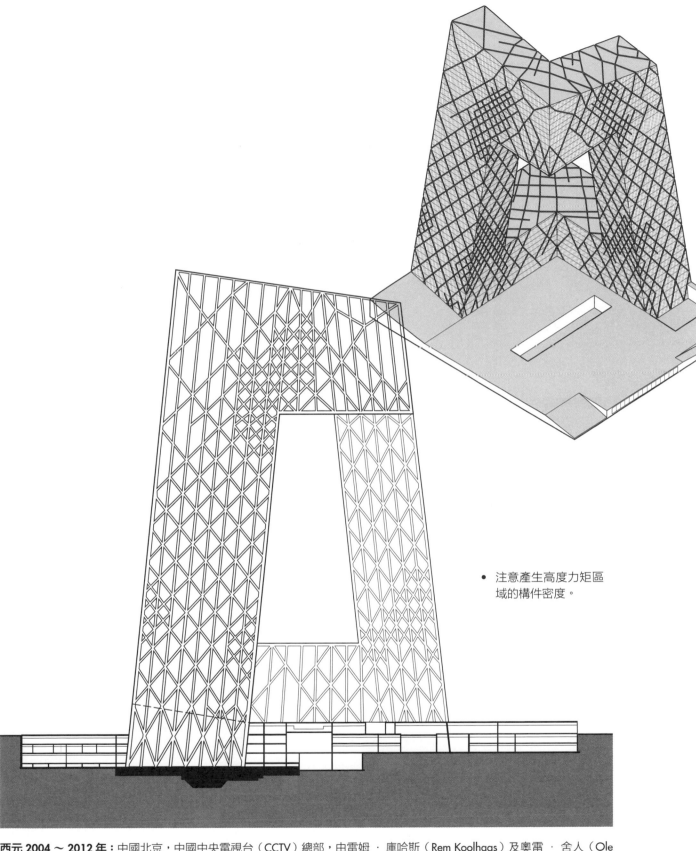

• 注意產生高度力矩區
域的構件密度。

西元 2004～2012 年：中國北京，中國中央電視台（CCTV）總部，由雷姆 · 庫哈斯（Rem Koolhaas）及奧雷 · 舍人（Ole Scheeren）／大都會建築事務所（OMA）設計；結構工程由奧雅納工程顧問公司（Arup）負責。立面圖與鳥瞰圖。

阻尼機制

提高高層結構的剛度雖然可以降低建築物在受到側向載重後出現的擺動，並限制變位與變形的情形，但為了滿足結構所需的動態表現，經常更需要的會是加大結構尺寸，而不只是增加結構強度而已。此外，還有一個有效節省成本的方式，就是使用阻尼系統，除了可減輕因為風和地震對高層結構引發的震動效應，也能降低震動對非結構建築元素與機電系統設備的破壞。當高速風力或地震侵襲時，透過阻尼系統吸收和消除在建築物上形成的絕大部分能量，就可以抑制過度的運動和變形量、調整結構構件的尺寸，並且讓使用者在擺動時可降低不適、提高舒適性。

第五章提到的基礎隔離系統是針對七層樓以下剛性建築物的有效阻尼系統。而針對受到傾覆力影響的高層建築，則有三種阻尼類型可用來控制過度的運動、抑制過度變形、並且確保使用者舒適性，包括了主動式阻尼系統、被動式阻尼系統和空氣動力阻尼系統。

主動式阻尼系統

需要動力供應來驅動馬達、感知器和電腦控制的阻尼系統，稱為主動式系統；不需要動力驅動的則稱為被動式阻尼系統。主動式阻尼系統最大的弱點在於必須透過外部的電力來控制運動作用，地震發生時很可能因為電力供應的中斷而無法運作。基於這個原因，主動控制的阻尼比較適合用在因風力引發載重的高層建築物，而不適合用來因應地震所引發、難以預知的週期載重。

半主動式阻尼系統結合了被動式和主動式阻尼系統的特點。相較於利用推壓建築結構的方式運作，半主動式系統則是使用受控制的抵抗作用力來降低建築物的運動量。這類系統雖然可充分受到控制，但仍需要輸入一些電力。

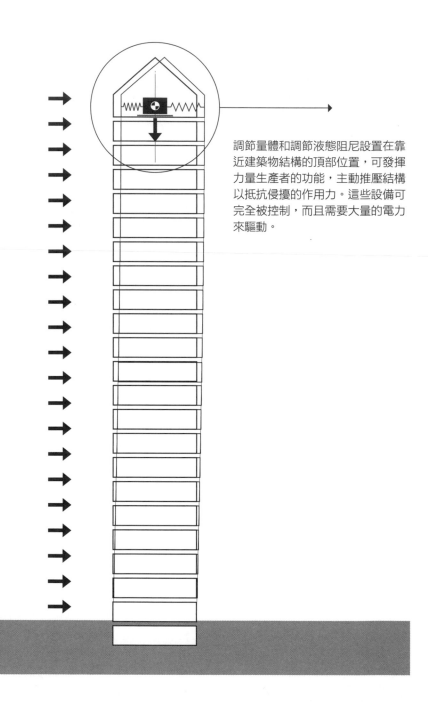

調節量體和調節液態阻尼設置在靠近建築物結構的頂部位置，可發揮力量生產者的功能，主動推壓結構以抵抗侵擾的作用力。這些設備可完全被控制，而且需要大量的電力來驅動。

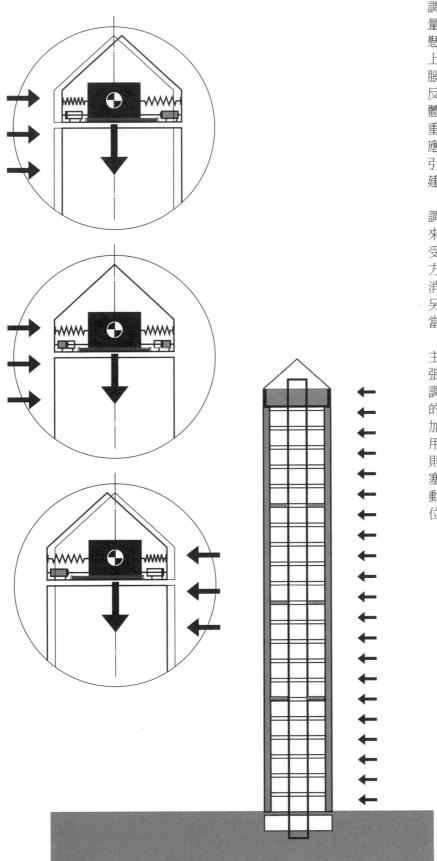

調節量體阻尼是主動式系統，由巨大的混凝體量體或鋼量體組成，以纜索像鐘擺一樣從上方懸吊而下，或是設置在建築物上方樓層的軌道上。當側向作用力造成建築物產生擺動時，電腦感知器會偵測到運動並發出訊號驅動馬達往反方向移動阻尼，以降低或抵消運動。調節量體阻尼利用非常仔細重量計算，包含建築物自重、量體在建築物內的位置、時間差、以及對應的運動模式等。調節量體阻尼對降低由暴風引起的擺動非常有效，但對於控制地震造成的建築物撓曲較無助益。

調節液態阻尼則是利用箱槽內的水或其他液體來達成期望中的水體運動自然週期。當建築物受到風力載重而擺動時，箱槽內的水會以相反方向前後運動，將動量傳遞給建築物，進而抵消風力震動的影響。採用調節液態阻尼系統的另一項優點是當火災發生時，箱體中的水還可當做消防用水。

主動式鋼腱阻尼系統使用電腦化控制器來驅動張力調節構件以回應建築物的運動，這些張力調節構件和一整排緊鄰著建築物主要支撐構件的鋼腱列連結在一起。張力調節構件將拉力施加在鋼腱列上，藉此抵抗會造成結構變形的作用力、並且抑制結構的擺動。主動式脈衝系統則是利用基礎內或建築物樓層之間的水力活塞，大幅度地降低建築物上的側向作用力。主動式和鋼腱兩種系統還可以設置在結構的偏心位置，以抵抗扭力的影響。

阻尼機制

被動式阻尼系統

被動式阻尼系統可以被整合在結構中,以吸收一部分由風力或地震所引起的能量,減少使用主要結構元素來消除能量的需求。阻尼產品非常多種,不同材料製成的阻尼可以達到不同等級的剛度和阻尼需求。例如兼具黏著性與伸縮性的阻尼、黏稠性液體阻尼、摩擦阻尼和金屬降伏阻尼等。

兼具黏著性與伸縮性的阻尼和黏稠性液體阻尼的作用就像大型震動吸收器,可以在很廣範圍的頻率中消解能量。這兩種阻尼可以與結構構件和接頭進行整合,用來控制高層建築物受到風力和地震力作用的反應。摩擦阻尼只有在兩個表面的滑動作用力相互摩擦並且超出容許程度時,才有消能功用。金屬降伏阻尼則是透過材料的非彈性撓曲來消除能量。摩擦阻尼和金屬降伏阻尼都是因應地震工程應用所發展的做法,不適用於抵抗風力引發的運動。

空氣動力阻尼

風力引發高層建築物的運動模式主要有三種:拉力(順著方向)、側風(風向的橫軸)、和扭力。其中,側風風壓會因為渦旋洩離而在兩面與風向平行的建築牆體之間不斷變化,更進一步引發足以影響舒適性的側向震動。

空氣動力阻尼與建築物的形狀有關,透過形狀影響周圍的氣流狀態、調整作用在建築物表面的壓力,以及消除風壓所造成的結構運動。整體來說,愈具滑順流線感的物件,像是圓形平面的建築物就比長方形平面的建築物更能避免氣流的影響,進而減低了風的影響。因為風所引發的作用力會隨著建築物高度的提高而增加,高層建築物的流線造型便是一種可以改善建築物受風力載重而擺動的手法。這些調整方法包括將平面施作成圓形和錐形、退縮、經過塑形的頂部、改變角隅的幾何性、以及增加穿透建築物的開口等。

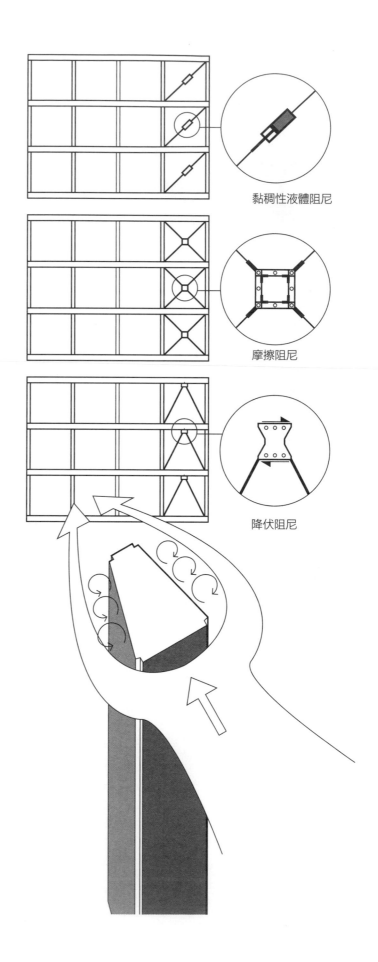

黏稠性液體阻尼

摩擦阻尼

降伏阻尼

8 系統整合
Systems Integration

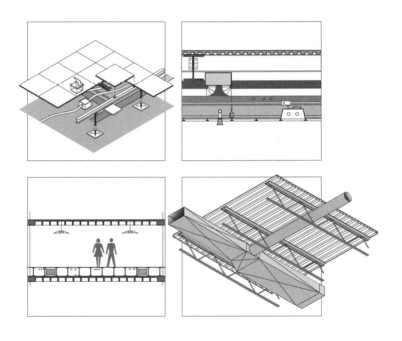

系統整合

本章討論機械、電氣、以及給排水系統與建築物結構系統之間的整合。這些系統經過整合後，可為使用者提供一個舒適、健康和安全的建築物環境。這些系統通常包括：

- 暖氣設備、通風和空調（HVAC）系統，為建築物的室內空間提供經過調節的空氣環境。調節的項目包含通風、暖氣系統、冷氣系統、濕度和空氣清淨度。

- 電氣系統提供照明、電動馬達、設備、音訊與資料傳輸所需的電力。

- 給排水系統包含飲用水供應、污廢水排水、雨水控制和供應消防系統用水等。

這些系統的設備與硬體都需要相當程度的空間量和貫穿建築物的連續路徑。設備系統通常都藏在構造空間或特定空間裡，但必須留有可進行檢查和維修的出入口。要達到這些要求就必須在規劃和配置上與結構系統謹慎地協調與整合。

除了豎井和空調、電氣、給排水系統所需的空間之外，出入口和緊急通道等動線系統也必須穿過複層結構系統。而提供豎井和空間給管通道、樓梯、電梯和手扶梯使用，不僅會影響結構系統的配置，在某些案例中這些空間也可能會整合成結構的一部分。

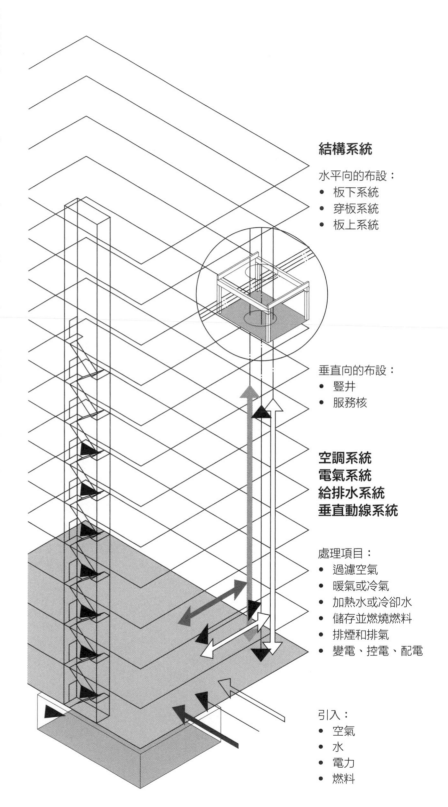

結構系統

水平向的布設：
- 板下系統
- 穿板系統
- 板上系統

垂直向的布設：
- 豎井
- 服務核

空調系統
電氣系統
給排水系統
垂直動線系統

處理項目：
- 過濾空氣
- 暖氣或冷氣
- 加熱水或冷卻水
- 儲存並燃燒燃料
- 排煙和排氣
- 變電、控電、配電

引入：
- 空氣
- 水
- 電力
- 燃料

給水系統

給水系統是靠壓力運作的系統。給水系統的供給壓力除了必須彌補垂直運輸以及在管線與設備中因為磨擦而造成的壓力損失，還要滿足各式配管裝置的壓力需求。自來水公共給水系統通常以50psi（345kPa）的壓力來供水，這對向上給水至六層樓以下的低層建築來說已經足夠。至於更高的建築物，或在水壓不足以維持給水設備所需的壓力時，必須先將水向上抽引至屋頂儲水槽中，再以重力方式向下給水。其中一部分的水也經常做為消防系統的備水。

在配管系統中設計預壓給水端可以縮小管徑，以及提供更為彈性的配管方式。給水管線通常很容易被收納在樓板和牆體構造中。給排水系統必須與建築物結構系統和其他系統相互整合，比如與之平行但體積較大的污廢水系統。給水管線應該在每一個樓層都有垂直的支撐、每隔6英呎至10英呎（830公釐至3050公釐）也要有水平的支撐。此外，也可以利用可調整的吊架來確保水平配管是否保持適當的洩水斜度。

- 可將水加熱後儲存起來備用的加熱器分成電子裝置和瓦斯裝置兩種。大規模的設備或分布較廣的設備群可能要加裝分散式的熱水儲存槽。或是採取另一種進水即熱式的加熱器，以提供定點且即時的熱水需求。這些系統雖然可省去儲水設備，但如果是燃燒型設備就必須使用燃料。太陽能加熱也是另一種可行方案，晴天時可做為主要的熱水來源，或在標準熱水供應系統之外做為支援性的預熱系統使用。

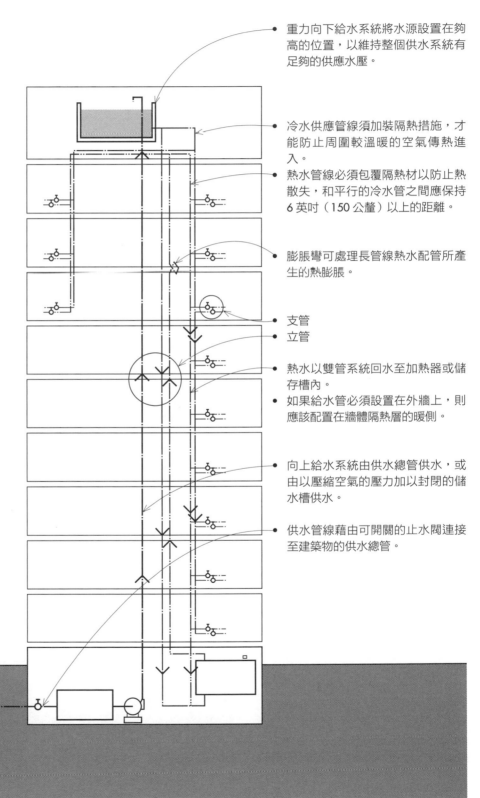

- 重力向下給水系統將水源設置在夠高的位置，以維持整個供水系統有足夠的供應水壓。

- 冷水供應管線須加裝隔熱措施，才能防止周圍較溫暖的空氣傳熱進入。

- 熱水管線必須包覆隔熱材以防止熱散失，和平行的冷水管之間應保持6英吋（150公釐）以上的距離。

- 膨脹彎可處理長管線熱水配管所產生的熱膨脹。

- 支管
- 立管

- 熱水以雙管系統回水至加熱器或儲存槽內。

- 如果給水管必須設置在外牆上，則應該配置在牆體隔熱層的暖側。

- 向上給水系統由供水總管供水，或由以壓縮空氣的壓力加以封閉的儲水槽供水。

- 供水管線藉由可開關的止水閥連接至建築物的供水總管。

建築物系統

污水系統

給水系統在到達每一個給水設備的位置後就終止了。水在經過取用之後就會進入衛生污水系統。這個排水系統的主要目的是將流體廢棄物和有機物質以最快的速度排放掉。因為污水排水系統必須靠重力排出，所以管線會比總是保持受壓狀態的給水管線要來得大。這些衛生排水管的尺寸是依據在整個系統所在的位置、總數和該設備所處理的排放物種類來決定。

衛生排水系統的配置必須盡可能採取直接、最短路徑的方式，以免固體物的留存和阻塞。此外還須設置清潔口，才能在管線阻塞時輕易地進行清潔。

- 分支排水管將一個或多個設備連接至污水或廢水管。
- 管徑達 3 英吋（75 公釐）的水平排水管，每英呎必須傾斜 1/8 英吋（1:100），管徑大於 3 英吋（75 公釐）的水平排水管，每英呎必須傾斜 1/4 英吋（1:50）。
- 設備的排水管從配管設備的存水彎延伸至與污水或廢水管的相接處。
- 汙水管（糞管）將來自抽水馬桶或小便斗的排放物運送到建築物的排水管或下水道中。
- 廢水管則運送來自抽水馬桶或小便斗以外其他配管設備內的排放物。
- 所有排放管的彎折都要減到最小。
- 建築物排水管位於排水系統的最底層，接收建築物牆體內汙水管和廢水管的排放物，再透過重力將排放物運送至建築物的下水道。
- 新鮮空氣引入口能使新鮮空氣進入建築物的排水系統中，引入口要在建築物總存水彎的位置或前方處與建築物的排水管相連。
- 建築物下水道將建築物排水管連接至公共下水道或私人處理設施。

雨水排水系統

雨水排水系統除了讓雨水從屋頂和建築物表面排出，同時也將建築物基礎的排放口與所屬地區的雨水排水管、或是公共雨水排水系統連接起來，做為澆灌用水。雨水排水管也和污水排水管一樣，都要有一定的斜度以確保順利洩水。

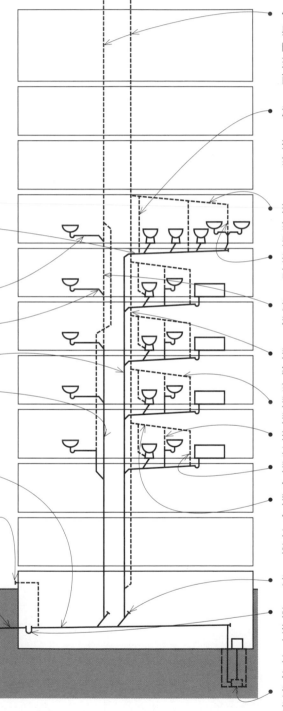

通氣系統

通氣系統可以讓腐敗毒氣散逸到戶外，並將新鮮空氣引進排水系統中，藉此保護彎管水封不會受到虹吸作用和背壓的影響。

- 伸頂通氣立管是指汙水或廢水豎管與最高水平的排水管連節點上高出的延伸部分；通氣立管須確實延伸至屋頂面上方，並與建築物的垂直面、天窗和屋頂窗均保持適當距離。
- 減壓通氣管將第一個設備到污水管（或廢水管）之間的通氣管與水平排水管相連，以提供排水系統和通氣系統之間的空氣循環。

- 環形通氣管是將管路回繞與伸頂通氣立管相連、而不是另外連接通氣豎管的迴路型通氣管。
- 共用通氣管可服務兩個在同一水平高度上相連接的排水設備。

- 濕式通氣管是兼具污水或廢水豎管和通氣管功能的大尺寸管路。

- 通氣豎管主要是為了能夠在排水系統的任何部位供氣而設置的垂直通氣管。
- 通氣支管可以將一支或多支通氣管與通氣豎管或伸頂通氣立管連接起來。
- 接續通氣管是用來連接排水管路與其所連接通氣管的用管。
- 通氣背管安裝在水封彎管的污水側。
- 迴路通氣管可以同時服務兩個或多個存水彎，並且會在最後一個連接水平分支管和通氣豎管的設備之前延伸出去。

- 清潔口

- 建築物的總存水彎設置在建築物的排水管內，用來阻絕下水道氣體從下水道進入建築物排水系統之中。不過並非所有法規都會要求設置總存水彎。
- 污水井泵浦可將累積在污水井裡的液體排放到街道下的公共污水下水道裡，才能讓設置在汙水下水道下方的設備維持正常運作。

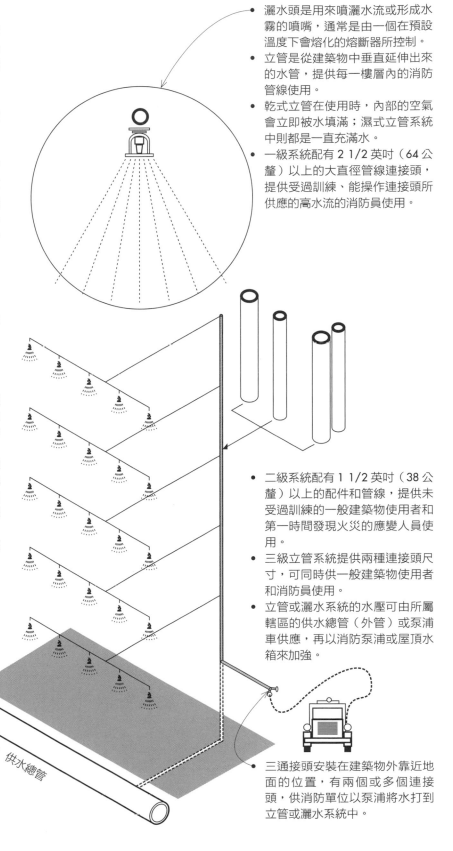

消防系統

在大型商業空間和機構建築物裡，公共安全非常重要，因此建築法規通常會規定灑水系統的設置，在火勢延燒到無法控制之前就進行滅火；如果設置了經過核准的灑水系統，有部分法規會允許建築物增加樓地板面積。某些地區的法規也會要求在複合式住宅中設置消防灑水系統。

消防灑水系統包含配置在天花內或天花板下方的管線，並且連接至適當的給水系統，再以開關閥或是在一定溫度下會自動開啟的灑水頭來控制。設計天花板和板下配孔時，針對灑水頭的使用和安裝位置的特殊規定，會是規劃和系統整合上必須優先考量的條件。

濕式配管系統和乾式配管系統是目前主要的兩種灑水系統類型。

- 濕式配管系統包含水壓充足、可立即供應的用水，以及火災發生時自動開啟灑水頭的持續噴灑功能。
- 乾式配管系統中含有預壓氣體，當火災發生會經由開啟灑水頭而釋放，讓水流過管線，從開啟的噴嘴中噴出來。乾式配管系統多半使用在管線會因為低溫而結凍的地方。
- 預動式系統是利用火災偵測裝置驅動開關閥來控制水流的乾式配管灑水系統，這些火災偵測器比設置在灑水頭上的偵測器還要敏感。如果不想因為意外的灑水而損壞高貴的物品或建材，就會採用預動式系統。
- 開放式系統的灑水頭會一直保持開啟狀態，由偵熱、偵煙、偵燄設備控制開關閥來控制水流。

- 灑水頭是用來噴灑水流或形成水霧的噴嘴，通常是由一個在預設溫度下會熔化的熔斷器所控制。
- 立管是從建築物中垂直延伸出來的水管，提供每一樓層內的消防管線使用。
- 乾式立管在使用時，內部的空氣會立即被水填滿；濕式立管系統中則都是一直充滿水。
- 一級系統配有 2 1/2 英吋（64 公釐）以上的大直徑管線連接頭，提供受過訓練、能操作連接頭所供應的高水流的消防員使用。

- 二級系統配有 1 1/2 英吋（38 公釐）以上的配件和管線，提供未受過訓練的一般建築物使用者和第一時間發現火災的應變人員使用。
- 三級立管系統提供兩種連接頭尺寸，可同時供一般建築物使用者和消防員使用。
- 立管或灑水系統的水壓可由所屬轄區的供水總管（外管）或泵浦車供應，再以消防泵浦或屋頂水箱來加強。
- 三通接頭安裝在建築物外靠近地面的位置，有兩個或多個連接頭，供消防單位以泵浦將水打到立管或灑水系統中。

供水總管

建築物系統

電氣系統

公共事業單位以高壓電的方式傳遞電力，讓電壓損失情形和輸電系統管徑降到最小。為了安全起見，變電箱會在用電位置將高電壓降至較低電壓。一般來說，建築物中常用的電力系統電壓有三種。

- 120/240伏特單相電力，通常用在較小型建築物和絕大部分的住宅中。公共事業單位設有能將高壓電線轉成120/240伏特電力的變電設施，需要自行維護。建築物只須配備電錶、主開關、和配電盤即可。
- 120/208伏特三相電力，用在需要有效運作大型馬達供風扇、電梯或手扶梯使用的中型建築物之中；120伏特電力也能供應照明和插座使用。這樣的設施需要一組變電設備來降壓，變電設備的會設在建築物外、或設在建築物做為單元變電所使用。
- 277/480伏特三相電力，用在會購買高壓電的大型商業建築中。這些建築物需要一個大型的變電設施和變電室，此外，也要有一個獨立的配電室將電力分配給主要的使用者。建築物內的大型馬達會使用三相電，照明設備則使用277伏特單向電力。通常整棟建築物需在每一層樓設置配電箱，以提供120伏特的單向電力到插座中。

建築物的電氣系統供應照明、暖氣、電氣與相關設備的運作。也可能需要發電機組來提供緊急電力，做為逃生門照明、警報系統、電梯、電話系統、消防和醫院內醫療設備使用。

電力設施的連接可以高架或埋管的方式處理。高架方式比較便宜、維護也較便利、還能長距離傳遞高電壓。地底埋管則比較貴，但在管線密度高的情況下會採行這種方式，例如在都會區內。電力配管會走在管道或管溝內，這不只是為了保護管線，也較利於後續的管線更新作業。直埋式電纜可用在住宅建築中。

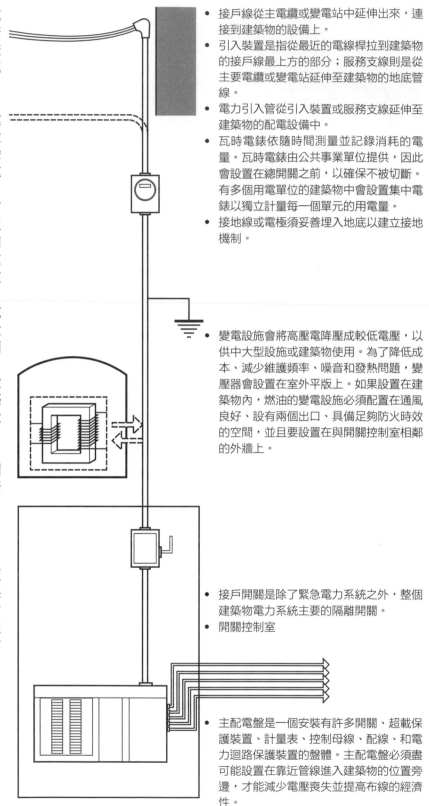

- 接戶線從主電纜或變電站中延伸出來，連接到建築物的設備上。
- 引入裝置是指從最近的電線桿拉到建築物的接戶線最上方的部分；服務支線則是從主要電纜或變電站延伸至建築物的地底管線。
- 電力引入管從引入裝置或服務支線延伸至建築物的配電設備中。
- 瓦時電錶依隨時間測量並記錄消耗的電量。瓦時電錶由公共事業單位提供，因此會設置在總開關之前，以確保不被切斷。有多個用電單位的建築物中會設置集中電錶以獨立計量每一個單元的用電量。
- 接地線或電極須妥善埋入地底以建立接地機制。

- 變電設施會將高壓電降壓成較低電壓，以供中大型設施或建築物使用。為了降低成本、減少維護頻率、噪音和發熱問題，變壓器會設置在室外平版上。如果設置在建築物內，燃油的變電設施必須配置在通風良好、設有兩個出口、具備足夠防火時效的空間，並且要設置在與開關控制室相鄰的外牆上。

- 接戶開關是除了緊急電力系統之外，整個建築物電力系統主要的隔離開關。
- 開關控制室

- 主配電盤是一個安裝有許多開關、超載保護裝置、計量表、控制母線、配線、和電力迴路保護裝置的盤體。主配電盤必須盡可能設置在靠近管線進入建築物的位置旁邊，才能減少電壓喪失並提高布線的經濟性。

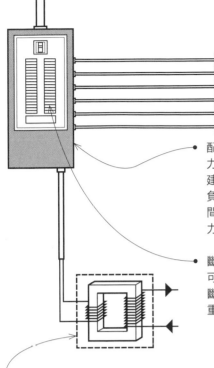

電氣迴路

一旦建築物中不同區域的電力需求確定後，就要開始進行迴路的配線以供應各點的電力。為使電話的音訊設備、電纜、對講裝置、保全、或火警報知系統順利運作，必須以分離的方式來進行迴路配線。

電氣配線

線槽不僅能支撐電線和電纜，也保護它們不受物理損壞和腐蝕。金屬線槽還提供了連續的接地外殼供線路使用。在防火構造中，可選用剛性的金屬線槽、電力金屬管、或彈性金屬線槽。在構架構造中，則可使用鎧裝或非金屬護套的電纜。塑膠管材和線槽最常用於地下布線。

由於線槽的尺寸相對較小，因此很容易設置在大多數的構造系統中。線槽應有充分的支撐，布設時盡量筆直。法規一般會限制線槽在接線盒或出線盒之間的彎曲半徑和數量。這些線槽必須與建築物的機電系統和配管系統進行協調，以避免路徑的衝突。

- 配電盤負責控制、分配、並保護同一電力系統中許多相似的分支迴路。在大型建築物中，配電盤會被設置在靠近迴路負載末端的電力箱中；在住宅和小型空間裡，配電盤則和開關板結合成一個電力服務盤。

- 斷路器是一組自動中斷電力迴路的開關，可避免受損的電器引發迴路超載或火災。斷路器不須更換任何元件，而可以不斷重新使用。

- 低電壓迴路傳輸的是低於 50 伏特的交流電，由變電設備從正常線路電壓變壓供應而來。這個迴路用在住宅系統以控制門鈴、對講設備、暖氣和冷氣系統、遙控照明設備。低電壓安裝不需施作保護管溝。

- 管溝蓋與管溝垂直。
- 地板出線口安裝在預先設置的模組內。

- 巢狀鋼承板
- 利用低電壓開關，就能設置一個可控制所有開關的中央控制點。低電壓開關可控制繼電器，在電力插座位置進行即時的開關。

電氣管路通常會在配置在鋼承板的凹槽內，使辦公大樓的電力、電訊和電話出線口能更靈活設置。此外，市面上還有扁型的管線系統可直接安裝在方塊地毯底下。

採用明管的做法時，可利用特殊的線槽、管槽、簷槽和配件。如同外露的機電系統，明管的配布在視覺上應與空間中的各項元素進行整合。

- 方塊地毯
- 1、2 或 3 個迴路管線纜線和扁型出線口的搭配。

建築物系統

暖氣、通風和空調系統（Heating, Ventilating, and Air-Conditioning Systems, HVAC）

暖氣、通風和空調系統同時控制了建築物室內空間的溫度、濕度、清淨度、配風和氣流。

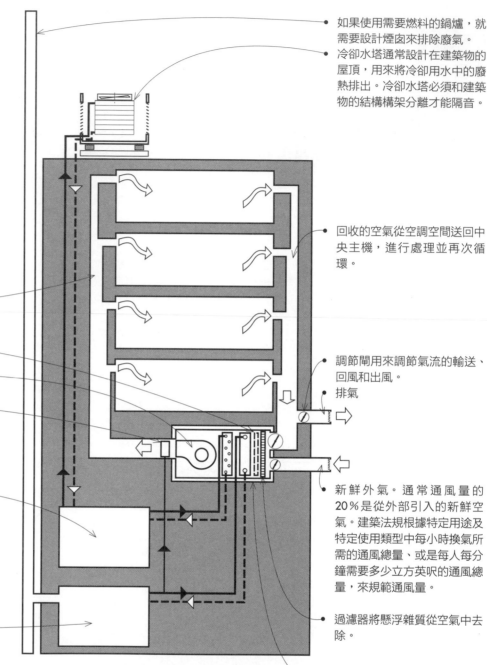

如果使用需要燃料的鍋爐，就需要設計煙囪來排除廢氣。

冷卻水塔通常設計在建築物的屋頂，用來將冷卻用水中的廢熱排出。冷卻水塔必須和建築物的結構構架分離才能隔音。

回收的空氣從空調空間送回中央主機，進行處理並再次循環。

• 暖氣和冷氣的能源可由空氣、水、或結合兩者來運送。

• 以預熱器先將所需的外部冷空氣進行預熱。

• 鼓風機再以適當的壓力將受壓氣流供應到 HVAC 系統中。

• 加濕器可維持或增加供應空氣中的水氣量。

• 冰水主機可利用電力、蒸汽或瓦斯來驅動，除了提供冰水到空調箱中進行冷卻，也將冷凝水抽回冷卻水塔中進行排熱。

• 鍋爐製造暖氣設備所需的熱水或蒸汽。鍋爐要有燃料（瓦斯或燃油）和空氣供應才能燃燒。燃油的鍋爐需要一個現場儲存槽。在電力成本低的地方，也可以使用電力式鍋爐，省去對助燃空氣和煙囪的需求。如果中央主機能夠供應熱水或蒸汽，則可以不設鍋爐。

調節閘用來調節氣流的輸送、回風和出風。

排氣

新鮮外氣。通常通風量的20％是從外部引入的新鮮空氣。建築法規根據特定用途及特定使用類型中每小時換氣所需的通風總量、或是每人每分鐘需要多少立方英呎的通風總量，來規範通風量。

過濾器將懸浮雜質從空氣中去除。

• 大型建築物的風機室裡設有空氣處理設備，應單獨設置一間風機室，以縮短調節過的空氣輸送到最遠空調空間的路徑。也可以分別設置鼓風機室來服務建築物的個別區域，或者在每個樓層設置以減少垂直風管的數量。

空調箱包含風機、過濾器和其他用來處理和配布調節空氣的零組件。

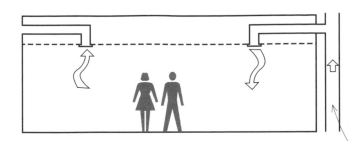

全氣式HVAC系統

在全氣式系統中，空氣處理和冷卻源可以設置在與空調空間稍有一小段距離的中央位置。只有最後的加熱-冷卻媒介（空氣）會透過管線被送入需要空調的空間，並透過出風口或混合式終端出風口分送到不同空間中。全氣式系統不僅可以加熱或冷卻空氣，也可以淨化空氣與控制濕度。空氣會回到中央主機並與外氣混合而達成換氣效用。

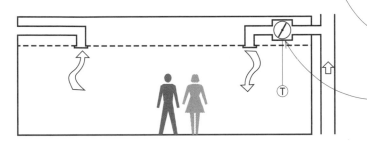

- 多區系統利用指型管槽將單一氣流以正常風流量供應至各個空間或區域。而冷氣和暖氣則是利用房間恆溫器的調節閘，以中央處理的方式進行預先混合。

- 單管和可變風量根據每個區域或空間所需的溫度，使用安裝在終端出風口的調節閘來控制調節後空氣的流動。

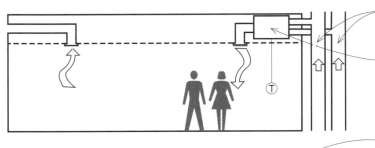

- 雙管系統使用分離的配管將暖風和冷風分別送至內有恆溫控制調節閘的混合箱中。

- 混合箱將暖空氣和冷空氣依所需比例混合而達到設定溫度之後，再將混合空氣送至每一個區域或空間中。這種方式通常是高風速系統 [240fpm（730 公尺／秒）或更高]，藉此降低配管的尺寸和配置所需的空間。

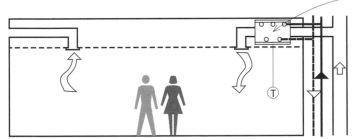

- 終端再熱系統能因應多變的空間需求因此具有較大的靈活度。此系統將大約華氏 55°（攝氏 13°）的空氣輸送至裝有電子式感應器或熱水再加熱線圈的終端，將空氣調節之後再供應至每個獨立控制區域或空間。

全水式HVAC系統

全水式系統透過配管將中央處的熱水或冷水輸送到配置在空調空間中的風管機中。安裝全水式系統所需的空間比空氣管道來得少。

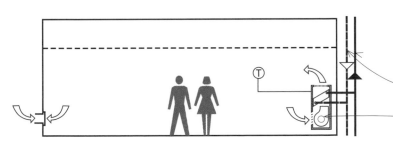

- 雙管系統利用其中一支配管供應熱水或冷水到風管機，另一支配管則將水送回鍋爐或冷卻主機。
- 風管機包含一台空氣濾清器和一台離心風扇，將室內空氣和外氣混合後的空氣抽回加熱或冷卻盤管之後再送回空間中。

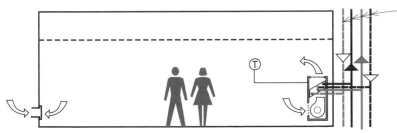

- 四管系統使用兩組分離的配管迴路（其中一組供熱水使用，另一組供冰水使用），以滿足不同空間所需的同步加熱和冷卻需求。
- 換氣是透過牆面開口的滲透作用，或分離的換氣單元來達成。

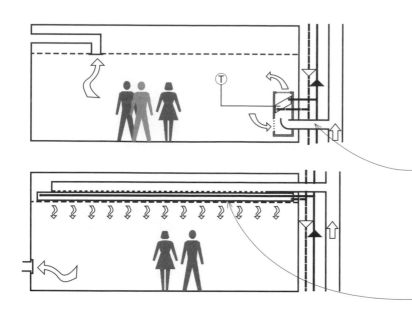

氣水式HVAC系統

在氣水式系統中，空氣的調節和再冷卻源在服務空間中可以被分離開來。而空調區域的溫度主要是透過誘導裝置中的冷、熱水循環，或是空調空間內的輻射板來平衡。空氣可以回到中央單元或直接向外排放。常見的氣水式系統類型包含：

● 誘導系統透過高速風管將調節過的主要空氣從中央主機傳送至每個區域或空間，與空間內的室內空氣混合後，進一步在誘導單元中加熱或冷卻。調節過的主要空氣經由過濾器抽入室內空氣，兩者於盤管混合後，再以接自鍋爐或冰水主機的次級用水進行加熱或冷卻。該處的恆溫器則以控制通過盤管的水流量來調節氣溫。

● 輻射板系統利用設置在牆體或天花板的輻射板來進行加熱或冷卻，固定風量的供氣則可控制換氣和濕度。

箱型HVAC系統

箱型系統是所有組件都獨立完備於一體的系統，耐候的箱體單元中結合了風扇、過濾器、壓縮機、冷凝器和冷卻用的蒸發器。如果需要暖氣設備，箱型單元可以發揮類似加熱泵浦的功效，或是另外加入輔助加熱元件。箱型系統利用電力、或是結合電力和瓦斯來驅動。

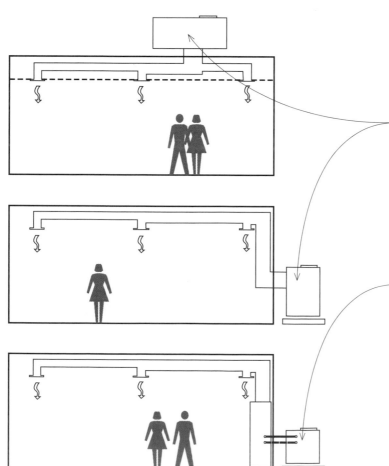

● 箱型系統可做為單一設備，設置在屋頂、或是附著在建築物外牆的混凝土板上。

● 長形建築物屋頂上的箱型單元可以有間隔地放置。
● 箱型系統的垂直管道間如果和水平分管相連，可以服務四層或五層樓高的建築物。

● 分離式箱型系統是由一個整併了壓縮機和冷凝器的室外機，和一個包含了冷卻盤管、加熱盤管、和循環扇的室內機組成，並以包覆隔熱材的冷媒管和控制線來連接這兩個機組。

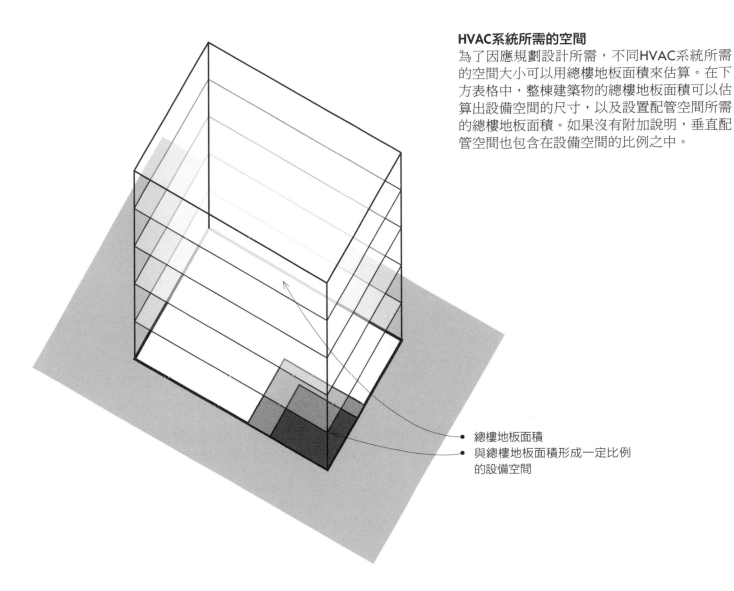

HVAC系統所需的空間

為了因應規劃設計所需，不同HVAC系統所需的空間大小可以用總樓地板面積來估算。在下方表格中，整棟建築物的總樓地板面積可以估算出設備空間的尺寸，以及設置配管空間所需的總樓地板面積。如果沒有附加說明，垂直配管空間也包含在設備空間的比例之中。

總樓地板面積
與總樓地板面積形成一定比例的設備空間

HVAC 系統	設備空間		管線配管	
	空氣處理 %*	冷卻 %*	垂直配管 *	水平配管 *
一般：低速	2.2–3.5	0.2–1.0		0.7–0.9
一般：高速	2.0–3.3	0.2–1.0		0.4–0.5
終端再熱：熱水	2.0–3.3	0.2–1.0		0.4–0.5
終端再熱：電子式	2.0–3.3	0.2–1.0		0.4–0.5
可變風量		0.2–1.0		0.1–0.2
複區		0.2–1.0		0.7–0.9
雙管	2.2–3.5	0.2–1.0		0.6–0.8
全氣式誘導機	2.0–3.3	0.2–1.0		0.4–0.5
全水式誘導機：2 管	0.5–1.5	0.2–1.0	0.25–0.35	
全水式誘導機：4 管	0.5–1.5	0.2–1.0	0.3–0.4	
風管機：2 管	—	0.2–1.0	—	—
風管機：4 管	—	0.2–1.0	—	—

* 總樓地板面積比率

垂直向管線配布

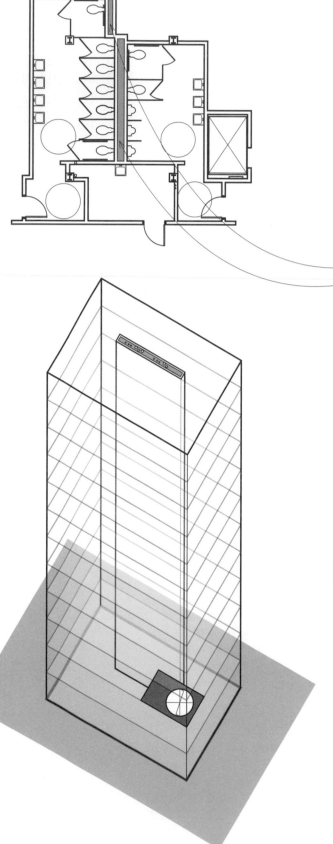

給排水垂直管道間

給排水垂直管道間是指提供給建築物給水管線和汙水管線使用的管道空間。給排水管幾乎永遠和盥洗室、廚房、和實驗室相連在一起。建築物結構和給排水管之間的潛在衝突，可以透過將給水排水管設置在垂直管道間的做法來解決。

- 為達到經濟性和可及性，最好將複層建築物中的排水管和通氣管設置在穿越所有樓板的垂直管道間。
- 將需要給排水的空間一層層往上堆疊，並將設備靠著共同的給排水牆面或垂直管道間設置。垂直管道間是提供污廢水及通氣管使用的空間，也是排水管線必須經常橫跨其他管線的位置。

- 垂直管道間需留出容易進行維護工作的通路。
- 在設備後方、用來安置給排水管線牆體厚度必須足以容納分支管線、設備出口、和通氣室。
- 單排管線牆體的寬度為 12 英吋（305 公釐）。
- 雙排管線牆體的寬度為 18 英吋（455 公釐）。

- 水平汙水管線和雨水管線必須保持斜度以利排水，因此在規劃水平機電空間時要優先考量。

雖然在低層建築物內施作垂直管道間並不是那麼重要，但對某些建築類型來說，將建築物的配管系統組織配置完善，會顯得格外有效率，例如高層結構、旅館、醫院、和宿舍等建築物。

風機室

雖然集中設置風機室可以有效縮短出風管的長度，但其實風機室也可以設置在建築物中任何一個有外氣供應並且得以進行換氣地方，從風機室延伸而成的垂直管道就可以容納必要的出風管線和回風管線。

- 在大型建築物中，比較經濟的做法是使用多個風機室以因應不同區域的所需。
- 空氣處理器最多只能向上或向下推進 10 到 15 層樓在高層建築物中，須設置多個風機室，因此形成以 20 到 30 層樓為一單位來配置設備層的情況。部分高層建築物會在每一樓層都配置風機室，以省去設置垂直管道間的需求。

服務核

在兩層或三層樓高的建築物中，放置機電設備的垂直管道間通常會設置在樓面間任何容納得下的位置，提供對此有需求的空間使用。如果缺乏仔細規劃，管道、配管配線很容易交錯在建築結構中，使維護或更換工作的進出變得困難，並且降低系統的運作效率。

在大型和高層的建築物中，機電垂直管道間經常會與其他豎井結合，例如將封閉的逃生梯間、電梯和給排水立管等結合起來，導致這些設施形成一個或多個空間核，垂直穿越在整棟建築物之間。由於這些空間核在穿越各樓層時具有連續性，構造也都加上了防火措施，因此空間核不但可做為剪力牆來協助抵抗側向載重，也可以當作承受重力載重的承重牆使用。

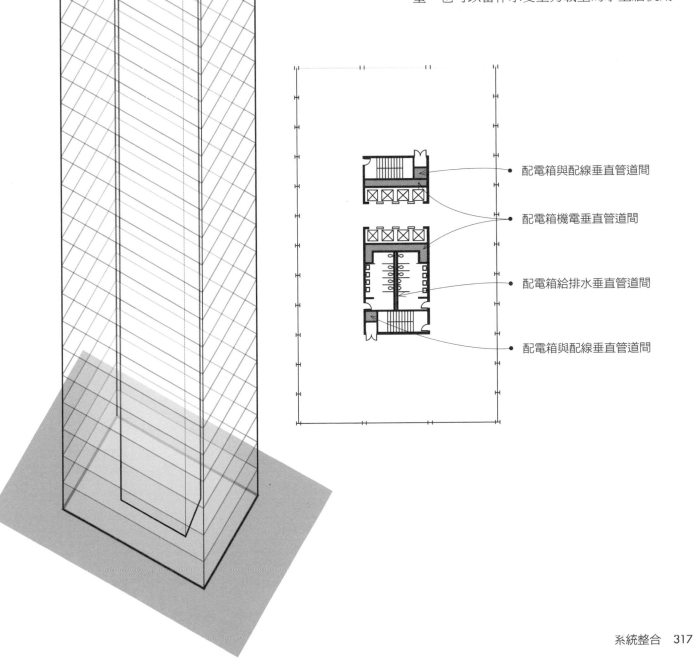

配電箱與配線垂直管道間

配電箱機電垂直管道間

配電箱給排水垂直管道間

配電箱與配線垂直管道間

垂直向管線配布

服務核的位置

建築物的單一服務核或多個服務核容納了垂直配布的機電系統、電梯豎井和逃生梯間。這些服務核必須和柱子、承重牆、剪力牆、或側向斜撐等結構配置方式進行整合，同時也要符合期待的空間樣式、使用和活動的需求。

建築物類型和輪廓都會影響垂直服務核的位置。

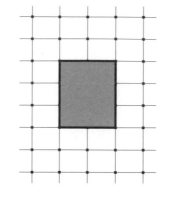
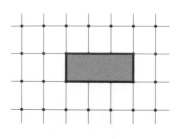

- 單一服務核通常會用於高層辦公室建築中，以空出最大範圍無阻隔的空間便於出租。
- 設置在中央位置有助於縮短水平配管，形成有效率的管線路徑。

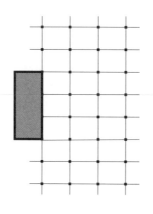
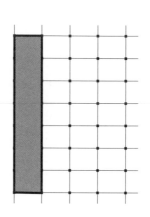

- 沿著邊緣配置可形成不受阻隔的空間，但也會遮住服務核周圍的日照。

- 分離服務核可形成最大範圍的樓板空間，但是需要很長的配管、也無法補強建築物的側向強度。

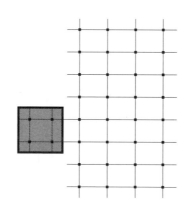
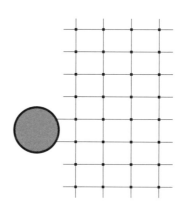

- 將兩個服務核做對稱配置可降低管線長度，並發揮類似側向斜撐的加強作用。但這種做法會讓樓板的配置與使用彈性降低。

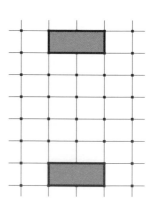

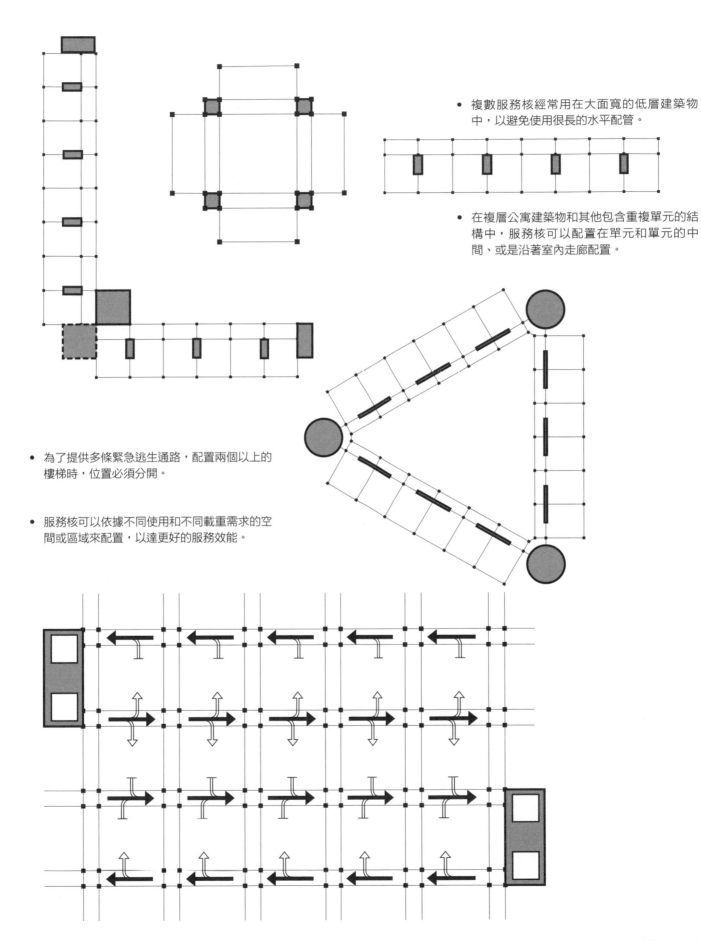

- 複數服務核經常用在大面寬的低層建築物中，以避免使用很長的水平配管。

- 在複層公寓建築物和其他包含重複單元的結構中，服務核可以配置在單元和單元的中間、或是沿著室內走廊配置。

- 為了提供多條緊急逃生通路，配置兩個以上的樓梯時，位置必須分開。

- 服務核可以依據不同使用和不同載重需求的空間或區域來配置，以達更好的服務效能。

水平向管線配布

機電服務的水平向配布

機電服務管線是從垂直管道間出發，水平地通過建築物的樓板-天花板組架、再進入另一側垂直管道間的管線系統。這些管線舖設在結構跨距系統內的深度決定了樓板-天花板組件的垂直厚度，因而顯著影響建築物的整體高度。

配布機電服務水平管線的基本方式有三種：

- 配布在跨距結構上方
- 穿過跨距結構
- 配布在跨距結構下方

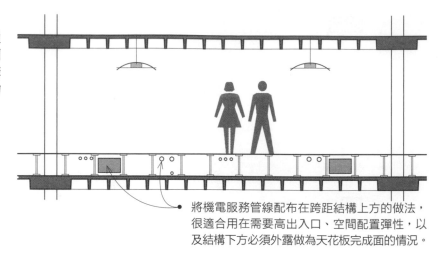

將機電服務管線配布在跨距結構上方的做法，很適合用在需要高出入口、空間配置彈性，以及結構下方必須外露做為天花板完成面的情況。

機電系統配線和配管所需的空間很小，即便配置在小型垂直管道間和樓板或天花板凹處也很容易運作。但是運送空氣就需要相當尺寸的送風管和回風管。尤其在必須降低噪音、低速供應空氣的空間、或者當空間中的預期溫度和供應溫度間出現些微差距而需要提高送風量的時候，回風和送風管的尺寸就特別關鍵。也就是說，暖氣、通風和空調系統（HVAC）會在建築結構水平向度和垂直向度中引起最大的潛在衝突。

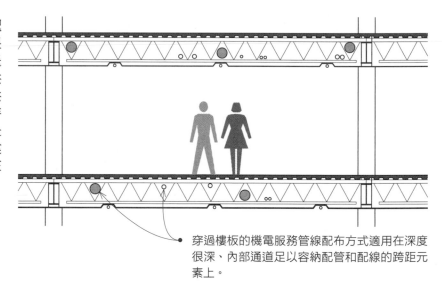

穿過樓板的機電服務管線配布方式適用在深度很深、內部通道足以容納配管和配線的跨距元素上。

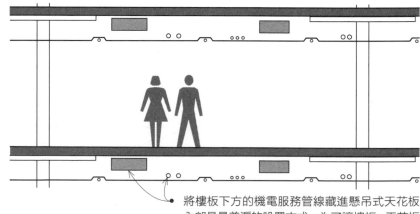

將樓板下方的機電服務管線藏進懸吊式天花板內部是最普遍的設置方式。為了讓樓板-天花板組件的厚度減到最小，樓板下方的管線配布系統必須採用較淺的跨距結構，像是無樑板和無樑厚板。

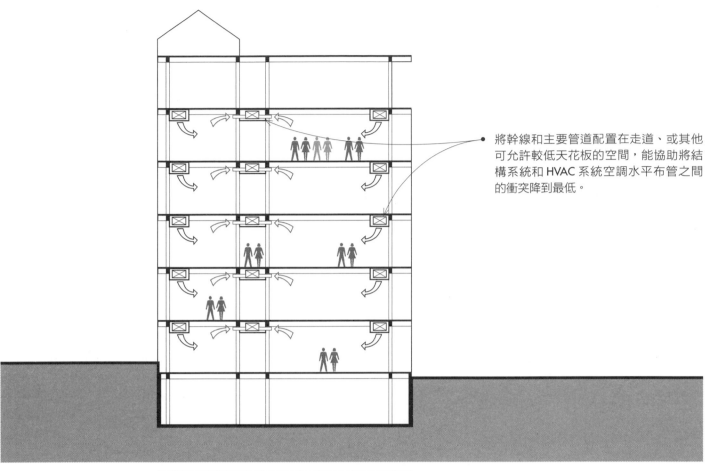

將幹線和主要管道配置在走道、或其他可允許較低天花板的空間，能協助將結構系統和 HVAC 系統空調水平布管之間的衝突降到最低。

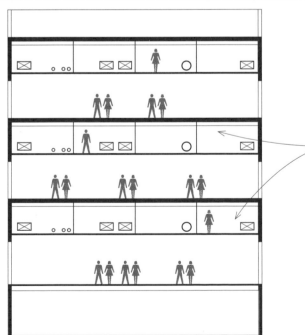

以深度較深、人員可直立進入的管道間做為進出機電系統的通路，就不會干擾到醫院、實驗室的空調空間、或者其他有複雜機械設備、需要定期維護或調整的建築物。

水平向管線配布

穿過樓板結構的機電服務管線水平配布

機電服務管線可以穿過跨距結構內含的開口，
例如鋼構和木構桁架、輕薄型鋼格柵、空心混
凝土厚板、巢狀鋼承板、和木格柵等特定元素
的開口，來進行水平配布。

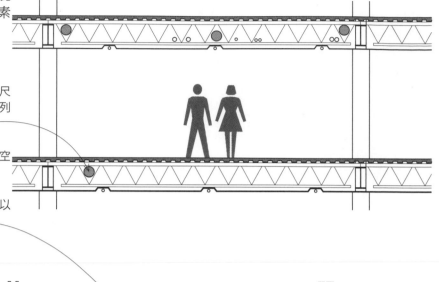

- 將空調管道配置在跨距結構的內部，管道的最大尺
  寸會因此受到限制。例如：空調管道要穿過一序列
  空腹格柵的話，最大直徑是格柵深度的 1/2。

- 將空調管道穿過樓板格柵、或穿過格柵之間的空
  間，會降低機電系統的調整彈性。

- 木結構與鋼構中的大樑和一般樑可以分層配置，以
  便機電服務管線在結構系統裡相互交錯。

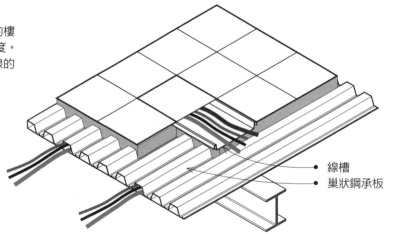

大樑
格柵

- 如果需要大型管道來鋪設幹管，就需要降低天花板
  來因應；通常會將管道配置在走廊或其他可降低天
  花板高度的空間。
- 需留意，有時候要將機電系統的剛性元素穿過連續
  構造的結構構件開孔中是很困難的。

目前已經發展出可將整合後的機電系統容納進
結構系統中的特殊建築系統。

- 電線使用的線槽可以設置在結構樓板、或澆灌的樓
  板中。在某些情況下，線槽會降低樓板的有效厚度。
- 部分鋼承板可利用波浪狀的中空處做為鋪設電線的
  線槽。

線槽
巢狀鋼承板

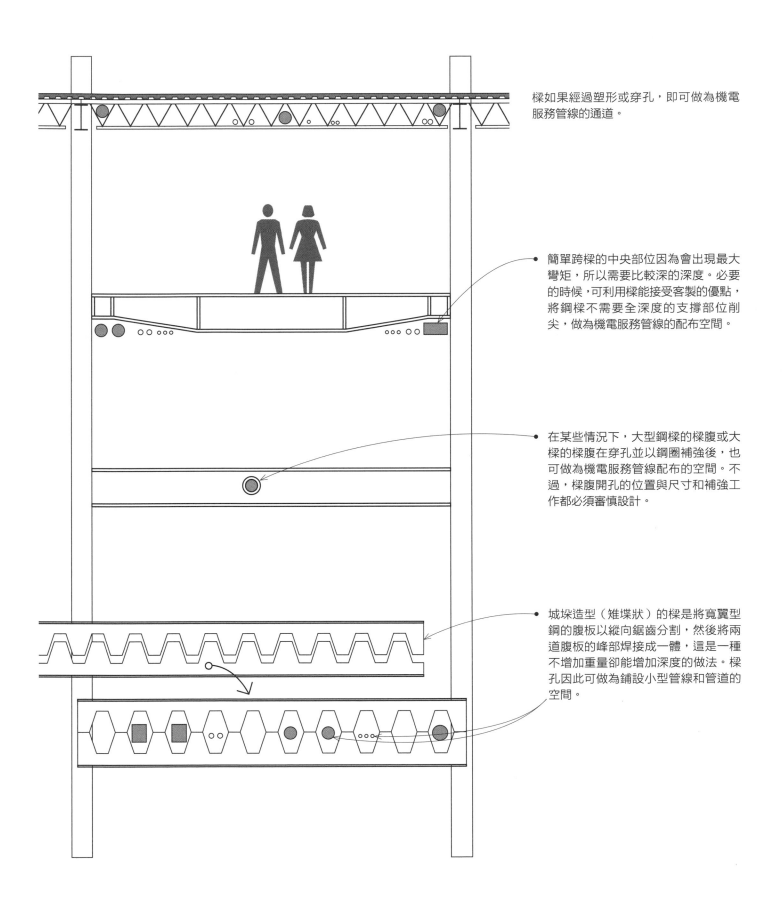

樑如果經過塑形或穿孔，即可做為機電服務管線的通道。

簡單跨樑的中央部位因為會出現最大彎矩，所以需要比較深的深度。必要的時候，可利用樑能接受客製的優點，將鋼樑不需要全深度的支撐部位削尖，做為機電服務管線的配布空間。

在某些情況下，大型鋼樑的樑腹或大樑的樑腹在穿孔並以鋼圈補強後，也可做為機電服務管線配布的空間。不過，樑腹開孔的位置與尺寸和補強工作都必須審慎設計。

城垛造型（雉堞狀）的樑是將寬翼型鋼的腹板以縱向鋸齒分割，然後將兩道腹板的峰部焊接成一體，這是一種不增加重量卻能增加深度的做法。樑孔因此可做為鋪設小型管線和管道的空間。

水平向管線配布

樓板結構下方的機電服務管線水平配布

當機電系統設置在樓板結構下方時，結構正下方的水平層就是空調管道配布的空間。為了達到最高的系統效率，空調幹管必須與大樑或主樑平行；在必要的地方，也可將較小的支管橫越大樑以盡可能減少樓板的總厚度。最低層通常會保留給從天花板延伸出來的照明設備以及灑水系統使用。

- 懸吊天花板系統、電力組件、管道和進出通路都必須加強支撐，才能在受到側向載重時抵抗變形，當地震發生時也才能抵抗向上的作用力；這種作用力會讓未加強支撐的系統因為重力的反力而脫落。

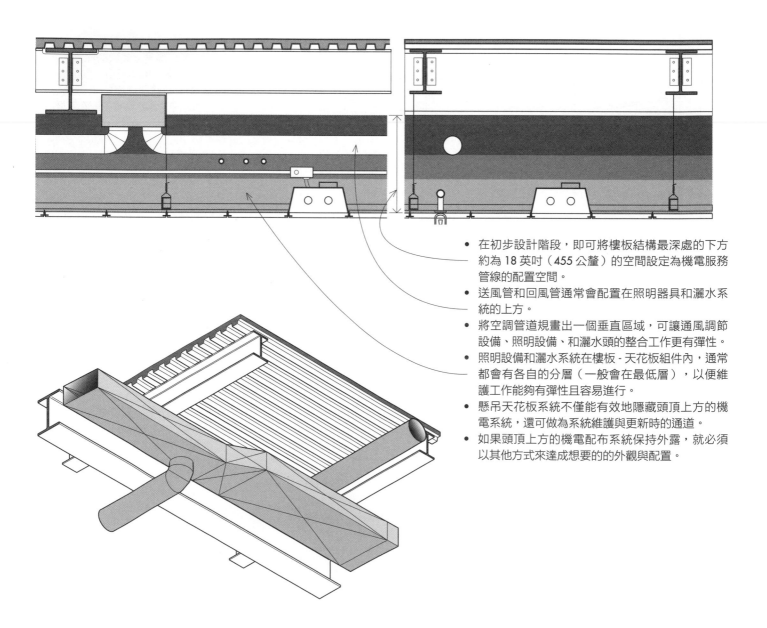

- 在初步設計階段，即可將樓板結構最深處的下方約為 18 英吋（455 公釐）的空間設定為機電服務管線的配置空間。
- 送風管和回風管通常會配置在照明器具和灑水系統的上方。
- 將空調管道規畫出一個垂直區域，可讓通風調節設備、照明設備、和灑水頭的整合工作更有彈性。
- 照明設備和灑水系統在樓板-天花板組件內，通常都會有各自的分層（一般會在最低層），以便維護工作能夠有彈性且容易進行。
- 懸吊天花板系統不僅能有效地隱藏頭頂上方的機電系統，還可做為系統維護與更新時的通道。
- 如果頭頂上方的機電配布系統保持外露，就必須以其他方式來達成想要的的外觀與配置。

樓板結構上方的機電服務管線水平配布

架高型地板系統通常都用於辦公空間、醫院、實驗室、資訊室、電視及通訊中心,以便桌檯、工作站、和設備的更換作業時有良好的可及性與彈性。這樣一來,設備就可以輕易地搬動、並且和配線模組系統重新連接。對於底部必須外露做為裝修面的跨距結構,像是格子板,架高型地板系統也是一個不錯的選項。

架高型地板系統在本質上是以活動式和可替換的地板單元構成,由可調整的柱腳支撐出可以自由進出的下方空間。地板單元通常為 24 平方英吋(610 公釐),以鋼材或鋁材、或包覆在鋼材、鋁材中的木心材、或是輕質混凝土製成。地板最後可能會再以方塊地毯、塑膠地磚、美耐板來進行表面修飾;也有具備防火等級和防止靜電控制的飾面可供選擇。

- 可利用調整式柱腳將完成後的地板高度控制在 12 英吋至 30 英吋(305 公釐至 760 公釐)之間;地板最低的完成高度可達 8 英吋(205 公釐)。
- 採用縱桁的系統比無縱桁系統有更大的側向穩定性;抗震柱腳也可用來達成建築法規對側向穩定性的要求。
- 設計載重的範圍從 250psf[1] 至 625psf(12kPa[2] 至 30kPa),但如果為了承受更重的載重,也可以設計到 1125psf(54kPa)。
- 地板下的空間可用來配置電氣管線、分線盒、電腦線、保全連線、和通訊系統管線。
- 灑水系統、照明用電力、以及空調設備可能還是得穿過跨距結構樓板。

- 架高型地板的架高空間也可以做為 HVAC 系統的送風空間,讓天花板空間完全留做回風空間使用。將低溫空氣和較高溫的回風分離開,能減少能源損耗。而降低這個服務空間的整體高度,也會讓新構造的樓板 - 樓板高度降低。

譯注

1. psf:磅 / 平方英尺,pounds per square foot 的縮寫
2. kPa:千帕斯卡,kilopascal 的縮寫

無樑板和無樑厚板

- 由於無樑板下方的空間，以及無樑板與降板之間的空間不受阻隔，因此機電服務管線可以配布在這個區間的兩個方向上，而且有相當大的配置彈性與適應性。

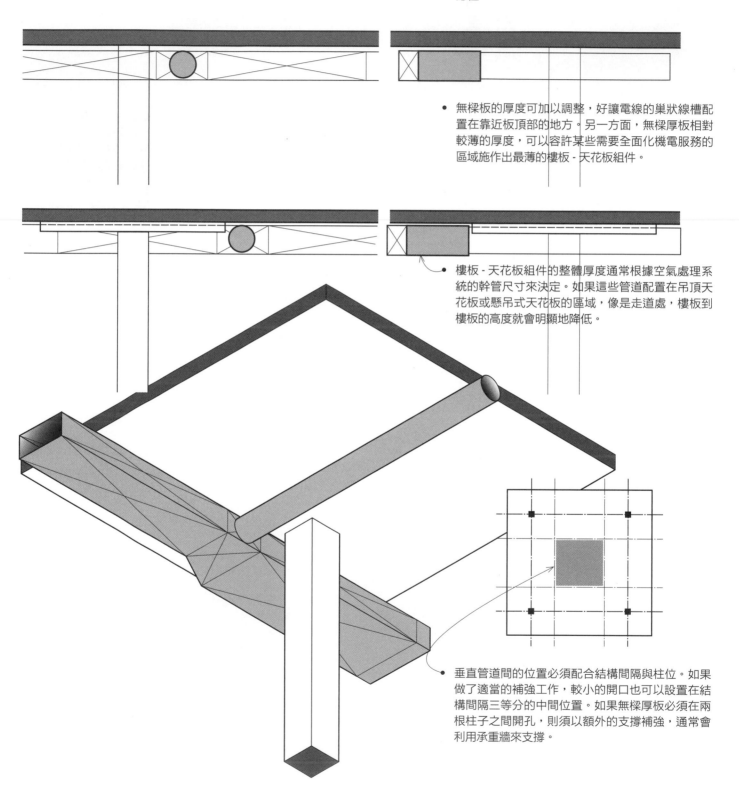

- 無樑板的厚度可加以調整，好讓電線的巢狀線槽配置在靠近板頂部的地方。另一方面，無樑厚板相對較薄的厚度，可以容許某些需要全面化機電服務的區域施作出最薄的樓板-天花板組件。

- 樓板-天花板組件的整體厚度通常根據空氣處理系統的幹管尺寸來決定。如果這些管道配置在吊頂天花板或懸吊式天花板的區域，像是走道處，樓板到樓板的高度就會明顯地降低。

- 垂直管道間的位置必須配合結構間隔與柱位。如果做了適當的補強工作，較小的開口也可以設置在結構間隔三等分的中間位置。如果無樑厚板必須在兩根柱子之間開孔，則須以額外的支撐補強，通常會利用承重牆來支撐。

單向板和樑

機電服務管線通常配置在樑的下方,只有較短的管線才會和樑平行、並配置在大樑之間。

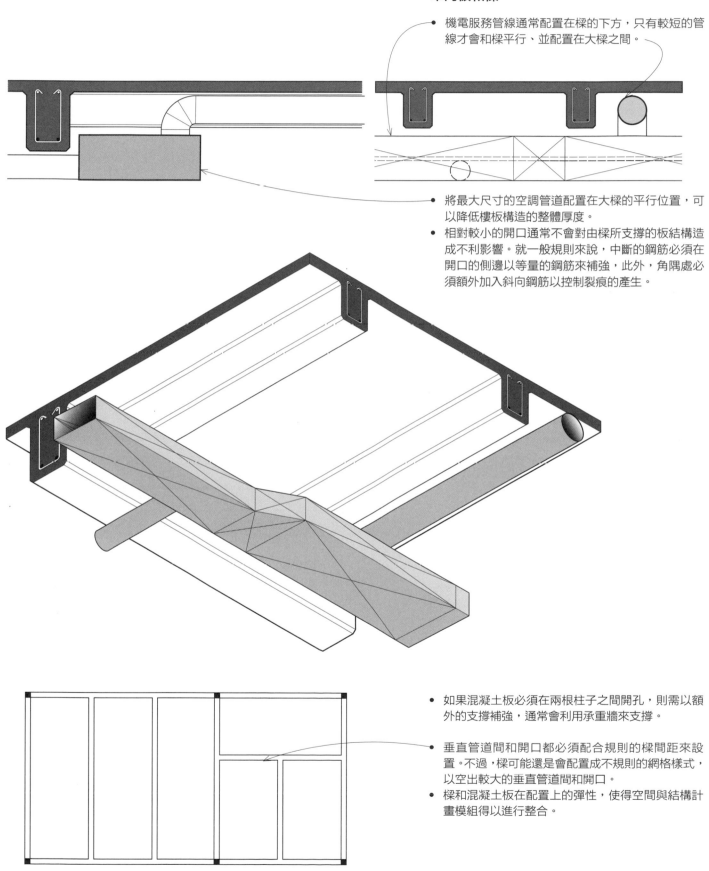

將最大尺寸的空調管道配置在大樑的平行位置,可以降低樓板構造的整體厚度。

相對較小的開口通常不會對由樑所支撐的板結構造成不利影響。就一般規則來說,中斷的鋼筋必須在開口的側邊以等量的鋼筋來補強,此外,角隅處必須額外加入斜向鋼筋以控制裂痕的產生。

如果混凝土板必須在兩根柱子之間開孔,則需以額外的支撐補強,通常會利用承重牆來支撐。

垂直管道間和開口都必須配合規則的樑間距來設置。不過,樑可能還是會配置成不規則的網格樣式,以空出較大的垂直管道間和開口。

樑和混凝土板在配置上的彈性,使得空間與結構計畫模組得以進行整合。

整合策略

格柵和格子板

- 機電服務管線通常會配置在格柵或格子板的下方。
  如果要讓平底格柵或格子外露做為天花板的最後裝
  修面,那麼機電服務管線也可配布在混凝土板上方
  的活動式地板系統之中。

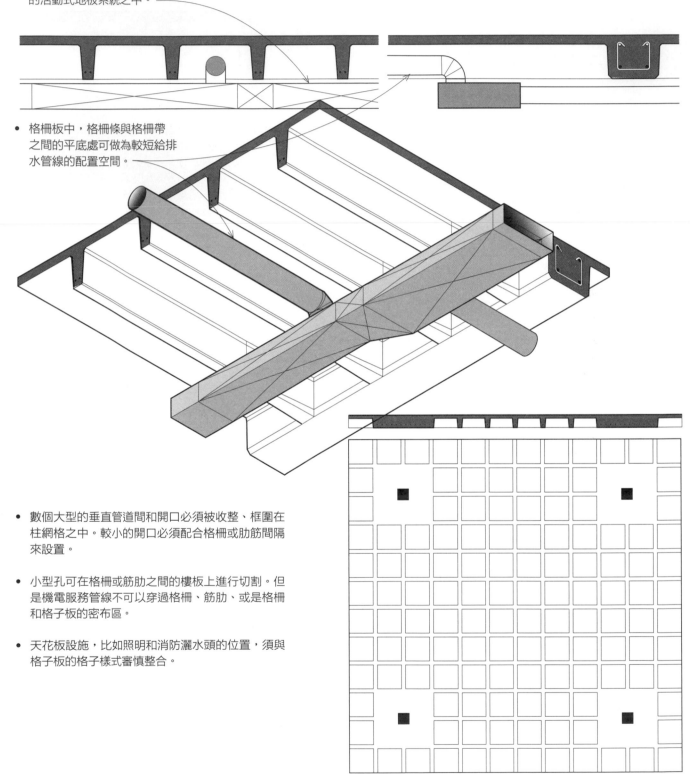

- 格柵板中,格柵條與格柵帶
  之間的平底處可做為較短給排
  水管線的配置空間。

- 數個大型的垂直管道間和開口必須被收整、框圍在
  柱網格之中。較小的開口必須配合格柵或肋筋間隔
  來設置。

- 小型孔可在格柵或筋肋之間的樓板上進行切割。但
  是機電服務管線不可以穿過格柵、筋肋、或是格柵
  和格子板的密布區。

- 天花板設施,比如照明和消防灑水頭的位置,須與
  格子板的格子樣式審慎整合。

預鑄混凝土厚板

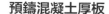

- 機電服務管線通常配置在支撐樑的下方,只有較短的管線才能和樑平行配置。

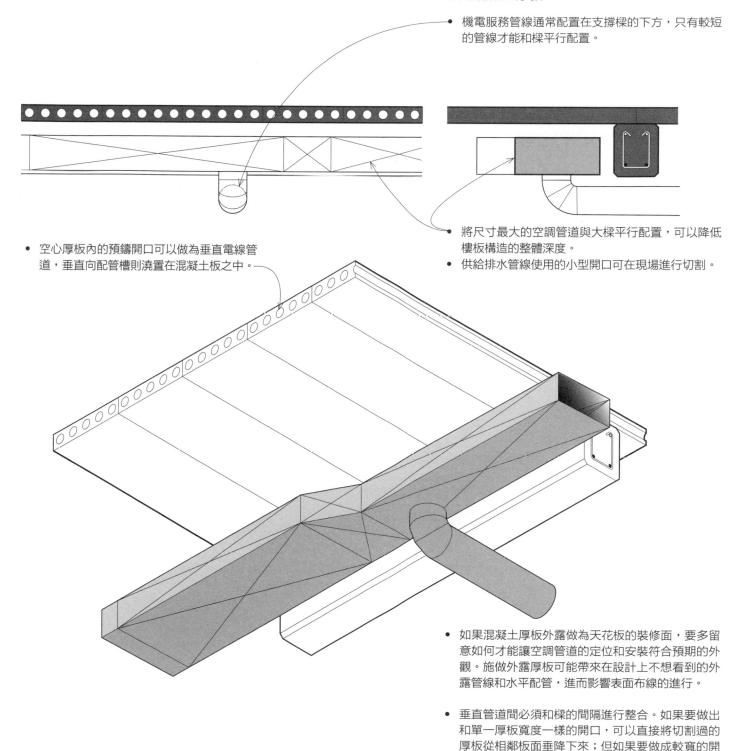

- 將尺寸最大的空調管道與大樑平行配置,可以降低樓板構造的整體深度。
- 供給排水管線使用的小型開口可在現場進行切割。

- 空心厚板內的預鑄開口可以做為垂直電線管道,垂直向配管槽則澆置在混凝土板之中。

- 如果混凝土厚板外露做為天花板的裝修面,要多留意如何才能讓空調管道的定位和安裝符合預期的外觀。施做外露厚板可能帶來在設計上不想看到的外露管線和水平配管,進而影響表面布線的進行。

- 垂直管道間必須和樑的間隔進行整合。如果要做出和單一厚板寬度一樣的開口,可以直接將切割過的厚板從相鄰板面垂降下來;但如果要做成較寬的開口,就必須利用額外的樑或承重牆加以支撐。

結構鋼構架

- 當鋼橫樑和大樑被框在同一平面時，空調管道可以配置在樑與樑之間，但必須配置在支撐大樑的下方才能橫跨過大樑。如果是大樑配置在鋼橫樑下方的做法，鋼樑下方可讓機電服務管線通過，但也會讓樓板構造的深度變厚。

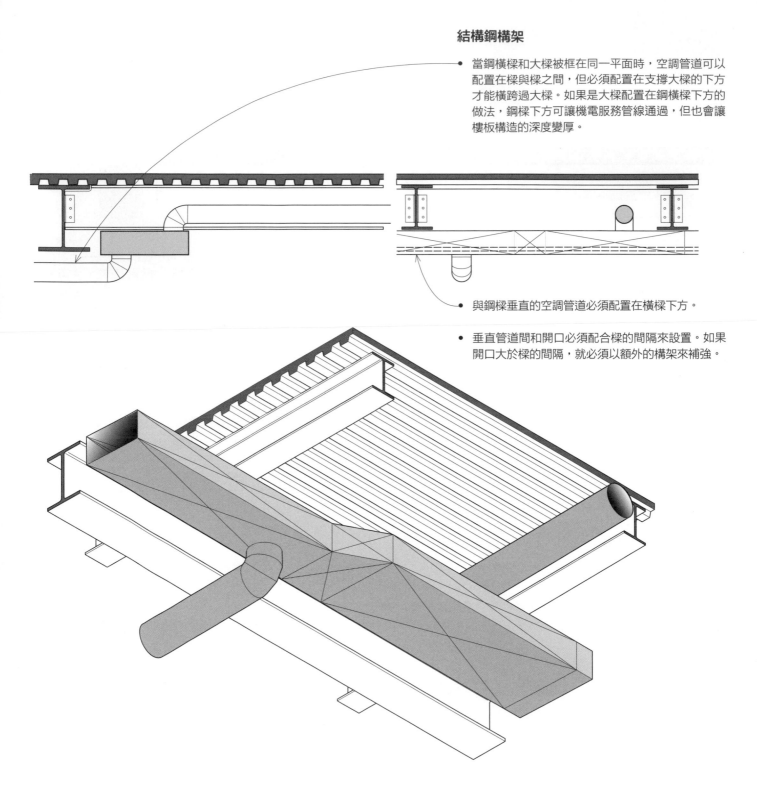

- 與鋼樑垂直的空調管道必須配置在橫樑下方。

- 垂直管道間和開口必須配合樑的間隔來設置。如果開口大於樑的間隔，就必須以額外的構架來補強。

- 如有需要，結構鋼樑也能進行調整和強化，以便將機電服務管線收納在樑腹裡面。客製化的鋼樑也可以削尖、加入腋撐形成腋樑、或做成牆垛狀，做為機電服務配線的空間。請詳見第 323 頁內容。

柱樑構造

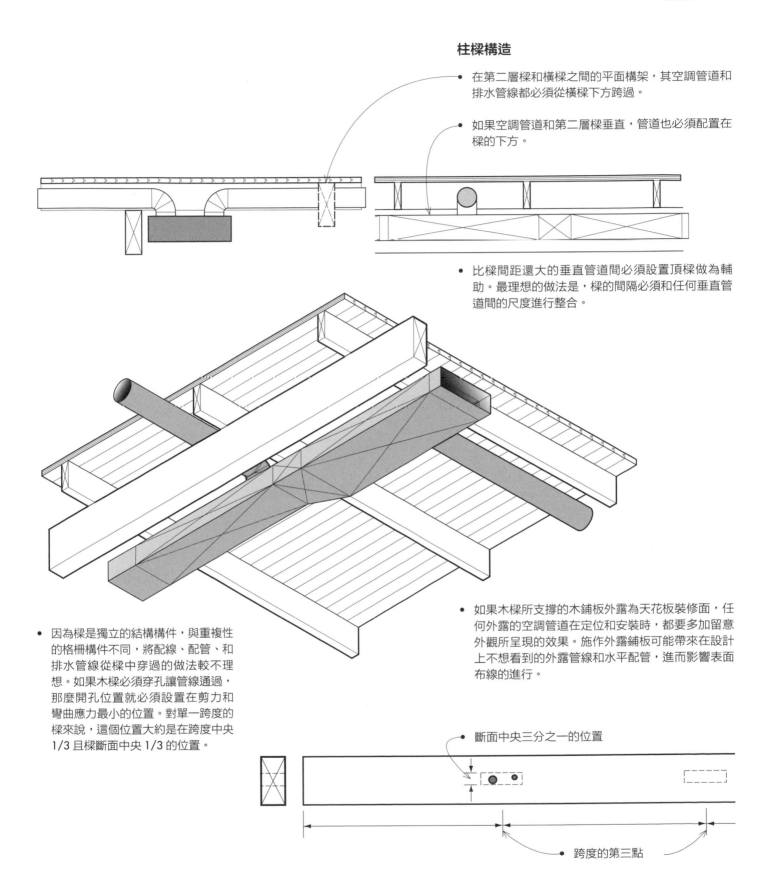

- 在第二層樑和橫樑之間的平面構架，其空調管道和排水管線都必須從橫樑下方跨過。

- 如果空調管道和第二層樑垂直，管道也必須配置在樑的下方。

- 比樑間距還大的垂直管道間必須設置頂樑做為輔助。最理想的做法是，樑的間隔必須和任何垂直管道間的尺度進行整合。

- 如果木樑所支撐的木鋪板外露為天花板裝修面，任何外露的空調管道在定位和安裝時，都要多加留意外觀所呈現的效果。施作外露鋪板可能帶來在設計上不想看到的外露管線和水平配管，進而影響表面布線的進行。

- 因為樑是獨立的結構構件，與重複性的格柵構件不同，將配線、配管、和排水管線從樑中穿過的做法較不理想。如果木樑必須穿孔讓管線通過，那麼開孔位置就必須設置在剪力和彎曲應力最小的位置。對單一跨度的樑來說，這個位置大約是在跨度中央 1/3 且樑斷面中央 1/3 的位置。

斷面中央三分之一的位置

跨度的第三點

整合策略

空腹鋼格柵

- 空腹鋼格柵可容許機電服務管線穿過其樑腹、與格柵平行配置。

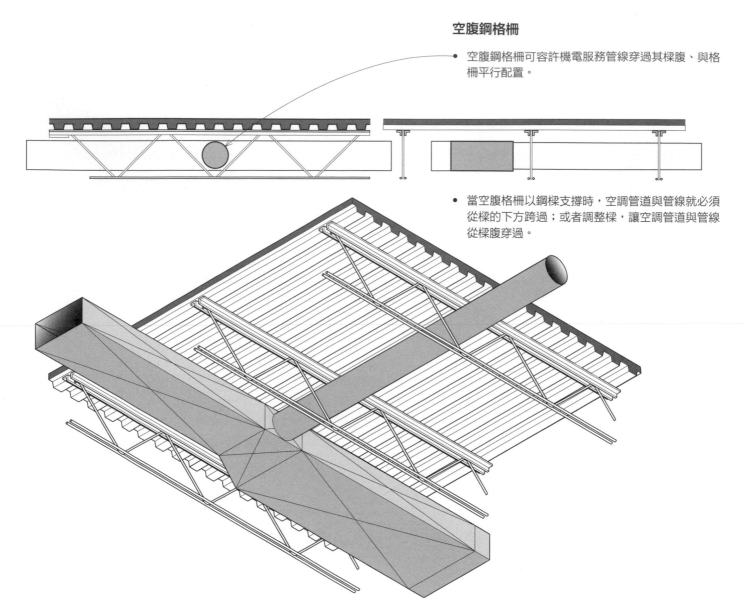

- 當空腹格柵以鋼樑支撐時，空調管道與管線就必須從樑的下方跨過；或者調整樑，讓空調管道與管線從樑腹穿過。

- 以大樑桁架支撐空腹格柵的方式，可讓機電服務管線通過大樑，並且和空腹格柵保持平行。要注意大樑桁架通常會比承載同樣載重的鋼樑來得深，因此這種做法也會形成比較厚的樓板構造。

- 小型的垂直向開口可利用以托樑支撐的角鋼頂樑來圍框。大型開口則必須要以結構鋼構架來補強。

輕構架構造

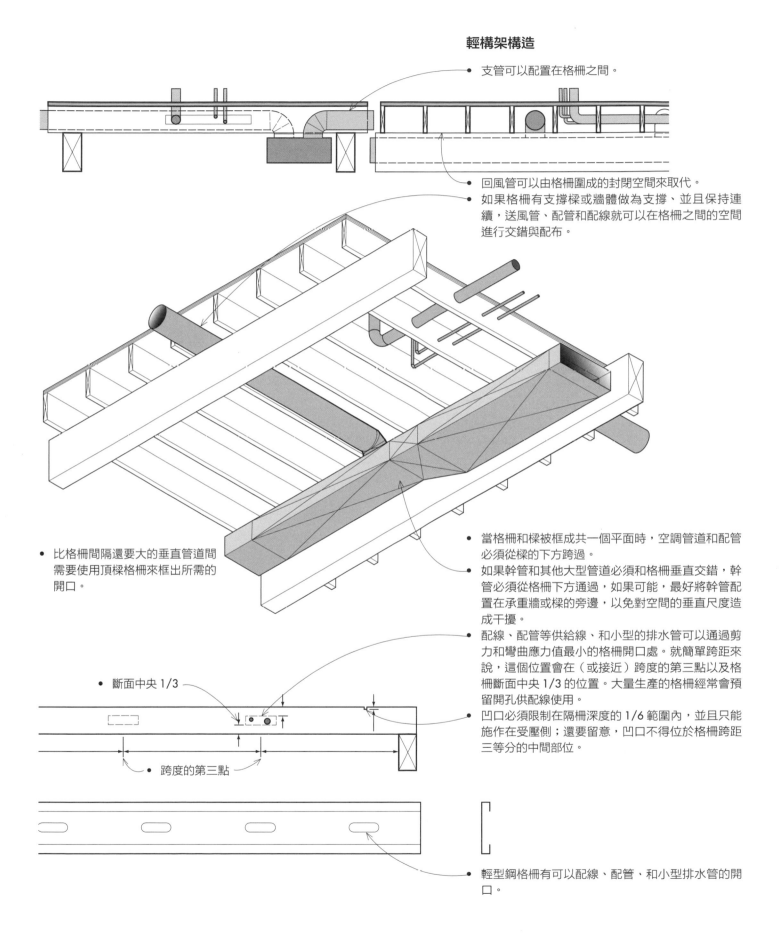

● 支管可以配置在格柵之間。

● 回風管可以由格柵圍成的封閉空間來取代。

● 如果格柵有支撐樑或牆體做為支撐、並且保持連續，送風管、配管和配線就可以在格柵之間的空間進行交錯與配布。

● 比格柵間隔還要大的垂直管道間需要使用頂樑格柵來框出所需的開口。

● 當格柵和樑被框成共一個平面時，空調管道和配管必須從樑的下方跨過。

● 如果幹管和其他大型管道必須和格柵垂直交錯，幹管必須從格柵下方通過，如果可能，最好將幹管配置在承重牆或樑的旁邊，以免對空間的垂直尺度造成干擾。

● 配線、配管等供給線、和小型的排水管可以通過剪力和彎曲應力值最小的格柵開口處。就簡單跨距來說，這個位置會在（或接近）跨度的第三點以及格柵斷面中央 1/3 的位置。大量生產的格柵經常會預留開孔供配線使用。

● 斷面中央 1/3

● 跨度的第三點

● 凹口必須限制在隔柵深度的 1/6 範圍內，並且只能施作在受壓側；還要留意，凹口不得位於格柵跨距三等分的中間部位。

● 輕型鋼格柵有可以配線、配管、和小型排水管的開口。

參考書目

Allen, Edward and Joseph Iano. The Architect's Studio Companion: *Rules of Thumb for Preliminary Design*, 5th Edition. Hoboken, New Jersey: John Wiley and Sons, 2011

Ambrose, James. *Building Structures Primer*. Hoboken, New Jersey: John Wiley and Sons,1981

Ambrose, James. *Building Structures*, 2nd Edition. Hoboken, New Jersey: John Wiley and Sons, 1993

The American Institute of Architects. *Architectural Graphic Standards*, 11th Edition. Hoboken, New Jersey: John Wiley and Sons, 2007

Arnold, Christopher, Richard Eisner, and Eric Elsesser. Buildings at Risk: *Seismic Design Basics for Practicing Architects*. Washington, DC: AIA/ACSA Council on Architectural Research and NHRP (National Hazards Research Program), 1994

Bovill, Carl. *Architectural Design: Integration of Structural and Environmental Systems*. New York: Van Nostrand Reinhold, 1991

Breyer, Donald. *Design of Wood Structures-ASD/LRFD*, 7th Edition. New York: McGraw-Hill, 2013

Charleson, Andrew. *Structure as Architecture–A Source Book for Architects and Structural Engineers*. Amsterdam: Elsevier, 2005

Ching, Francis D. K. *A Visual Dictionary of Architecture*, 2nd Edition. Hoboken, New Jersey: John Wiley and Sons, 2011

Ching, Francis D. K. and Steven Winkel. *Building Codes Illustrated—A Guide to Understanding the 2012 International Building Code*, 4th Edition. Hoboken, New Jersey: John Wiley and Sons, 2012

Ching, Francis D. K. *Building Construction Illustrated*, 4th Edition. Hoboken, New Jersey: John Wiley and Sons, 2008

Ching, Francis D. K. *Architecture—Form, Space, and Order*, 3rd Edition. Hoboken, New Jersey: John Wiley and Sons, 2007

Ching, Francis D. K., Mark Jarzombek, and Vikramaditya Prakash. *A Global History of Architecture*, 2nd Edition. Hoboken, New Jersey: John Wiley and Sons, 2010

Corkill, P. A., H. L. Puderbaugh, and H.K. Sawyers. *Structure and Architectural Design*. Davenport, Iowa: Market Publishing, 1993

Cowan, Henry and Forrest Wilson. *Structural Systems*. New York: Van Nostrand Reinhold, 1981

Crawley, Stan and Delbert Ward. *Seismic and Wind Loads in Architectural Design: An Architect's Study Guide*. Washington, DC: The American Institute of Architects, 1990

Departments of the Army, the Navy and the Air Force. *Seismic Design for Buildings—TM 5-809-10/Navfac P-355*. Washington, DC: 1973

Engel, Heino. *Structure Systems*, 3rd Edition. Germany: Hatje Cantz, 2007

Fischer, Robert, ed. *Engineering for Architecture*. New York: McGraw-Hill, 1980

Fuller Moore. *Understanding Structures*. Boston: McGraw-Hill, 1999

Goetz, Karl-Heinz., et al. *Timber Design and Construction Sourcebook*. New York: McGraw-Hill, 1989

Guise, David. *Design and Technology in Architecture*. Hoboken, New Jersey: John Wiley and Sons, 2000

Hanaor, Ariel. *Principles of Structures*. Cambridge, UK: Wiley-Blackwell, 1998

Hart, F., W. Henn, and H. Sontag. *Multi-Storey Buildings in Steel*. London: Crosby Lockwood and Staples, 1978

Hilson, Barry. *Basic Structural Behaviour—Understanding Structures from Models*. London: Thomas Telford,1993

Howard, H. Seymour, Jr. *Structure—An Architect's Approach*. New York: McGraw-Hill, 1966

Hunt, Tony. *Tony Hunt's Sketchbook*. Oxford, UK: Architectural Press, 1999

Hunt, Tony. *Tony Hunt's Structures Notebook*. Oxford, UK: Architectural Press, 1997

Johnson, Alford, et. al. *Designing with Structural Steel: A Guide for Architects*, 2nd Edition. Chicago: American Institute of Steel Construction, 2002

Kellogg, Richard. *Demonstrating Structural Behavior with Simple Models*. Chicago: Graham Foundation, 1994

Levy, Matthys, and Mario Salvadori. *Why Buildings Fall Down: How Structures Fail*. New York: W.W. Norton & Co., 2002

Lin, T. Y. and Sidney Stotesbury. *Structural Concepts and Systems for Architects and Engineers*. Hoboken, New Jersey: John Wiley and Sons, 1981

Lindeburg, Michael and Kurt M. McMullin. *Seismic Design of Building Structures*, 10th Edition. Belmont, California: Professional Publications, Inc., 1990

Macdonald, Angus. *Structural Design for Architecture*. Oxford, UK: Architectural Press, 1997

McCormac, Jack C. and Stephen F. Csernak. *Structural Steel Design*, 5th Edition. New York: Prentice-Hall, 2011

Millais, Malcolm. *Building Structures—From Concepts to Design*, 2nd Edition. Oxford, UK: Taylor & Francis, 2005

Nilson, Arthur et. al. *Design of Concrete Structures*. 14th Edition. New York: McGraw-Hill, 2009

Onouye, Barry and Kevin Kane. *Statics and Strength of Materials for Architecture and Building Construction*, 4th Edition. New Jersey: Prentice Hall, 2011

Popovic, O. Larsen and A. Tyas. *Conceptual Structural Design: Bridging the Gap Between Architects and Engineers*. London: Thomas Telford Publishing, 2003

Reid, Esmond. *Understanding Buildings—A Multidisciplinary Approach*. Cambridge, Massachusetts: MIT Press, 1984

Salvadori, Mario and Robert Heller. *Structure in Architecture: The Building of Buildings*. New Jersey: Prentice Hall, 1986

Salvadori, Mario. *Why Buildings Stand Up: The Strength of Architecture*. New York: W.W. Norton & Co., 2002

Schodek, Daniel and Martin Bechthold. *Structures*, 6th Edition. New Jersey: Prentice Hall, 2007

Schueller, Wolfgang. *Horizontal Span Building Structures*. Hoboken, New Jersey: John Wiley and Sons, 1983

Schueller, Wolfgang. *The Design of Building Structures*. New Jersey: Prentice Hall, 1996

Siegel, Curt. *Structure and Form in Modern Architecture*. New York: Reinhold Publishing Corporation, 1962

White, Richard and Charles Salmon, eds. *Building Structural Design Handbook*. Hoboken, New Jersey: John Wiley and Sons, 1987

Williams, Alan. *Seismic Design of Buildings and Bridges for Civil and Structural Engineers*. Austin, Texas: Engineering Press, 1998

中英詞彙對照表

中文	英文	頁數
預鑄混凝土	precast concrete	100.114-115.329
預鑄混凝土空心磚	precast concrete masonry units; CMU	172-173
鼓風機	blower	312
楣板；（頂樑）	header；（header beam）	126.169.174.331
楣樑	lintel	126.152.169.291
十四劃		
實木料	solid sawn lumber	126-127
對角斜撐	diagonal bracing	38.126.208
對接	butt joint	28.162
慣性作用力	inertial force	199.204.230.232
慣性矩	moment of inertia	158
摺板結構	folded plate structure	240-241.269
榫接	shaped joint	28
滾輪接合	roller joint	28
漂移	drift	210.224-232. 278-297
漸進式坍塌	progressive collapse	37
熔焊法	puddle-weld	122
管中管結構	tube-in-tube structure	287.294
管狀結構	tube structure	287-288.291.293
網格薄殼	gridshell	185.272
誘導系統	induction HVAC systems	314
輕木構架	light wood framing	126.132.175
金屬立柱	metal stud	124
輕型格柵	light-gauge joist	92, 100. 124-125.174. 322-333
雌雄榫	tongue-and-groove	167
十五劃		
墜度	sag	260
墩柱	stilt	3
墩座	abutment	237.244. 254-256.265
寬翼樑	wide-flange beam	116.240.243
層間變位	story drift	232
廢水豎管	waste stack	308
彈性模數	modulus of elasticity	126.166-167
摩天大樓	skyscraper	116
摩擦阻尼	friction damper	304
撓曲；撓度	deflect; deflection	詳見各章
樁	pile	23
樁帽	cap	84
樁基礎	pile foundation	84
模型鋼承板	form decking	122-123
潛變	creep	162
窯	kiln	2

中文	英文	頁數
窯式住宅	pit-style house	2-3
窯洞；洞穴	cave	2
箱型 HVAC 系統	packaged HVAC system	314
箱型樑	box girder	263
線性透視理論	linear perspective	6
膜結構	membrane structure	18.266-267
調節液態阻尼	tuned liquid damper	302-303
調節量體阻尼	tuned mass damper	13.302-303
調整型網格	modifying grid	54.56
豎井	shaft	詳見各章
豎框	mullion	77.178.181
遮罩	canopy	151
鋁擠型	aluminum extrusion	178.184
鞍形面	saddle surface	271
鞍形雙曲拋物面	saddle-shaped hyperbolic paraboloid	18
十六劃		
壁柱	pilaster	173
擋土牆	retaining wall	85
橫樑式石頭建築	trabeated stone construction	3
積層平行束狀材	parallel strand lumber; PSL	100.126-127.166
積層單板材	laminated veneer lumber; LVL	100.126-127
輻射板系統	radiant panel HVAC systems	314
鋼承板	steel decking	詳見各章
鋼筋混泥土	reinforced concrete	詳見各章
靜不定結構	indeterminate structure	36
靜定結構	determinate structure	36
龜裂	cracking	107
十七劃		
壓力勢能；位能	potential energy of pressure	200
壓縮機	compressor	314
濕式配管系統	wet-pipe sprinkler systems	309
濕式通氣立管	wet vent	308
牆式基腳	wall footing	23
牆趾	toe	85
環狀通氣管	loop vent	308
環境脈絡；涵構	context	詳見各章
薄板拱頂	lamella vault	240.271-272
薄殼	shell	13.271-276
薄膜織品	fabric membrane	12
螺栓接合	bolted joint	28
螺旋筋	spiral reinforcement	162
賽璐珞片	celluloid	9
輥軋加工鐵	rolled wrought iron	10
錨定	anchorage	97

中文	英文	頁數
鍛鐵	wrought iron	7
黏著貼合	glued connection	28
黏稠性液體阻尼	viscous damper	304
點焊鋼絲網	steel fabric	114
斷面	section	詳見各章
斷路器	circuit breaker	311
轉換樑	transfer beam	156-157
鎔鑄玻璃	molten glass	3
雙向跨距系統	two-way spanning system	詳見各章
雙曲線拋物面	hyperbolic paraboloid; hypar	271-272
雙索結構	double-cable structure	260
雙管	dual-duct	313
雙管系統	two-pipe system	313
雙鉸拱	two-hinged arch	255
雙懸臂樑	double overhanging beam	138
十九劃		
離心風扇	centrifugal fan	313
瀝青屋頂板	asphalt shingle	190
懸吊屋頂結構	suspended roof structure	12
懸挑	cantilever	136-139.300-301
懸臂樑	overhanging beam	136.138
二十劃以上		
繼電器	relay	311
櫻桃木	cherry-wood	20
灌漿	grouting	114.172
彎曲力矩；彎矩	bending moment	詳見各章
彎曲應力	bending stress	90-91
鑄銅技術	bronze cast	3
鑄鐵	iron cast	7
變形	deformation	詳見各章
變電設施	transformer	310
變數增量	increment	112
體積作用結構	bulk-active structure	26
纜索式充氣結構	cable-restrained pneumatic structure	267
纜索系統	cable structures	237.240.260-265
纜索桁架系統	cabled truss systems	185
纜網系統	cable net system	185